本书系“长三角山丘区水循环过程与模拟研究”（编号2016YFC0401501）
和“基于水文实验流域的污染物迁移规律研究”（编号201201026）资助出版

林祚顶　邹　鹰　张建新　陆海明
陆宝宏　王建群　胡余忠　等著

江淮丘陵区花山流域面源监测与污染物输出规律研究

河海大学出版社
HOHAI UNIVERSITY PRESS

内容提要

本书以位于我国江淮分水岭地区的安徽省滁州市花山流域为主要研究对象，通过建立降水、径流、水质、同位素等要素的综合监测体系，采用统计分析、模型模拟等技术手段，对江淮丘陵区典型农业小流域面源污染物输出特征开展了系统研究。全书共十三章，分别为：绪论、花山流域概况、数字流域的构建、流域面源污染综合监测方法、流域氮收支分析、流域氮素时空分布特征、流域水分及氮素迁移同位素示踪分析、径流与氮素耦合模拟分析、流域氮磷输出特征、雨洪径流氮磷输出负荷估算方法、流域磷素输出关键源区识别方法研究、应用生态工程措施控制流域面源氮磷污染对策措施、创新与展望。

本书可供从事水文学、环境科学、水资源保护、流域管理等专业的科研、技术人员阅读，也可供相关院校师生参考。

图书在版编目(CIP)数据

江淮丘陵区花山流域面源监测与污染物输出规律研究/林祚顶等著. —南京：河海大学出版社，2018.12

ISBN 978-7-5630-5603-3

Ⅰ. ①江… Ⅱ. ①林… Ⅲ. ①流域—农业污染源—面源污染—环境监测—研究—滁州 Ⅳ. ①X501

中国版本图书馆 CIP 数据核字(2018)第 162372 号

书　　名 江淮丘陵区花山流域面源监测与污染物输出规律研究
书　　号 ISBN 978-7-5630-5603-3
责任编辑 成　微　齐　岩
封面设计 张世立
出　　版 河海大学出版社
地　　址 南京市西康路1号(邮编:210098)
网　　址 http://www.hhup.com
电　　话 (025)83737852(总编室)　(025)83787769(编辑室)　(025)83722833(营销部)
经　　销 江苏省新华发行集团有限公司
排　　版 南京布克文化发展有限公司
印　　刷 虎彩印艺股份有限公司
开　　本 787毫米×1092毫米　1/16
印　　张 19.25
字　　数 473千字
版　　次 2018年12月第1版　2018年12月第1次印刷
定　　价 98.00元

《江淮丘陵区花山流域面源监测与污染物输出规律研究》

参研人员

水利部水文局

李　薇　李　静　董秀颖　杨明金

南京水利科学研究院

张　丽　王　妞　陈晓燕

河海大学

王　猛　刘松平　郭　昆　程增辉

安徽省水文局

张广萍　朱继洲　张　延

前言

随着我国生态文明建设的深入，点源污染逐步得到有效控制，面源污染逐渐成为影响我国河流、湖泊、水库等水体水环境质量的主要因素。在制定流域面源污染防治策略前，需要对面源污染发生规律有明确的认识，因此开展面源污染监测，掌握污染物迁移规律显得尤为重要。

江淮地区位于我国南北气候过渡带，是我国重要的农业生产区。本书选择我国具有代表性的江淮地区农业小流域——花山流域作为研究对象，通过建立流域水文要素与氮、磷水质要素综合监测体系，开展嵌套流域水量水质高频次同步监测以及地表水和地下水氢、氧、氮等同位素监测，利用监测获取的水量水质数据，采取统计分析、模型模拟、相关关系拟合、对比分析等方法，在以下五个方面开展了研究：(1) 流域面源氮、磷空间分布调查；(2) 典型农村居住地面源污染监测和氮素循环机理；(3) 流域水文要素与氮、磷水质要素综合监测体系；(4) 流域面源氮、磷污染物随降雨径流过程的迁移规律；(5) 应用生态工程措施控制流域氮、磷污染的对策措施。

本书在以下几个方面取得了创新突破：(1) 在江淮丘陵区建立了水文实验流域大气降水、地表水、土壤水、地下水四位一体的综合监测体系，开展了氮、磷污染物随降雨径流过程迁移的多尺度、多要素、高频次、水量水质同步监测，获取了大量翔实的数据资料，为深入开展相关研究工作奠定了关键的数据基础。(2) 基于多种监测技术和调查分析方法，全面系统地获取了江淮典型区氮素输入输出途径和比例，氮、磷浓度年内变化特征，磷素输出的关键源区等，可为制定流域氮、磷污染防控措施提供科学依据。(3) 通过分析氮、磷浓度与径流相关关系，探明了流域氮、磷输出的年内时程分布特征，构建了基于水文要素的氮、磷输出负荷预测模型，得到了流域氮、磷负荷输出模数，提出了水文测站面源氮、磷最佳采样时机和频次。

研究成果可为水功能区面源氮、磷污染物输入负荷估算和纳污能力评估，流域面源氮、磷污染物防控策略制定，水库、塘坝等水体富营养化进程的延缓与控制等提供必要的事实依据和技术支撑。

本书得到“长三角山丘区水循环过程与模拟研究”（编号 2016YFC0401501）和“基于水文实验流域的污染物迁移规律研究”（编号 201201026）资助。水利部水文局、水利部交通运输部国家能源局南京水利科学研究院、河海大学、安徽省水文局为本书的编写提供了大量的支持，在此一并感谢。

流域面源污染监测和污染物迁移规律研究涉及多个学科，本书在编写过程中，虽经过多次修改与完善，但不足之处在所难免，望同行学者不吝指正。

作者

2018 年 6 月

目录

第1章

绪 论

1.1 研究背景及意义

1.1.1 中国当前水环境形势

《2016 中国环境状况公报》公布的水环境监测结果表明，我国水环境质量不容乐观。全国地表水 1 940 个评价、考核、排名断面中，Ⅰ类、Ⅱ类、Ⅲ类、Ⅳ类、Ⅴ类和劣Ⅴ类水质断面分别占 2.4%、37.5%、27.9%、16.8%、6.9%和 8.5%。2016 年，长江、黄河、珠江、松花江、淮河、海河、辽河等七大流域和浙闽片河流、西北诸河、西南诸河的 1 617 个国考断面中，Ⅳ类 217 个，占 13.4%；Ⅴ类 102 个，占 6.3%；劣Ⅴ类 147 个，占 9.1%。其主要污染指标为化学需氧量、总磷和五日生化需氧量，断面超标率分别为 17.6%、15.1%和 14.2%。112 个重要湖泊（水库）中，Ⅰ类水质的湖泊（水库）8 个，占 7.5%；Ⅱ类 28 个，占 25.0%；Ⅲ类 38 个，占 33.9%；Ⅳ类 23 个，占 20.5%；Ⅴ类 6 个，占 5.4%；劣Ⅴ类 9 个，占 8. 0%。其主要污染指标为总磷、化学需氧量和高锰酸盐指数。108 个监测营养状态的湖泊（水库）中，贫营养的 10 个，中营养的 73 个，轻度富营养的 20 个，中度富营养的 5 个。监测的 544 个重要省界断面中，Ⅰ类、Ⅱ类、Ⅲ类、Ⅳ类、Ⅴ类和劣Ⅴ类水质断面比例分别为 3.5%、42.3%、21.3%、10.1%、5.7%和 17.1%，主要污染指标为化学需氧量、氨氮和总磷。国土资源部门对全国 31 个省（区、市）225 个地市级行政区的 6 124 个监测点（其中国家级监测点 1 000 个）开展了地下水水质监测，评价结果显示：水质为优良级、良好级、较好级、较差级和极差级的监测点分别占 10.1%、25.4%、4.4%、45.4%和 14.7%。其主要超标指标为锰、铁、总硬度、溶解性总固体、“三氮”（亚硝酸盐氮、硝酸盐氮和氨氮）、硫酸盐、氟化物等，个别监测点存在砷、铅、汞、六价铬、镉等重（类）金属超标现象。

根据《2016 年中国水资源公报》提供的数据，对全国 23.5 万 km 的河流水质状况进行了评价，结果表明劣Ⅴ类水河长占 9.8%，主要污染项目是氨氮、总磷、化学需氧量。对 118 个湖泊共 3.1 万 km^2 水面进行了水质评价，全年总体水质为Ⅰ～Ⅲ类的湖泊有 28 个，Ⅳ～Ⅴ类湖泊 69 个，劣Ⅴ类湖泊 21 个，分别占评价湖泊总数的 23.7%、58.5%和 17.8%，主要污染项目是总磷、化学需氧量和氨氮。

湖泊营养状况评价结果显示，中营养湖泊占 21.4%，富营养湖泊占 78.6%。在富营养湖泊中，轻度富营养湖泊占 62.0%，中度富营养湖泊占 38.0%。对全国 324 座大型水库、516 座中型水库及 103 座小型水库，共 943 座水库进行了水质评价，全年总体水质为Ⅰ～Ⅲ类的水库有 825 座，Ⅳ～Ⅴ类水库 88 座，劣Ⅴ类水库 30 座，分别占评价水库总数的 87.5%、

9.3%和3.2%，主要污染项目是总磷、高锰酸盐指数、氨氮等。其中大型水库Ⅰ～Ⅲ类及劣Ⅴ类的比例分别是87.9%和2.5%。水库营养状况评价结果显示，中营养水库占71.2%，富营养水库占28.8%。在富营养水库中，轻度富营养水库占86.3%，中度富营养水库占12.9%，重度富营养水库占0.8%。

全国评价水功能区6 270个，满足水域功能目标的3 682个，占评价水功能区总数的58.7%。其中，满足水域功能目标的一级水功能区(不包括开发利用区)占64.8%，二级水功能区占54.5%。评价全国重要江河湖泊水功能区4 028个，达标率为73.4%。其中，一级水功能区(不包括开发利用区)达标率为76.9%，二级水功能区达标率为70.5%。2 104个浅层地下水测站监测数据综合评价结果显示：水质优良的测站比例为2.9%，水质良好的测站比例为21.1%，无水质较好测站，水质较差的测站比例为56.2%，水质极差的测站比例为19.8%。主要污染指标除总硬度、溶解性总固体、锰、铁和氟化物可能由于水文地质化学背景值偏高外，“三氮”污染情况较重，部分地区存在一定程度的重金属和有毒有机物污染。上述各种水体水质状况评价结果也反映了我国水环境形势的严峻程度。

面对日趋严峻的水资源质量和水环境形势，我国政府近些年来采取了一系列重大措施开展水资源保护和水环境治理。2015年国务院发布的“水污染防治行动计划”(“水十条”)，提出大力推进生态文明建设，以改善水环境质量为核心，按照“节水优先、空间均衡、系统治理、两手发力”原则，贯彻“安全、清洁、健康”方针，强化源头控制，水陆统筹、河海兼顾，对江河湖海实施分流域、分区域、分阶段科学治理，系统推进水污染防治、水生态保护和水资源管理等总体要求。

中共中央办公厅和国务院办公厅2016年12月印发的《关于全面推行河长制的意见》，提出坚持节水优先、空间均衡、系统治理、两手发力，以保护水资源、防治水污染、改善水环境、修复水生态为主要任务，在全国江河湖泊全面推行河长制，构建责任明确、协调有序、监管严格、保护有力的河湖管理保护机制，为维护河湖健康生命、实现河湖功能永续利用提供制度保障。2017年6月修订后的《中华人民共和国水污染防治法》更加明确了各级政府的水环境质量责任，对总量控制制度和排污许可制度进行修改。中共中央办公厅和国务院办公厅2018年1月印发的《关于在湖泊实施湖长制的指导意见》指出，湖泊是江河水系的重要组成部分，是蓄洪储水的重要空间，在防洪、供水、航运、生态等方面具有不可替代的作用。要求各省(自治区、直辖市)将本行政区域内所有湖泊纳入全面推行湖长制工作范围，到2018年年底前在湖泊全面建立湖长制，建立健全以党政领导负责制为核心的责任体系，落实属地管理责任。《国家中长期科学和技术发展规划纲要(2006—2020年)》中指出“改善生态与环境是事关经济社会可持续发展和人民生活质量提高的重大问题”，明确提出“实施区域环境综合治理，开发饮用水安全保障技术以及生态和环境监测与预警技术，大幅度提高改善环境质量的科技支撑能力”。

上述水污染防治和水环境保护措施的实施为改善我国水环境质量奠定了非常重要的基础。然而，发达国家的历史经验表明，水污染治理与水环境保护问题复杂，任务艰巨，水环境改善效果需要较长的时日和耐心地努力。

1.1.2 美国水环境现状的启示

根据美国2009年编制的《国家水质调查：2004递交国会报告》提供的信息，在被评价的河流长度和湖泊面积中，44%的河流长度和64%的湖泊面积不能满足指定用途水质标准。

受损河流和湖泊的主要污染指标包括病原体、有机物富集和营养物，受损湖泊的主要污染指标包括汞、多氯联苯和营养物。受损河流的主要污染源包括农业、水文情势变化和未知原因，受损湖泊的主要污染源包括大气沉降、农业和未知原因。上述评价结果表明，在过去的数十年里，尽管美国在水质保护和改善方面投入巨大，几乎控制了所有的点源污染，也取得了很大的成就，然而仍有近一半长度的河流和一半面积的湖泊达不到指定用途的水质标准。导致美国水环境治理和保护未能达到预期目标的主要原因之一就是来源于面源的污染负荷仍未得到有效控制。

根据美国《国家水质调查：1994 递交国会报告》提供的数据，在全国 52 个州和管辖区中，49 个州和管辖区的河流及 41 个州和管辖区的湖泊受到面源污染物影响。影响河流的面源污染物主要来自农业、水文情势与生境变化、资源开采、河岸植被移除、森林采伐(或森林培育)；影响湖泊的面源污染物主要来自农业、未指明的面源、水文情势与生境变化、土地处置。农业是影响美国河流和湖泊水质的主要污染源，有 46 个州和管辖区将农业列为造成河流水质受损的主要污染源，水质受损河流中有 60%是受到农业污染源的影响；有 27 个州和管辖区将农业列为造成湖泊水质受损的主要污染源，水质受损湖泊中有 50%是受到农业污染源的影响。

在美国面源污染一般定义为由于降雨或融雪流过地表和透过地面而造成的水污染。当水流过土壤表面或透过土壤时，会挟带起自然界中存在的污染物以及人类活动产生的污染物，最后流入并沉积到湖泊、河流、湿地、沿海水域以及地下水中。生境改变(如河岸植被的移除)和水文情势改变(如在河流上筑坝或在河口安置桥梁支座)可能对地表水体的生物完整性和自然完整性造成不利影响，这种状况也被视为面源污染。大气沉降，即空气中的污染物沉积到地面或进入水体，也被视作面源污染。在美国的联邦层面上，凡是不符合清洁水法案点源污染定义的水污染源都被定义为面源污染。“点源”是指污染物可从任何可识别的并受有限的离散输移通道排放，这些离散输移通道包括但不限于管道、沟渠、渠道、隧道、水井、离散裂隙、容器、运输车辆、集中式动物饲养、船舶等。该定义中未包括农业的雨洪排水和灌溉农业的回归水[1]。

从美国数十年的水污染治理和水环境保护实践来看，在点源污染得到全面控制之后，面源污染逐渐成为水环境污染的主要原因。当前，我国政府加大了对工业企业生产和城镇居民生活废污水等点源污染治理的力度，点源污染问题有望在不久的将来得到较好地解决，面源污染问题将成为保护和改善水环境的主要制约因素。

1.1.3 农业面源污染的危害

农业已经成为影响美国河流、湖泊等水体水质的主要面源污染来源，我国人口众多，保障粮食供给是事关国家安全的重大任务，高强度的农业生产活动是我国的基本国情，因此农业面源污染是影响我国水环境的主要问题之一。农业面源污染物主要包括营养物、泥沙、动物粪便以及农药等。氮和磷是两种来自农业的主要营养物，它们通过化肥、有机肥、市政和工业处理厂的淤泥和废水、作物残茬、灌溉用水、大气沉降等方式进入农田。氮和磷在流动缓慢的河流、湖泊等水体中的过度富集会导致藻类及其他浮游生物迅速繁殖，致使水体透明度降低，溶解氧量下降，鱼类及其他生物大量死亡，水质恶化，即产生水体富营养化问题。

我国大部分地区属季风气候区，水资源的年内分配极不均匀，其中 3～6 个月汛期内的径流量占了全年总径流量的 60%～90%，只有通过调蓄措施来调控汛期径流，才能实现水资源的供需平衡。为此，我国修建了大量的水库，农村地区还存在众多农民自发修建的塘坝。这些水资源调蓄工程中的大部分已成为我国广大地区的饮用水水源地以及工农业生产用水水源地。在城市化发展过程中，我国许多城市为了营造美化城市环境的水景观，在很多流经城市的河流上修筑低矮水坝来拦蓄河水，致使流经城市的河段出现水库化现象。我国还是一个湖泊众多的国家，东部平原湖区遍及长江及淮河中、下游，黄河，海河下游以及大运河沿岸地区，东北平原山地湖区遍及东北三省，这部分地区是我国农业主产区。上述流动缓慢的水体在高强度农业活动的作用下，发生水体富营养化的风险很大。

发达国家的治理经验表明，尽管通过减少氮、磷营养物的输入可以逆转水体的富营养化程度，但能够恢复到何种程度存在很大的变数，而且这个逆转过程是非常缓慢的。2014 年夏天，美国伊利湖湖畔的俄亥俄州第四大城市托莱多市因湖水中微胞藻类毒素水平超标，致使饮用水源受到污染，自来水无法饮用。该事件再次告诫我们水体富营养化的危害非常严重，富营养化的治理过程极其漫长，还存在着很大的变数。因此，在水体富营养化问题产生之前，尽早采取措施，控制流域面源氮、磷流入受纳水体是解决水体富营养化问题的根本出路。

1.1.4 研究意义

我国是一个人多地少的国家，通过提高单位面积粮食产量来保障粮食供给是我国的一项基本国策。可以预计在今后相当长的一段时期内，保持和增加化肥施用量仍将是提高我国粮食单产的主要手段之一，这表明来自农业生产活动的富余氮、磷向湖泊、水库、塘坝、水库化河道等静态水体流入的风险仍然相当严峻。

2011 年中央 1 号文件和中央水利工作会议明确要求实行最严格水资源管理制度，其中确立了水功能区限制纳污红线，从制度上推动经济社会发展与水环境承载能力相适应。水功能区限制纳污红线的主要目标是到 2030 年主要污染物入河湖总量控制在水功能区纳污能力范围之内，水功能区水质达标率提高到 95%以上。水利部在《关于加快推进水生态文明建设工作的意见》中明确提出，建立水功能区水质达标评价体系，加强水功能区动态监测和科学管理，从严核定水域纳污容量，把限制排污总量作为水污染防治和减排的重要依据。水功能区纳污能力是指在一定设计水文条件和排污情况下，为满足水功能区水质目标要求，水体所能容纳某类污染物的最大数量。由该定义可知，水功能区纳污能力与其自身本底条件紧密相关。目前对流域面源污染负荷的定量评估尚缺乏有效的技术手段，这势必会影响到水功能区纳污能力的合理核定。流域面源污染是影响我国水功能区达标和小流域水环境水生态质量的主要因素之一，目前我国尚缺乏流域面源污染监测、评估与防控等方面的相关技术标准。

面源污染是流域面上的污染物在降水冲刷和淋溶作用下，从非特定地点通过地表径流、地下径流的驱动汇入河流、湖泊、水库、塘坝等受纳水体，造成水体的污染。流域水文过程是面源污染产生的主要驱动因素，并在人类活动影响下被进一步强化。水文过程具有显著的随机性，再加之人类活动的多样性，使得流域面源污染的形成机制和迁移过程非常复杂，涉及水文学、土壤学、植物学、环境科学、生态学等多个学科。发达国家的实践经验表明，依托流域和径流小区开展水量水质同步实验监测，分析评估监测数据以揭示面源污染的输出特征，然后在此基础上提出面源污染负荷定量估算方法和面源污染防控管理机制，评估面源污染防控体系实施效果等是一种重要的研究方式，相关研究成果已经为国家相关政策的制定提供了关键的技术支撑[2-3]。我国的地形地貌、水文气象、地质土壤等自然地理条件，土地利用、农业种植、畜禽养殖等人类活动方式，以及社会、经济、法律、传统习惯等国情因素与美国等发达国家有较大的差异，他们的相关研究成果难以直接应用于我国，但他们的研究思路、经验教训、研究方法等值得我们借鉴。鉴于此，本项研究选择我国具有代表性的江淮地区农业小流域作为研究对象，通过水量水质同步监测，揭示我国典型农业小流域氮、磷的输出特征，探索流域面源氮、磷输出负荷的定量估算方法，流域面源污染物输出关键源区识别技术以及构建流域面源氮、磷生态防控体系对策等。

本研究成果可为水功能区面源氮、磷输入负荷估算和纳污能力评估，小流域面源氮、磷防控策略制定，水库、塘坝等水体富营养化进程的延缓与控制等提供必要的研究基础和技术支撑。

水利部已经规划全国水文实验站网恢复重建工作，急需在条件成熟地区优先开展实验研究的试点工作，为将要开展的水文实验站网恢复和建设积累经验，本项目研究成果可为水文实验站网恢复和建设提供重要的示范作用。

1.2 农业面源污染特征及主要污染物

1.2.1 基本特征

农业面源污染一般具有如下特征：

(1) 面源污染物主要包括氮、磷营养物，泥沙，畜禽排泄物，农药，等等。

(2) 面源污染物的负荷输出与降雨径流事件密切相关，间歇性和随机性特征显著，并且以分散形式进入水体。

(3) 面源污染物在进入地表水体或渗入地下水之前，主要分布在广阔的陆地表面和土壤中，并随径流过程在地表和土壤中迁移。

(4) 面源污染负荷输出量受水文气象条件的影响，输出负荷量年内分布不均匀，年季间的变化较大。

(5) 面源污染物的空间分布范围广泛，累积程度不均匀，受降雨径流量大小和流域地貌地质条件影响，污染物负荷输出过程复杂，输出地空间分布存在较大差异。

(6) 面源污染空间分布广泛，时程变化上存在不确定性，并且在面源污染物随径流迁移过程中还会发生某些变化。

1.2.2 营养物质

氮和磷是农作物生长必需的两种营养元素，一般情况下需要通过施肥增加土壤氮、磷含量，保证农作物生长需要。但是，对于水体而言，过多的氮、磷会导致水体初级生产力过高，引发藻类过度繁殖、水体溶解氧下降等水生态系统失衡问题，成为水体中的“污染物”。农田的氮和磷主要来源包括：包含氮、磷、钾等的固态或液态化肥，畜禽养殖产生的包含氮、磷、钾等的粪肥，市政和工业废污水处理厂产生的包含氮、磷、钾等的污泥和废水，包含氮、磷、钾等的豆科植物和作物秸秆，灌溉水，野生动植物，诸如氮、磷营养物以及硫化物的大气沉降等。此外，有机物和作物秸秆的分解也可能是农田氮、磷的重要来源之一。

农田地表径流可输移污染物主要包括附着在颗粒物上的磷、有机氮等营养物，化学物质以及某些有机废物中的金属；可溶性营养物和化学物质，诸如氮、磷、金属以及许多其他的基本营养物和微量营养物;有机固体微粒、耗氧物质以及有机废物中的细菌、病毒和其他微生物;盐分;等等。

农田地下入渗水可输移污染物主要包括可溶性营养物和化学物质,诸如氮、磷、金属等;其他基本营养物和微量营养物;盐分;有机废物中的细菌和病原体。

一般情况下,水环境中的氮和磷背景值分别低于 0.3 mg/L 和 0.01 mg/L。当这些营养物过量流入河流、湖泊后,水生植物的生产力可能急剧提高。这个被称为人为富营养化的过程可能会对河流、湖泊的使用功能造成不利影响。

过度的水生植物生产力导致有机物累积,有机物死亡和腐烂过程中消耗其他水生生物所需的氧气。水域底部因缺氧而形成的厌氧条件可以使底泥中的富余营养物释放出来。富含营养物的水体会促进藻类的繁殖,结果导致水体的浊度增加,某些藻类能产生危害饮用水水质的严重臭味。

(1) 氮

各种进入湖泊、河口以及沿海水域的氮都是水体富营养化的潜在影响因素,一般情况下,可利用氮是海洋生态系统植物生长的限制性影响因素,氮的增多对海洋生态系统的自然功能有重大影响[4]。除了导致水体富营养化,过量的氮还会引起其他的水质问题。当水体中液态氨氮的浓度超过 0.2 mg/L 时,可以导致水中鱼类中毒。饮用水中的硝酸盐对新生婴儿是一种潜在的威胁,硝酸盐在消化道中被转化为亚硝酸盐,致使血液的携氧能力下降,可能导致新生婴儿脑损,甚至死亡。美国环境保护署规定生活用水中的硝态氮浓度不得超过 10 mg/L (EPA. 1989a. National Primary and Secondary Drinking Water Standards; Proposed Rule. 40 CFR Parts 141, 142, and 143. U. S. Environmental Protection Agency, Washington, DC.)。

土壤天然存在的氮素不能完全满足农作物生产的需要,可以通过施用化肥或粪肥进行补充,也可以通过种植具有生物固氮功能的豆科植物和秸秆还田来增加土壤中的氮。添加到土壤中的氮是以有机物、土壤腐殖质或吸附在土壤颗粒上的方式存在的,它们并不是在任何时候都能被植物所利用。土壤中的大部分氮是有机氮,它们缓慢地(每年 2%~3%的速度)通过矿化作用转化为植物容易吸收的铵态氮或硝态氮。作物秸秆的碳氮比以及环境条件(比如温度、湿度)控制着氮素转化过程。

氮的化学形态对水质有重要影响,大部分重要的生物可吸收氮是以氨氮、硝酸盐以及亚硝酸盐形态存在的。硝态氮,相对容易运动迁移到作物根区,特别是在渗透性能较好的沙质土壤中,当然硝态氮也能随地表径流迁移。氨氮易于被土壤颗粒吸附,主要随侵蚀泥沙迁移。即使氮素离开农田时不是以植物易于利用的形式存在,但在迁移过程中或是进入水体后,还是可以被转化为植物易于利用的形态。

氮在植物、土壤生物、土壤有机质、水以及大气中不断地循环,其间经历了一系列复杂的生物化学转变。有些氮的形态是极易变化的,有些则不然,土壤中的大部分氮都被滞留在土壤有机质(腐烂的植物和动物组织)和土壤腐殖质中。构成陆地生态系统氮循环的主要环节包括:矿化过程、硝化作用、固氮作用、反硝化作用。

矿化过程:矿化过程是微生物慢慢将土壤有机质中的氮分解成铵离子,然后将这些铵离子释放到能够强力吸附它们且相对固定的土壤中。植物能够利用这些氨氮,但氨氮也可以随泥沙或悬浮物迁移。

硝化作用：通过土壤微生物的硝化作用将铵离子(既可以是土壤有机质矿化的，也可以是通过化肥输入的)转变成亚硝酸盐，然后很快又转变成硝酸盐。硝酸盐在水中可以溶解，而且易于流动，很多时候是与水质问题相关的氮形态。

固氮作用：通过植物或微生物吸收和土壤吸附，将铵离子和硝酸根离子转变成有机氮的过程。

反硝化作用：通过厌氧环境中的微生物作用，将硝酸盐转变成亚硝酸盐，然后再转变成氧化亚氮和气态氮的过程。

一个氮分子可以在同一块田间参与多次上述循环过程。各种氮循环过程可以同时发生，并受土壤生物、温度以及土壤中可利用氧和碳的控制。上述过程间的平衡决定着有多少氮可用于植物生长，多少氮流失到地下水、地表水以及大气中。

(2) 磷

磷素是导致淡水和河口水体富营养化的影响因素。藻类消耗溶解态无机磷，并将这些无机磷转化成有机磷。土壤中磷素形态可能包括溶质态、胶体态或颗粒态。一般，自然条件下大多数土壤磷素含量是较低的；但土壤实验数据表明，由于数十年来不断地向土壤补磷，补入农田中的磷超过农作物收获带走的磷，结果导致美国等欧美发达国家农田土壤中磷素含量普遍较高。长期土壤实验表明，世界许多地区的土壤磷素都超过了农作物的养分需要[5]。农田施肥活动中，人畜粪肥等有机肥的施肥量通常是根据肥料中氮的含量以及作物对氮的需求量来确定的，由于粪肥中氮磷比一般为2∶1～6∶1，而农作物吸收肥料的氮磷比一般为7∶1～11∶1，因此若按农作物对氮的需求量来确定施肥量，结果往往导致磷施用过量。

控制磷从陆域输移到水体的主要驱动力包括输移因子(径流、下渗以及侵蚀)和源因子[表层土壤磷以及化肥(粪肥)的施肥管理][6]。侵蚀过程控制着颗粒态磷的输移，径流过程驱动着溶质态磷的输移。颗粒态磷的输移是一个复杂的过程，与降雨、灌溉、径流以及影响侵蚀的土壤管理因素有关，溶质态磷的输移与土壤和植物体内的磷在水作用下发生的吸附/解吸附、溶解以及析出过程有关。地表径流通常被认为磷从农田流失的主要途径，然而越来越多的证据表明，某些土壤类型，特别是具有地下排水设施的农田，磷的淋溶也可能对水质构成威胁[7-10]。

施肥和耕作等农事活动在很大程度上决定了土壤中可利用磷在输移因子作用下可以输出的数量[11-12]。大量监测结果表明，土壤表层(0～5 cm)的磷累积量影响到径流中磷的浓度和流失量，根据各种土壤和种植制度上的实验监测，表层土壤中的磷素含量与地表径流中的溶质态磷浓度之间存在显著的相关关系[13]。由于土壤磷的饱和状态综合了土壤类型的影响，因此土壤磷的饱和状态比单纯的土壤磷素含量指标更能反映磷随径流的流失特征，特别是作为设定环境土壤磷素限制指标的理论基础，采用土壤磷的饱和状态指标更为合理[14]。虽然径流中磷浓度会随着土壤表层磷含量增高而提高，但是仅仅用土壤磷素含量作为可输移磷的预测指标是有问题的。考虑水文过程是了解磷从流域输出的关键。土壤磷素含量分析只是量化了土壤中可溶性的、生物可利用的以及可能解吸附的磷，但没有提供任何信息来反映输移过程和管理实践对磷从土壤迁移到水中的影响，也没有反映施入土壤的化肥、粪肥以及生物固体中的磷是如何直接释放的[8,15]。

虽然土壤磷的含量对农业径流、地表径流以及水土流失中的磷的浓度有重要影响，但对磷的输出而言，磷肥的施用不当影响常常超过了土壤中磷含量的影响。因此，仅用单一土壤磷素含量的阈值来预测地表径流中的磷输出太过局限，不能作为指导磷管理的唯一准则[16-18]。土壤磷含量的数据必须与磷的输移过程和管理方式综合考虑，才能预测磷向水体的流失量。流域磷输出管理不应只集中在土壤磷含量高或是磷饱和的区域，而应集中在关键源区，该区域是地表径流的源区与土壤磷含量高和施肥多的区域的重叠区[19-20]。农业流域磷流失管理的重点是识别关键源区，确定控制目标，并在关键源区采取相应控制措施[21]。

溶解态无机磷(正磷酸盐磷)是藻类能够直接利用的唯一形态，农田表层 5 cm 土壤中的生物可利用磷能够促进水体的富营养化。生物可利用磷包括溶解态磷和部分颗粒态磷，其中不同土壤的颗粒态磷中生物可利用磷的比例也有所差异。河流湖泊水体底泥环境变成厌氧环境时，进入水体的颗粒态磷和有机磷可以转化为溶解态磷被释放出来，并被藻类利用[22-23]。

与氮循环过程相比，磷循环过程相对简单，磷与大气联系较少。土壤中的大部分磷是矿物与有机物的混合物，有 50%～75%的磷滞留在土壤有机质中，这些有机质在土壤微生物作用下慢慢分解。部分有机磷作为磷酸根离子被释放到土壤溶液里，磷酸根离子可以很快被植物利用。通过分解释放或化肥添加的磷酸根离子被土壤颗粒紧紧地吸附，很快变成植物无法利用的形态固定下来。土壤溶液中溶解态磷的平衡程度取决于土壤的化学环境(比如，pH 值、氧化还原作用、铁的浓度)以及土壤中磷的含量[24-25]。

1.2.3 泥沙

泥沙来源于土壤侵蚀，既可能是矿物质固体，也可能是有机固体，呈悬浮状随风、水、重力或冰从它的起源地输移。与农业有关且可产生泥沙的侵蚀类型包括：表面侵蚀和细沟侵蚀、浅沟侵蚀和传统冲沟侵蚀、风蚀、河岸侵蚀。土壤侵蚀就是被降雨、流水或风剥蚀的颗粒输移的过程。被侵蚀的土壤既可以在原地重新沉降，也可以随径流和风输移离开原地。土壤流失会使土壤营养物减少和土壤结构退化，导致被侵蚀土壤的生产力下降。

泥沙对水体使用功能有多方面的影响，如水中的悬浮固体减少了水生植物可利用的光照，覆盖了鱼类的产卵区和饵料供给区，妨碍滤食动物的滤食能力，阻塞和危害鱼类的鱼鳃，水体浑浊度干扰某些鱼类种群的捕食习性。这些影响组合在一起会导致鱼类、贝类、植物种群减少，降低湖泊、河流、河口以及沿海水域的综合生产力。

吸附在泥沙上的农药、磷以及氨氮会随泥沙一起迁移，然后随着水生环境的变化，如上覆水中氧浓度的下降或是底泥中厌氧条件的发展，这些附着在泥沙上的化学物质可以从底泥中释放出来。附着在泥沙上并随泥沙迁移的磷可能不会立刻被水生植物所利用，但就长期而言，会成为导致水体富营养化的影响因素。

来源不同的泥沙所携带的污染物种类和数量是不同的，比如，表面侵蚀、细沟侵蚀、浅沟侵蚀以及风蚀主要是搬运土壤表面或耕作层的土壤颗粒，来源于土壤表层的泥沙造成的污染风险要高于来源于土壤表层以下的泥沙。由于以往施用化肥和农药以及营养物循环和生物活动，农田表层土壤中含有更多的营养物和其他化学物质，有机质所占比重更大。来源于冲沟和河岸的泥沙所携带的吸附污染物一般要低于来源于表层土壤的泥沙。

泥沙的农田侵蚀土壤包含较精细和较低密度颗粒的比例一般要高于农田母质土壤，这种土壤成分的变化是侵蚀过程的选择性作用结果。由于大的土壤颗粒附着力较小，它们更容易从土壤表层分离开来，也因为粒径较大，它们会更快地从悬浮状沉淀下来。有机物则因附着力较大，不容易从土壤表层分离，但因密度较低，一旦从土壤表层分离出来，它们就很容易被输移。黏土颗粒和有机残留物与更大粒径和更高密度的泥沙相比，可以保持更长时间的悬浮和更为缓慢的流动速度。小的土壤颗粒比大的土壤颗粒具有更大的吸附能力，因此这种选择性侵蚀特征能够增加单位重量泥沙所输移的污染物。结果，与母质相比，侵蚀泥沙包含更多的磷、氮和农药。

1.2.4 畜禽排泄物

畜禽排泄物（也称有机肥）包括牲畜和家禽的粪便和尿液，饲养场清洁处理废水以及饲料、草垫、垃圾和土壤混杂物。肥料和垫料中包含某些污染物，它们可能从饲养场随径流和清洁处理废水迁移，主要包括：耗氧物，氮、磷等营养物，有机固体，盐分，细菌、病毒以及微生物，金属，泥沙，等等。当包含污染物的径流、清洁处理废水或肥料进入地表水体时，地表水体中的营养物和有机物增多，导致这些水体中的水生植物和藻类过度生长。

农田长期施用肥料对土壤特性的影响有正负两个方面，正面影响包括土壤有机物增多、土壤肥力增加以及土壤物理特性改善等；负面影响包括地下水的硝酸盐污染、地表水的磷污染以及金属或其他微量元素浓度增高对农作物的潜在毒性影响等。比如，播撒家禽垃圾和猪粪的农田会积累铜和锌[26-28]。

施肥方式、时机和数量是肥料可能导致水质污染的重要因素[29-31]。播撒在土壤表层的肥料比混入土壤中的肥料更容易随径流输移。随着土壤温度增高，磷与土壤颗粒的吸附能力也提高。土壤类型、作物种类、预期产量以及农作物对营养物的吸收能力是肥料可能导致水质污染的其他影响因素。当作物生产施肥量是按氮需求量确定时，正常输入的肥料中，磷和钾输入量将超过作物的需求量，而土壤一般能够吸收肥料中的大部分磷，不过这种能力不是无限的。

1.2.5 农药

农药主要用于防止、消灭、驱除或减轻害虫危害和调节植物生长，地表水和地下水中可能检测到的主要农药污染物包括活性成分、惰性成分以及任何持久性降解物。农药及其降解物可能以溶质、乳液或附着在土壤胶体上的方式进入地下水和地表水[32-34]。尽管农药能够控制植物虫害和提高作物产量，但在某些情况下也可能对地表水和地下水水质造成危害，有些农药是难以降解的，可能会在水生生态系统中滞留和累积。相关研究发现，在刚施用过农药的附近区域，农药浓度相对较高，而随着时间的推移，在较远的下游区域农药浓度显著下降。

由于化学成分和施用方式存在很大的不同，所以农药对环境的潜在危害是多方面的。一般而言，较高毒性和持久性的农药更有可能产生问题。毒性有急性影响和慢性影响，急性影响一般在农药播撒后很快就会发生，而慢性影响则可能是某种农药在某个环境中存在了数月或数年后，由于农药浓度累积上升到足以触发一种或几种生物出现反应才会发生。

农药对水质的威胁常常与施用位置和施用方式有关，在开阔水域附近进行空中喷洒杀虫剂时，水体受污染的风险最高，这是因为与其他施用方式相比，空中喷洒杀虫剂时，杀虫剂产生漂移的几率最大，杀虫剂对水生生物的影响大于其他农药类型。径流和地下水中的农药残留也会对水质构成威胁。与其他农药相比，使用更广泛且在使用后数周还能被检测出的除草剂更容易通过地表径流或地下水迁移。因土壤滞留住了大部分入渗的农药残留，地下水中的农药浓度一般都比较低。在农药广泛使用的地区，地表水的农药残留存在年度周期变化，种植季节期间农药残留量高，年内其余时间农药残留量低[32, 35-37]。

1.3 国内外研究进展

在野外开展原位观测实验掌握第一手资料是人们认识自然规律的基础，许多成熟的理论和模型均是源于原型观测得到的现象，经过科学家不断总结、凝练和验证得到的。农业面源污染受水文、农业、土壤、地质、施肥等多个方面因素影响，对其发生规律的认识尚未完全清楚，在野外进行原位观测仍然是对其研究的主要方法和手段。野外原位观测不仅需要大量的基础设施建设、配置相应的观测仪器设备、足够的运行维护经费等客观条件，而且需要相关学科的研究人员和维护观测设施的技术辅助人员才能得以顺利开展。根据不同自然地理气候等区域特点，依托不同的研究项目从国家层面建立长期生态观测实验站是当前欧美发达国家的普遍做法，我国的生态网络实验站也是在全国选择典型的生态系统开展长期观测实验。从不同的时间和空间尺度上观测氮磷等面源污染物随水文过程的迁移规律同样是许多生态实验站的重要研究内容。

美国长期生态研究网络实验站（U. S. Long Term Ecological Research，US-LTER）由美国国家自然科学基金委员会资助，于 1980 年成立，由 26 个研究站点组成，分别观测其境内的森林、海岸带、湖泊、城市等不同生态系统类型。在美国除了由国家自然基金委员会资助成立的研究网络外，还有美国农业部、地调局等部门成立的主要服务于部分研究工作需要的长期观测实验站。例如，美国农业部 2012 年选择了全美 10 个具有代表性的农业流域组成长期农业生态系统研究站网（Long Term Agro-Ecosystem Research，LTAR）。欧洲的生态系统观测网络成立于 2003 年，由欧盟各成员国境内的观测实验站组成，目前各个成员国的网络实验站由各自组织管理。由英国新卡斯特、兰开斯特大学、生态水文研究中心等高校和科研机构组织成立的流域水文和可持续管理项目（Catchment Hydrology And Sustainable Management，CHASM）是英国流域水文研究主要研究项目，由 7 个面积大小不等的流域组成[38]。近年来，由美国科学家发起并受美国国家自然科学基金委员会资助成立的地球关键带研究观测网络（Critical Zone Exploration Network，CZEN）受到国际科学家越来越多的关注，欧洲和亚洲许多国家生态观测站也逐渐加入该网络。地球关键带研究观测网络以与人类生存密切相关的植被、土壤和水组成的地球表面生态系统为主要研究对象。

中国生态系统研究网络（CERN）是为了监测中国生态环境变化，综合研究中国资源和生态环境方面的重大问题，发展资源科学、环境科学和生态学，于 1988 年开始组建成立的。目前，该研究网络由 16 个农田生态系统试验站、11 个森林生态系统试验站、3 个草地生态系统试验站、3 个沙漠生态系统试验站、1 个沼泽生态系统试验站、2 个湖泊生态系统试验站、3 个海洋生态系统试验站、1 个城市生态站，以及水分、土壤、大气、生物、水域生态系统 5 个学科分中心和 1 个综合研究中心组成，截至 2015 年年底生态站点共有 44 个研究站。

我国水文实验研究最早开始于 1924 年，南京金陵大学美籍教授罗德民会同其助教，在山西沁源县宁武东寨和山东青岛林场设置径流泥沙实验小区，观测在不同森林植被和无植被山坡水土流失量的变化。新中国成立后，特别是 1953 年以后，我国水文实验研究得到了较快发展。总体上，我国水文实验站经历了快速发展期、调整期、停顿期等几个阶段。新中国成立初期，水文站点稀少，已建站资料系列较短，为满足水利和国民经济建设快速发展的需求，从20世纪50年代开始，水文实验站特别是野外实验基地进入了快速发展期。20世纪60年代初为调整期，“文革”期间水文实验研究活动基本停止。1978年，水利电力部水文水利管理司水文处召开“全国径流实验经验交流会”。通过整顿，水文实验研究工作又有起色。随着20世纪90年代以来的科研体制改革，水文系统的实验站由于缺乏正常的实验研究经费，多数已基本停止实验，有的甚至不复存在，为数不多的只能处于勉强维持状态。2000年以来，各地根据需要，陆续建设了一些与新时期治水思路和水文自身发展密切相关的实验站点，主要体现在水环境与水生态监测、土壤墒情和旱情规律研究、水土流失成因研究、水沙联调、新仪器设备使用等方面，但是在基础实验研究方面进展甚微。

1.3.1　面源污染实验流域研究案例

流域面源污染的形成过程极为复杂，涉及流域的水文气象特征、地形地貌特征、土地利用方式、土壤类型、植被覆盖、河网水系等多项因素，通过野外原位监测实验研究是人们获得复杂问题发生规律与形成机制认识的基本方法和主要手段。美国等发达国家在利用野外原位监测实验方法研究流域面源污染机理和防控措施方面取得了许多重大进展，具有代表性，其研究思路和技术手段对我国流域面源污染问题研究和治理具有一定的参考价值。

(1) WE-38 实验流域

1）基本概况

该实验流域位于美国东北部宾夕法尼亚州诺森伯兰县境内的马罕坦哥河流域(Mahantango Creek Watershed，流域面积为420 km^2)的北部，名为WE-38流域，是马罕坦哥河流域的一个源头子流域。WE-38流域控制集水面积为7.3 km^2，流域平均宽度约为2.1 km，平均长度约为3.5 km，形状大体呈不规则的长方形，属于典型的阿帕拉契山谷和山脊地理区域山地农业流域。流域地形呈北高南低，地面高程范围为230～490 m，气候温和、湿润，多年平均降水量约为1 080 mm，多年平均径流深约为500 mm，多年平均蒸散发量为577 mm[2]。

流域的土壤主要是粉砂壤土，还有深度相对较浅(深度小于1.5 m)的残积土。土壤下部为基岩，由两类岩层组成，一类是特里默斯岩层，这类岩层主要是页岩和露出地面的岩层，这部分岩层位于流域出口，呈近乎水平状态；还有一类是卡茨基尔岩层，这类岩层主要包含层间页岩、粉砂岩以及砂岩，向北逐渐变粗，这部分岩层往北逐渐向上倾斜，构成了流域的分水岭。

陡坡和岭上的土壤都是排水良好的中等颗粒结构弱育土，坡脚和谷底的多种崩积沉积是最近冰河时期冰缘活动的结果，这些地区的土壤包括中等到精细颗粒结构的老成土、极育土等，这些土都是砂岩、粉砂岩和页岩风化的残积物或崩积物形成的。具有脆盘的土壤与崩积沉积有关，位于邻近谷底的缓坡地带，常常导致上层滞水，发生蓄满产流。排水通道两边洪泛区的冲积层的土壤既有排水良好也有排水不好的中等到精细颗粒结构土壤。

WE-38流域的土地覆被近几十年来变化很小，其中2.3%为开发区，39.6%为林地，3.2%为牧场，54.9%为耕地。成熟的落叶林覆盖了流域北部的山脊，形成了流域的北部边界，谷底起伏的丘陵区主要分布着农田和牧场，其间有不到30%的小块林地。一般的作物轮作时间为3年或4年，轮作次序是玉米、谷类和干草，其中有些大豆，大豆种植有逐渐增加的趋势，大部分化肥和粪肥用于种植玉米。

在WE-38流域内还嵌套有多个典型子流域，其中具有代表性的子流域有FD-36流域和布朗流域。FD-36 流域位于 WE-38 流域的西南部，流域面积为 39.5 hm^2，流域坡降范围为 1%～10%，流域内 30%的面积为林地，50%的面积为耕地，还有 20%的面积为牧场。耕地主要种植大豆、小麦和玉米，耕地施用的肥料包括化肥和畜禽粪便，畜禽粪便主要用于行间作物[39-41]。

布朗流域位于 WE-38 流域的东南部，流域面积为 26.0 hm^2，流域坡降范围为 3%～17%，流域内 97%的面积为耕地，3%的面积为林地，河岸有 15 m 宽的草地带，这些草地带不收割，不施肥，相对平坦的草地带之外的农田轮种玉米、谷类和干草。

2）监测项目基本情况

WE-38 流域内设置有 3 个雨量站，其中 RB37 和 RE37 雨量站设站起始时间是 1967 年，MD38 雨量站设站起始时间是 1979 年[42]。雨量站最初采用费舍尔和波特数字穿孔纸带称重式雨量计，该雨量计有一个直径为 203 mm 的开敞式开口，能够储存 495 mm 的累计降水量，可记录下 5 min 内最小 2.5 mm 的累计降水量。1996 年雨量站的雨量计更换成荷载单元数据采集系统，可记录下 5 min 内最小 0.254 mm 的累计降水量，精度比过去使用的雨量计提高了 10 倍。WE-38 流域多年平均降水量为 1 080 mm，排名前两位的年最大降水量分别为 1972 年的 1 448 mm 和 1996 年的 1 386 mm，排名后两位的年最小降水量分别为 1980 年的 718 mm 和 2001 年的 721 mm。WE-38 流域降水量年内分布比较均匀，月平均最大降水量为 6 月份的 125 mm，月平均最小降水量为 2 月份的 60 mm。

利用 WE-38 流域降水资料开展的相关研究主要包括雨量站网效率基础研究以及预测基流和雨洪径流，对流性雷雨以及极值降雨事件（特别是热带风暴残余导致的极值降雨事件）的水文特征分析，地下水径流模拟与地下水回补模式研究，流域模型的参数率定和验证。长期的降水资料既能用于研究当代水文现象的显著特征，又可以了解气候变化对农业流域的农业生产力、水文以及水质的影响。

WE-38 流域出口断面测流设施为串联组合式测流堰，上一级测流堰为混凝土宽顶三角堰，高度为 1.22 m，高宽比为 5∶1，下一级测流堰为金属薄壁直角堰，高度为 0.46 m，该组合式测流堰于 1968 年 1 月 1 日开始启用[43]。薄壁直角堰用于测量小于 0.155 m^3/s 的小流量，宽顶三角堰用于测量 0.155～15 m^3/s 的流量。三角堰上游有一个矩形的池塘，池塘尺寸为 18 m（宽）×80 m（长），该池塘用于保证通过测流堰的水流行进流速均匀一致，特别是在暴雨期间。下游水面正好位于三角堰的堰顶高程以下，这样可以保证在整个流量测验范围内维持自由溢流条件。三角堰堰顶高程为 215.6 m，翼墙顶高程为 216.8 m。WE-38 流域是通过测量测流堰水位高度，然后利用经过率定的水位流量关系计算出流量，每个测流堰的水位高度是通过单独的静水井水位测量出来的，测量水位的水位计为浮子式水位计，每隔 5 min 采集一个水位数据，水位数据的测量精度可达到 3 mm。WE-38 流域 1968—2007 年的多年平均径流深为 500 mm，约为同期多年平均降水量的 40%。排名前两位的年最大径流深分别为 1972 年的 940 mm 和 1996 年的 845 mm，排名后两位的年最小径流深分别为 1980 年的 266 mm 和 2001 年的 207 mm。WE-38 流域径流深年内分布存在明显的季节特征，月平均最大径流深为 3 月份的 74 mm，月平均最小径流深为 8 月份的 12 mm。一般情况下，冬末和初春的流量较大，这时植被的蒸散发量最小；仲夏和初秋的流量较小，这时正是农作物的生长季节。

利用 WE-38 流域流量资料开展的相关研究主要包括通过建立水量平衡方程增进对流

域产流机制的认识，验证重要的产流概念，描述农业流域污染物输出动态变化特征，基础水文与地貌模拟研究，农业水土保持措施对保护水质的有效性应用研究，极值洪水事件的水文特征，利用基流退水特征和过程线分割技术探究地下水回补过程。连续累积的径流资料是了解气候变化和土地管理对流域水文和水质影响的关键。

WE-38 流域自 1983 年开始进行水质监测，监测目的是为长期深入研究美国东北部地区农业活动对水质的影响提供支持[44]。水质采样点位于 WE-38 流域出口的组合式测流堰上游 130 m 处，该采样点下游 30 m 处有一座横跨河流的步行桥。当河流处于基流状态(流量小于 0.16 m^3/s)时，河道的宽度约为 1.8 m，河道深泓线的水深约为 0.2 m。技术员每周三次(通常在周一、周三和周五)到现场进行定时采样，一次采集 473 mL 水样装入高密度的聚乙烯水瓶中，水样采集位置位于河道深泓线(近似于河道的中心位置)水面以下。在采集水样的同时，用酒精温度计测量河水的水温。现场采样后，水样被储存在装有冰块的冷却器中，并随即送至野外测站作进一步处理和分析。在采集的水样中等分出一份 50 mL 水样，用 0.45 μm 滤膜对该水样进行过滤处理，然后装入一个离心管中。过滤和未过滤的水样放入装有冰块的冷却器里，并及时送到水质实验室，保存在 4℃ 的黑暗环境中直至用于分析水样中的污染物和其他化学成分。水质分析结果表明，硝态氮浓度变化范围为未检出～17.2 mg/L，氨氮浓度变化范围为未检出～3.3 mg/L，正磷酸盐-磷浓度变化范围为未检出～2.5 mg/L。

随着农业生产导致的污染物流失问题越来越受到关注，WE-38 流域的相关研究重点开始转向污染物输出的定量评估和管控方式。研究人员分析了雨洪径流和基流中正磷酸盐负荷所占比重，结果发现藻类可利用磷中的 50%，流域输出总磷中的 30%是溶解态磷，这项发现与传统认识相反，而限制农业用地磷流失的侵蚀控制策略是基于传统认识提出的[45]。进一步分析雨洪径流和基流期间的污染物输移特征发现，水溶性磷中的 66%～70%是在雨洪径流期间输出的，而雨洪径流出现时间占全年 10%的时段，输出总磷中的 66%是发生在冬季和春季[46]。与之相反，大部分硝态氮输出(占 60%)也是发生在冬季和春季，但是出现在非雨洪径流期间，这是因基流中硝态氮浓度更高造成的[47]。该项研究成果为制定流域氮、磷输出控制策略提供了重要的理论依据。控制溶解态磷输出的最佳策略就是在雨洪径流期间控制住流域产流区的磷输出，而氮的管理与控制策略则是在全流域上平衡氮的使用。

3) 代表性研究内容

自 1976 年 WE-38 流域开始集中监测径流和水质以来，已经开展了许多水文与水质问题研究，研究的重点内容是关于氮、磷的输移规律[2]，通过对氮、磷输移规律认识的提高来更好地指导美国切萨皮克湾以及全美国氮、磷管控规划。利用 WE-38 流域监测的降水、径流和水质数据开展的研究主要包括以下几个方面：①确定径流与化学物的壤中路径和传播时间。②确定氮、磷的输出机制。③描述暴雨事件中的地表径流产流机制。④通过田间样区或填充土箱的降雨模拟实验描述地表径流中的磷流失特征。⑤描述壤中流中的磷流失特征。⑥确定施用粪肥农田中控制磷释放到径流中的方式。⑦定量估算山坡尺度上的磷流失量。⑧定量估算流域尺度上的磷流失量。⑨通过监测识别径流中的磷输出关键源区。⑩开发、测试和优化针对磷以及针对磷和氮的管理指标。⑪测试减少土壤中磷迁移的农业改良新措施。⑫确定水质模型参数以及评估土地利用方式改变的影响。

(2) 孙家小流域

中国科学院红壤生态开放实验站(简称红壤站),位于江西省余江县刘家站,116°55′E,28°15′N,距离南昌市 135 km,离鹰潭市 13 km。地形以低丘岗地为主,海拔 35～56 m,最大相对高差 15 m。该区水热资源丰富,年降雨量 1 795 mm,平均温度 17.6 ℃。自 1985 年 12 月开始筹建,1988 年底基本完成。

红壤生态实验站附近的孙家小流域为生态水文研究实验流域。该小流域面积 45 hm^2,相对高差小于 40 m,坡度为 5%。土地利用方式包括旱地、果园和水田。该小流域于 2000 年开始自动监测降水量(10 min 间隔),在 6 个点自动监测排灌系统的进流和出流量(10 min),在四种主要土地利用方式下从坡上至坡下安装 2～3 个观测站,观测土壤水分(土壤水分含量和土壤水势),采集土壤水样。用中子仪测定深层土壤水分含量,表层土壤含水量用频率域反射仪(FDR)测定。用负压计管测定(20,40,85,150,200 cm)土壤水势,每个深度重复 2 次,分别由压力传感器自动采集和读数表手工读取,自动监测时间间隔为 10 min;土壤水样采集采用吸力杯的方法,分析其不同形态的养分含量。在旱地利用方式中,用自动翻斗仪测定径流量和土壤流失量,每次降水过程中 10 min 记载一次径流量,并取径流水样和土样。降雨期高频度监测小流域断面流量并采集水样,时间从每 10 min～2 h 一次不等。除了上述监测资料外,其他基础资料有:数字高程模型、土壤侵蚀区和土壤堆积区的空间分布、土壤信息系统、小流域土壤物理性质(质地,容重,饱和和不饱和导水率,土壤水分特征曲线)等[48-52]。

该小流域在生态环境方面的研究成果主要有:在区域范围内,发现林地开垦种植花生导致坡面下部土壤堆积速度为 12～16 cm/a,粉砂级的土壤颗粒在土壤表面被搬运,土壤黏粒在土体中水平和垂直移动,致使土壤质地和结构在坡面上产生层次性差异,导致坡面上土壤有机质和土壤颗粒呈规律性分布,并据此建立了低丘红壤退化的生态水文过程概念模型,指出侵蚀退化可能加剧壤中流,进而加剧农业对环境的负面作用。监测和模拟结果表明,地表径流和壤中流对小流域养分输出具有重要作用。旱地养分流失主要以泥沙携带为主。小流域出口全年径流中全氮平均浓度为 0.99 mg/L,以硝态氮为主(79%),表现出较高的氮负荷输出特征。暴雨径流中,全氮平均浓度为 1.97 mg/L,以硝态氮为主(47%),全钾平均浓度为 1.72 mg/L。土壤水及小流域水文监测和模型分析均表明暴雨中壤中流的产生,使一次降水中壤中流量可达总径流量的 30%;随着壤中流的出现,径流中的颗粒悬浮物质浓度和颗粒态的氮和磷浓度提高;全氮含量不变,但硝态氮含量反而提高。水田地表径流中老水田地表径流的各养分(全氮、硝态氮、铵态氮、全磷、全钾)平均浓度高于新水田;位于谷底部的老水田的养分流失量最大。这些结果说明了土地利用中从林地开垦为农地可能强化壤中流,是导致面源污染的一个不可忽视的重要途径。小流域养分流失量的平均值:N 为 45.8 kg/(hm^2 · a),P 为 1.1 kg/(hm^2 · a),K 为 21.1 kg/(hm^2 · a),分别占年无机施肥量的 22.4%,2.0%和 17.6%。无机氮(包括硝态氮和铵态氮)总损失占总氮径流损失的 85%。养分平衡计算结果表明,氮和磷的盈余可能是造成地表径流高氮及高磷负荷的主要原因;虽然灌溉水输入高负荷的钾,但灌溉水中的钾又大部分随径流流失,作物收获而输出大量的钾,因此该小流域的钾素呈亏缺状态[48-52]。

1.3.2 流域氮循环研究

氮是自然界中普遍存在的一种元素,也是地球上生命体的必需元素。氮在大气、水、生物、土壤等圈层的相互转化及运动构成了其生物地球化学循环过程。随着人口的增多和经济的发展，对能源和食物的需求也在不断增加。化石燃料的大量使用和人类农业生产活动严重影响了氮素的正常生物地球化学循环，使生态系统氮负荷不断增加，严重破坏了自然界中氮循环的平衡，导致了温室效应、臭氧层破坏、酸雨、地下水硝酸盐污染与水体富营养化等严重的生态环境问题，对环境、人类健康及经济的可持续发展构成威胁[53]。中国作为一个农业大国，随着农业的发展，化肥和农药使用量逐年增加，过量的化肥和农药随降雨或灌溉排水流入水域，面源污染负荷所占的比例也越来越重，成为水体污染的主要来源。

受水文、气候、土地利用、人为活动的影响等，氮素的生物地球化学循环过程十分复杂，诸如酸雨、温室气体、水体氮污染等，并不是只在源地发生，而具有很大的迁移性。为了更深刻地理解氮素循环的过程和机制及其环境效应，科学家们对区域尺度下的氮素收支平衡状况进行了一系列的研究。1996 年，Howarth 等计算了北美洲、美洲、亚洲和欧洲几个大流域的氮素收支情况，考虑了化学氮肥、生物固氮、农产品净进口等氮源[54]。2002 年，Bashkin 等对韩国全国氮的收支状况进行了研究，结果表明化肥氮占氮总投入的 65%[55]。2002 年，Xing 和 Zhu 估算了 1995 年中国的氮收支情况，认为化肥氮和动物排泄物是主要的氮源[56]。2004 年，Galloway 等建立了包括亚洲、欧洲、大洋洲等全球区域的氮收支平衡模型，预测了 2050 年的氮收支平衡趋势[57]。2006 年，Parfitt 等研究了新西兰全国氮素收支情况，认为生物固氮是主要的氮源[58]。同年，Filos 等研究了巴西全国氮的收支情况，也认为豆科作物的生物固氮是氮的投入的主要来源[59]。2007 年，方玉东等研究了中国农田氮素养分的收支平衡状况，认为中国农田氮素处于盈余状态，农田化肥的投入占总投入的 76.54%[60]。2007 年，邓美华等根据 2002 年基本统计数据和相关参数，对长江三角洲经济区氮的收支及人为扰乱了的氮循环对环境的影响进行了估算与分析，结果表明，2002 年长江三角洲经济区单位国土面积接收的氮量为 291 kg/(hm^2 · a)，是全国平均水平的 4.5 倍，也远远高于北大西洋沿岸的欧美国家，大部分输入氮源与农业有关，长江三角洲经济区将面临由于氮盈余过量而引发的严重环境问题[61]。2008 年，邱建军等研究了我国农田氮素收支情况，也认为中国农田氮素处于盈余状态，农田化肥的投入占总投入的 60%；氨挥发和氮淋溶流失了大量的氮，分别占总支出的 35% 和 15%，给环境造成了严重影响[62]。2009 年，Schlesinger 在 Galloway 等研究的基础上提出了一个氮素来源、去向综合表[63]。2014 年，卞建民等以吉林西部 10 个县市为单位，收集整理了化肥施用量、农业人口、各种牲畜数量、主要作物播种面积和产量等数据，研究了吉林西部农田生态系统氮平衡状况，认为吉林西部农田生态系统氮平衡表现为盈余状态，氮素的主要输入是氮肥的施用，主要输出是作物收获[64]。2014 年，谢丽纯等采用 2000 年、2005 年和 2010 年三个不同时期的工业、农业、环保、自然条件和人口等相关数据，通过大量数理统计分析对近 10 年来珠江三角洲地区的氮收支演变与区域差异进行了评估，结果表明，在过去三个不同时期，珠三角地区氮的年输入、输出量有升有降，但是氮盈余总量却呈现出较显著的增加趋势，单位面积氮盈余量也从 2000 年的 43.43 kg/(hm^2 · a) 增加到 2010 年的 51.92 kg/(hm^2 · a)；整个珠三角地区的负荷氮水平较全国平均水平偏高，但尚低于同样经济发展迅速、人口密集的长江三角洲地区的平均水平[65]。

近年来，越来越多的学者更加关注流域尺度下氮素收支及其对环境的影响情况。2002 年，Breemen 等研究了美国东北部地区 16 个流域氮的收支情况，认为生物固氮、粮食和饲料进口、大气沉降所投入的氮的比例相当，51% 的氮以气体的形式排放到大气中，径流氮输出占20%，粮食出口占6%[66]。2006年，Boyer等研究了美国东北部16个流域氮收支平衡，结果表明大气沉降是美国东北部氮投入的主要来源，粮食和饲料进口次之[67]。2009年，Sobota等定量研究了美国加利福尼亚流域氮的收支情况，认为农田氮肥是氮的主要收入，占总收入的80%[68]。2009年，Schaefer等研究了美国西海岸氮素的收支平衡情况，认为化肥氮和大气沉降是氮的主要收入[69]。我国学者也对流域尺度的氮收支平衡状况进行了研究。2003年，Yan等研究了长江流域氮的收支平衡状况历史演变趋势，认为化肥氮是造成长江大通站无机氮输送通量逐年上升的主要原因[70]。2008年，Chen等对福建九龙江流域氮的收支状况进行了研究，结果表明化肥氮、动物产品进口、生物固氮、大气沉降分别占氮总收支的67.1%、16.5%、2.1%和9.5%；氨挥发、农产品氮输出、反硝化及径流氮流失分别占57.8%、24.4%、10.5%及7.3%[71]。2009年，陈法锦等根据2006年北江流域的基本统计数据和相关参数，对该地区氮的收支进行了估算和环境影响分析，研究发现，2006年北江流域的氮输入量为39.52×10^4 t，单位国土面积接收的氮量为84.61 kg/(hm^2·a)，稍高于全国和长江流域，也高于世界一些大河流域；在氮的输出中，约38.61%的氮通过珠江口输送到中国南海，27.80%的氮通过反硝化和9.13%的氮通过氨挥发进入大气，剩余24.46%的氮储存在流域内；北江流域的主要氮输入源均与农业活动有关，氮输入源分布的地区差异较大，单位面积接收总氮量主要受经济发达程度的影响[72]。2010年，肖桐等利用降水、径流、输沙等数据建立了长江上游源头地区的简单氮素收支过程，计算了长江上游源头区域的大气氮沉降总量、径流氮输出总量、泥沙氮输出总量，长江源头地区的氮收支总量，研究结果表明，长江源头地区氮素湿沉降主要集中在夏季，沉降量占到全年总湿沉降量的近70%，长江源头地区多年年平均氮沉降量为50.85×10^9 g，氮沉降通量为0.345～0.385 g/(m^2·a)；输沙是流域氮损失的一个重要因素，每年经输沙作用造成的氮损失约83.25×10^9 g，此项氮损失通量为0.606 g/(m^2·a)，整个长江上游源头流域是一个氮源[73]。2011年，郭劲松等对三峡库区典型紫色土坡耕地(新政小流域)进行了调查分析，结果表明，小流域氮输入量为918.26 kg/(m^2·a)，输出量为569.46 kg/(m^2·a)，化肥氮是小流域氮的主要来源，占氮输入总量的57.63%，作物收获是小流域氮的主要输出方式，占氮输出总量的36.22%，气态氮损失是流域氮损失的主要形式，占流域损失氮总量的65.11%；流域氮素盈余负荷为348.80 kg/(m^2·a)[74]。2011年，Yan等对镇江丘陵区典型农业流域句容水库流域的氮收支状况进行了研究，结果表明，在以水稻田为主的农业流域，氮循环的主要通道是气体交换，而不是水体交换[75]。2012年，Kimura等比较了日本的Shibetsu河流域(流域面积685 km^2，农田占51%)、Upper-Naka河流域(流域面积1 299 km^2，农田占21%)和中国的句容水库流域(流域面积46 km^2，农田占55%)的氮收支平衡状况，研究结果表明，Shibetsu河流域、Upper-Naka河流域和句容水库流域农业施肥输入氮素平分别为61 kg/(hm^2·a)、48 kg/(hm^2·a)和205 kg/(hm^2·a)，氮随径流输出分别占农业施肥氮输入的31%、37%和1.7%，中国的句容水库流域较高的氮肥施用量并没有增加流域出口断面径流中氮的含量[76]。2012年，王圣杰等选取天山乌鲁木齐河源区作为自然状态下内陆河源区的代表，将区域氮循环简化为大气沉降输入与径流输出，模拟了该区域内的氮素收支状况，得出结论为乌鲁木齐河源区的年均氮素干湿沉降量为17.0 t /a，年均氮素沉降通量为5.92 kg/(hm^2·a)，明显小于下游受人类活动影响更为强烈的地区；河源区氮素的径流输出以泥沙输移为主，其次为大气沉降直接随径流流失，冰川融水携带氮量相对较少，河源区氮素的输入量普遍小于输出量，该区域表现为一个氮源[77]。

尽管目前国内外关于氮素的收支平衡分析和氮素循环机理及其生态环境效应研究很多,关于氮素循环的理解也日趋深刻,但人们对氮素来源与去向的了解仍然还存在以下问题及不足之处:

(1) 国内外关于全球尺度、区域尺度或长江、珠江、美国加利福尼亚流域等大流域尺度的氮收支估算方法比较粗略,估算中使用的数据大多数来自于社会经济统计部门的统计数据,使用的有关参数也是间接来自有关文献。

(2) 国内外开展了流域尺度的氮收支研究,但有关研究结论还存在着不一致的地方,还需进一步验证。例如,关于北江流域氮收支的研究认为,珠江口径流是流域氮的主要输出通道,占38.61%[72];关于三峡库区典型紫色土坡耕地(新政小流域)氮收支的研究认为,作物收获是小流域氮的主要输出方式,占氮输出总量的36.22%[74];对镇江丘陵区典型农业流域句容水库流域的氮收支状况进行了研究,结果表明,在以水稻田为主的农业流域,氮循环的主要通道是气体交换,而不是水体交换[75]。

(3) 目前国内外关于氮收支的研究,主要考虑了农田或农业及氮沉降和氨挥发等因子,而忽略了林地、草地等其他土地利用类型在氮循环中的作用。氮素收支估算中这两部分的缺失,将严重影响到流域生态系统氮平衡估算的真实性。

(4) 目前我国关于农业区氮素来源去向及其对环境影响的研究重支出而轻投入,例如只考虑化学氮肥投入,或只研究反硝化、氨挥发、径流等,相对片面,缺乏系统性。只有全面、深入地了解流域尺度上氮素循环特征,才能达到控制流域氮素污染和改善生态环境的目的。目前的研究多通过示踪法等实验手段来定性分析水体氮源,定量分析中则没有综合考虑诸如大气氮沉降、农村生活污水等在内的水体氮源,难以准确地度量水体各氮源的贡献,影响到水污染治理的决策。

1.3.3 同位素技术示踪水分运动和氮素迁移研究

同位素水文学起始于20世纪50年代,利用水体中已存在的天然环境同位素^{2}H(D)、^{3}H(T)、^{13}C、^{14}C、^{15}N、^{18}O、^{34}S、^{36}Cl、CFC以及人工示踪同位素^{129}I等,使用同位素方法和核技术研究水圈水的起源、存在、分布、运动和循环以及与其他地球圈层的相互作用。水环境同位素在自然界各种水体中广泛存在,如降水、地表水、地下水、土壤水和植物体内相互转化的水。不同类型的水体,其化学组成变化很大,不同水体的同位素含量也不同。尽管同位素具有分馏效应,但同位素组成却相对稳定并具有一定的规律性,因此可将同位素组成视作水的“指纹”或“DNA”[78-82]。

环境同位素可以用来有效地示踪水文循环,如判断水的来源、不同水体(降水、河流湖泊等地表水、土壤水、地下水)在不同环境条件下的迁移和相互补给关系以及补给量;还可以确定水的年龄,分析水-岩相互作用,特别是对地下水和地下水储量方面的研究很有成效,为了解水的形成、运动及其组成变化机制提供重要的依据,并为水资源的合理开发利用奠定了理论基础。总之,环境同位素是解决地表水、地下水以及地热水等较为常见的水资源与水循环问题的重要方法[83]。

最早测定的稳定同位素有氢和氧同位素,如自然界中氢同位素的平均丰度为,$\delta^{1}H$为99.984 4‰,δD为0.015 6‰;而海水中氧同位素的丰度为,$\delta^{16}O$为99.763‰,$\delta^{17}O$为

0.037 5‰，$\delta^{18}O$ 为 0.199 5‰。1964 年，Dansgaard 对大气降水和蒸发水中 $^{18}O/^{16}O$ 比率进行了测定[84]。同年，首先 Epstein 在自然界各种不同水体中取得大量同位素水样，测定了 $^{18}O/^{16}O$ 浓度比率，接着 Friedman 陆续对各种水体中 $^{2}H/^{1}H$ 的浓度比率进行了测定。1961 年，Craig 将氢氧同位素的国际标准样品定义为标准平均海水（SMOW）。世界气象组织（WMO）和国际原子能机构（IAEA）共同成立了“全球大气降水同位素监测网（GNIP）”，这是同位素水文研究中的重要事件。

在大气降水中，氢、氧同位素组成即稳定同位素 D 与 ^{18}O 有明显的近似于线性的关系。因此，在 $\delta^{18}O \sim \delta D$ 相关图中，降水中的氢氧同位素组成有明显的近似于线性的关系，该线称为大气降水线（MWL）。1961 年，Craig 分析了大约 400 个水样，包括在不同地理位置采集的河水、湖水、雨水和雪水水样，其中 40%来自美国，得到全球平均大气降水线（GMWL）为：$\delta D=8.0\delta^{18}O+10$，又称为 Craig 方程，这里的大气水实际上包括了除海水以外的大气降水和源于降水的河湖水。Craig 方程属于经验公式，然而 $\delta^{18}O$ 包括了从 $-40‰ \sim 6‰$ 的范围，因而很快发现它在地下水研究中的重要功能并得到广泛而成功的应用[85]。

在国内，对大气降水线及其同位素组成和分布规律的研究也有很多。1980 年，于津生等人得到我国西藏东部和川、贵西部地区大气降水线方程为：$\delta D=8.22\delta^{18}O+18.99$，并对大气降水同位素组成的高度效应进行了分析[86]。1987 年，于津生等人通过对广西板八至黑龙江五大莲池市采集的大气降水水样进行测定分析，得到我国东部地区大气降水线方程为：$\delta D=7.8\delta^{18}O+6.6$[87]。此外，刘东生等在桂林地区采集大气水样，对氢氧同位素特征进行了分析[88]。章新平等人利用青藏高原监测站的资料，分析了青藏高原及其邻近区域大气降水中氢氧同位素的时空分布特征[89]。

河川径流是水循环的重要环节，与大气降水、地下水紧密相连，通过蒸发、下渗补给大气水、地下水，因此研究河水的同位素特征显得尤为重要。1992 年 Ramesh 首次对恒河及其干流进行了不同月份的氢氧同位素测试，结果表明其比值变化主要由蒸发作用引起。Pawellek 在 2002 年对多瑙河干流和支流进行了水化学分析和同位素测试，认为氢、氧同位素比值的变化受蒸发作用影响小，主要受水体混合影响[90-91]。2002 年，田立德等人对青藏高原中部那曲河流域的降水、河水中的同位素进行测试，对比分析了河水、大气降水中的 $\delta^{18}O$，研究了该流域的水文循环过程[92]。2008 年，刘忠方等人对雅鲁藏布江流域干流各站点河水中 ^{18}O 同位素数据进行分析得出了其时空变化规律，验证了大气降水和河水中的同位素都发生着分馏作用[93]。2012 年刘光生等人对多年冻土区流域降水、河水中的同位素特征进行分析，阐述了该区夏季受温度和降水量的双重效应影响，河水同位素变化受蒸发作用影响最大[94]。苏小四等（2001）对黄河水沿程进行了同位素测试，分析了河水中同位素的变化情况及补给水源[95]。张成君等（2000）分析研究了中国西北干旱区石羊河流域民勤盆地三角城古湖泊沉积物有机质的碳同位素组成情况，表明末次冰期与全新世时气候和植被差异明显[96]。包为民等（2007）利用实测的青海湖各水体的稳定同位素值和相关水文气象资料，运用稳定同位素方法经过计算得到青海湖的多年平均蒸发量和地下水入湖水量，与实测值相比，计算比较接近，这表明利用稳定同位素方法来估算湖泊水量的各收支项是可行的[97]。陆宝宏等（2009）利用水量平衡与同位素质量守恒原理构建了河网地区水量分配模型，以解决太湖通过太浦河泄水时河网区（江苏省、浙江省和上海市）的受水量或受水比例问题。结果表明，利用落潮时的同位素丰度计算的两省一市的受水比例与实际监测结果较为接近。在优化站点、取样频次和取样时间后，模型具有快捷、简便和经济的特点，可以用来近似估算河网区不同地点的受水量[98]。

受人类活动的影响，水体硝酸盐污染已成为全球性的重要水环境问题。由于来源于大气氮沉、土壤、化肥、有机肥中的硝酸盐的 $\delta^{15}N$ 分布有重叠现象，利用 $\delta^{15}N$、$\delta^{18}O$ 双稳定同位素示踪技术能够更为准确地判断硝酸盐的来源[99]。

世界上最早利用 $\delta^{15}N$ 进行硝酸盐污染研究的是 Kolh(1971)，其研究区域为桑加蒙河地区，将土壤和化肥的 $\delta^{15}N$ 值与地表水硝酸盐的 $\delta^{15}N$ 值对比，构造了质量混合模型，估算出化肥的污染贡献占 55%[100-101]。1986 年，Heaton 总结了 3 种主要污染源氮同位素组成典型值域，大大提高了利用氮同位素技术识别污染源的可操作性[102]。加拿大水文环境学家，Wassenaar，研究了 Abbotsford 区域的地下水硝酸盐污染，结果表明该地固体禽畜粪 $\delta^{15}N$ 值在 7.9‰～8.6‰之间，堆置禽畜粪便土壤的 $\delta^{15}N$ 值在 7.5‰～13.6‰之间，98 个地下水样品中，没有水样的 $\delta^{15}N$ 值落在化肥典型值域中，而 80%以上的样品的 $\delta^{15}N$ 值在7‰～16‰之间，得出 Abbotsford 地区的地下水主要受禽畜粪便污染的结论[103]。韩国研究者 Lee 等，针对汉江流域研究了水体的硝酸盐污染情况，结果显示：$\delta^{15}N$ 介于 4.24‰～11.29‰之间，均值为 7.62‰。将水样 $\delta^{15}N$ 值投影到各污染源典型值域中，结果显示大部分水样点集中在粪便或生活废水的典型值域中，由此认为汉江的硝酸盐污染主要来自粪便或者生活污水[104]。

国内使用氮氧同位素技术研究硝酸盐来源起步比较晚，这主要受限于同位素测试技术的不成熟。邵益生和纪杉应用氮同位素分析技术研究北京郊区污灌对地下水的污染[105]。李思亮等测定了贵阳 72 个地下水样点的氮同位素值，研究表明：在枯水期硝酸盐污染主要受土壤有机氮以及城市排污影响，而丰水期硝酸盐主要受多种来源的混合影响[106]。张丽娟等研究了华北平原山东惠民县的典型集约化设施蔬菜种植区，利用氮同位素方法分析浅层地下水硝酸盐，结果显示研究区硝酸盐来源以土壤有机氮为主，动物粪便排泄来源次之[107]。张翠云等测定了石家庄南部污灌区 5 种潜在污染源和 19 组地下水样的 $\delta^{15}N$ 值，识别出地下水硝酸盐不仅来自灌溉污水，还来自人和动物粪便，应用线性混合模型，估算了来自粪便的硝酸盐占总硝酸盐含量的 24%，而来自灌溉污水的硝酸盐占 76%[108]。刘姝等测定了不同季节双桥河的氮同位素值，研究显示：冬季硝态氮中 $\delta^{15}N$ 值为 3.84‰，春季硝态氮中 $\delta^{15}N$ 值低至 0.13‰，其结果位于化肥的典型值域中，反映了冬、春季双桥河氮污染主要受农业化肥影响[109]。随着氮氧同位素测试技术不断进步，越来越多的研究者选择氮氧双同位素技术，并结合相关的同位素混合模型识别硝酸盐来源并评估其来源贡献率。

1.3.4 面源污染物输出关键源区识别

从面源污染物输出的发生机制来看，污染物在流域面上的累积程度即污染“源”因子和降雨径流即污染物迁移的“驱动”因子是导致面源污染发生的两个关键因素。由于面源污染的发生与降水、土壤、土地利用方式、畜禽养殖、耕作方式、施肥活动等多种因素密切相关，在一个流域内若要完全准确掌握上述数据资料成本很高，因此根据数据资料的可得性，流域面源污染物输出关键源区识别方法大体可以分为两类[110-111]。一类是在数据资料较为齐全时，计算出待评估流域或区域面源污染输出负荷空间分布，输出负荷空间分布比重大的区域即可以认为是关键源区，此种方法可以从流域尺度上进行整体判断。计算出流域面源污染空间分布的方法包括利用具有物理机制的数学模型如 HSPF 模型、SWAT 模型和 AGNPS 模型,或者利用输出系数法,或考虑损失系数等因素的改进输出系数法,此种方法通过定量计算面源污染负荷,属于定量评价方法。另一类是受限于数据资料,根据面源污染驱动机制,通过对面源输出关键因素进行分级评分,计算出不同计算单元面源污染输出评价结果,根据评分结果划分面源污染输出关键源区,此种方法也可以称为半定量经验方法。

需要说明的是,农业面源污染负荷输出关键源区在一定的空间尺度上具有相对性,即要相对于某个受纳水体而言。对于一个特定的受纳水体,从流域空间尺度上看某块区域是关键源区,对于另外一个受纳水体也许就不是关键源区。

(1) 数学模型定量识别法

数学模型通常根据地形将流域分成若干个次流域或水文响应单元,分别计算每个次流域或水文响应单元面源污染负荷,根据每个计算单元产生污染负荷占整个流域的比例大小,确定流域面源污染输出的关键源区。常用的数学模型包括 SWAT、AnnAGNPS、HSPF 模型等。郝芳华等利用 SWAT 模型,利用分级分区的方法从农村居民生活污水、农业径流污染、畜禽养殖污染和城市径流污染等方面建立了大尺度面源污染匡算方法,并对全国面源污染负荷输出总量进行了匡算[112-113]。Niraula 等人比较了 SWAT 模型和 GWLF 模型在美国阿拉巴马州的 Saugahatchee 河流域对于关键源区识别结果,在月尺度上,分别对地表径流、泥沙、总氮和总磷进行率定和验证[114]。研究发现,两个模型对径流模拟效果均比较好,SWAT 模型在模拟泥沙、总氮和总磷时比 GWLF 模型效果好。城区是流域内泥沙、总氮和总磷输出的关键源区。一些农田种植区也是总氮和总磷输出的关键源区。两个模型识别出的关键源区大多数是相同的,但也有不同,模型的选择对关键源区的识别有一定的影响。Ghebremichael 等人利用 SWAT 模型和农场评估模型评估了流域面源污染物输出关键源区,研究了利用流域尺度关键源区识别结果从农场经济和环境效益角度选择和评价最佳管理措施[115]。Shang 等在研究洱海面源污染时以 SWAT 模型为基础,通过增加河道内修正因子,利用农业生产统计资料和各个村庄污染源资料,以村庄为计算单元分别计算污染负荷,获得污染负荷累积曲线,识别污染物输出关键源区[116]。黄金良等人以九龙江农业流域为例,利用 AnnAGNPS 模型,识别农业面源污染物输出的关键源区[117]。

针对面源污染采取管理措施时,通常是在农场或田块尺度上进行的,利用数学模型从流域尺度上识别关键源区后,如何把识别得到的关键源区在农场或田块尺度上体现,并能够采取有针对性的措施,是当前面源污染物输出关键源区识别关注的热点问题之一。

(2) 半定量经验模型法

自从美国学者 Lemunyon 和 Gilbert 在 1993 年提出利用磷指数法(Phosphorus Index,PI)评价田块尺度面源污染磷素流失风险以来,该方法在美国各州和全世界其他地方均得到广泛应用[21]。该方法综合考虑了土壤磷素水平,化肥与有机肥磷的施用量、施用方式、时间,土壤侵蚀、地表径流等影响磷素迁移的因子。该方法首先将影响磷流失的各因子根据其对磷流失的贡献大小赋予相应的权重,并将各因子划分为若干等级,每一级别赋予相应的等级分值,以反映该因子不同的取值对磷流失危险性的影响大小,计算结果分值高的或较高的区域就是磷发生流失的危险区,也是农业面源磷污染的关键源区,即优先控制区。

磷指数的计算模型为

$$PI = \sum_{i=1}^{n} (F_i \times W_i) \tag{1.3-1}$$

式中：F_i 为第 i 个影响因子等级值；W_i 为第 i 个因子权重。

Gburek 等人以 WE-38 实验流域为研究对象，在 2000 年对农田磷指数评价方法进行了较大幅度的改进[118]。首先是对影响磷素迁移的影响因素做了梳理，分成源因子和迁移因子。源因子主要包括土壤养分含量，农业化学品的施用量、施用方式和时间以及土壤对潜在污染物的固持能力等。源因子可以用土壤磷素含量，施用的化肥、有机肥的种类、数量、方法等表征。迁移因子主要包括土壤侵蚀、地表径流、农田与河流的距离及水体的连通性等。径流和土壤侵蚀的强度主要是由降雨强度与历时、地形、耕作方式以及土壤物理特性等因素所决定的，因此为识别关键源区而建立相应的指标体系时，通常以这些因素作为衡量其影响程度的替代指标。面源污染物在从源区向受纳水体迁移的过程中，由于生物吸收、物理截留和化学反应（如磷的沉淀反应和氮的反硝化等），浓度不断降低。迁移距离越远，对受纳水体的影响也就越小，因而距离河流较远的物源区对面源污染贡献的大小一般要小于距离较近的地区。迁移因子可以用地表产流潜力、土壤侵蚀强度、污染源和受纳水体距离等表征。其次，Gburek 等认为磷素输出的关键源区必须同时具备污染源因子和污染迁移因子。

修正后的磷指数计算模型为

$$PI = \sum_{i=1}^{m}(SF_i \times W_{si}) \times \sum_{j=1}^{n}(TF_j \times W_{tj}) \tag{1.3-2}$$

式中：SF_i 为源因子；TF_j 为迁移因子；W_{si} 为第 i 个源因子权重；W_{tj} 为第 j 个迁移因子权重。

在蓄满产流机制地区，地表径流源区在降雨过程中通常是随着降雨过程变化的，因此称为“可变源区”（Variable Source Area，VSA）。在可变源区水文过程占主导的地方，那些相对于其他地方容易产流的地方可以认为是“水文活跃区”（Hydrological Active Area，HAA），当水文活跃区和地表水紧密相连的时候，水文活跃区可以被称为“水文敏感区”（HAS）[119]。可变源区或水文敏感区和污染物累积区（Pollutant Accumulation Area，PAA）重合的区域称为地表径流污染物输出的“关键源区”（Critical Source Area，CSA）。Buchanan 等针对传统磷指数模型只简单考虑污染源与受纳水体之间距离，忽视污染源和受纳水体之间水文联系可能性，提出修正的磷指数评价方法。该方法主要应用于蓄满产流地区，根据降雨产流变源区理论，流域内不同区域产生地表径流后沿着坡面迁移到受纳水体的距离的概率是不一样的，离沟渠等迁移廊道近且容易蓄满产流的区域流失风险高，这样的区域是磷素流出的关键源区，对此该作者在纽约州的一个流域面积为 38 km^2 的农业小流域内有了很好的应用。该方法识别关键源区需要高精度的 DEM 数据[120]。

在欧洲，Magette 在磷指数的基础上，首先提出了在流域尺度上评价磷的流失风险指数时考虑污染源距水体的距离。Hughes 等人提出田块尺度和流域尺度磷分级系统（Phosphorus Ranking System，PRS），并将这两种方案运用到了爱尔兰以牧场为主的农业地区[121]。结果显示，这两种方案都具有识别磷流失关键源区的能力。Hughes 等同时指出，作为一种评价工具，流域尺度的磷分级方案应根据不同地区的不同条件进行修正，以反映当地真实情况。以 Heathwaite 为代表的英国学者提出了利用磷指数工具（Phosphorus Indicators Tool，PIT）模型评价流域尺度上磷素流失潜力。该模型不仅对于土地利用和管理方式敏感，而且对于气候、土壤类型和地形等因素也敏感[122]。

Hewett 等提出了营养物输出风险评价矩阵模型（Nutrient Export Risk Matrix，NERM），

并以磷素为例，说明该模型的构建及评价方法[123]。磷素输出风险评价矩阵模型（Phosphorus Export Risk Matrix，PERM）从影响磷素流失的土壤类型、含磷肥料及土壤管理、水流连通性三个主要方面选择若干个问题，分别询问农场主和管理者，根据每个问题的回答结果确定该因素风险等级，再根据三个主要方面的评价结果构建评价矩阵，评价结果中磷素输出风险高的区域即为磷素输出的关键源区。

我国的面源污染物输出关键源区识别研究半定量研究成果主要借鉴美欧的磷素流失风险评价方法。例如，张淑荣等（2003）最早在于桥水库流域（流域面积 2 025 km^2）建立磷指数（PI）法，把极高危险性和较高危险性的区域作为磷流失的关键源区[124]。此后，随着 GIS 技术的快速发展，许多学者运用 GIS 技术获取关键源区识别所需的数据资料，识别流域面源污染物输出关键源区的空间分布。李琪等根据 Hughes 提出的流域尺度磷流失危险分级方案，提出了修正的流域尺度磷分级方案，把危险性高的地区作为磷流失的关键源区，获取了妫水河流域（流域面积 1 073 km^2）磷流失的关键源区[125]。周慧平和高超等以巢湖流域为研究区域，尝试在影响磷流失的污染源因子中增加了土壤磷吸持指数和磷饱和度指标，以反映土壤磷在水土界面迁移能力的差异；在迁移因子中又考虑了污染源与巢湖的距离，以反映污染源对最终受纳水体的影响；同时根据研究区特征及研究尺度对磷指数各指标分级与等级值进行了修改[111]。

在基础数据缺乏的情况下，利用有限的资料识别农业面源污染关键源区，采用半定量的经验模型可以获得较好的评估效果。在基础数据比较翔实的情况下，运用数学模型识别流域污染物输出关键源区的优点在于模型的机理模拟比较符合实际，可以比较精确地模拟流域的面源污染过程，定量计算出污染负荷；但详细的数据模型需要大量数据作支撑，在资料缺乏地区往往难以有效地应用，需要获取众多参数限制了该种方法的使用。张丽等人针对我国基础数据资料缺乏的情况，以大伙房水库上游的社河农业小流域为例，提出利用流域土地类型分布和 DEM 地形图识别磷素输出关键源区的方法，在精度要求不高的条件下，识别结果基本可靠[126]。

1.4 主要内容

本书以位于我国江淮分水岭地区的安徽省滁州市花山流域为主要研究对象，在详细调查流域基本自然社会经济概况的基础上，构建了数字流域，制作了专题数据库；建立了降水、径流、水质、同位素等水文水质要素的流域面源污染综合监测体系，通过近三年的监测累积了丰富的原始观测数据；调查了典型农村居住地的污染情况，分析了花山流域氮素平衡；分析了地表水氮素输出空间特征，测定了水库塘坝底泥和流域土壤总氨氧化菌及群落生物多样性特征；利用同位素技术手段，通过监测流域不同水源同位素特征，计算了流域氮素来源，利用同位素信息并结合 HYDRUS-1D 模型模拟了非饱和带土壤水分入渗过程变化规律；以 SWAT 模型为基础，模拟了花山流域氮素迁移过程，分析了土地利用变化对流域氮素输移过程的影响；以花山流域出口胡庄（三）监测断面和西源流域三岔河监测断面得到的水量水质同步观测数据为基础，分析了流域地表径流氮磷年内和次洪过程输出特征，比较了不同空间尺度流域氮磷输出特征，分析了水质采样频次对流域氮磷负荷输出计算结果的影响，建立次降雨事件氮磷输出负荷的预测模型；以西源流域为例，建立了磷素面源污染输出关键源区识别方法；总结了流域面源污染生态工程措施，以西源流域为例分析了流域生态防控措施对氮磷污染物的拦截效果。最后总结了本项研究的创新点以及展望。

参考文献

[1] Dressing S A, Meals D W, J B Harcum, et al. Monitoring and evaluating nonpoint source watershed projects[R]. United States Environmental Protection Agency, Office of Water, Nonpoint Source Control Branch, Washington, DC, 2016.

[2] Bryant R B, Veith T L, Feyereisen G W, et al. U. S. Department of agriculture agricultural research service Mahantango Creek watershed, Pennsylvania, United States: Physiography and history[J]. Water Resources Research, 2011, 47(8):427-438.

[3] 顾慰祖，陆家驹，赵霞，等. 无机水化学离子在实验流域降雨径流过程中的响应及其示踪意义[J]. 水科学进展，2007，18(1)：1-7.

[4] Justic D, Rabalais N N, Turner R E. Stoichiometric nutrient balance and origin of coastal eutrophication[J]. Marine Pollution Bulletin, 1995, 30(1): 41-46.

[5] Sharpley A, Daniel T C, Sims J T, et al. Determining environmentally sound soil phosphorus levels [J]. Journal of Soil and Water Conservation, 1996, 51(2): 160-166.

[6] Hart M R, Quin B F, Nguyen M L. Phosphorus runoff from agricultural land and direct fertilizer effects: A review[J]. Journal of Environmental Quality, 2004, 33(6): 1954-1972.

[7] Barlow K, Nash D, Turral H, et al. Phosphorus uptake and release in surface drains[J]. Agricultural Water Management, 2003, 63(2): 109-123.

[8] Simard R R, Beauchemin S, Haygarth P M. Potential for preferential pathways of phosphorus transport[J]. Journal of Environmental Quality, 2000, 29(1): 97-105.

[9] Smith D R, Haggard B E, Warnemuende E A, et al. Sediment phosphorus dynamics for three tile fed drainage ditches in Northeast Indiana[J]. Agricultural Water Management, 2005, 71(1): 19-32.

[10] Zhang M, He Z, Calvert D V, et al. Spatial and temporal variations of water quality in drainage ditches within vegetable farms and citrus groves[J]. Agricultural Water Management, 2004, 65(1): 39-57.

[11] Sharpley A N. Soil phosphorus dynamics: agronomic and environmental impacts [J]. Ecological Engineering, 1995, 5(2-3): 261-279.

[12] Tiemeyer B, Frings J, Kahle P, et al. A comprehensive study of nutrient losses, soil properties and groundwater concentrations in a degraded peatland used as an intensive meadow-Implications for re-wetting[J]. Journal of Hydrology, 2007, 345(1-2): 80-101.

[13] Sharpley A N. Depth of surface soil-runoff interaction as affected by rainfall, soil slope, and management[J]. Soil Science Society of America Journal, 1985, 49(4): 1010-1015.

[14] Nair V D, Portier K M, Graetz D A, et al. An environmental threshold for degree of phosphorus saturation in sandy soils[J]. Journal of Environmental Quality, 2004, 33(1): 107-113.

[15] Gburek W J, Drungil C C, Srinivasan M S, et al. Variable-source-area controls on phosphorus transport: Bridging the gap between research and design[J]. Journal of Soil and Water Conservation, 2002, 57(6): 534-543.

[16] Bush B J, Austin N R. Timing of phosphorus fertilizer application within an irrigation cycle for perennial pasture[J]. Journal of Environmental Quality, 2001, 30(3): 939-946.

[17] Hansen N C, Daniel T C, Sharpley A N, et al. The fate and transport of phosphorus in agricultural systems[J]. Journal of Soil and Water Conservation, 2002, 57(6): 408-417.

[18] Kleinman P J A, Sharpley A N, Buda A R, et al. Soil controls of phosphorus in runoff: Management

barriers and opportunities[J]. Canadian Journal of Soil Science, 2011, 91(3): 329-338.

[19] Weld J L, Sharpley A N, Beegle D B, et al. Identifying critical sources of phosphorus export from agricultural watersheds[J]. Nutrient Cycling in Agroecosystems, 2001, 59(1): 29-38.

[20] White M J, Storm D E, Busteed P R, et al. Evaluating nonpoint source critical source area contributions at the watershed scale[J]. Journal of Environmental Quality, 2009, 38(4): 1654-1663.

[21] Lemunyon J L, Gilbert R G. The concept and need for a phosphorus assessment-tool[J]. Journal of Production Agriculture, 1993, 6(4): 483-486.

[22] Correll D L. The role of phosphorus in the eutrophication of receiving waters: A review[J]. Journal of Environmental Quality, 1998, 27(2): 261-266.

[23] Daniel T C, Sharpley A N, Lemunyon J L. Agricultural phosphorus and eutrophication: A symposium overview[J]. Journal of Environmental Quality, 1998, 27(2): 251-257.

[24] Sims J T. Phosphorus soil testing: Innovations for water quality protection[J]. Communications in Soil Science and Plant Analysis, 1998, 29(11-14): 1471-1489.

[25] Torrent J, Delgado A. Using phosphorus concentration in the soil solution to predict phosphorus desorption to water[J]. Journal of Environmental Quality, 2001, 30(5): 1829-1835.

[26] Andraski T W, Bundy L G. Relationships between phosphorus levels in soil and in runoff from corn production systems[J]. Journal of Environmental Quality, 2003, 32(1): 310-316.

[27] DeLaune P B, Moore P A, Carman D K, et al. Development of a phosphorus index for pastures fertilized with poultry litter-factors affecting phosphorus runoff[J]. Journal of Environmental Quality, 2004, 33(6): 2183-2191.

[28] Ju X T, Kou C L, Christie P, et al. Changes in the soil environment from excessive application of fertilizers and manures to two contrasting intensive cropping systems on the North China Plain[J]. Environmental Pollution, 2007, 145(2): 497-506.

[29] Van Es H M, Schindelbeck R R, Jokela W E. Effect of manure application timing, crop, and soil type on phosphorus leaching[J]. Journal of Environmental Quality, 2004, 33(3): 1070-1080.

[30] Van Es H M, Sogbedji J M, Schindelbeck R R. Effect of manure application timing, crop, and soil type on nitrate leaching[J]. Journal of Environmental Quality, 2006, 35(2): 670-679.

[31] Withers P J A, Hodgkinson R A. The effect of farming practices on phosphorus transfer to a headwater stream in England[J]. Agriculture Ecosystems & Environment, 2009, 131(3-4): 347-355.

[32] Arias-Estevez M, Lopez-Periago E, Martinez-Carballo E, et al. The mobility and degradation of pesticides in soils and the pollution of groundwater resources [J]. Agriculture Ecosystems & Environment, 2008, 123(4): 247-260.

[33] Poissant L, Beauvais C, Lafrance P, et al. Pesticides in fluvial wetlands catchments under intensive agricultural activities[J]. Science of the Total Environment, 2008, 404(1): 182-195.

[34] Schriever C A, Liess M. Mapping ecological risk of agricultural pesticide runoff[J]. Science of the Total Environment, 2007, 384(1-3): 264-279.

[35] Comoretto L, Arfib B, Chiron S. Pesticides in the Rhone river delta (France): Basic data for a field-based exposure assessment[J]. Science of the Total Environment, 2007, 380(1-3): 124-132.

[36] Damalas C A, Telidis G K, Thanos S D. Assessing farmers' practices on disposal of pesticide waste after use[J]. Science of the Total Environment, 2008, 390(2-3): 341-345.

[37] Riise G, Lundekvam H, Wu Q L, et al. Loss of pesticides from agricultural fields in SE Norway-runoff through surface and drainage water[J]. Environmental Geochemistry and Health, 2004, 26(2): 269-

276.
[38] Mayes W M, Walsh C L, Bathurst J C, et al. Monitoring a flood event in a densely instrumented catchment, the Upper Eden, Cumbria, UK[J]. Water and Environment Journal, 2006, 20(4): 217-226.
[39] Needelman B A, Gburek W J, Sharpley A N, et al. Environmental management of soil phosphorus: Modeling spatial variability in small fields[J]. Soil Science Society of America Journal, 2001, 65(5): 1516-1522.
[40] Sharpley A N, Kleinman P J A, Heathwaite A L, et al. Phosphorus loss from an agricultural watershed as a function of storm size[J]. Journal of Environmental Quality, 2008, 37(2): 362-368.
[41] Veith T L, Sharpley A N, Weld J L, et al. Comparison of measured and simulated phosphorus losses with indexed site vulnerability[J]. Transactions of the Asae, 2005, 48(2): 557-565.
[42] Buda A R, Veith T L, Folmar G J, et al. U. S. Department of agriculture agricultural research service Mahantango Creek watershed, Pennsylvania, United States: Long-term precipitation database[J]. Water Resources Research, 2011, 47(8).
[43] Buda A R, Feyereisen G W, Veith T L, et al. U. S. Department of agriculture agricultural research service Mahantango Creek watershed, Pennsylvania, United States: Long-term stream discharge database[J]. Water Resources Research, 2011, 47(8): 192-198.
[44] Church C D, Veith T L, Folmar G J, et al. U. S. Department of agriculture agricultural research service Mahantango Creek watershed, Pennsylvania, United States: Long-term water quality database [J]. Water Resources Research, 2011, 47(8).
[45] Gburek W J, Folmar G J. Flow and chemical contributions to streamflow in an upland watershed: a baseflow survey[J]. Journal of Hydrology, 1999, 217(1-2): 1-18.
[46] Pionke H B, Gburek W J, Schnabel R R, et al. Seasonal flow, nutrient concentrations and loading patterns in stream flow draining an agricultural hill-land watershed[J]. Journal of Hydrology, 1999, 220(1-2): 62-73.
[47] Zhu Q, Schmidt J P, Bryant R B. Hot moments and hot spots of nutrient losses from a mixed land use watershed[J]. Journal of Hydrology, 2012, 414: 393-404.
[48] Sander T, Gerke H H. Preferential flow patterns in paddy fields using a dye tracer[J]. Vadose Zone Journal, 2007, 6(1): 105-115.
[49] Tang J L, Zhang B, Zepp H. Estimation of irrigation flow by hydrograph analysis in a complex agricultural catchment in subtropical China[J]. Hydrological Processes, 2007, 21(10): 1280-1288.
[50] Tang J, Zhang B, Gao C, et al. Hydrological pathway and source area of nutrient losses identified by a multi-scale monitoring in an agricultural catchment[J]. Catena, 2008, 72(3): 374-385.
[51] Wei L, Cheng X, Cai Y. Nutrient export via overland flow from a cultivated field of an Ultisol in southern China[J]. Hydrological Processes, 2013, 27(3): 421-432.
[52] Zhu Z M, Cui H Q, Zhou J Y. Coalbed methane system of the cretaceous Sahai Formation in the Fuxin basin[J]. Journal of China University of Geosciences, 2007, 18: 282-284.
[53] 朱兆良，刑光熹. 氮循环——维系地球生命不息的一个自然过程[M]. 北京:清华大学出版社，2002.
[54] Howarth R W, Billen G, Swaney D, et al. Regional nitrogen budgets and riverine N&P fluxes for the drainages to the North Atlantic Ocean: Natural and human influences[J]. Biogeochemistry, 1996, 35(1): 75-139.
[55] Bashkin V N, Park S U, Choi M S, et al. Nitrogen budgets for the Republic of Korea and the Yellow Sea region[J]. Biogeochemistry, 2002, 57(1): 387-403.

[56] Xing G X, Zhu Z L. Regional nitrogen budgets for China and its major watersheds[J]. Biogeochemistry, 2002, 57(1): 405-427.

[57] Galloway J N, Dentener F J, Capone D G, et al. Nitrogen cycles: past, present, and future[J]. Biogeochemistry, 2004, 70(2): 153-226.

[58] Parfitt R L, Schipper L A, Baisden W T, et al. Nitrogen inputs and outputs for New Zealand in 2001 at national and regional scales[J]. Biogeochemistry, 2006, 80(1): 71-88.

[59] Filoso S, Martinelli L, Howarth R, et al. Human activities changing the nitrogen cycle in Brazil[J]. Biogeochemistry, 2006, 79(1): 61-89.

[60] 方玉东，封志明，胡业翠，等. 基于GIS技术的中国农田氮素养分收支平衡研究[J]. 农业工程学报，2007，23(7)：31-41.

[61] 邓美华，谢迎新，熊正琴，等. 长江三角洲氮收支的估算及其环境影响[J]. 环境科学学报，2007，10：1709-1716.

[62] 邱建军，李虎，王立刚. 中国农田施氮水平与土壤氮平衡的模拟研究[J]. 农业工程学报，2008，24(8)：40-45.

[63] Schlesinger W H. On the fate of anthropogenic nitrogen[J]. Proceedings of the National Academy of Sciences, 2009, 106(6): 203-208.

[64] 卞建民，李育松，胡昱欣，等. 吉林西部农田生态系统氮平衡及其水环境影响研究[J]. 环境科学学报，2014，34(7)：1862-1868.

[65] 谢丽纯，陈建耀. 近10 a来珠江三角洲地区氮收支演变及区域差异分析[J]. 自然资源学报，2014，29(2)：237-248.

[66] Breemen N V, Boyer E W, Goodale C L, et al. Where did all the nitrogen go? Fate of nitrogen inputs to large watersheds in the northeastern U. S. A[J]. Biogeochemistry, 2002, 57-58(1): 267-293.

[67] Boyer E W, Howarth R W, Galloway J N, et al. Riverine nitrogen export from the continents to the coasts[J]. Global Biogeochemical Cycles, 2006, 20(1).

[68] Sobota D J, Harrison J A, Dahlgren R A. Influences of climate, hydrology, and land use on input and export of nitrogen in California watersheds[J]. Biogeochemistry, 2009, 94(1): 43-62.

[69] Schaefer S C, Hollibaugh J T, Alber M. Watershed nitrogen input and riverine export on the west coast of the US[J]. Biogeochemistry, 2009, 93(3): 219-233.

[70] Yan W, Zhang S, Sun P, et al. How do nitrogen inputs to the Changjiang basin impact the Changjiang River nitrate: A temporal analysis for 1968—1997[J]. Global Biogeochemical Cycles, 2003, 17(4).

[71] Chen N, Hong H, Zhang L, et al. Nitrogen sources and exports in an agricultural watershed in Southeast China[J]. Biogeochemistry, 2008, 87(2): 169-179.

[72] 陈法锦，贾国东. 北江流域氮收支估算[J]. 热带地理，2009，29(1)：11-15.

[73] 肖桐，齐永青，王军邦. 基于降水和径流的长江源头氮素收支研究[J]. 生态学报，2010，30(19)：5404-5412.

[74] 郭劲松，刘京，方芳，等. 三峡库区紫色土坡耕地小流域氮收支估算及污染潜势[J]. 重庆大学学报(自然科学版)，2011，34(11)：141-147.

[75] Yan X, Cai Z, Yang R, et al. Nitrogen budget and riverine nitrogen output in a rice paddy dominated agricultural watershed in eastern China[J]. Biogeochemistry, 2011, 106(3): 489-501.

[76] Kimura S D, Yan X Y, Hatano R, et al. Influence of agricultural activity on nitrogen budget in Chinese and Japanese watersheds[J]. Pedosphere, 2012, 22(2): 137-151.

[77] 王圣杰，张明军，王飞腾，等. 基于大气沉降与径流的乌鲁木齐河源区氮素收支模拟[J]. 生态学报，2012，32(18)：5747-5754.

[78] 顾慰祖. 同位素水文学[M]. 北京:科学出版社，2011.
[79] 林祚顶. 同位素技术在水文水资源领域的应用[J]. 水利水电技术，2003,34 (7)：6-8.
[80] 孙营营，陆宝宏，汪集旸，等. 环境同位素在地表水中的应用[J]. 安徽农业科学，2009,37 (4)：1701-1702+1705.
[81] 谭忠成，陆宝宏，汪集旸，等. 同位素水文学研究综述[J]. 河海大学学报(自然科学版)，2009,37 (1)：16-22.
[82] 汪集旸. 同位素水文学与水资源、水环境[J]. 地球科学，2002，(5)：532-533.
[83] 张应华，仵彦卿，温小虎，等. 环境同位素在水循环研究中的应用[J]. 水科学进展，2006,17 (5)：738-747.
[84] Dansgaard W. Stable isotopes in precipitation[J]. Tellus，1964，16(4)：436-468.
[85] Craig H. Isotopic variation in meteoric waters[J]. Science，1961，133：1702-1703.
[86] 于津生，张鸿斌，虞福基，等. 西藏东部大气降水氧同位素组成特征[J]. 地球化学，1980(2)：113-121.
[87] 于津生，虞福基，刘德平. 中国东部大气降水氢、氧同位素组成[J]. 地球化学，1987 (1)：22-26.
[88] 刘东生，陈正明，罗可文. 桂林地区大气降水的氢氧同位素研究[J]. 中国岩溶，1987 (3)：51-57.
[89] 章新平，姚檀栋，田立德. 青藏高原降水中 $\delta^{18}O$ 时空分布特征初探[J]. 湖南师范大学自然科学学报，1996 (1)：83-86+96.
[90] Pawellek F，Frauenstein F，Veizer J. Hydrochemistry and isotope geochemistry of the upper Danube River[J]. Geochimica et Cosmochimica Acta，2002，66(21)：3839-3853.
[91] 高建飞，丁悌平，罗续荣，等. 黄河水氢、氧同位素组成的空间变化特征及其环境意义[J]. 地质学报，2011，85(4)：596-602.
[92] 田立德，姚檀栋，沈永平，等. 青藏高原那曲河流域降水及河流水体中氧稳定同位素研究[J]. 水科学进展，2002,13 (2)：206-210.
[93] 刘忠方，田立德，姚檀栋，等. 雅鲁藏布江流域河水中氧稳定同位素的时空变化[J]. 冰川冻土，2008，30(1)：20-27.
[94] 刘光生，王根绪，孙向阳，等. 多年冻土区风火山流域降水河水稳定同位素特征分析[J]. 水科学进展，2012,23 (5)：621-627.
[95] 苏小四，林学钰，廖资生，等. 黄河水的同位素研究[G]. 中国科协 2001 年学术年会分会场特邀报告汇编，2001.
[96] 张成君，陈发虎，王琪，等. 西北干旱区石羊河流域末次冰期晚期气候不稳定性记录[J]. 沉积学报，2000,18 (4)：646-650.
[97] 包为民，胡海英，瞿思敏，等. 稳定同位素方法在湖泊水量平衡研究中的应用[J]. 人民黄河，2007,29 (8)：29-30+80.
[98] 陆宝宏，孙营营，马乐军，等. 利用同位素质量守恒原理估算太湖河网受水量[J]. 河海大学学报(自然科学版)，2009,37 (6)：645-649.
[99] 张千千，缪丽萍，孙继朝，等. 稳定同位素识别水体硝酸盐污染来源的研究进展[J]. 长江流域资源与环境，2015,24 (5)：742-749.
[100] Kohl D H. Contribution to nitrate in surface water in a corn belt watershed[J]. Science，1971，174 (4016)：1331-1334.
[101] 李力，任斐鹏，王志刚，等. 利用氮稳定同位素识别农业面源污染源的研究进展[J]. 长江科学院院报，2014,31 (7)：21-28.
[102] Heaton T. Isotopic studies of Nitrogen Pollution in the Hydrosphere and Atmosphere：A Review[J]. Geochemical Geology，1986，59：87-102.

[103] Wassenaar L I. Evaluation of the origin and fate of nitrate in the abbotsford Aquifer using the isotopes of ^{15}N and ^{18}O in NO_3^- [J]. Applied Geochemistry, 1995, 10(4): 391-405.

[104] Lee K S, Bong Y S. Tracing the sources of nitrate in the Han River watershed in Korea, using ^{15}N and ^{18}O values[J]. Science of the Total Environment, 2008, 39(5): 117-124.

[105] 邵益生，纪杉. 应用氮同位素方法研究污灌对地下水氮污染的影响[J]. 工程勘察，1992(4): 37-41.

[106] 李思亮，刘丛强，肖化云，等. $\delta^{15}N$ 在贵阳地下水氮污染来源和转化过程中的辨识应用[J]. 地球化学，2005,34 (3): 257-262.

[107] 张丽娟，巨晓棠，刘辰琛，等. 北方设施蔬菜种植区地下水硝酸盐来源分析——以山东省惠民县为例[J]. 中国农业科学，2010,43 (21): 4427-4436.

[108] 张翠云，张胜，马琳娜，等. 污灌区地下水硝酸盐污染来源的氮同位素示踪[J]. 地球科学(中国地质大学学报)，2012,37 (2): 350-356.

[109] 刘姝，孔繁翔，蔡元锋，等. 巢湖四条入湖河流硝态氮污染来源的氮稳定同位素解析[J]. 湖泊科学，2012, 24(6): 952-956.

[110] 李振炜，于兴修，姚孝友，等. 农业非点源污染关键源区识别方法研究进展[J]. 生态学杂志，2011, 30(12): 2907-2914.

[111] 周慧平，高超，朱晓东. 关键源区识别:农业非点源污染控制方法[J]. 生态学报，2005, 25(12): 3368-3374.

[112] 郝芳华，程红光，杨胜天. 非点源污染模型——理论方法与应用[M]. 北京:中国环境科学出版社，2006.

[113] 郝芳华，杨胜天，程红光，等. 大尺度区域非点源污染负荷计算方法[J]. 环境科学学报，2006,26 (3): 375-383.

[114] Niraula R, Kalin L, Srivastava P, et al. Identifying critical source areas of nonpoint source pollution with SWAT and GWLF[J]. Ecological Modelling, 2013, 268: 123-133.

[115] Ghebremichael L T, Veith T L, Hamlett J M. Integrated watershed and farm scale modeling framework for targeting critical source areas while maintaining farm economic viability[J]. Journal of Environmental Management, 2013, 114: 381-394.

[116] Shang X, Wang X, Zhang D, et al. An improved SWAT-based computational framework for identifying critical source areas for agricultural pollution at the lake basin scale[J]. Ecological Modelling, 2012, 226(1729): 1-10.

[117] 洪华生，黄金良，张珞平，等. AnnAGNPS 模型在九龙江流域农业非点源污染模拟应用[J]. 环境科学，2005,26 (4): 63-69.

[118] Gburek W J, Sharpley A N, Heathwaite L, et al. Phosphorus management at the watershed scale: a modification of the phosphorus index[J]. Journal of Environmental Quality, 2000, 29(1): 130-144.

[119] Walter M T, Walter M F, Brooks E S, et al. Hydrologically sensitive areas: Variable source area hydrology implications for water quality risk assessment[J]. Journal of Soil and Water Conservation, 2000, 55(3): 277-284.

[120] Buchanan B P, Archibald J A, Easton Z M, et al. A phosphorus index that combines critical source areas and transport pathways using a travel time approach[J]. Journal of Hydrology, 2013, 486: 123-135.

[121] Hughes K J, Magette W L, Kurz I. Identifying critical source areas for phosphorus loss in Ireland using field and catchment scale ranking schemes[J]. Journal of Hydrology, 2005, 304(1-4): 430-445.

[122] Heathwaite A L, Dils R M, Liu S, et al. A tiered risk-based approach for predicting diffuse and point

source phosphorus losses in agricultural areas[J]. Science of the Total Environment, 2005, 344 (1-3): 225-239.

[123] Hewett C J M, Quinn P F, Heathwaite A L, et al. A multi-scale framework for strategic management of diffuse pollution[J]. Environmental Modelling & Software, 2009, 24(1): 74-85.

[124] 张淑荣，陈利顶，傅伯杰，等. 农业区非点源污染潜在危险性评价——以于桥水库流域磷流失为例[J]. 第四纪研究，2003，23(3)：262-269，T001-T003.

[125] 李琪，陈利顶，齐鑫，等. 妫水河流域农耕区非点源磷污染危险性评价与关键源区识别[J]. 环境科学，2008，29(1)：32-37.

[126] 张丽，陆海明，邹鹰，等. 缺资料小流域非点源磷素输出关键源区识别方法初探[J]. 生态与农村环境学报，2014，30(3)：403-408.

第2章 花山流域概况

本书选择我国东部江淮丘陵区的花山流域作为代表性实验流域，该流域位于安徽省滁州市饮用水源地——城西水库控制流域的上游区，流域自然地形地貌长期以来基本保持不变，种植业和少量农村小规模畜禽养殖是流域内的主要生产活动，基本没有工矿企业生产活动，没有修建规模较大的水库和引水工程，天然水文特征保持良好，具有我国典型农业小流域基本特征，能够较好地代表流域农业面源污染物输出规律。

2.1 历史沿革

1962 年 7 月设立安徽省水文局城西径流实验站，该站位于花山流域出口，当时设立径流实验站的目的是探求江淮丘陵区不同下垫面、不同面积级条件下，流域径流形成原理与规律，为水文预报及水文计算基础理论研究提供依据，为区域综合规划、水利规划、设计及水利工程运行调度提供服务。建站后，根据设站目的，城西径流实验站先后进行了不同下垫面类型、不同面积级的代表流域降雨径流观测实验。代表流域分别为：(1)花山流域，控制断面为胡庄(三)；(2)小沙河中源代表流域，控制断面为胡庄坝；(3)小沙河西源代表流域，控制断面为三岔河；(4)小沙河东源代表流域，控制断面为黄洼；(5)小沙河西源代表流域，控制断面为汪郢；(6)小沙河区间代表流域，控制断面为竹园沟莆塘。上述代表流域下垫面分别代表丘陵、浅山、平原和山区等类型，植被又分为次生林、农业种植、水稻种植及原始森林。中源胡庄坝以上流域的农业种植以旱作物为主，是典型的丘陵区地貌类型，具有岗、冲、小块平原；西源三岔河以上流域内以林地为主，兼有零星的农业种植；东源黄洼以上流域内均为荒山，尚未开发，属原始生态。

城西径流实验站先后开展了土壤水分及地下水观测与研究、量水建筑物适应性实验研究、水面蒸发实验研究、水稻生长需水量及灌溉制度实验研究、全要素气象观测、流域内典型塘坝及小水库拦蓄水量观测实验等。1988 年除保留总控制断面胡庄(三)的水位、流量测验，停止了中源、西源、东源及区间的各代表流域观测，面上雨量站也由原来的 13 个减少到现在的 5 个，流域内典型塘坝及小水库拦蓄水量观测停止。

南京水利科学研究院滁州实验基地于 1981 年 4 月经水利部批准成立，占地 50 多亩①。经过其后多年的实验观测和分析研究，实验基地在产汇流机理和流量过程线分割基础研究、同位素新技术应用等方面取得了一批重要成果。滁州实验基地主要由 3 个实验场组成，1 号

① 1 亩=1/15 公顷(hm^2)≈666.67 m^2。

为天然实验集水区(南大洼),2 号为模拟实验集水区(水文山),3 号为农业水文实验区。除此之外,还设有蒸渗仪、中子土壤水实验室、陆面蒸发场、能量平衡试验场和气象场等。经过 10 多年的运行后,由于缺乏基础实验研究经费,设施装置和仪器设备也逐步老化,在 90 年代中期不得不陆续停止观测实验。2010 年,水利部批准"水文山、南大洼水文实验设施恢复重建方案"。恢复重建的目的面向国家、行业以及学科发展的需求,按照观测立体化、信息采集自动化、分析模拟精细化、实验全天候化的原则,开展流域产汇流理论、水面陆面蒸散发机制的科学实验和水文新仪器设备的应用研究。主要建设内容包括水文山水文实验区、水文气象综合观测场、南大洼水文实验区的设施和设备。

目前,城西径流实验站由南京水利科学研究院滁州实验基地(原为南京水文研究所滁州实验基地)和安徽省水文局城西径流实验站两部分组成。

2.2 自然地理条件

花山流域位于安徽省东部的滁州市境内,属于长江流域与淮河流域过渡区,流域距滁州市主城区约 10 km,距离南京市主城区直线距离约 60 km,流域位于 118°8′7″E～118°16′51″E、32°13′15″N～32°18′55″N 之间,流域位置见图 2.1-1。

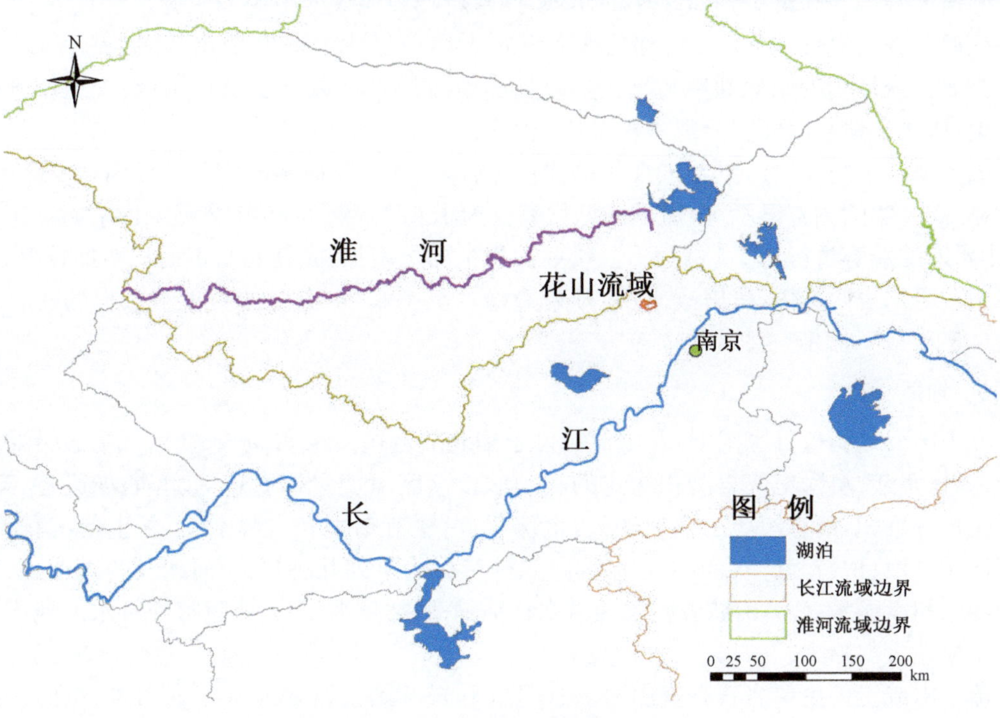

图 2.1-1 研究区域地理位置

2.2.1 地貌

花山流域为小沙河的中支子流域,小沙河为滁河左岸支流清流河的右岸支流。中支子流域源出安徽省滁州市南谯区施集镇花山村,分三源,中、东两源出自大旗山北麓荣誉、潘郢子,西源出自泉丰岭北汪郢,三源于黄石坝穿过公路于胡庄汇合后北流。

花山流域的总面积约为 80.13 km^2(原为 82.10 km^2,2007 年 9 月琅琊山抽水蓄能电站建成,流域面积减小 1.97 km^2)。胡庄(三)水文站是花山流域出口断面控制站,位于小沙河上游中支上,该水文站距其下游的城西水库坝址约 16 km。花山流域四面环山,东北方向为大丰山,流域分水线内最高峰为 247 m(黄海高程,以下同),无名峰为 290 m;正东方向为小丰山,最高峰为 321 m;东南方向为琅琊山,流域分水线内最高峰为 265 m,龙蟠山最高峰为 175 m;正南方向为无名峰,最高峰为 180 m;西南方向为白草洼大山,最高峰为 352 m,花山最高峰为 326 m;西北方向为棺材山,最高峰为 313 m。由于山脉的延伸走向形成了南高北低、东西基本对称、向东略倾斜的地势。分水岭高程在 175～352 m 之间,流域闭合程度良好。花山流域东源的红花桥水库上游,中源的龙凤水库上游,龙蟠山、袁郢的上刘水库以上,西侧的方郢以上以及等高线在 125 m 以上的牛郢孜、庄子河、棺材山等区域为浅山区,面积为 38.83 km^2,占流域总面积的 48.5%;其余区域均为丘陵区,面积为 41.30 km^2,占流域总面积的 51.5%。花山流域是典型的江淮丘陵区地貌类型,具有岗、冲、小块平原等多种地形。

花山流域主河长 13.7 km,河沟的坡度为 4.7‰,流域内的坡度变化范围为 0～32°,平均坡度为 6°。流域内的土地利用类型主要包括林地,耕地,水域以及农村用地、交通用地等其他用地,这些土地利用面积分别占整个流域面积的 67.7%、22.3%、3.8%和 6.2%。在胡庄(三)断面上游约 630 m 处建有一座胡庄坝,拦蓄着花山流域的中源和东源来水。

西源流域主河长 7.0 km,河沟的坡度为 6.1‰,流域内的坡度变化范围为 0～32°,平均坡度为 8°。流域内的土地利用类型主要包括林地,耕地,水域以及农村用地、交通用地等其他用地,这些土地利用面积分别占整个流域面积的 71.3%、24.3%、0.3%和 4.1%。西源流域在胡庄坝下游约 300 m 处与胡庄坝的泄流汇合,三岔河断面距胡庄(三)断面约 660 m。

据 1963 年的调查显示,全流域的塘坝率仅为 1.67%,到 1975 年本流域内的蓄水工程塘坝、小水库的总容量已达 1 433 万 m^3,耕地面积也随之增加,尤其是水田面积增加较多,原有的水田改为稻麦两熟田,旱田改水田,开荒造地。至 1985 年本流域内蓄水工程的总容量已达 1 823 万 m^3,水田已达 11 370 亩。

2.2.2 地质

在中国大地构造分区图上,花山流域位于华北陆台块南缘和扬子-钱塘准褶皱带北缘接界处,为以寒武、奥陶纪灰岩沉积为主的浅山区。该区早期主要表现为坳陷,如震旦、寒武、奥陶纪均有沉积,而志留至三叠纪缺失,至侏罗、白垩有断裂和岩浆活动,新生代沉积不厚。根据区域岩性、构造和产状,地下水的埋藏条件可分为下列几种:(1) 河床及两岸冲、洪积层中的潜水和承压水;(2) 山麓坡积层的潜水;(3) 基岩裂隙水;(4) 裂隙喀斯特水。地下水的补给主要靠大气降水。

流域内成土的主要岩石有安山岩、粗面岩、砂岩、砾岩、石灰岩等。安山岩、粗面岩属中性结晶岩类;砂岩由粒径 0.5～2.0 mm 的砂粒胶结而成;砾岩由大小不同的石砾沉积而成,砾石粒径大于 2.0 mm;石灰岩是以方解石为主要成分的碳酸盐岩,有时含有白云石、黏土矿物和碎屑矿物等。

2.2.3 土壤

花山流域内土壤类型主要是石灰岩土和黏壤土,另有少量的砂壤土。流域内的浅山区以石灰岩土为主,丘陵区大部分土壤为黏壤土,中源叶桥至三岔河、西源相庄至三岔河的河道两岸约 200 m 范围内主要以砂壤土为主。全流域黏壤土占流域总面积的 60.0%，石灰岩土和砂壤土分别占 38.1%和 1.9%。

2.2.4 植被和土地利用

花山流域内的浅山区以林地为主，有少量荒山。流域河边近水两岸，土壤湿润，常为柳树、枫杨等喜湿树种组成的小片林地；高丘下部土壤肥沃湿润处，常为麻栎、栓皮栎、枫香等组成的阔叶混交林；在中坡，土壤条件渐差，分布黄连木、黄檀、山槐等树种；高丘脊或坡上部，土层薄，土体干燥，主要分布马尾松或侧柏林；在立地条件较好的土壤上生长着杉木、苦楝、香椿、榆树等不耐瘠薄的树种。人工林木多为针叶树种，主要有马尾松、黑松、湿地松、火炬松、侧柏、水杉、池杉等。

流域内的丘陵区以耕地为主，林地次之。耕地栽培作物以水稻、玉米、豆类、棉花为主，还有油菜、花生、向日葵、麻类、瓜类、蔬菜等。

流域内草本植物以禾本科、菊科、毛茛科、蔷薇科为主，多为一年生，有利于土壤有机质的积累。

花山流域的植被覆被率约为 55.9%，土地利用分布见图 2.2-1。

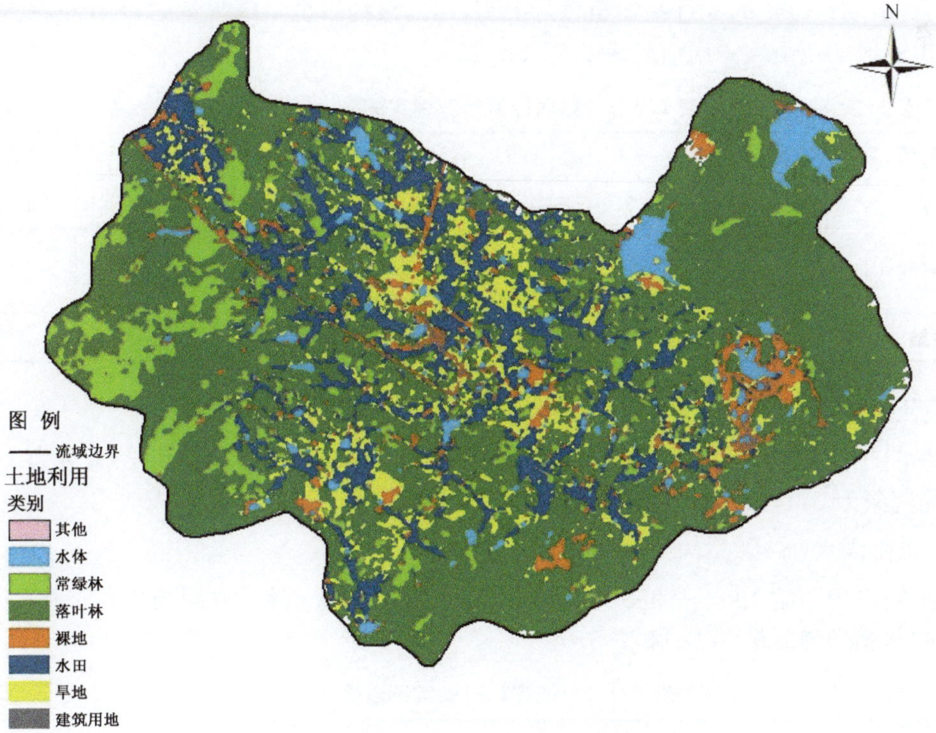

图 2.2-1 花山流域植被覆被图

2.3 水文气象特征

2.3.1 气温、湿度和日照

花山流域属北亚热带向暖温带过渡区域，气候温和，四季分明，水热同季，雨量适中，干冷同期，无霜期较长，日照充足，季风气候显著。根据安徽省滁州市气象局资料统计，多年平均气温 15.2 ℃，最高为 7 月，月平均气温 28.2 ℃，最低为 1 月，月平均气温 1.6 ℃。历年极端气温最高值达 41.2 ℃，出现在 1959 年 8 月 23 日；最低值为 −23.8 ℃，出现在 1955 年 1 月 6 日。一般年份的冻土层深度为 10 cm 左右，多年平均日照时数为 2 218 h，平均相对湿度为 75.3%，无霜期为 217 d。主导风向为东南风，西北风次之，平均风速为 2.7 m/s，最大风速为 18.0 m/s，大风都发生在 7—9 月份。

2.3.2 蒸发量

根据城西径流站胡庄站 1963—1992 年 30 年实测蒸发量（E601 型蒸发皿）统计，多年平均蒸发量为 924 mm，1952—1962 年借用黄栗树站延长后，胡庄站 1952—1992 年多年平均蒸发量（E601 型）为 922 mm。

2.3.3 降水量

花山流域经常出现冷暖气旋的锋面雨和台风雨。降水量年际变化较大，年内分配也不均匀，降水主要集中在汛期 6—9 月份。胡庄雨量站多年平均降水量为 1 043 mm，其中年最大降水量为 1 662 mm，出现在 1991 年，年最小降水量为 610 mm，出现在 1994 年。梅雨季节明显，梅雨期在每年的 6 月中旬至 7 月上旬，梅雨量约占全年降水量的 30%左右。

花山流域实测最大暴雨值见表 2.3-1。

表 2.3-1　城西径流站流域实测最大暴雨值　　单位：mm

暴雨时段	0.5 h	1 h	1 d	3 d	7 d	年降水量
暴雨量	51.4	107.1	260.1	275.6	403.8	1 778.3
出现时间	1993 年 6 月 21 日	1993 年 6 月 21 日	1993 年 6 月 21 日	1993 年 6 月 20 日	1991 年 7 月 3 日	1991 年
雨量站	方岗	方岗	方岗	方岗	胡庄	门槛岭

2.3.4 径流量

利用胡庄（三）断面实测径流资料统计得到流域出口断面多年平均年径流量为 2 968 万 m^3，年径流深为 371 mm，年平均降雨径流系数为 0.356。

2.3.5 暴雨洪水

根据胡庄（三）站 1962—1998 年共计 36 年的实测流量资料，得到胡庄（三）站的 4 个大水年份的实测洪峰流量，见表 2.3-2。

表 2.3-2　胡庄（三）站实测洪峰流量表　　单位：m^3/s

排序	1	2	3	4
洪峰流量	498	360	180	126
出现时间	1993 年 6 月 21 日	1962 年 6 月 21 日	1991 年 7 月 10 日	1975 年 6 月 24 日

胡庄（三）站 1993 年 6 月 21 日的实测洪水过程中，次洪过程的洪水总量（总历时 40 h）为 1 244 万 m^3，净雨深为 152 mm。在该次洪水过程中，胡庄（三）站以上流域 6 月 21 日的面降水量为 209 mm，次降雨径流系数为 0.73。

2003 年和 2008 年，花山流域均出现了较大的暴雨洪水过程。

2003 年 6 月进入主汛期后，前期降雨较少，6 月 29 日开始连续降雨，7 月 4 日突降暴雨，最大 24 h 降雨量达到 344 mm，暴雨强度达到 100 年一遇的标准，到 7 月 15 日累计降雨量为 646.7 mm，最高流量值达到 771 m^3/s，6 月 29 日流域前期影响雨量为 69.1 mm。

2008 年 7 月 29 日至 8 月 2 日期间，花山流域普降大到暴雨，尤其集中在 8 月 1 日，最大 24 h 降雨量达到 352 mm，暴雨强度达到或超过 100 年一遇的标准，到 8 月 4 日流域平均降雨量达到 426.0 mm，最高流量值达到 564 m^3/s，7 月 31 日流域前期影响雨量为 72.2 mm。

2.4 社会经济状况

花山流域位于南谯区施集镇的丰山、花山、龙蟠、荣誉、杨饭店、河东等 6 个行政村内。

丰山村坐落在施集镇东，距滁州市区 13 km，东南与花山村相连，西靠杨饭店村，北与琅琊区西涧办为邻。京沪高铁贯穿境内，村部紧靠滁梁路(滁州到肥东梁园)。全村总面积 14.93 km^2，其中耕地 6 623 亩，园地 56 亩，林地 10 643 亩，草地 1 141 亩，建设用地 1 696 亩，水面 1 494 亩，其他 748 亩。全村人口 2 012 人。境内有彩云洞、叠翠园，春季绿荫花香，夏季流水潺潺，旅游资源十分丰富。

花山村位于施集镇东部，为原花山乡政府所在地，滁梁路穿村而过，滁州西环路贯穿全村，交通十分便捷。全村面积约 14 km^2，辖 18 个村民小组，全村人口 2 600 人。全村拥有耕地 3 600 亩，山场 4 800 亩，茶园 400 亩，可养水面 380 亩，草坪 200 亩。全村拥有丰富的竹木资源和大量的石灰石等矿产资源。花山村山峦锦簇，植被良好，基本保持了原始的生态。

龙蟠村位于琅琊山脚下，东与琅琊山林场交界，南与荣誉村及腰铺镇接壤，西与花山村、北与河东村毗邻，交通十分便捷，滁州市大西环穿越全村。全村区域面积 22.4 km^2，人口 3 250 人，耕地面积 6 067 亩，山场面积 1.6 万亩，可养水面 1 250 亩。龙蟠村主要农产品有水稻、小麦、棉花、油菜、玉米、蔬菜等。苗木花卉是该村的一大特色，该村有发展林业生产的一贯传统，全村现有苗圃 1 200 亩，产品主要有香樟、紫薇、三角枫等。全村森林覆盖率 68%，原生态的森林植被保护完整，境内有红花湖、龙凤湖等自然景观。

荣誉村位于施集镇东南部，东与龙蟠村交界，南与腰铺镇及全椒县接壤，西与孙岗村毗邻，北与花山村交界。县级道路花石路(原花山至全椒石沛镇)贯穿全境，全村面积 18.4 km^2，辖 15 个村民小组，人口 2 050 人。全村山场面积 8 000 亩，可养水面 600 亩，耕地 3 300 亩。主要农产品有水稻、小麦、棉花、油菜、玉米等。原竹、栎碳、板栗等是该村的特色产品。全村拥有丰富的竹木资源和大量的煤矸石、石灰石等矿产资源。

杨饭店村位于施集镇东部腹地，距滁州市市区 18 km，滁梁路(滁州至肥东梁园)穿境而过，滁州市大西环经过该村。全村面积 13.8 km^2，辖 20 个村民小组，人口 3 200 人，耕地 3 200 亩，可养水面 850 亩。全村拥有山场 11 000 亩，其中国家公益林 5 000 亩，林业资源十分丰富，板栗、茶叶、栎碳等是该村的特产。生态旅游是该村的一大特色，九天峰度假村坐落在该村。

河东村位于施集镇的东北部，城西水库之畔，距滁州市市区 8 km，该村紧靠琅琊山风景区及滁州市蓄能电站，城西水库支流穿村而过。该村东与琅琊山接壤，南与龙蟠村交界，西与丰山村一河之隔，北与南谯办事处隔河相望。全村面积 8.2 km^2，辖 9 个村民组，人口 1 100 人。全村拥有山场面积 4 600 亩，可养水面 600 亩。该村属城市郊区，蔬菜生产是其一大特色，目前该村豇豆、茄子、香葱、毛豆等蔬菜种植面积在 1 000 亩左右。

2.5 流域环境状况调查

2.5.1 流域地表水水质调查

采样时间：2012 年 4 月和 2013 年 8 月。

采样地点和采样方式：2012 年 4 月在花山流域共采集 30 个地表水水样，采样点见图 2.5-1；2013 年 8 月在花山流域内共采集 58 个地表水水样，采样点见图 2.5-2。所有水样样品的采集、保存和运输均依据《地表水和污水监测技术规范》(HJ/T 91—2002)进行。样品采集时用 GPS 记录采样点具体位置和土地利用类型，并用照相机记录采样现场。

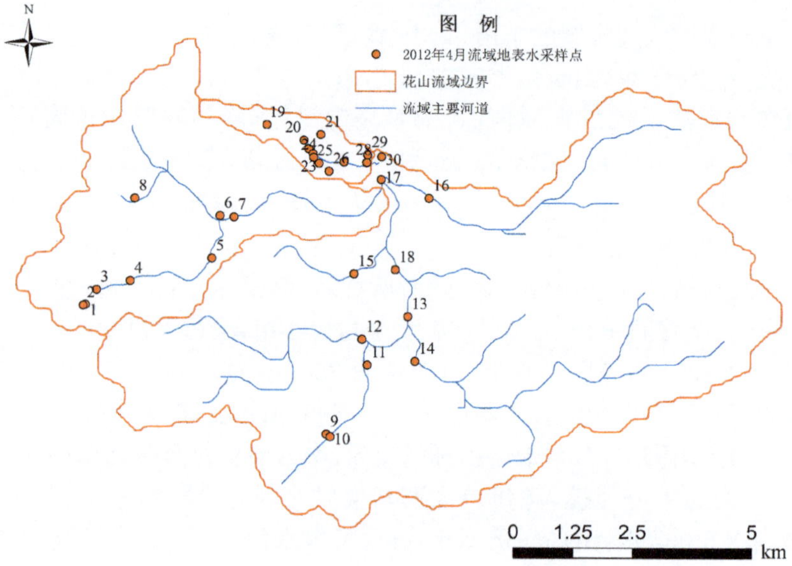

图 2.5-1　2012 年 4 月花山流域地表水采样点分布

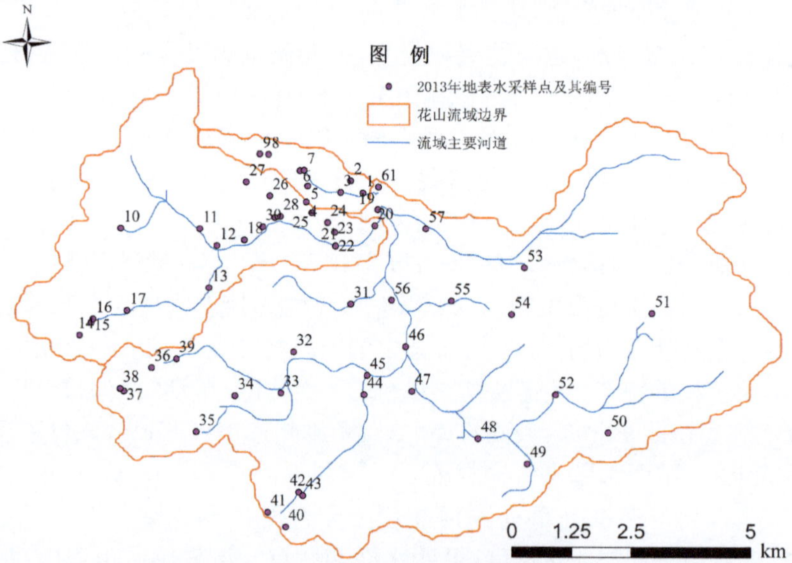

图 2.5-2　2013 年 8 月花山流域地表水采样点分布

地表水分析项目：总氮，总溶解态氮，硝态氮，铵态氮，亚硝态氮，总磷，总溶解态磷，溶解态活性磷。

结果分析：

(1) 2012 年 4 月花山流域地表水水质分析

2012 年 4 月采样得到的地表水样品分析结果见表 2.5-1。花山流域地表水氮、磷浓度空间分布差异较大，大多数水质指标总体呈正态分布，平均值高于中位数。从地表水形态来看，溶解态氮和溶解态磷是地表水氮、磷的主要形态，溶解态氮中又以硝态氮为主要形态。由于此次采样时间为汛期来临之前，地表累积的氮、磷尚未随降雨径流过程进入到水体，因此地表水水体中颗粒态氮、磷比例相对较低。

表 2.5-1　花山流域 2012 年 4 月地表水样品分析结果　　单位：mg/L

项目	总氮	总溶解态氮	硝态氮	铵态氮	亚硝态氮	总磷	总溶解态磷	溶解态活性磷
最大值	5.75	4.94	4.30	2.03	0.19	1.10	0.83	0.63
最小值	0.59	0.47	0.05	0.02	0.00	0.02	0.01	0.01
平均值	1.75	1.46	0.76	0.31	0.03	0.13	0.08	0.06
中位数	1.15	0.92	0.27	0.23	0.02	0.05	0.02	0.01

在采集得到的 30 个地表水水样中，总氮浓度超过Ⅲ类水体质量标准的样品有 18 个，总氮浓度超过Ⅴ类水体质量标准的样品达 8 个，分别占总样品量的 60%和 27%。总磷浓度超过Ⅲ类地表水体质量标准的样品有 4 个，超过Ⅴ类地表水体质量标准的样品有 2 个，分别占总样品量的 13%和 7%。总体来说，花山流域地表水总氮浓度超标比例明显高于总磷浓度超标比例。

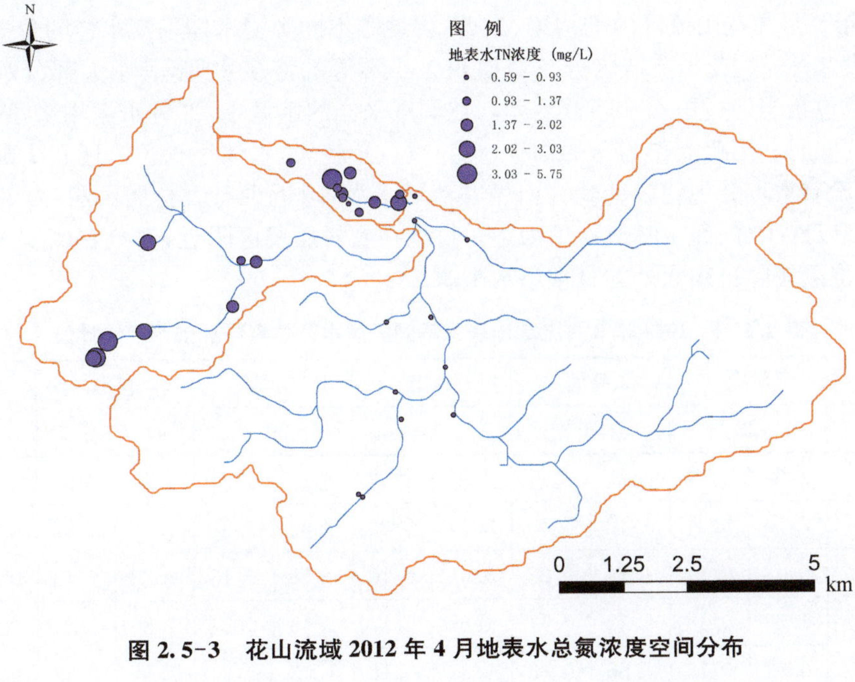

图 2.5-3　花山流域 2012 年 4 月地表水总氮浓度空间分布

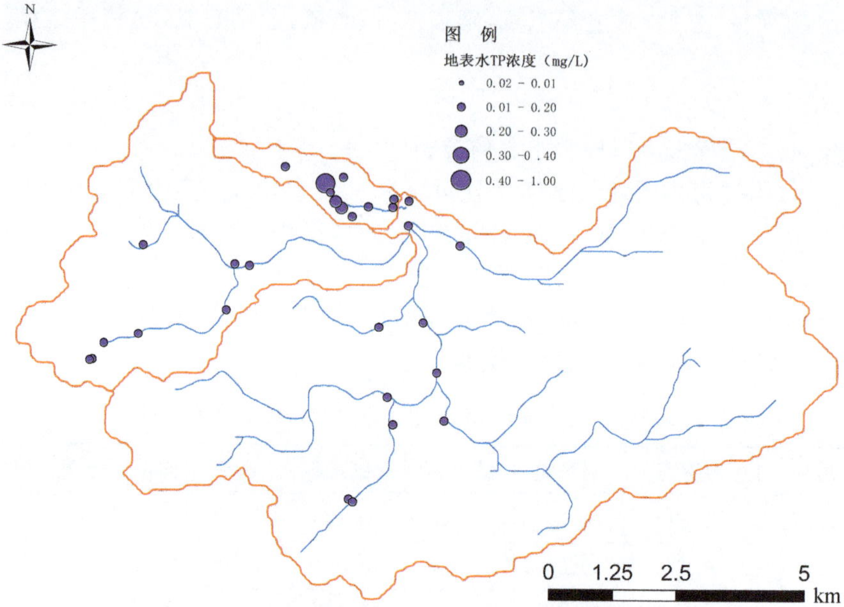

图 2.5-4　花山流域 2012 年 4 月地表水总磷浓度空间分布

从图 2.5-3 和图 2.5-4 中可以看出，在西源流域上游和竹园沟流域上游总氮浓度较高，部分采样地点总氮浓度达到 5.75 mg/L，中源流域上游总氮浓度较低。与总氮浓度空间分布不同的是，在西源流域上游地表水总磷浓度较低，竹园沟流域地表水总磷浓度与总氮浓度均处于较高水平，总磷浓度超过地表水Ⅴ类水体质量标准。竹园沟流域上游地表水氮、磷浓度普遍较高，与流域上游农村居民生活污水及畜禽养殖污水排放有关。

(2) 2013 年 8 月花山流域地表水水质分析

2013 年 8 月在花山流域内的沟渠、水塘、湿地等不同类型水体采集水样的总氮和总磷浓度情况见表 2.5-2。花山流域内分布着面积大小不等的许多水塘，其中大部分水塘已经被集体组织承包给当地村民用于经营活动。在调查采样的水塘中，部分水塘用来鱼鸭混养，在放养鸭子的同时利用鸭粪作为鱼的饲料，饲料投放量较大，水体呈褐色。还有少部分鱼塘仅用于养鱼，没有放养其他鸭鹅动物。山塘在流域上游，附近少有农村居民居住，邻近区域土地利用类型以次生林、经济林或农田为主。村塘在农村居民区附近，部分农民以水塘内水体作为洗衣、浇灌等除自来水外的日常用水来源。

表 2.5-2　2013 年 8 月流域地表水不同类型水体总氮和总磷浓度统计值　　单位：mg/L

水体类别	沟渠		鸭塘		山塘		村塘		鱼塘		湿地	
水样个数	22		10		11		9		3		3	
分析项目	总氮	总磷	总氮	总磷	总氮	总磷	总氮	总磷	总氮	总磷	总氮	总磷
最大值	3.58	0.37	5.42	1.15	3.77	0.33	1.93	0.38	1.98	0.57	0.65	0.18
最小值	0.43	0.11	1.14	0.22	0.61	0.10	0.58	0.13	0.83	0.13	0.52	0.13
平均值	1.23	0.18	2.32	0.47	1.81	0.17	1.15	0.24	1.56	0.4	0.6	0.14
中值	0.91	0.15	1.86	0.33	1.31	0.16	1.03	0.24	1.87	0.52	0.62	0.13

不同类型水体总氮和总磷浓度有显著差异。总体来说，鸭塘水质最差，总氮和总磷浓度平均值均超过地表水体Ⅴ类水体质量标准。湿地水质最好，总氮浓度均值低于Ⅱ类水体质量标准，总磷浓度均值低于Ⅴ类水体质量标准。大量的研究证明，流域湿地能够通过微生物硝化-反硝化作用、沉淀作用和吸附机制去除湿地中累积的氮磷污染物[1-3]。山塘和村塘水体总氮和总磷浓度主要受周边土地利用类型和人为活动干扰影响较大，水塘所在位置不同，人为活动干扰也不同，因此就表现为水塘之间水质差异较大。尹澄清等人在巢湖北岸的六汉河小流域研究发现南方丘陵区广泛分布的水塘能够有效持留农业流域地表氮磷污染物[4-8]。流域内沟渠是氮磷的主要迁移廊道，沟渠水体水质一方面取决于汇水区来水特征，另一方面也取决于沟渠本身的形态和植被覆盖度。国内外研究证明植被覆盖度较高的沟渠对氮磷等面源污染物具有一定的截留作用[9-15]。

从图 2.5-5 花山流域总氮浓度空间分布可以看出，西源流域上游和竹园沟流域总氮浓度较高，西源流域中游水体总氮浓度相对较低。从图 2.5-6 可以看出，竹园沟流域地表水总磷浓度普遍较高，这与竹园沟流域内农田比例大、人为活动干扰强度高有关。

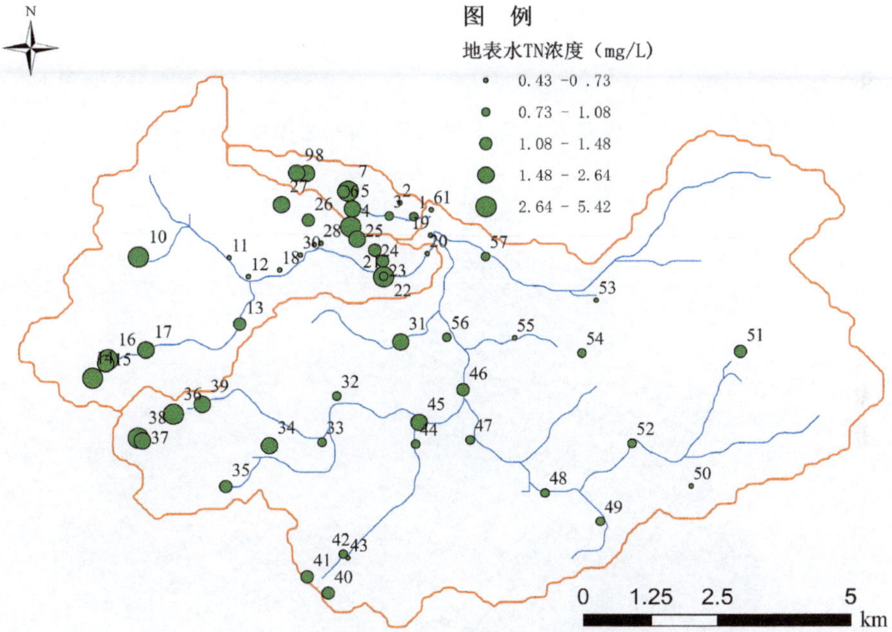

图 2.5-5　花山流域 2013 年 8 月地表水样品总氮浓度空间分布

2.5.2　流域表层土壤样品采集

采样时间：2012 年 4 月和 11 月。

取样地点：西源流域和竹园沟流域表层土壤样品采集地点见图 2.5-7，共采集 88 个表层土壤样品。在确定采样点时尽量涵盖全流域范围。

取样方式：土壤样品采集深度为 0～15 cm。在采集土样时用 GPS 记录采样点具体位置，记录采样时的土地利用方式，采样点种植作物、施肥方式等相关情况，用照相机记录采样现场。样品采集后及时运回实验室风干、研磨、过筛并分析测试。

分析指标：全氮、全磷、速效磷、有机质。

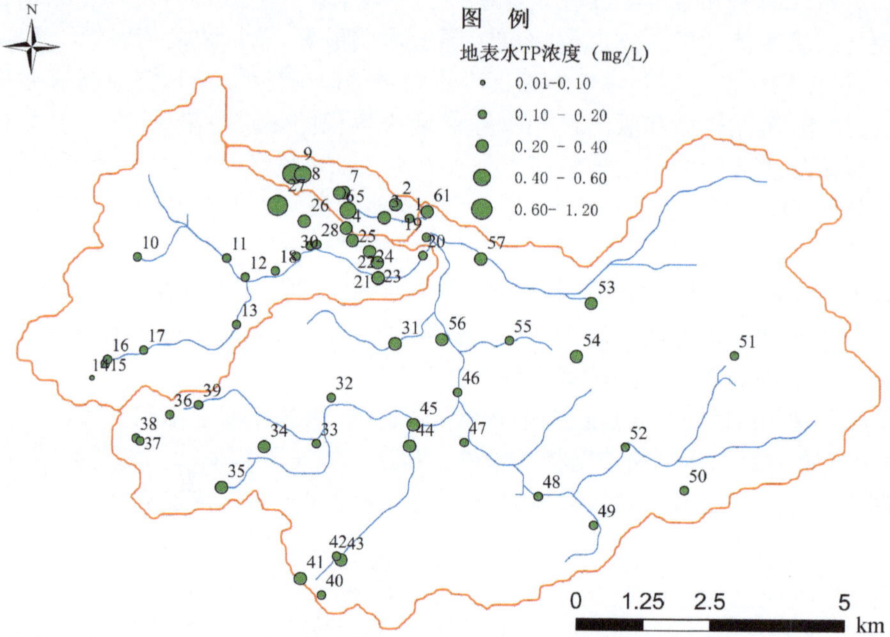

图 2.5-6　花山流域 2013 年 8 月地表水样品总磷浓度空间分布

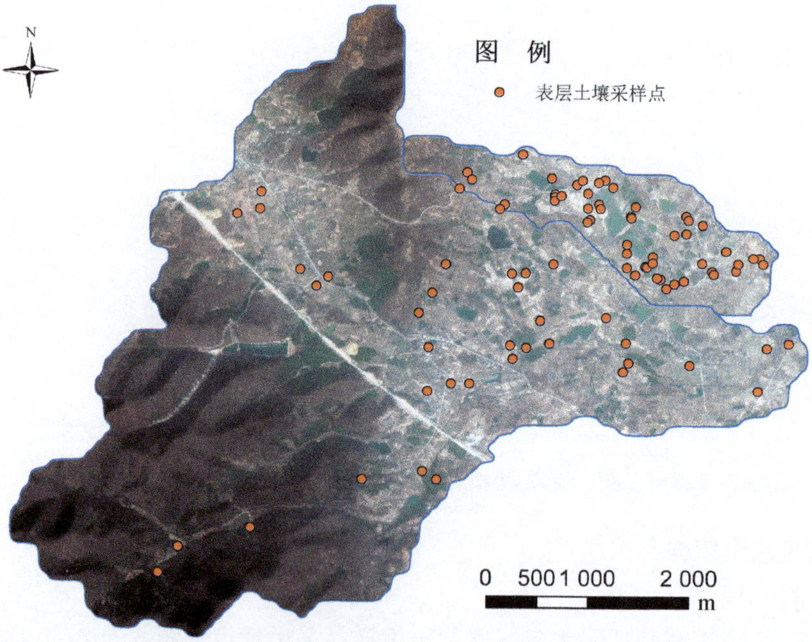

图 2.5-7　西源和竹园沟流域表层土壤样品采样点

结果分析：受人为活动影响，花山流域表层土壤养分含量变异较大，特别是全氮、全磷和速效磷含量。表 2.5-3 为所有采样点土壤样品全氮、全磷、速效磷和有机质含量总体分布情况。

表 2.5-3 花山流域表层土壤氮、磷含量

项目	全氮	全磷	速效磷	有机质
单位	mg/kg	mg/kg	mg/kg	g/kg
最小值	178.2	258.0	1.4	17.06
最大值	2 285.0	1 422.0	92.5	41.07
平均值	1 183.1	594.1	15.0	25.90
中值	1 239.0	541.0	13.2	23.03

土地利用方式对土壤氮、磷含量有显著影响，见图 2.5-8。西源流域和竹园沟流域土壤全氮含量以水稻田最高，林地其次，棉田也保持较高含量，麦地含量较低。土壤全磷含量以麦地偏高，冬闲地和林地其次，草地最低。土壤有机质以水稻田、冬闲地和林地较高，草地、棉田和麦地稍低。土壤速效磷以水稻田、麦地和棉田较高，冬闲地和林地处于较低水平。

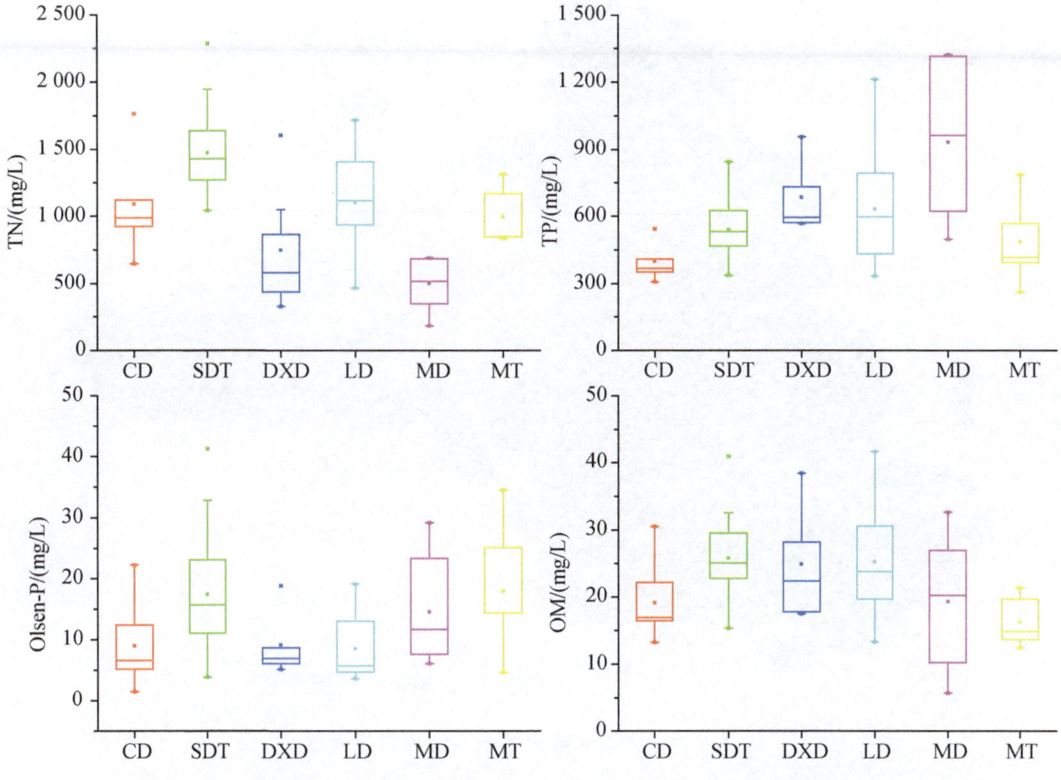

图 2.5-8 花山流域不同土地利用类型全氮、全磷、速效磷和有机质含量比较

（CD，草坪；SDT，水稻田；DXD，冬闲地；LD，林地；MD，麦地；MT，棉田）

稻田是花山流域农田主要土地利用方式，稻田土壤全氮、全磷和速效磷含量总体处于较高水平。花山流域农民对稻田施肥量处于较高水平，除了在插秧之前施用基肥外，在水稻生长期间还追施氮肥。水稻田土壤在高温生长季节大部分时间处于淹水厌氧环境，有利于有机质累积，因此水稻田土壤有机质含量较高[16-18]。在花山流域，部分农田一年仅种植一季水稻，冬天处于休闲状态，水稻种植时施用的氮肥在土壤中随降雨径流流失，通过反硝化作用转化为气态损失等，因此冬闲地土壤全氮含量较低；相比而言，冬闲地土壤磷素流失途径较少，土壤全磷含量与水稻田相差不大，但随着土壤磷素被逐渐固定，表现为土壤速效磷含量偏低。花山流域棉田比例较低，棉花属于旱作经济作物，施肥量较高，通过收获带走的氮、磷也较多，因此棉田土壤氮、磷总体上处于中等水平。

研究发现，土壤氮、磷具有一定的空间自相关性，符合统计规律，因此可以利用流域内各采样点土壤全氮、全磷含量，通过 GIS 提供的 Kriging 插值法获得流域全氮、全磷含量空间分布情况。从图 2.5-9 中可以看出，西源流域上游林地土壤全氮含量较低，流域中下游土壤全氮含量较高。从图 2.5-10 可以看出，西源流域土壤全磷含量西北地区较低，流域中下游农田土壤全磷含量相对较高。西源流域中下游地势相对平坦，是流域内主要农业生产活动区域，也是居民生活主要区域，受人为活动干扰大，因此该区域总体表现为土壤全氮和全磷含量相对偏高。

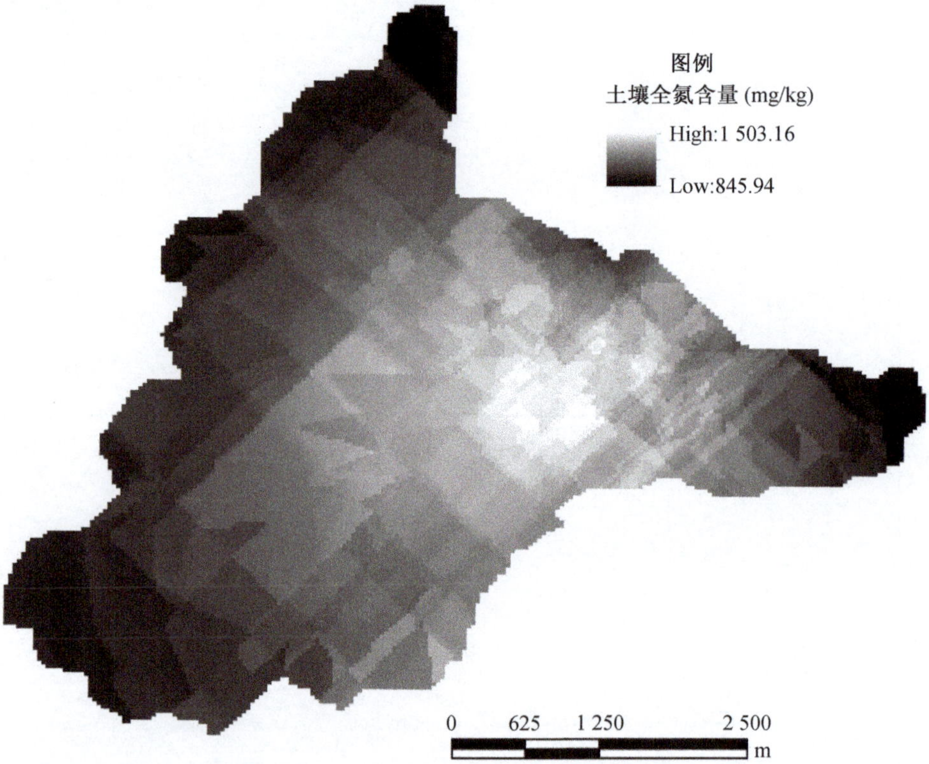

图 2.5-9　西源流域土壤全氮含量空间分布

2.6　小结

本章从流域自然地理条件、水文气象特征、社会经济状况、典型子流域概况、流域环境状况调查等多个方面全面介绍了花山流域的相关背景情况。

(1) 花山流域属长江流域的滁河水系，地处安徽省滁州市以西，流域面积为 80.13 km²，具有典型的江淮丘陵区地貌类型，流域分水岭高程为 175～352 m，流域出口控制断面高程

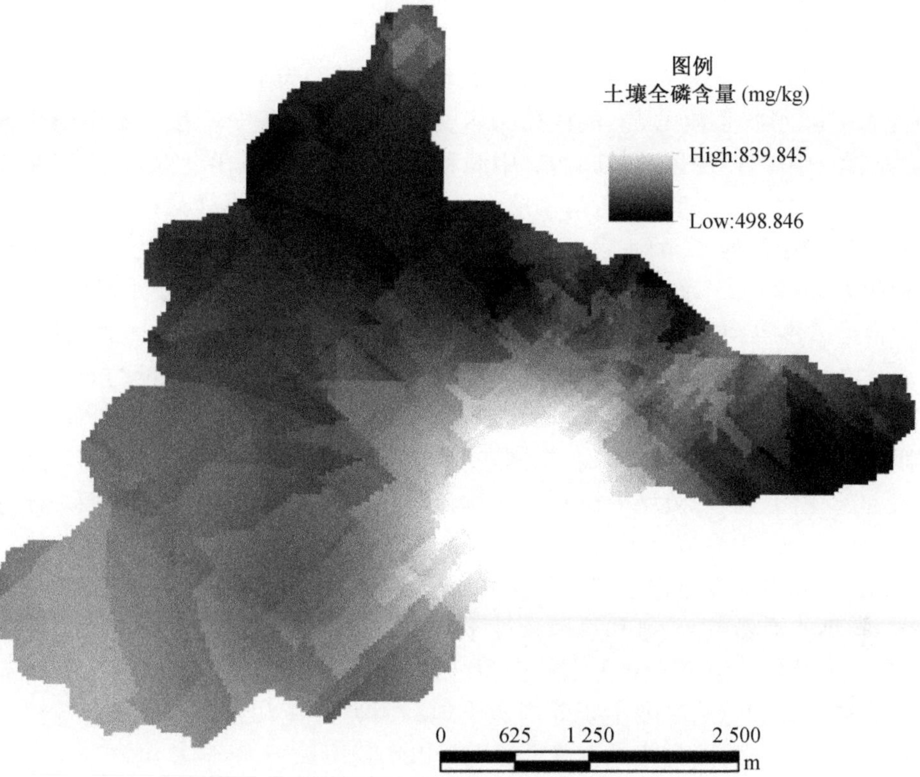

图 2.5-10　西源流域土壤全磷含量空间分布

约为 30 m，浅山区和丘陵区面积各占近一半。花山流域位于华北陆台块南缘和扬子-钱塘准褶皱带北缘接界处，为以寒武、奥陶纪灰岩沉积为主的浅山区，流域内成土岩石主要有安山岩、粗面岩、砂岩、砾岩、石灰岩等，地下水埋藏条件主要包括河床及两岸冲、洪积层中的潜水和承压水，山麓坡积层的潜水，基岩裂隙水，等等，大气降水是地下水的主要补给来源。花山流域内土壤类型主要是石灰岩土和黏壤土，另有少量的砂壤土，浅山区以石灰岩土为主，丘陵区大部分土壤为黏壤土。花山流域内的浅山区以林为主，林木主要包括马尾松、黄连木、黄檀、山槐等，高丘下部土壤肥沃湿润处，常为麻栎、栓皮栎、枫香等组成的阔叶混交林，河边近水两岸主要分布有柳树、枫杨等，人工林木多为针叶树种。流域农田作物以水稻、玉米、豆类、棉花为主，流域内草本植物以禾本科、菊科、毛莨科、蔷薇科为主。

(2) 花山流域属北亚热带向暖温带过渡区域，气候温和，四季分明，水热同季，雨量适中，季风气候显著。多年平均气温 15.2 ℃，一般年份的冻土层深度为 10 cm 左右，多年平均日照时数为 2 218 h，平均相对湿度为 75.3%，无霜期为 217 d。流域多年平均蒸发量为 922 mm；多年平均降水量为 1 043 mm，梅雨季节明显，6 月中旬至 7 月上旬为梅雨期，梅雨量约占全年降水量的 30%左右。流域出口控制断面胡庄(三)站多年平均年径流量为 2 968 万 m^3，年径流深为 371 mm，年平均降雨径流系数为 0.356。1962 年至 2014 年，花山流域出现几次大的洪水过程，其中最大的洪水过程出现在 2003 年，洪峰流量为 771 m^3/s，其次的洪水过程出现在 2008 年，洪峰流量为 564 m^3/s。

(3) 花山流域位于安徽省滁州市南谯区施集镇的丰山、花山、龙蟠、荣誉、杨饭店、河东等 6 个行政村境内，人口总数约为 14 200 人，耕地面积约为 23 790 亩，林地和山场面积约为 55 040 亩，可养殖水域面积约为 5 147 亩。

(4) 花山流域的河流水系呈典型的扇形特征，主河长约为 13.7 km，流域坡度 160 cm/km^2，河道坡度 4.7‰，形状系数 1.5。胡庄(三)水文站以上有三条支流和一条小沟相继汇入，它们分别为东源、中源、西源以及竹园沟。中源和东源发源于大其山北麓，汇合于胡庄水库；西源发源于泉丰岭北部，在胡庄附近与胡庄水库泄流汇合后汇入小沙河；竹园沟发源于花山流域西北方向棺材山东麓，于胡庄附近汇入小沙河。中源流域集水面积为 50.46 km^2，西源流域集水面积为 17.96 km^2，东源流域集水面积为 8.83 km^2，竹园沟流域集水面积为 2.63 km^2。

(5) 根据采集得到的 30 个地表水水样分析，总氮浓度超过Ⅲ类水体质量标准的样品有 18 个，总氮浓度超过Ⅴ类水体质量标准的样品达 8 个，分别占总样品量的 60%和 27%。总磷浓度超过Ⅲ类地表水体质量标准的样品有 4 个，超过Ⅴ类地表水体质量标准的样品有 2 个，分别占总样品量的 13%和 7%。总体来说，花山流域地表水总氮浓度超标比例明显高于总磷浓度超标比例。西源流域上游和竹园沟流域上游总氮浓度较高，部分采样地点总氮浓度达到 5.75 mg/L，中源流域上游总氮浓度较低；竹园沟流域地表水总磷浓度与总氮浓度均处于较高水平，总磷浓度超过地表水Ⅴ类水体质量标准。不同类型水体总氮和总磷浓度有显著差异，鸭塘水质最差，总氮和总磷浓度平均值均超过地表水体Ⅴ类水体质量标准，湿地水质最好，总氮浓度均值低于Ⅱ类水体质量标准，总磷浓度均值低于Ⅴ类水体质量标准，山塘和村塘水体总氮和总磷浓度主要受周边土地利用类型和人为活动干扰影响较大，水质差异较大。西源流域和竹园沟流域土壤全氮含量以水稻田最高，林地其次，棉田也保持较高含量，麦地含量较低。土壤全磷含量以麦地偏高，冬闲地和林地其次，草地最低。土壤速效磷以水稻田、麦地和棉田较高，冬闲地和林地处于较低水平。

参考文献

[1] Mander U, Mitsch W J. Pollution control by wetlands[J]. Ecological Engineering, 2009, 35(2): 153-158.

[2] Reddy K R, Kadlec R H, Flaig E, et al. Phosphorus retention in streams and wetlands: A review[J]. Critical Reviews in Environmental Science and Technology, 1999, 29(1): 83-146.

[3] Saunders D L, Kalff J. Nitrogen retention in wetlands, lakes and rivers[J]. Hydrobiologia, 2001, 443 (1-3): 205-212.

[4] Chen N W, Hong H S, Cao W Z, et al. Assessment of management practices in a small agricultural watershed in Southeast China[J]. Journal of Environmental Science and Health Part a-Toxic/Hazardous Substances & Environmental Engineering, 2006, 41(7): 1257-1269.

[5] Shan B, Yin C, Li G. Transport and retention of phosphorus pollutants in the landscape with a traditional, multipond system[J]. Water Air and Soil Pollution, 2002, 139(1-4): 15-34.

[6] Yin C, Zhao M, Jin W, et al. A multi-pond system as a protective zone for the management of lakes in China[J]. Hydrobiologia, 1993, 251(1-3): 321-329.

[7] 付强，尹澄清，马允. 源头农业区不同类型水塘中水体沉积物磷吸附容量[J]. 环境科学，2005，26(4)：70-76.

[8] 毛战坡，尹澄清，王雨春，等. 污染物在农田溪流生态系统中的动态变化[J]. 生态学报，2003，23(12)：2614-2623.

[9] Dunne E J, McKee K A, Clark M W, et al. Phosphorus in agricultural ditch soil and potential implications for water quality[J]. Journal of Soil and Water Conservation, 2007, 62(4): 244-252.
[10] Jiang C L, Fan X Q, Cui G B, et al. Removal of agricultural non-point source pollutants by ditch wetlands: implications for lake eutrophication control[J]. Hydrobiologia, 2007, 581: 319-327.
[11] Needelman B A, Ruppert D E, Vaughan R E. The role of ditch soil formation and redox biogeochemistry in mitigating nutrient and pollutant losses from agriculture[J]. Journal of Soil and Water Conservation, 2007, 62(4): 207-215.
[12] Sharpley A N, Krogstad T, Kleinman P J A, et al. Managing natural processes in drainage ditches for nonpoint source phosphorus control[J]. Journal of Soil and Water Conservation, 2007, 62(4): 197-206.
[13] 姜翠玲，崔广柏，范晓秋，等. 沟渠湿地对农业非点源污染物的净化能力研究[J]. 环境科学，2004，25(2)：125-128.
[14] 陆海明，孙金华，邹鹰，等. 农田排水沟渠的环境效应与生态功能综述[J]. 水科学进展，2010，21(5)：719-725.
[15] 杨林章，周小平，王建国，等. 用于农田非点源污染控制的生态拦截型沟渠系统及其效果[J]. 生态学杂志，2005，24(11)：1371-1374.
[16] Kögel-Knabner I, Amelung W, Cao Z, et al. Biogeochemistry of paddy soils[J]. Geoderma, 2010, 157(1-2): 1-14.
[17] Li Z, Liu M, Wu X, et al. Effects of long-term chemical fertilization and organic amendments on dynamics of soil organic C and total N in paddy soil derived from barren land in subtropical China[J]. Soil & Tillage Research, 2010, 106(2): 268-274.
[18] Wissing L, Koelbl A, Vogelsang V, et al. Organic carbon accumulation in a 2000-year chronosequence of paddy soil evolution[J]. Catena, 2011, 87(3): 376-385.

第3章 数字流域的构建

3.1 遥感影像数据

数字流域构建是开展流域污染物迁移规律研究的重要基础。资源三号(ZY-3)卫星是我国第一颗自主研发的民用高分辨率立体测绘卫星。ZY-3卫星于2012年1月9日11时17分在太原卫星发射中心由长征四号乙运载火箭成功发射。卫星可对地球南北纬84°以内地区实现无缝影像覆盖,回归周期为59d,重访周期为5d。ZY-3卫星影像数据作为一种新型遥感影像数据源,有着空间分辨率高、动态范围大、具备立体成像能力等优点,因此该卫星数据不仅在测绘领域有着广泛用途,在环境保护、资源调查、应急救灾等领域也有着广阔的应用前景[1-2]。ZY-3卫星各影像的技术指标[1]参见表3.1-1。

表3.1-1 ZY-3卫星各影像的技术指标

平台	有效荷载	波段号	光谱范围/μm	空间分辨率/m	幅宽/km	侧摆能力/(°)	重访时间/d
资源三号	前视相机		0.50～0.80	3.5	52	±32	3～5
	后视相机		0.50～0.80	3.5	52	±32	3～5
	正视相机		0.50～0.80	2.1	51	±32	3～5
	多光谱相机	1	0.45～0.52	6	51	±32	5
		2	0.52～0.59				
		3	0.63～0.69				
		4	0.77～0.89				

本研究基于国产高分辨率民用光学卫星ZY-3卫星的遥感影像,提取滁州花山流域DEM、水系及土地利用等空间信息构建数字流域。所采用的覆盖研究区域的ZY-3影像包括:2012年10月2日多光谱影像,2013年1月28日ZY-3卫星全色影像、多光谱影像(四个波段)、前后视影像,2013年7月29日ZY-3卫星多光谱影像,影像由中国资源卫星应用中心提供。

为了减少投影变形所带来的影响,并与我国基础数据投影保持一致,本项研究采用北京1954坐标系统下的高斯-克吕格投影。ZY-3卫星遥感影像为WGS-84坐标系统下的Geographic Lat/Lon投影,在ENVI 4.8平台中将其投影转换为北京1954坐标系统下的高斯-克吕格投影。

3.2 数字高程模型

数字高程模型(DEM)是地表单元上的高程集合,高程是地理空间的第三维坐标,是进行划分流域、生成水系和模拟水文过程的基础。基于 2013 年 1 月 28 日 ZY-3 卫星前视和后视影像构成的立体像对,运用 ENVI4.8 软件的 DEM 提取功能,根据不同的需求分别提取出分辨率为 4 m 以及 30 m 的影像范围的 DEM 数据,并在 ENVI 平台下应用花山流域边界对提取出的 DEM 进行剪裁,得到花山实验流域 DEM,详见图 3.2-1。遥感影像中提取出的 DEM 数据,为 WGS-84 坐标系统下的 UTM 投影。在 ARCGIS 平台下进行投影转化,得到北京 1954 坐标系统下高斯-克吕格投影的 DEM 数据,并分别进行存储。

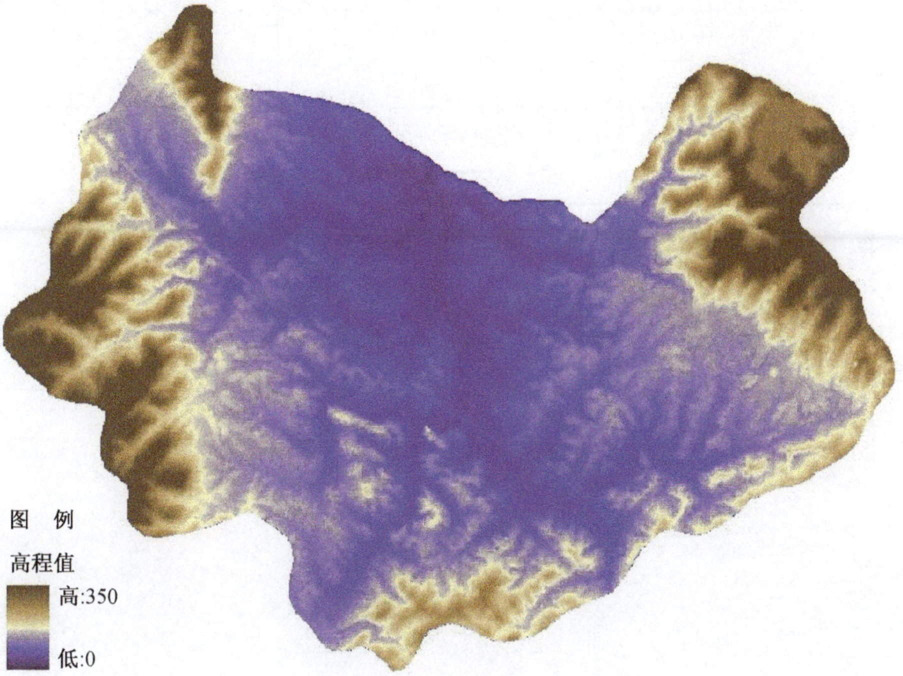

图 3.2-1 花山流域 DEM

3.3 遥感影像数据预处理

对不同时相多光谱影像以及全色影像分别进行辐射定标和大气纠正。辐射定标运用中国资源卫星运用中心提供的定标系数以及定标公式($L=\text{Gain}\times\text{DN}$, L 为转换后辐亮度,单位为 $\text{w}/(\text{m}^2\cdot\text{sr}\cdot\text{m})$,Gain 为定标增益,DN 为卫星载荷观测值),根据影像获取时间,选择对应年份的定标系数[3],见表 3.3-1、表 3.3-2。根据中国资源卫星运用中心提供的波谱响应函数[4](参见图 3.3-1),运用 FLAASH 大气校正方法进行大气校正[5]。基于 ZY-3 卫星影像的 RPC 模型以及 DEM 对遥感数据进行正射校正。将不同时相的多光谱影像与 1 月 28 日全色影像进行配准。将配准后的 1 月 28 日全色影像以及多光谱影像进行融合处理,融合的方法为 Gram-Schmidt 方法。分别从融合完成后的影像以及不同时相多光谱影像中剪裁出研究区的的遥感影像(见图 3.3-2)作为研究对象,完成预处理过程。

表 3.3-1　2012 年 ZY-3 卫星在轨绝对辐射定标系数

卫星载荷	波段	光谱范围/μm	绝对辐射定标系数增益
资源三号多光谱相机	Band-1	0.45～0.52	0.252 5
	Band-2	0.52～0.59	0.225 3
	Band-3	0.63～0.69	0.179 1
	Band-4	0.77～0.89	0.194 2

表 3.3-2　2013 年 ZY-3 卫星在轨绝对辐射定标系数

卫星载荷	波段	光谱范围/μm	绝对辐射定标系数增益
资源三号多光谱相机	Band-1	0.45～0.52	0.255 1
	Band-2	0.52～0.59	0.235 3
	Band-3	0.63～0.69	0.194 4
	Band-4	0.77～0.89	0.210 7

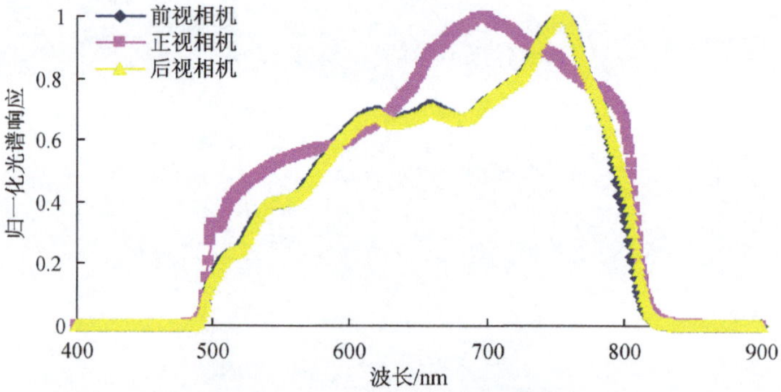

图 3.3-1　归一化光谱响应图

图 3.3-2　预处理后花山流域遥感影像

3.4 水系提取与子流域划分

基于由 ZY-3 卫星前后视影像中提取出的 4 m 精度 DEM，在 ARCGIS 平台下进行水系提取。将由 4 m 精度 DEM 提取出的水系图与 2013 年 1 月 28 日的融合后遥感影像图叠加进行对比，可以看出提取出的水系在局部区域明显存在水流流向错误，见图 3.4-1 以及图 3.4-2 中标出部分。由于研究区内存在高铁轨道，造成提取出的 4 m 精度 DEM 局部高程异常，进而影响提取水系流向，因此需要对 DEM 的异常区域进行修正，修正在 ARCGIS9.2 平台下进行。将 DEM 中影响水流流向的异常区域剪裁出来，得到异常区 DEM 及剪裁后 DEM。由于高铁轨道将真实地形抬高，因此对照原始 DEM 轨道两侧高程值来确定符合要求的高程值，对异常区 DEM 进行重新赋值。将重新赋值后的局部 DEM 与剪裁后的 DEM 合并，用合并后生成的新的 DEM 提取水系。

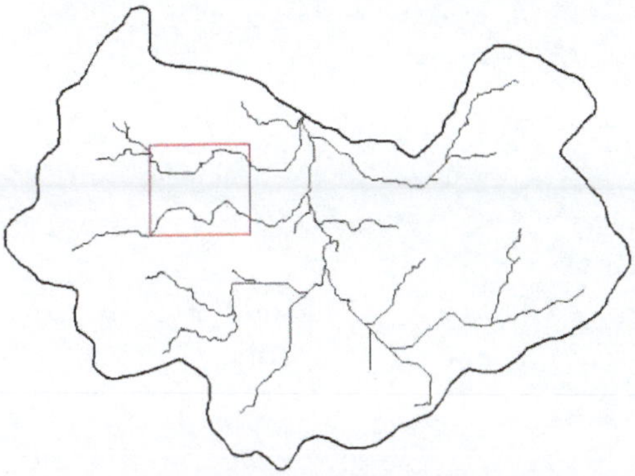

图 3.4-1　修改前提取的主干水系

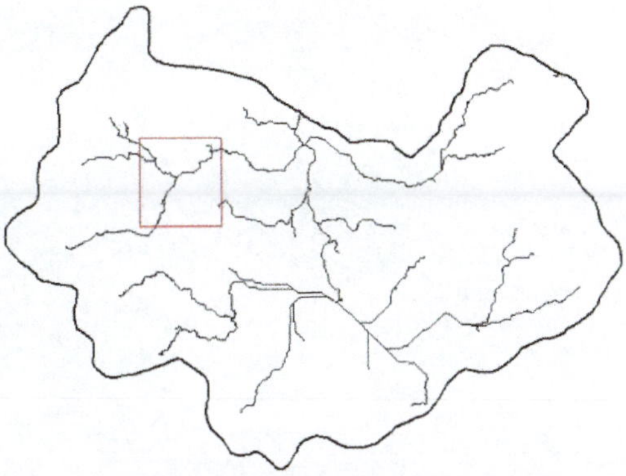

图 3.4-2　修改后提取的主干水系

将重新提取出的水系叠加到 2013 年 1 月 28 日的融合后影像，在 ARCGIS 9.2 平台下进行手动修改，最终得到与真实水系基本吻合的高精度水系图，见图 3.4-3。提取出的水系图为 WGS-84 坐标系统下的 UTM 投影。在 ARCGIS 平台下进行投影转化，得到北京 1954 坐标系统下高斯-克吕格投影的水系图，并分别进行存储。

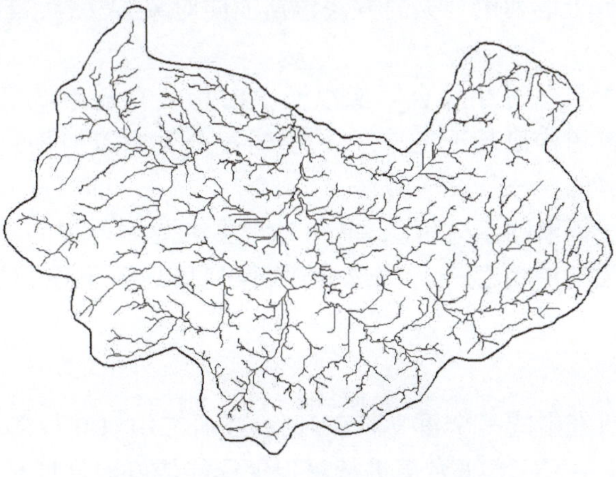

图 3.4-3　花山流域精细水系图

基于由 ZY-3 卫星前后视影像提取的 4 m 精度 DEM，在 ARCGIS 平台下进行花山流域的子流域划分，西源流域、中源流域、东源流域以及竹园沟流域的划分结果见图 3.4-4。

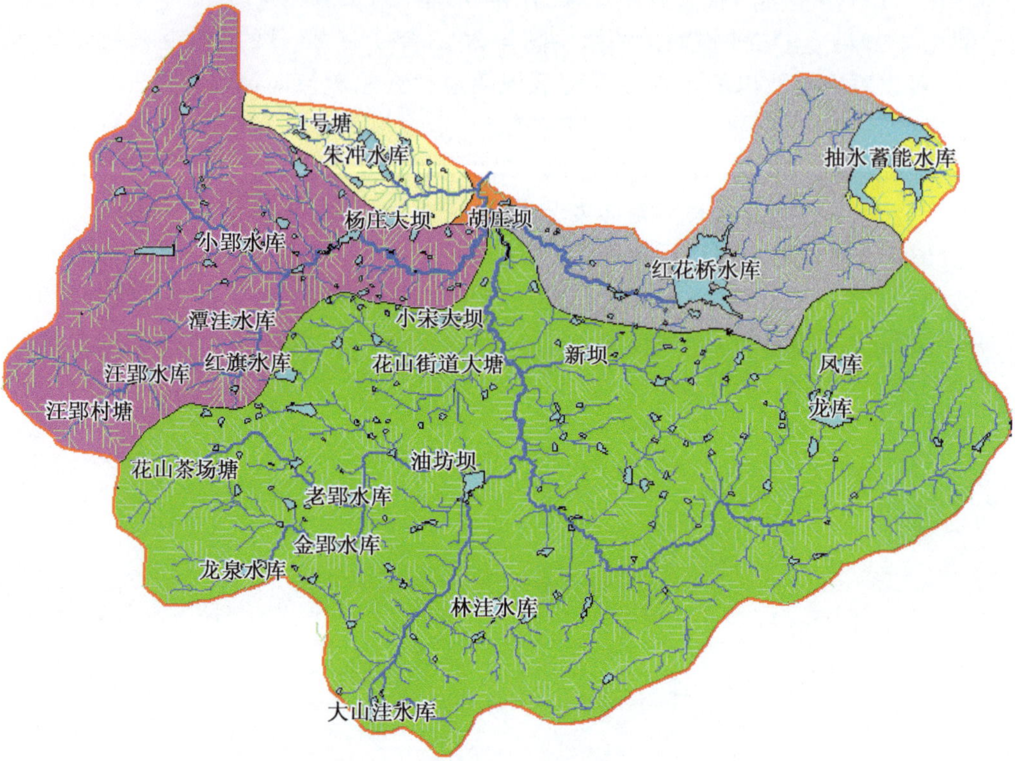

图 3.4-4　花山流域子流域划分图

3.5　土地利用图

根据 ZY-3 影像所反映的景观特征以及花山流域实际情况及研究需要，花山流域土地覆被类型被划分为水田、旱地、常绿林、落叶林、水体、建筑用地、裸地等 7 类。

基于遥感影像进行土地利用分类的方法包括面向对象方法、决策树方法、人工神经网络和支持向量机方法等。

本项研究分别基于单一时相融合影像以及多时相多光谱影像进行土地利用决策树分类。单一时相分类决策树构建基于光谱分析，多时相分类决策树构建采用 Breiman 于 1984 年提出的决策树构建算法——CART 算法[6]。

将由面向对象方法提取的水体信息、单一时相决策分类得到的土地利用信息以及多时相决策分类得到的土地利用信息进行优选合成，得到最终的土地利用图，并对其进行精度评价。

3.5.1　水体信息提取

水体是花山流域研究中的一个重要研究对象，在研究中对其位置、数量、大小、轮廓等信息的精度要求较高，在 ARCGIS 平台下进行目视解译能较好地保证精度，但纯粹的手绘方法效率较低，本项研究选择运用精度较高的面向对象技术来进行水体信息的提取[7-9]。

运用面向对象技术，基于 2013 年 1 月 28 日的融合后影像，在 ENVI 4.8 EX 平台下进行处理，运用 Feature Extraction 模块对影像进分割及合并。由于小流域内水体数量相对较少，因此应尽可能多地手动选择水体作为 Example，选择实验研究过程中涉及的全部水体进行分类，最终获得在位置、数量、大小、轮廓等方面都具有较高精度的水体分布图，见图 3.5-1。

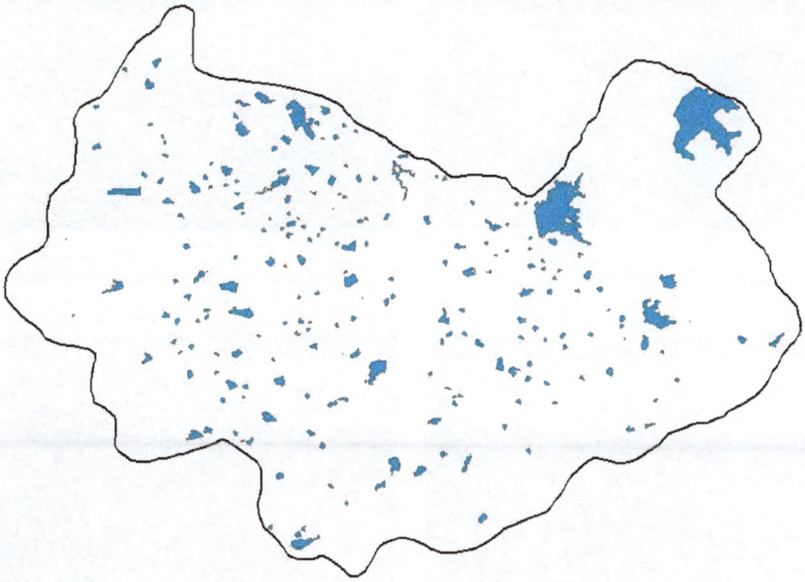

图 3.5-1　面向对象技术生成的水体分布图

3.5.2　基于单一时相影像的决策树分类方法

在进行单一时相影像分类时，同样选用空间分辨率最高的 2013 年 1 月 28 日的融合影像。从影像中提取出 NDWI、NDVI、SR、ARVI、B_1、B_2、B_3、B_4、JZZS、EVI 以及纹理特征值等，并结合影像进行分析，最终选择 NDWI、NDVI、SR、ARVI、B_2、JZZS 等作为分类的决策统计量，各决策统计量见图 3.5-2～图 3.5-6。其中 B_2 为第二波段(绿光波段)；JZZS 是对资源三号遥感影像不同波段光谱信息进行分析的基础上，根据第一波段(蓝光波段)和第四波段(近红外波段)对于建筑物的差异反应计算得到的一个统计量。其他各统计量的波段计算公式及其他相关信息见表 3.5-1。

表 3.5-1　各统计量的波段计算公式

缩写	名称	计算公式	备注
NDWI	归一化差异水体指数	(G－NIR)/(G＋NIR)	G(绿光波段)；NIR(近红外波段)
NDVI	归一化差值植被指数	(NIR－R)/(NIR＋R)	R(红光波段)
RVI	比值植被指数	NIR/R	
ARVI	大气阻抗植被指数	[NIR－(2R－B)]/[NIR＋(2R－B)]	B(蓝光波段)
JZZS	建筑指数	B^2-NIR^2	

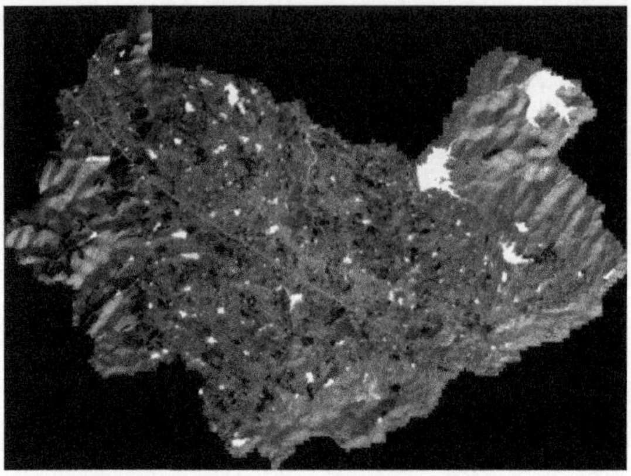

图 3.5-2　NDWI

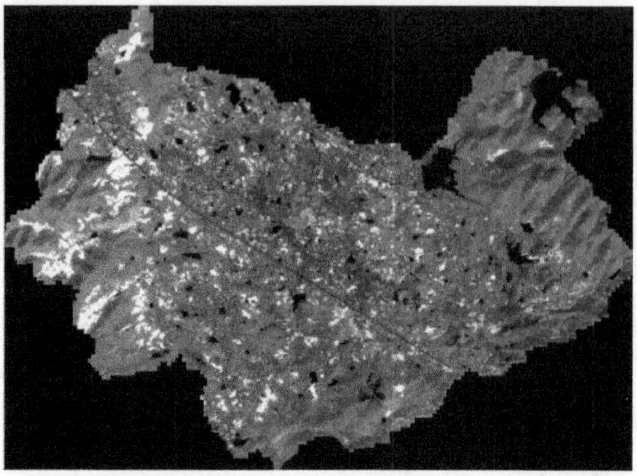

图 3.5-3　NDVI

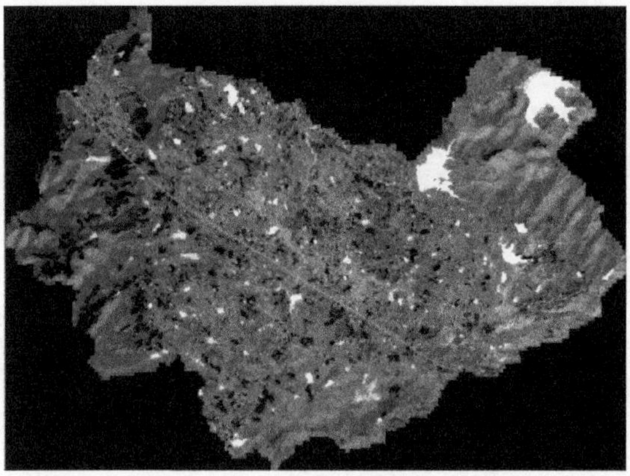

图 3.5-4　RVI

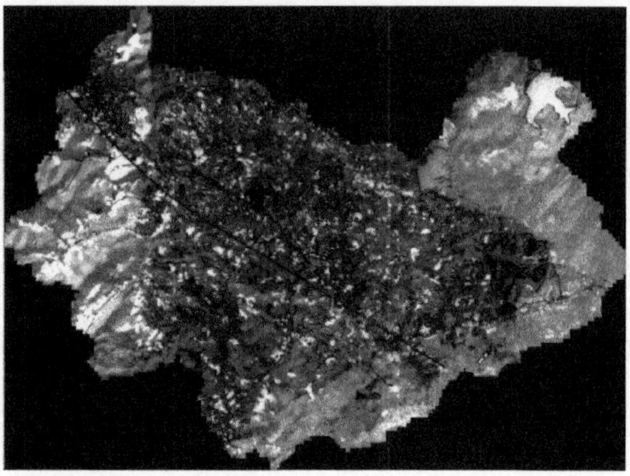

图 3.5-5　ARVI

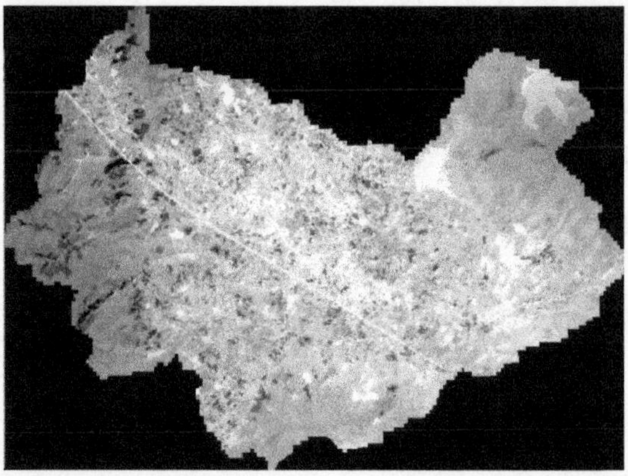

图 3.5-6　JZZS

根据实地调查及研究需要，选择水体、建筑用地、水田、旱地、常绿林、落叶林等 6 种土地利用类型典型样本，同时结合对高分辨融合影像进行目视判读，扩充土地利用类型典型样本数量，对不同土地利用类型典型样本各统计量值的特点进行分析，逐级确定划分规则，完成整个决策树构建过程。决策流程见图 3.5-7。

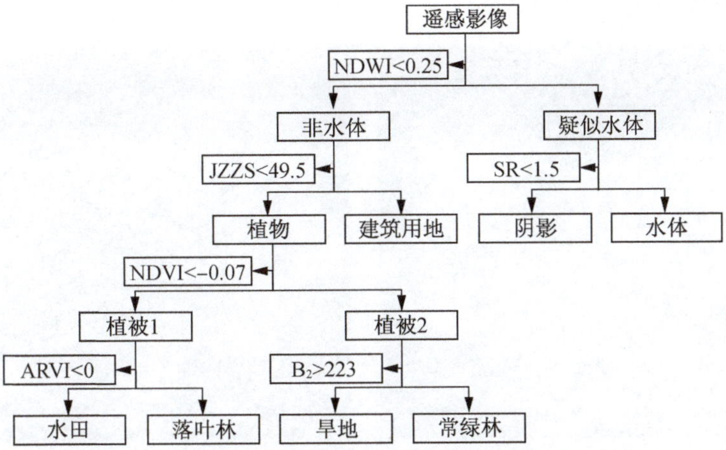

图 3.5-7 决策流程图(二叉树左支为决策条件成立)

执行完整决策树,将决策分类结果进行分类后处理,输出为 SHP 文件,在 ARCGIS 中进行进一步的修改,得到研究区的土地利用图,见图 3.5-8。

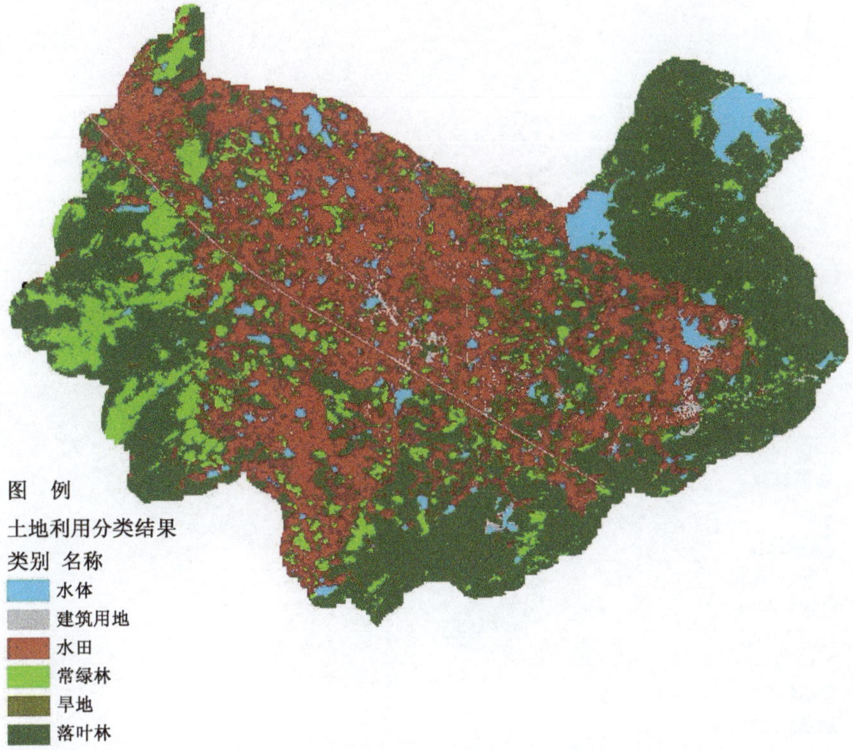

图 3.5-8 单一时相提取的研究区土地利用图

3.5.3 基于多时相影像的 CRAT 决策树分类方法

选择研究区内 2013 年 1 月 28 日、2013 年 7 月 29 日以及 2012 年 10 月 2 日三景多光谱影像，分别提取出每一景多光谱影像的植被指数 NDVI(见图 3.5-3、图 3.5-9、图 3.5-10)，将提取出的三个单波段的植被指数进行合成，作为决策树构建依据。

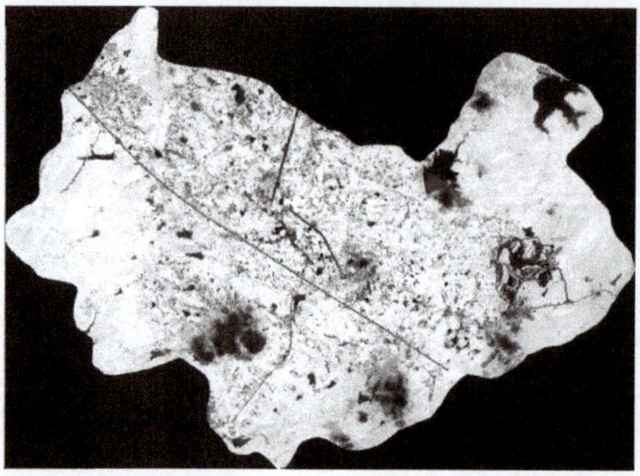

图 3.5-9　2013 年 7 月 29 日影像 NDVI

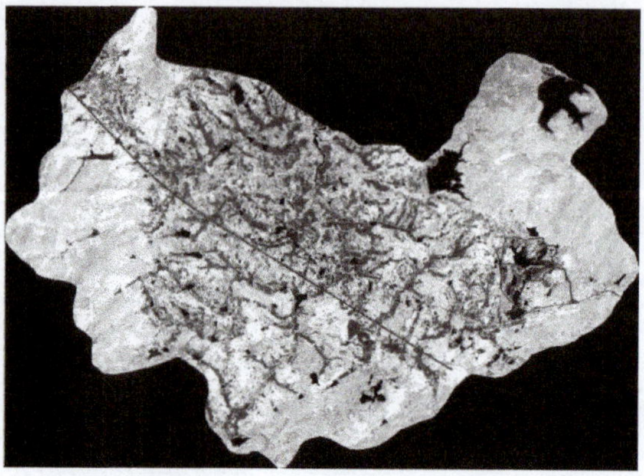

图 3.5-10　2012 年 10 月 2 日影像 NDVI

根据对遥感影像的目视判读，结合实地调查，选择水体、常绿林、落叶林、裸地、水田、旱地以及建筑用地等 7 种土地利用类型的训练样本。对植被指数合成影像执行 CART 算法，得到分类决策树。执行决策树，并将分类结果进行分类后处理并修改，得到研究区土地利用图，见图 3.5-11。

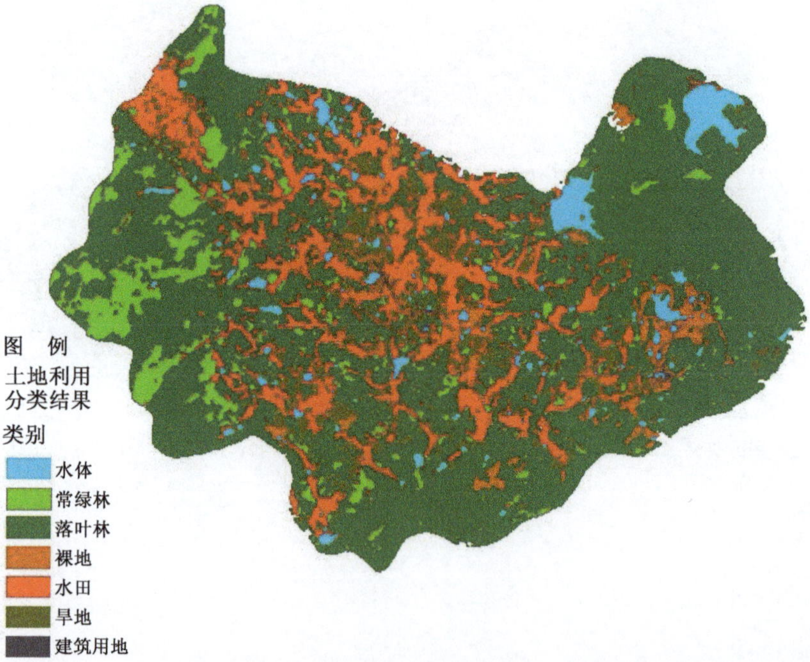

图 3.5-11　多时相影像提取的研究区土地利用图

3.5.4　土地利用图合成

对单一时相遥感影像进行决策分类，能够较好地提取出常绿林、落叶林、建筑用地以及水体等信息，然而对水田、旱地以及裸地难以进行准确地划分，并且耕地范围明显大于真实耕地范围。对于花山流域而言，由于其面积较小，在水文模型构建过程中要求土地利用信息更加精确，因而运用坡度、高程等信息进行参考，将几种土地利用类型划分出来显然不精确，难以符合水文模型精度要求。

运用多时相遥感影像进行叠加分析，结合当地耕作制度，运用 CART 算法构建决策树进行分类，更加精确地划分出了水田、旱地以及裸地，且耕地范围与实际相符合。但是就建筑用地的划分来说，单一时相决策树中运用 JZZS 划分出的建筑用地与实际情况更加符合。

在 ARCGIS9.2 平台下，将基于面向对象技术提取的水体信息及单一时相决策树分类得到的建筑用地，嵌入到多时相分类结果中，并对照遥感影像，对局部区域进行修改，得到花山流域研究所需的土地利用图，见图 3.5-12。根据土地利用图，在 ARCGIS9.2 平台下统计得到各类土地利用面积，见表 3.5-2。

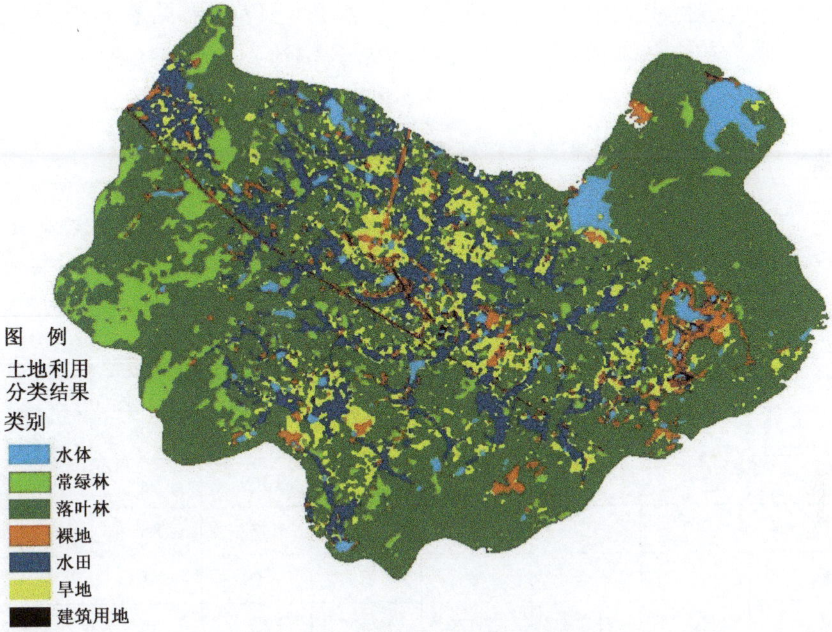

图 3.5-12　研究区土地利用图合成

表 3.5-2　各类土地利用面积统计　　单位：km^2

土地利用类别	面积
水体	3.09
常绿林	8.08
落叶林	47.49
裸地	3.98
水田	11.86
旱地	6.51
建筑用地	1.09
合计	82.10

3.5.5 精度评价

将解译得到的土地利用图(图 3.5-12)与原始遥感影像进行对比,通过目视判读,检验得出通过解译得到的土地利用图效果较好。通过建立混淆矩阵,计算 Kappa 系数以及总体精度等,可以更加客观地对土地利用分类进行精度评价。

由于研究区的原始资料中缺乏高精度的土地利用资料作为精度评价的参考数据,因此需要获取参考样本。本文采用在高分辨影像中进行目视判读的方法来获取参考样本,总计参考样本 942 个。为保证目视判读获取的参考样本的可靠性,保证精度评价的有效性,本文从参考样本中抽取出小样本作为验证样本,进行实地验证。在资源三号卫星遥感影像目视判读过程中,水体可以明显地判别出来,所以没有对水体进行验证。最终在除水体外的其他 6 种土地利用类型的参考样本中随机选择了验证样本 38 个,进行实地验证。38 个验证样本目视判读的土地利用类型与实际土地利用类型完全一致,因此目视判读获取的参考样本可靠。建立混淆矩阵,进行土地利用分类精度评价,精度评价结果见表 3.5-3。表 3.5-3 表明,本文采取的分类方法总体精度以及 Kappa 系数分别达到 92.04%和 0.903 0。本文对参考样本抽样进行了实地验证,总体精度以及 Kappa 系数可以反映实际分类精度。

表 3.5-3 土地利用分类精度评价

参考地类 \ 实际地类	水体	常绿林	落叶林	裸地	水田	旱地	建筑用地	总和
水体	51	0	1	0	0	0	1	53
常绿林	0	153	3	0	5	0	0	161
落叶林	2	1	246	7	3	1	2	262
裸地	0	0	5	113	4	2	4	128
水田	0	2	13	0	156	3	0	174
旱地	0	0	0	2	7	86	1	96
建筑用地	0	0	2	3	0	1	62	68
总和	53	156	270	125	175	93	70	942
Kappa 系数=0.903 0,总体精度=92.04%								

3.6 图层输出处理

花山流域出口控制断面胡庄(三)断面以上天然分水岭包围集水面积为 82.1 km²。由于 2007 年 9 月琅琊山区抽水蓄能电站建成,花山流域面积人为减少了 1.97 km²,现集水面积为 80.13 km²。对根据 DEM 制作的水系、土地利用图等各图层进行人工修正,修正后结果见图 3.6-1～图 3.6-4。

土壤是一个国家最重要的自然资源,是农业发展的物质基础。中国土壤数据库全国 1∶100 万数字化土壤图[10]是目前全国性唯一的,也是最为详细的数字化土壤图件,它可用于科学研究、现代化教育和农业生产,是全国性和区域性进行现代化农业生产,土地资源、水资源和森林资源开发利用,环境保护,生态环境重建等必不可少的数字化基础材料。中国土

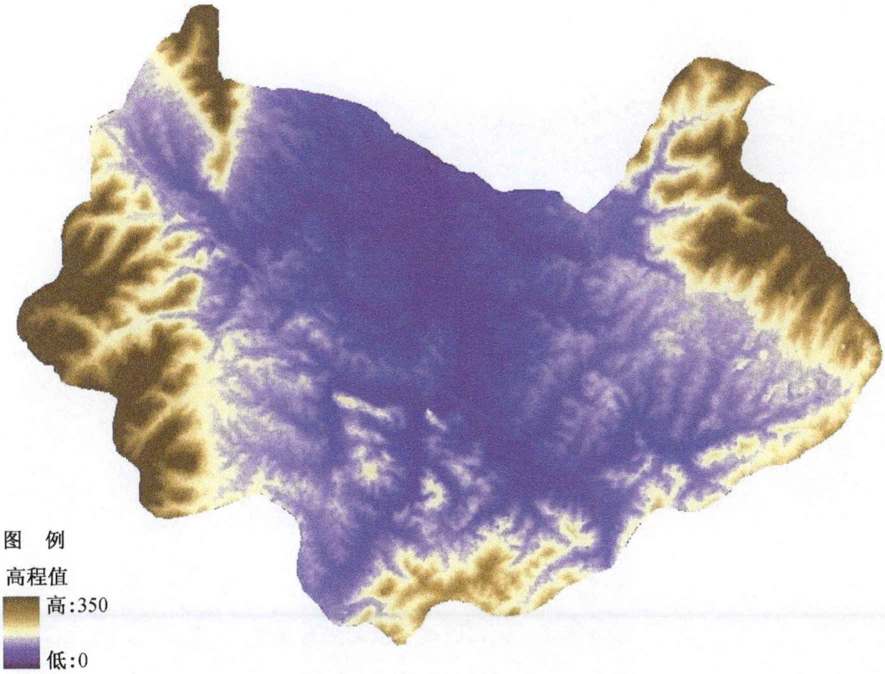

图 3.6-1 花山流域 DEM 图

图 3.6-2 花山流域水系图

壤数据库全国 1∶100 万数字化土壤图由中国科学院南京土壤研究所研制。

从中国土壤数据库中获取滁州市 1∶100 万土壤类型图，将滁州市 1∶100 万土壤类型图以图片格式在 ARCGIS 软件下进行研究区域图形校准和按土壤类型边界描图，再用区域边界裁剪，对区域按土壤类型合并和重分类，得到矢量图，投影转化并建立属性表，获得本研

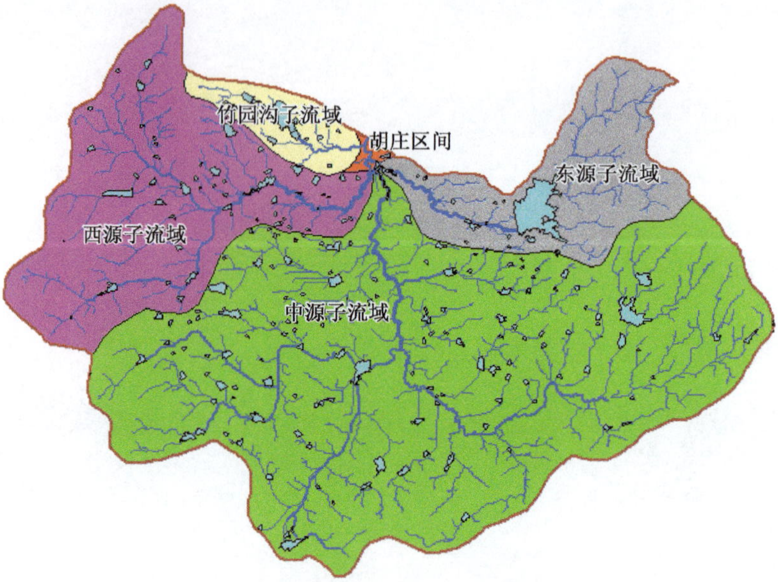

图 3.6-3　花山流域子流域划分图

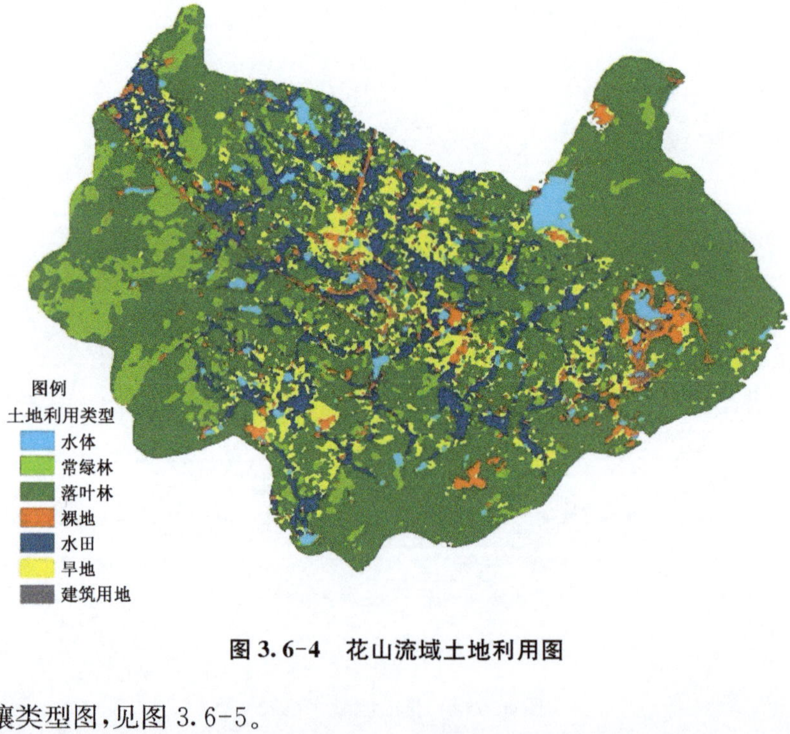

图 3.6-4　花山流域土地利用图

究所需的土壤类型图，见图 3.6-5。

根据土壤形成条件、成土过程、土体构型、土壤属性和肥力特征的异同，进行综合类比和区分的土壤类型主要包括潴育型水稻土、黄棕壤、棕色石灰土及中性粗骨土。

道路提取采用目视解译的方法。基于 2013 年 1 月 28 日融合后影像，在 ARCGIS 中利用遥感影像进行手动提取。根据本研究的实际需求，提取出了花山流域水样采集过程所涉

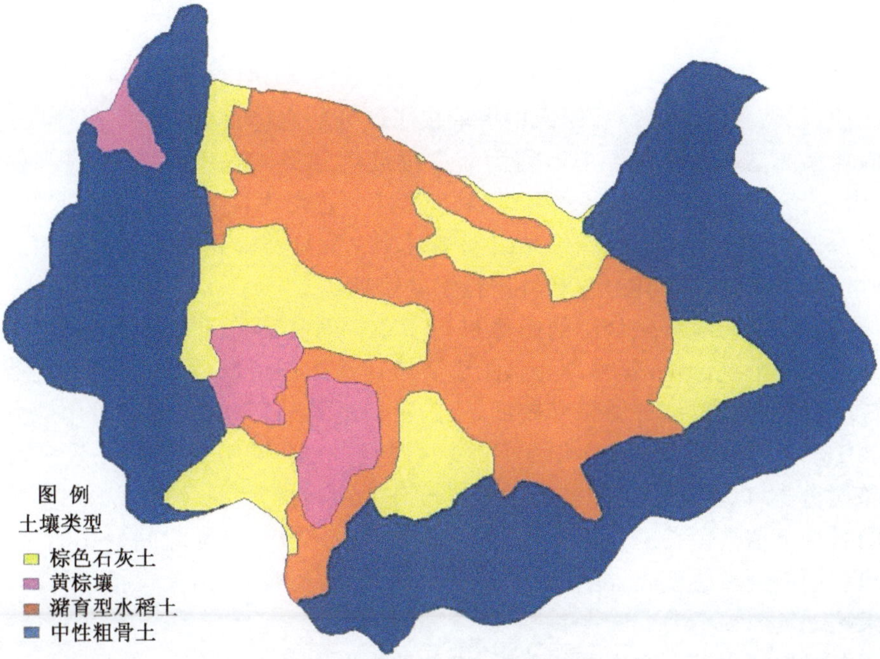

图 3.6-5　花山流域土壤类型图

及到的道路信息，见图 3.6-6。提取出的道路图为 WGS-84 坐标系统下的 UTM 投影。在 ARCGIS 平台下进行投影转化，得到北京 1954 坐标系统下高斯-克吕格投影的道路图，并分别进行存储。

图 3.6-6　花山流域道路图

3.7 小结

本章主要基于遥感影像立体像对提取出了高精度的DEM；运用面向对象技术，采用监督分类的方法，从高精度的融合后影像中提取出了研究区水体信息；分别基于单一时相融合影像及多时相多光谱影像进行了土地利用信息决策树分类，单一时相分类决策树构建基于光谱分析，多时相分类决策树构建采用CART算法。将由面向对象方法提取的水体信息、单一时相决策分类得到的土地利用信息以及多时相决策分类得到的土地利用信息进行优选合成，得到了最终的土地利用图，并对其进行了精度评价。

基于2013年1月28日融合后的影像进行了单一时相影像土地覆被决策分类，构建的分类规则涉及到多个统计量，其中涉及到的重要统计量植被指数，在地表植被覆盖较少的冬天，其敏感度较低，影像总体分类精度较低，水田及旱地划分不准确，但建筑用地分类精度较高。基于2013年1月28日、2013年7月29日以及2012年10月2日三景多时相影像的CRAT决策树分类，以不同时相植被指数NDVI作为决策统计量，不仅反映出不同土地利用类型在不同时相下植被覆盖的差异性，而且反映出地表植被覆盖随时间变化的过程，因此其对不同土地利用差别敏感度高，能有效地划分水田、旱地及裸地等，分类精度较高，但建筑用地分类效果稍差。

选择面向对象技术基于像斑进行分类，有效地提取出了水体信息，而且避免了水体信息中出现“椒盐现象”。对单一时相融合影像和多时相多光谱影像分别进行决策树分类，单一时相融合影像决策树分类充分利用了高分辨率影像中包含的空间特征信息，而多时相多光谱影像决策树分类则充分利用了光谱信息。将由多种途径提取出来的土地利用分类信息进行优选合成得到土地利用图，遥感影像中包含的信息得到了充分利用。

基于资源三号卫星遥感影像，结合RS以及GIS技术方法，提取了滁州花山流域DEM及土地利用等空间信息，为开展基于水文实验流域的污染物迁移规律研究构建数字流域提供了数据来源，并为资源三号卫星遥感影像在水文实验流域研究中的应用积累了经验。

参考文献

[1] 中国资源卫星应用中心. 资源三号卫星介绍[EB/OL]. [2014-01-10]. http://www.cresda.com/n16/n1130/n175290/175676.html.

[2] 李德仁. 我国第一个民用三线阵立体测图卫星——资源三号测绘卫星[J]. 测绘学报，2012，41(3)：317-322.

[3] 中国资源卫星应用中心 . 2012年资源三号卫星绝对辐射定标系数及2013年HJ-1AB、ZY-3和02C绝对辐射定标系数[EB/OL]. [2014 - 01 - 10]. http://www.cresda.com/n16/ n1115/n1522/n2103/index.html.

[4] 中国资源卫星应用中心. ZY-3三线阵相机归一化光谱响应函数以及ZY-3多光谱相机归一化光谱响应函数[EB/OL]. [2014-01-10]. http://www.cresda.com/n16/n1115/ n1522/n2118/index.html.

[5] 韩念龙，刘闯，许旭. 基于FLAASH的CBERS-02B星CCD影像大气校正[J]. 安徽农业科学，2011，39(4)：2051-2053+2071.

[6] 陈云，戴锦芳，李俊杰，等. 基于影像多种特征的CART决策树分类方法及其应用[J]. 地理与地理信息科学，2008，3：33-36.

[7] Baatz M, Schape A. Objected-oriented and multi-scale image analysis in semantic networks: Proc of 2nd international Symposium on Operationalization of Remote Sensing, Enschede ITC[C]. 1999.
[8] Metzler V T, Aact C. Object-oriented image analysis by evaluating the causal hierarchy of a partitioned reconstructive scale-space[C]. Proceeding of ISMM 2002, CSIRO Publishing, 2002.
[9] 吴剑,陈鹏,刘耀林,等.震害损毁建筑物高分辨率遥感信息提取方法[J].地理与地理信息科学,2013,29(3):35-38,47.
[10] 中国科学院南京土壤研究所.中国土壤数据库[EB/OL].[2014-01-10].http://www.soil.csdb.cn/.

第4章

流域面源污染综合监测方法

野外原位监测数据是开展流域面源污染研究的关键性基础数据资料。根据流域面源污染发生过程，需要对降水、径流等水文要素和水质要素随时间变化的过程开展同步监测，流域土地利用方式，土壤氮、磷含量，农作物耕种方式等通过开展野外调查获取。本章主要围绕流域水文和水质要素监测需要，提出流域水量水质综合监测体系，为研究流域面源污染物输出特征提供数据支持。

4.1 流域调查和主要监测内容

4.1.1 流域调查

在开展流域面源污染监测时，需掌握流域土地利用状况、河流水系空间分布等流域基本概况，降雨径流时空变化特征、污染源的空间分布特征等基本情况。

(1) 研究流域的地理位置、地形地貌、地质、土壤、植被、水土流失情况等。

(2) 河流水系空间分布包括流域内河流水系的空间分布情况、河流水系的几何特征、河川径流的量级规模等。

(3) 流域土地利用状况包括土地利用方式及其比例和空间分布、不同土地利用方式污染物累积特征和管理方式等。可以利用高分辨率的遥感影像资料或航片编制土地利用图，或者直接从国土管理等部门获取土地利用图。

(4) 降雨径流时空变化特征包括降雨量的年际变化和年内分配特征、降水强度变化特征、流域出口控制断面径流年内变化过程等。

(5) 种植业的化肥农药投入、畜禽养殖产生的废污水、农村居民生活污水等。

(6) 对城镇居民生活污水排放、污水处理厂尾水排放以及尚未接入污水管网的乡镇企业废污水排放等点源污染，需要收集污染源的空间位置、污染源强度、排放时间等相关信息。

4.1.2 主要监测内容

流域面源污染产生机理复杂，输出负荷与污染物累积以及降水、径流等驱动要素变化特征密切相关。从流域面源污染发生过程来看，需要“点、面”结合，“动、静”结合，开展综合立体监测。

“点”的监测主要是指在流域控制点和流域内各个关键点开展水量水质监测；“面”的监测是指流域面上降水空间分布特征、流域面上污染物空间分布监测、不同类型污染源输出过程监测等。

“动”的监测主要是指流域面上降水特征、流域出口断面径流和水质等随时间变化显著的要素监测；“静”的监测主要是指流域土地利用方式、污染源空间分布等随时间变化不显著的要素监测。

流域面源污染综合监测主要是对随时间变化比较显著的“动”的要素进行监测，包括流域降水和流域出口控制断面水量、水质要素监测。流域污染物空间分布、污染源空间分布等随时间变化不显著的“静”的要素可以通过流域调查获取。流域控制断面水量和水质要素同步监测是流域面源污染监测的重点内容。

4.2 水量水质同步监测要求

4.2.1 水量水质综合监测断面设置原则

监测断面应能反映控制断面流域面源污染特征，具有很好的代表性，尽可能以最少的断面获取有足够代表性的环境信息。一般情况下监测断面布置在流域出口以及流域内主要河流或溪流的控制断面上。

监测断面位置应避开死水区、回水区、排污口处，尽量选择顺直河段、河床稳定、水流平稳、水面宽阔、无急流、无浅滩处。

监测断面设置应考虑社会经济发展、监测工作的实际状况和需要，监测断面设置时需考虑上游流域近期和远期流域规划，有无可能显著影响监测断面形态的河道整治、修路建桥等近期或远期规划。

水质监测断面设置应充分考虑河段内取水口、污染物排放口分布，支流汇入及水利工程等影响河流水文情势变化的因素。

监测断面设置需满足数据处理要求。区别对待不同目标(过程、总量和控制措施效果)监测布点要求。

应考虑实际采样时的经济性、可行性和方便性，必要时应修整道路、建设必要的栈道等。

综合监测断面的具体地点由水量监测和水质监测两方面因素确定，水量监测点应和水质监测点尽量重合，若不能完全重合，则两者之间距离应不影响水量水质规律的判断。监测断面尽量借用现有的水文站观测断面和水质观测断面。

4.2.2 监测断面流量测定

河流流量测定可采用浮标法测流、流速仪法测流、水工建筑物测流、测流堰测流、测流槽测流、末端深度法测流、比降面积法测流等方法。浮标法测流由于精度较低，现已很少采用。河流流量监测断面布设及测量方法可参考《水工建筑物与堰槽测流规范》(SL 537—2011)。

流速仪法测流需要施测人员在现场操作，无法长时间连续测流。堰槽测流法是获取监测断面流量变化过程的主要方法，堰槽水位可以利用水尺、浮子式水位计或者压力式自记水位计等水位记录设施施测。

4.2.3 监测断面水样采集

水样采集可以手动或采用自动采样器进行。手动采样时将吊桶、广口瓶或者简易水样采集装置沉入水中，待注满水后，再提出水面。面源污染主要发生在暴雨时期，面源排放具有间歇性，水质变化随时间变化明显，而暴雨发生时通常交通不太方便、环境比较恶劣，在条件许可的情况下应采用自动采样器采集水样。采样的位置应在采样断面的中心，在水深大于1.0 m时，应在表层下1/4深度处采样，水深小于或等于1.0 m时，在水深的1/2处采样。

自动采样器可以连续或不连续采样，也可以定时或定比例采样。自动采样设备可以设定在预定的时间间隔内采样，或者由外部因素引发采样，例如，当降雨量超过某个阈值时发送信号启动采样装置。样品采集后若需要留在采样器中一段时间，应确保样品不变质。自动采样设备不能改变采集样品的性质，安装在水质采样入口处的过滤器同样需要注意。为了防止样品中泥沙等沉淀物沉淀在采样管中，应在采样管中保持一定的流量，建议入口管的恒定内径大于9 mm。每次样品采集时应冲洗掉设备中的残留样品，前次样品采集的死体积(固定体积)要尽可能小。应定期清洗采样器，防止细菌大量繁殖。目前某些先进的自动采样器可以自动清空残余样品并进行清洗，不需要测试的样品将被自动清空，采样可以连续进行而没有间歇。

4.2.4 水质采样频率确定

采样频率需要根据水质变化规律、采样目的和经济可承受能力等多个因素确定。当水质变化规律不明显，或要了解水质随流量、时间的变化规律时，应尽可能采集较多样品。在不了解水质变化规律的情况下，可以先密集采样，在获得水质变化规律后，再优化采样方案，酌情降低采样频率。在一次明显洪水过程中，至少要在涨水前、涨水过程中、洪峰时以及落水过程中采集水样。若不能采集到详细过程的样品，可以采用采集混合样品的方法弥补采样频率的不足。

4.2.5 水样保存运输

样品注入样品瓶后，按照国家标准《水质采样样品的保存和管理技术规定》执行。现场记录在水质调查方案中非常重要，应从采样到结束分析制表的过程中始终伴随着样品。采样标签上应记录样品的来源和采集时的状况(状态)以及编号等信息，然后将其粘贴到样品容器上。采样记录、交接记录与样品一同交给实验室。

样品采集后应该根据拟分析项目要求保存，及时运回实验室分析。污染物监测时样品需加酸酸化后及时放入冰箱保存，具体操作按照《水质样品保存和管理技术规定》(HJ 493—2009)、《水质采样技术指导》(HJ 494—2009)等相关技术规范要求保存和运输。

4.3 花山流域水文与水质综合监测方案

4.3.1 流域降水监测

花山流域布设胡庄站、汪郢站、沈郢站、红花桥站以及方岗站等5个全年监测雨量站，雨量站的空间位置分布见图4.3-1。胡庄站位于花山流域出口控制断面处，汪郢站位于西源流域上游，沈郢站位于中源流域中游，方岗站位于中源流域上游，红花桥站位于东源流域下游。本书中花山流域面平均雨量用上述5个雨量站资料计算，西源流域面平均雨量用胡庄站和汪郢站资料计算，竹园沟流域面平均雨量直接采用胡庄站资料。

4.3.2 流量监测

(1) 监测断面

根据花山流域的河流水系特点以及研究目标的要求，流域水文与氮磷水质要素综合监测选定了三个监测断面，即花山流域出口控制断面——胡庄(三)断面；西源流域出口控制断

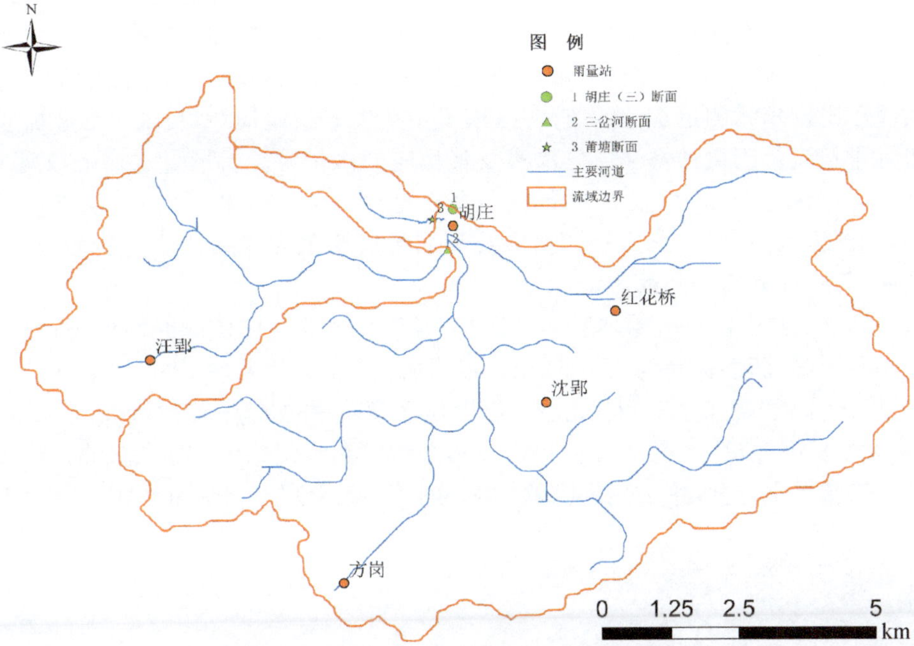

图 4.3-1　花山流域雨量站和观测断面分布

面——三岔河断面，控制流域面积为 17.96 km^2；竹园沟流域出口控制断面——莆塘断面，控制流域面积为 2.65 km^2。

胡庄(三)断面，见图 4.3-2，始建于 20 世纪 70 年代，经过几十年运行，监测断面形态仍

图 4.3-2　花山流域胡庄(三)断面

处于稳定状态，水位流量关系明确，断面标高为 28.990 m(标高采用吴淞基面，下同)，属于国家基本水文站。当监测水位高程低于 30.50 m 时，根据水位高低采用三种不同型式的嵌套式量水建筑测定水位，分别为梯形量水槽、巴歇尔水槽和三角堰。用于测定最低流量的三角堰和对应于巴歇尔槽测定水位的监测井，由于年久失修已经损坏，目前无法正常使用。当前能够正常进行流量测量的是梯形量水槽及其相应的水位井。梯形量水槽上口宽 14.1 m、下口宽 9.15 m、高 1.45 m、坡长 3.0 m，流量测定范围为 0～35.80 m^3/s。当花山流域发生洪水，且监测断面水位高于 30.50 m 时，需要利用缆道铅鱼和流速仪测定断面流速，结合实测监测断面形态，计算监测断面流量。

三岔河断面，见图 4.3-3，始建于 20 世纪 70 年代，目前主体监测断面形态仍保持稳定，水位流量关系明确，断面标高为 32.024 m。根据水位高低采用两种不同型式的嵌套式量水建筑测定水位，分别为巴歇尔水槽和三角堰。巴歇尔水槽采用的是《堰槽测流规范》(SL 24—91)中的 17 号大型标准堰槽，喉道宽为 6.1 m，三角堰和监测水位井由于年久失修已经损坏。本项研究重新修整了水位井，用于测定巴歇尔槽的水位，流量测定范围为 0.31～37.97 m^3/s。

图 4.3-3　西源流域三岔河断面

莆塘断面，见图 4.3-4，为建于 2012 年的量水建筑，断面标高为 31.699 m。该断面由巴歇尔槽和三角薄壁堰组成，高流量时利用巴歇尔槽测定，低流量时用三角堰测定。巴歇尔槽采用《堰槽测流规范》(SL 24—91)中的 15 号标准堰，喉道宽为 3.66 m，流量测定范围为 0.19～14.68 m^3/s；三角薄壁堰采用厚度为 6 mm 的钢板，三角堰口宽度为 40 cm，高度为 20 cm，流量测定范围为 0～0.3 m^3/s。

(2) 流量监测

通过自记式水位计和人工方式监测水位，利用经过率定的监测断面水位-流量关系推算流量。水位自动监测采用 HOBO 压力式自记水位计，在汛期洪水泥沙含量较高时注意及时

图 4.3-4　竹园沟流域莆塘断面

检查压力感应点，避免出现淤堵，监测断面水位-流量关系采用流速仪实测校核方法进行必要的修正。汛期水位数据采样频率为 1 次/1 h，若有必要可加密监测；非汛期采样频率为 1 次/4 h。水位计每半个月至少检查 1 次。每个水位井中水位计相对固定，若需要更换时要及时详细记录更换水位计编号和时间。在水质采样时，对各个监测断面设置的水尺进行拍照记录，其中莆塘断面水位较低、三角堰水位不超过 8 cm 时用直尺量取水面高度，并同时记录时间和拍摄照片。

4.3.3　地表水样采集

(1) 水质采样时间与频率

水质采样时间和频率主要根据流域降雨和监测断面流量变化情况确定。在无明显降雨-洪水过程时，三岔河断面每天采集 1 个样品，胡庄(三)断面和莆塘断面每逢单日采集 1 个样品，每日上午 8:00—9:00 采集后放入滁州实验基地冰柜保存。

在有明显降雨-洪水过程时，根据流域降雨量和监测断面流量大小来确定采样频率。根据洪水过程的长短以及洪峰流量的大小，每次降雨径流过程至少采集 40 个水样。在实际操作过程中，在胡庄(三)断面、三岔河断面以及莆塘断面自涨水开始到洪峰水位出现和退水初期，均为每个小时采样 1 次，在退水后期两次采样时间间隔逐渐增加。汛期时分别在每天早晨、中午和晚上对每个监测断面巡视 1 次，并照相。

每个水样应记录该样品采集时的地点、时间，其中时间格式为 yyyymmdd hh:mm。

在一次洪水过程结束后，根据洪水水位和流量过程，确定实验室内分析测试样品数量。选择拟分析水样的原则是水样采集时刻所对应的洪水水位和流量能够比较详细地描述本次洪水过程，整个洪水过程分析的水样数量应不少于20个。

(2) 水质采样工具

在非洪水时采用便携式水质采样器采样，在洪水期利用ISCO6712型自动水质采样器采样。

ISCO6712型自动水质采样器是全尺寸便携式等比例水质自动采样器，它采用了更新型的SDI-12接口，其中心部分是ISCO先进的6712系列控制器，它能通过选择不同的程序方式，设定采样频次，其工作原理是由采样器的蠕动泵产生负压采集样品，然后通过控制器分配到采样瓶，采样瓶的容量为1 L。

(3) 样品保存和运输

水样采集后放入冰箱中冷藏保存，按照《水质样品保存和管理技术规定》(HJ 493—2009)、《水质采样技术指导》(HJ 494—2009)等相关技术规范要求保存和运输。

4.3.4 专项监测方案

(1) 生态防控系统效果观测

为了研究氮、磷在流域河道内的迁移转化过程情况，在西源流域干流和竹园沟流域干流分别选择若干断面采集地表水样品，分析地表水氮磷浓度在河道沿程空间上的差异。

采样地点：在西源流域干流和竹园沟流域干流内，分别在湿地、植被缓冲带、生态沟渠等生态景观单元的上、下游设置水质监测断面，西源流域干流沿程共设置了11个监测断面，位置分布见图4.3-5，竹园沟流域干流沿程共设置9个监测断面，位置分布见图4.3-6。

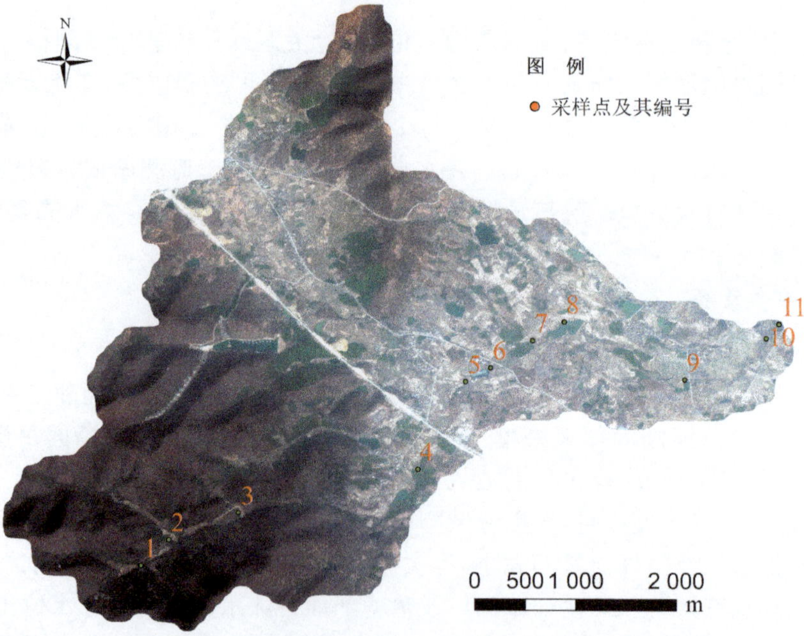

图4.3-5 西源流域生态防控措施效果水质监测点分布

采样时间：2013年5月和2013年11月两个非汛期分别采集1次；2013年7月和8月两个汛期分别采集1次。汛期次降雨事件中，每个监测断面分别在次降雨过程中采集3～5个水样。

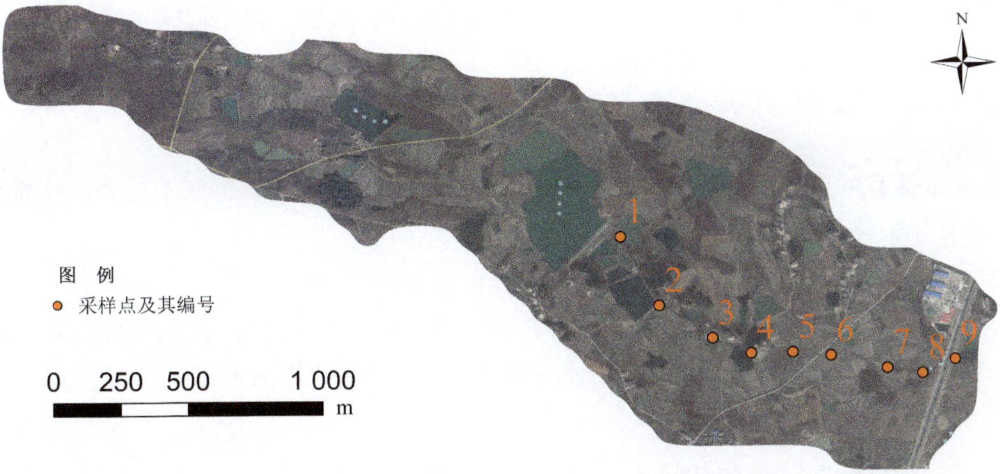

图 4.3-6 竹园沟流域生态防控措施效果水质监测点分布

分析项目：总悬浮态颗粒物含量、总氮、总磷、硝态氮、总溶解态磷、溶解态活性磷等 6 项水质指标为每个水样的必测项目。每次降雨径流事件中部分水样(不少于 8 个)加测总溶解态氮、铵态氮、亚硝态氮。

(2) 地表径流泥沙含量和磷素浓度相关关系

为初步研究地表径流泥沙含量与磷素浓度之间的关系，在汛期降雨时采集降雨径流过程中加测地表径流泥沙含量。

采样地点：胡庄(三)断面和三岔河断面。

采样时间：2013 年汛期 7 月和 8 月各 1 次。

分析项目和方法：按照《河流悬移质泥沙测验规范(GB 50159—1992)》要求执行。

4.4 水质分析方法

4.4.1 水质分析项目

总氮(TN)和总磷(TP)为每个地表水水样的必测项目，每次降雨径流事件中部分水样加测总悬浮态颗粒物(TSS)含量(单位体积水样中未通过 Millipore 0.45 μm 滤膜过滤的颗粒物质量)、溶解态总氮(TDN，通过 Millipore 0.45 μm 滤膜过滤后，经消煮后测定的总氮)、硝态氮(NO_3^--N)、铵态氮(NH_4^+-N)、溶解态总磷(TDP，通过 Millipore 0.45 μm 滤膜过滤后，经消煮后测定的总磷)、溶解态活性磷(DRP)等。

4.4.2 测定方法

水样采集后，未经过滤的水样直接测定指标包括总氮、总磷和总悬浮颗粒物。水样经孔径为 0.45 μm 的醋酸纤维滤膜过滤后测定溶解态总氮、溶解态总磷、硝态氮、铵态氮和溶解态活性磷[1-3]。

总氮和溶解态总氮采用碱性过硫酸钾消化(120 ℃，200 kPa，消化 30 min)，在波长为 220 nm 和 275 nm 处比色测定[4]。硝态氮测定采用盐酸酸化，在波长 220 nm 和 275 nm 处比色测定。铵态氮测定采用靛酚蓝比色法，在波长为 625 nm 处比色测定[2]。

总磷和溶解态总磷采用过硫酸钾消化(120 ℃，200 kPa，消化 30 min)，钼锑抗还原比色在波长为 700 nm 处监测[4]。经 0.45 μm 的滤膜过滤后的水样直接用钼锑抗还原比色后在波长为 700 nm 处测定溶解态活性磷[2]。

颗粒态总氮通过总氮减去溶解态总氮计算得到，颗粒态总磷通过总磷减去溶解态总磷计算得到。

取一定体积的地表水水样，经过 0.45 μm 的滤膜过滤后，将留在滤膜上的固体物质烘干称重，计算单位体积水样携带的颗粒物含量[2]。

4.4.3 质量保证

在操作时严格按照实验室相关规定进行，分析测试人员经过培训后上岗，购买标准溶液，配置标准曲线，采用标准物质用于样品分析质量控制，保证待测水样中有 10%以上样品测定 1 个重复。

4.5 花山流域地表水与地下水同位素监测方案

4.5.1 地表水同位素采样点布置及取样频次

流域内共布置 19 个地表水氢、氧、氮同位素取样断面，监测频次为每月 2 次。

氢(D)、氧(^{18}O)同位素取样用 20 mL 聚乙烯塑料瓶盛装，氮同位素取样用 2.5 L 聚乙烯塑料瓶盛装，取样前均用监测点原水冲洗取样瓶三遍，后将其装满并密封，贴好标签，记录取样位置、取样时间，带回实验室遮光冷藏处理。

地表水^{18}O/D 监测站点布置情况见图 4.5-1，地表水氮同位素监测站点布置情况见图 4.5-2。

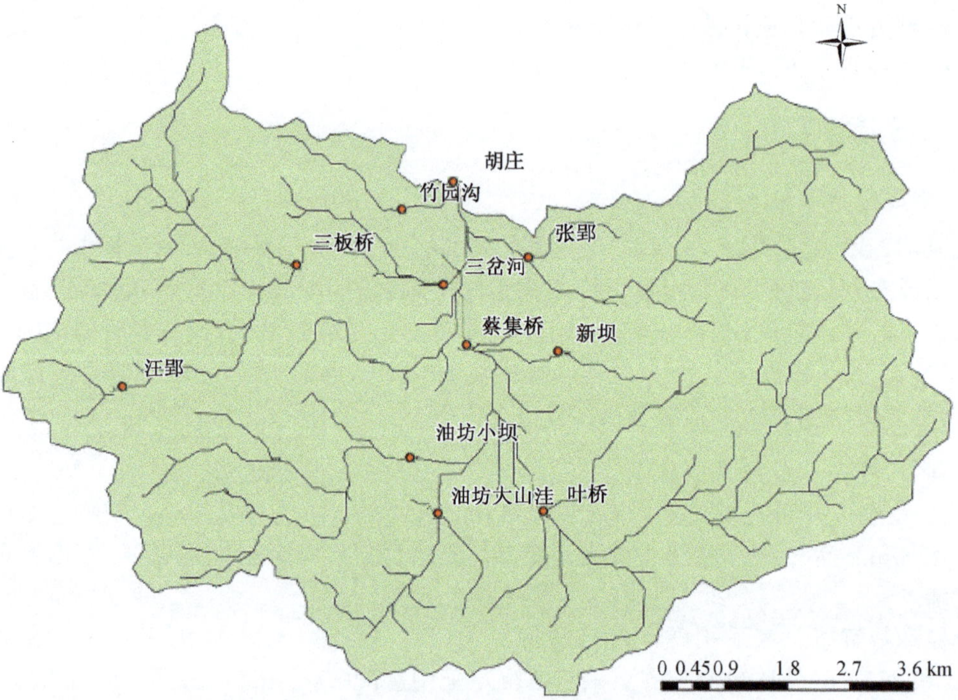

图 4.5-1 花山流域地表水^{18}O/D 监测站点布置图

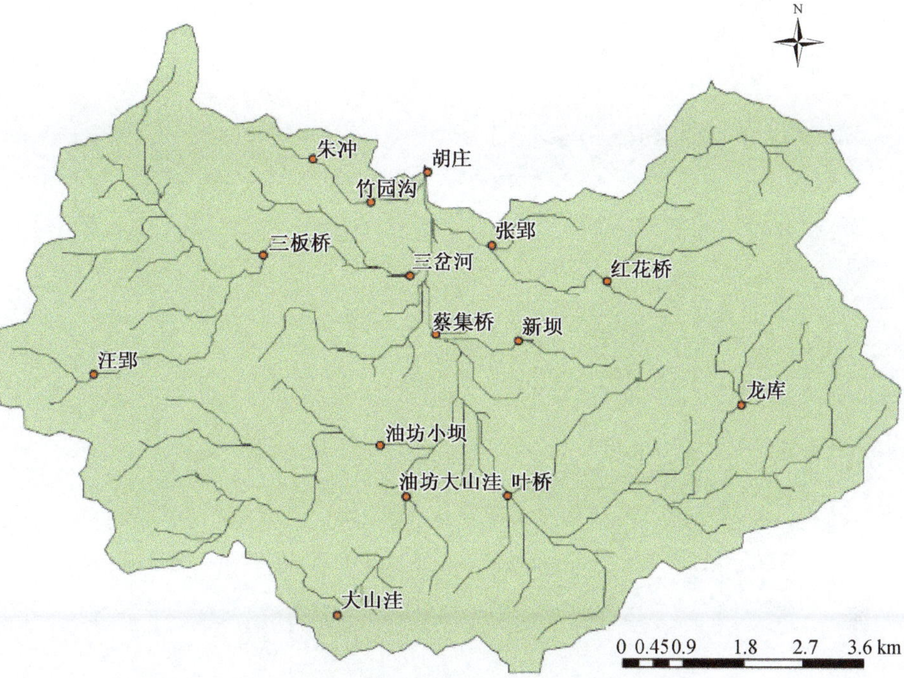

图 4.5-2　花山流域地表水氮同位素监测站点布置图

4.5.2　地下水同位素排井制作及取样频次

2012 年 10 月在西源流域三岔河断面附近完成监测排井的布置及设置工作，设置监测排井 5 口，深度分别为 0.7 m、1.7 m、2.7 m、3.7 m 和 4.7 m；2013 年 5 月在竹园沟莆塘断面附近又新增 1 组监测排井，设置监测排井 6 口，深度分别为 0.7 m、1.7 m、2.7 m、3.7 m、4.7 m 和 5.2 m。

针对不同深度地下水取样目标，采取分层取样原则，即不同深度的排井代表不同深度的地下水水质。钻取不同深度的井眼，以 4.7 m 地下水为例，钻取深度为 5.2 m 的井眼，取直径为 11 cm 的 PVC 管材，管材底端密封，距离底部 50 cm 处均匀钻孔，钻孔范围为 40 cm，钻孔区用细纱布包裹，保证地下水渗入井中，并防止砂石泥土灌入管内造成井的淤积。将制作好的 PVC 管材放入已钻好的井孔，PVC 管材和井壁之间用石英砂填充，其渗透性良好，可保证地下水正常渗入井中。

自 2012 年 6 月起，开始大气降水及地表水的同位素监测取样。2012 年 11 月开始土壤水、地下水氮同位素的监测取样工作，两组排井的取样频次为每月 2 次。2013 年汛期降雨事件前后加密监测河川地表水和地下水同位素变化，取样 369 份。2013 年 9 月下旬在水稻成熟收割之际，重点监测排井中氮素变化，排井水样隔 1 天取一次，分 3 次采样，共采集地下水样 33 份。地下水排井监测站点的分布见图 4.5-3。

地下水监测井用底部进水的同位素取样桶取水，取样前先量测井内水面深度，取样结束后用抽水泵将井内余水抽取干净，减少本次余水对下次取样的影响，保证下次水样是下阶段地下水汇流而成。地下水氮素取样用 500 mL 聚乙烯塑料瓶盛装，$^{18}O/D$ 取样用 20 mL 聚

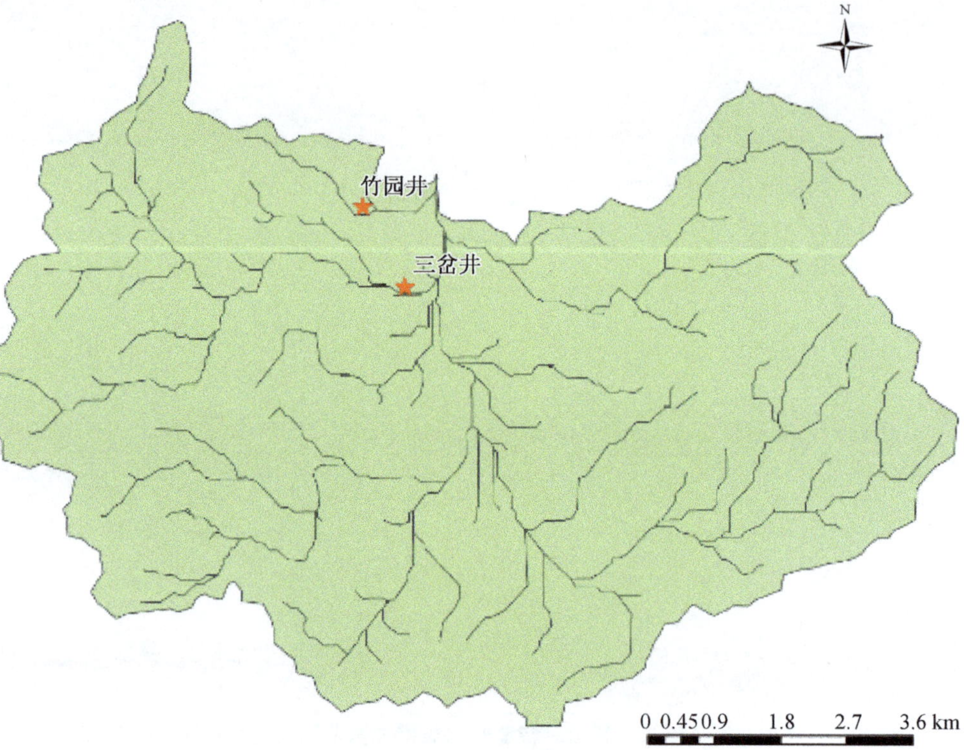

图 4.5-3 花山流域地下水监测站点布置图

乙烯塑料瓶盛装，氮同位素取样用 2.5 L 聚乙烯塑料瓶盛装，取样前均用监测点原水冲洗取样瓶三遍，后将其装满并密封，贴好标签，记录取样位置、取样时间，带回实验室遮光冷藏处理。

4.5.3 $^{18}O/D$ 和氮同位素测试方法

(1) $^{18}O/D$ 分析测试方法

所有水样的$^{18}O/D$ 测试都在河海大学水文水资源及水利工程国家重点实验室分析平台完成。$\delta^{18}O$、δD 测试采用 Picarro L2120-i 液态水和水汽同位素分析仪，性能指标为液态水自动进样(高精度模式，选配 A0211 高精度汽化模块)。$\delta^{18}O$ 的测定确保精度<0.1‰；24 h 峰-峰最大漂移<±0.6‰；第一针记忆效应，典型 98%。δD 的测定确保精度<0.5‰；24 h 峰-峰最大漂移<±1.8‰；第一针记忆效应，典型 93.5%。

Picarro L2120-i 仪器的主要特点：①同步测量 $\delta^{18}O$ 和 δD；②用一个设备进行液态水和气态水的同位素测量，测量转换时间在秒级最高的准确度，应用 A0211 高精度汽化装置，其精度优于质谱仪；③最快的测量速率，应用 A0212 高速汽化装置，其测量速度可达 750 针/d；④最小的记忆效应和漂移；⑤对环境温度变化不敏感。

(2) 氮同位素分析测试方法

利用反硝化细菌，将水样进行预处理。将缺乏氧化亚氮活性酶的反硝化细菌加入到天然浓度硝酸盐的水样中，反硝化细菌将水中硝酸盐全部转化成氧化亚氮，然后将分离纯化的氧化亚氮送入质谱仪。测定的同位素值分别与国际标准对应

$$\delta_{样品} = [(R_{样品}/R_{标准})-1]\times‰ \qquad (4.5-1)$$

式中：$R_{样品}$和$R_{标准}$分别为样品和标准的$^{15}N/^{14}N$或$^{18}O/^{16}O$，在整个测试过程中，氮氧同位素需要校正。利用标准物质的测试结果进行校正，校正后$\delta^{15}N$和$\delta^{18}O$的值分别以大气N_2和SMOW进行标准化。以上操作均在河海大学水文水资源及水利工程国家重点实验室内完成。

4.6 小结

本章阐述了构建流域水文要素与氮磷水质要素综合监测体系需要掌握各种相关信息，包括野外原位监测需要调查的资料、流域面源污染综合监测要素、水量水质同步监测要求、水质分析方法等。制订了花山流域水文要素与氮磷水质要素综合监测方案、地表水与地下水同位素监测方案。

(1) 在开展流域面源污染野外原位监测时，需要掌握流域土地利用状况、水体和土壤氮磷空间分布状况、流域面源氮磷的潜在来源、降雨径流时空变化特征、河流水系空间分布等基本情况。

(2) 要了解和掌握流域面源污染的迁移规律，需要从"点、面"结合，"动、静"结合来开展综合立体监测。"点"是指在流域关键控制点，"面"是指流域空间分布特征；"动"是指降雨径流和水质要素的时程变化，"静"是指土地利用方式、污染源空间分布等随时间变化较少的影响因素。流域关键控制点水量水质同步监测是流域面源污染监测的重点内容。

(3) 水量水质同步监测要求主要包括水量水质综合监测断面设置原则、水量水质综合监测断面选定要求、监测断面流量测定方式选择、监测断面水样采集方式选择、水样采集频率的确定、水样标注与保存运输要求等。

(4) 花山流域出口胡庄(三)监测断面，控制流域面积为 80.13 km²；西源流域出口三岔河断面，控制流域面积为 17.96 km²；竹园沟流域出口莆塘断面，控制流域面积为 2.65 km²。水文要素监测项目包括降水量、水位，流量采用各个断面的水位-流量关系推算。

水质要素监测项目包括总氮、总磷、总悬浮态颗粒物、溶解态总氮、硝态氮、铵态氮、溶解态总磷、溶解态活性磷等，总氮、总磷为每个水样必测项目。洪水期间，自涨水开始到洪峰水位出现以及退水初期，每小时采样 1 次，退水后期两次采样时间间隔逐渐增加；非洪水期间，三岔河断面每天采集 1 个水样，胡庄(三)断面和莆塘断面每逢单日采集 1 个水样。洪水期间用 ISCO6712 型自动水质采样器采集水样，非洪水期间利用便携式水质采样器人工采集水样。

(5) 水样采集后，未经过滤的水样直接测定指标包括总氮、总磷和总悬浮颗粒物。水样经孔径为 0.45 μm 的醋酸纤维滤膜过滤后测定溶解态总氮、溶解态总磷、硝态氮、铵态氮、溶解态活性磷。取一定体积地表水水样，经过 0.45 μm 的滤膜过滤后，将留在滤膜上的固体物质烘干称重，计算单位体积水样携带的颗粒物含量。

(6) 在花山流域内布置地表水氢、氧、氮同位素取样断面 19 个，监测地表水同位素变化，监测频次为每月 2 次。在三岔河断面附近设置 1 组监测排井，共 5 口，深度分别为 0.7 m、1.7 m、2.7 m、3.7 m 和 4.7 m，在莆塘断面附近设置 1 组监测排井，共 6 口，深度分别为 0.7 m、1.7 m、2.7 m、3.7 m、4.7 m 和 5.2 m，两组排井的取样频次为每月 2 次，监测排井用底部进水的同位素取样桶进行地下水水样采集。

参考文献

[1] Haygarth P M, Sharpley A N. Terminology for phosphorus transfer[J]. Journal of Environmental Quality, 2000, 29(1): 10-15.

[2] 国家环境保护总局《水和废水监测分析方法》编委会. 水和废水监测分析方法[M]. 第4版. 北京:中国环境科学出版社, 2002.

[3] 金相灿, 屠清瑛. 湖泊富营养化调查规范[M]. 第2版. 北京:中国环境科学出版社, 1990:160-178.

[4] Ebina J, Tsutsui T, Shirai T. Simultaneous determination of total nitrogen and total phosphorus in water using peroxodisulfate oxidate[J]. Water Research, 1983, 17: 1721-1726.

第 5 章

流域氮收支分析

氮素作为生命活动最重要的营养元素之一，其流失易造成水体富营养化，人类活动影响氮循环已经成为当前人类所必须面临的重大环境问题[1-2]。为了深刻理解氮素循环的过程和机制及其环境效应，国内外关于氮素的收支平衡开展了一系列研究[2-21]。国内外关于区域尺度或大流域尺度的氮收支估算研究[3-9]，大多数基于社会经济统计部门的统计数据，使用的有关参数也多半间接来自有关文献，严重影响到氮收支平衡估算结论的可信度。而田块尺度上的研究忽略了不同土地利用田块之间氮随径流流失的相互作用[10-14]。基于氮素循环监测实验和农户调查数据对小流域尺度的氮收支进行研究，可以弥补区域或大流域尺度及田块尺度研究的不足。不同土地利用格局的流域氮素随径流流失量占氮输出总量的比例相差较大。降雨径流对流域氮收支的影响值得深入探讨。本章以花山流域为研究对象，基于调查数据和实验数据研究降雨径流对氮输入及输出的影响，以期揭示氮素收支平衡特征，为提出氮素管理措施、保护水资源、改善生态环境、建立小流域氮素循环模型等提供科学依据。

5.1 实地调查与资料收集

5.1.1 实地调查工作

(1) 2013 年 1 月 5—7 日，研究人员先后走访了施集镇农技站及丰山、花山、龙蟠、荣誉、杨家饭店、河东等 6 个行政村村委会，按行政村全面开展了与氮循环相关的农事活动调查，调查内容包括行政村人口、农田面积、菜地面积、林地面积、种植结构、施肥情况、收获情况、养殖业情况等。

(2) 2013 年 1 月 28 日、29 日，研究人员选择典型农村居住地小宋组开展了相关农事活动及氮磷污染源调查，调查内容包括种植面积及作物类型、施肥量、作物产量、秸秆的去向、畜禽养殖、人畜排泄物的处理和食物/饲料的进出口等。

(3) 2013 年 1 月 29 日、2013 年 11 月 12 日，研究人员走访了畜禽防疫站兽医、养殖专业户调查畜禽养殖污染源。

(4) 2012 年、2013 年、2014 年，研究人员开展了典型田块农事活动跟踪调查和实验，内容包括灌溉、施肥、作物产量、秸秆还田及去向、作物籽粒和秸秆含氮量等。

5.1.2 基本数据

(1) 调查的行政村、人口及农业种植面积数据见表 5.1-1。

表 5.1-1　花山流域农业活动基本数据

项目＼行政村	丰山村	花山村	龙蟠村	荣誉村	杨家饭店村	河东村	合计
户数/户	628	879	820	650	206	350	3 533
人口/人	2 010	3 052	3 200	2 016	818	1 100	12 196
常住人口/人	1 885	2 230	2 800	1 516	613	900	9 944
水面/亩	350	542	1 400	800	50	40	3 182
林地面积/亩	12 000	8 249	14 000	7 000	2 000	50	43 299
茶园/亩	50	420	0	45	20	0	535
菜地面积/亩	120	185	300	150	40	50	845
农田面积/亩	3 650	5 196	6 078	3 254	805	1 800	20 783
水稻/亩	2 985	4 036	5 018	2 500	602	1 280	16 421
玉米/亩	350	600	500	430	138	320	2 338
棉花/亩	150	260	300	180	25	100	1 015
大豆/亩	45	50	60	44	10	20	229
花生/亩	120	250	200	100	30	80	780
小麦/亩	1 200	1 840	2 300	1 200	240	650	7 430
油菜/亩	364	580	820	400	80	220	2 464
冬闲/亩	2 086	2 776	2 958	1 654	485	930	10 889

(2) 畜禽养殖业分布见图 5.1-1、表 5.1-2。

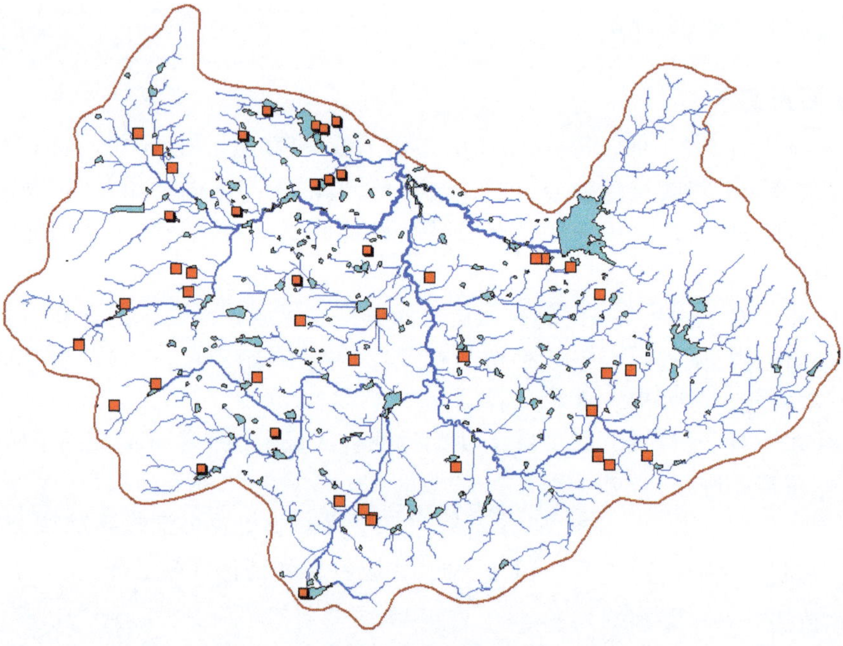

图 5.1-1　花山畜禽养殖专业户分布示意

表 5.1-2　花山流域各行政村畜禽养殖数据

畜禽＼行政村	丰山村	花山村	龙蟠村	荣誉村	杨家饭店村	河东村	合计
牛/头	5	7	15	0	0	0	27
猪/头	200	200	500	20	180	50	1 150
羊/只	300	1 000	1 750	400	150	0	3 600
土鸡/只	14 000	19 000	18 000	14 000	4 420	7 000	76 420
肉鸡/只	12 500	73 000	112 000	300	0	0	197 800
肉鸭/只	76 000	20 000	1 500	20 000	1 000	0	118 500

表 5.1-2 中仅统计了粪便输入到本流域的畜禽，不包含个别公司加农户模式的养殖大户，其畜禽粪便全部收集销往花山流域外。

(3) 单位面积施肥品种及施肥量见表 5.1-3。

表 5.1-3　花山流域农作物及经济作物施肥品种及施肥量

农作物＼行政村	丰山村	花山村	龙蟠村	荣誉村	杨家饭店村	河东村
水稻	30,50	30,50	30,50	30,65	30,50	30,50
玉米	40,50	30,50	30,50	30,70	40,50	30,50
棉花	40,60	40,60	40,60	40,60	40,60	50,50
大豆	0,30	0,40	0,40	0,40	0,30	0,40
花生	0,30	0,40	0,40	0,40	0,30	0,30
小麦	30,50	30,60	30,60	30,60	30,50	30,50
油菜	30,60	30,60	30,60	30,60	30,60	30,50
茶园	0,70	0,100	0	0,60	0,70	0

注：表中单元格数据表示(斤[①]尿素/亩，斤复合肥/亩)。

(4) 花山流域农作物产量数据见表 5.1-4。其中，水稻品种主要以杂交稻(长粒稻和团粒稻的艾优和冈优系列)为主，小麦品种主要有扬麦系列(13 号、15 号、18 号)及宁麦 3 号，玉米品种主要有金海 5 号、登海 5 号及隆平 206。

表 5.1-4　花山实验流域农作物产量　　单位：斤/亩

农作物＼行政村	丰山村	花山村	龙蟠村	荣誉村	杨家饭店村	河东村	平均
水稻	1 200	1 100	1 000	1 100	1 000	1 200	1 100
玉米	580	700	650	710	600	670	652
棉花	280	320	310	300	330	260	300
大豆	250	300	250	230	220	280	255
花生	200	280	250	280	220	210	240
小麦	600	700	750	750	650	750	700
油菜	280	300	300	320	320	280	300

① 1 斤＝0.5 kg。

（5）田块实验调查的作物籽粒和秸秆含氮量见表 5.1-5。

表 5.1-5　田块实验调查的作物籽粒和秸秆含氮量　单位：g/kg

农作物	籽粒含氮	秸秆含氮
水稻	18.1	6.6
玉米	15.3	6.8
棉花	35.4	12.9
小麦	27.2	3.9
油菜	30.7	6.7

表 5.1-5 中数据是由田块实验采集的农作物样品化验分析得到的，检测仪器为意大利 EuroVector 公司的 EA3000 元素分析仪，方法依据 ISO 13878—1998 Soil quality-determination of total nitrogen content by dry combustion（"elemental analysis"）。

（6）土地覆被面积数据

通过 ZY-3 卫星遥感数据解译得到的土地覆被面积数据，结合实地调查提取的种植面积数据，得到的各子流域土地覆被面积见表 5.1-6，各子流域—行政区土地覆被面积见表 5.1-7。各行政村分布见图 5.1-2。

表 5.1-6　花山流域各子流域土地覆被面积　单位：km^2

土地利用类别	全流域面积	竹园沟	西源	中源	东源	胡庄区间
水体	2.19	0.192	0.291	1.190	0.504	0.013
常绿林	8.08	0.127	4.168	3.347	0.411	0.027
落叶林	46.50	1.168	8.975	29.618	6.628	0.111
裸地	3.93	0.095	0.568	3.039	0.213	0.015
水田	11.86	0.803	2.871	7.542	0.584	0.060
旱地	6.50	0.238	0.953	4.799	0.483	0.027
建筑用地	1.07	0.006	0.131	0.925	0.005	0.003
合计	80.13	2.629	17.957	50.460	8.828	0.256

表 5.1-7　花山流域各子流域—行政区土地覆被面积　单位：km^2

分区	水体	常绿林	落叶林	裸地	水田	旱地	建筑用地	合计
琅琊山林场—东源	0	0.292	5.059	0.104	0	0.051	0.001	5.507
琅琊山林场—中源	0.087	0.303	9.534	0.253	0	0.146	0.028	10.351
关山林场—西源	0	0.003	0.601	0.001	0.004	0.028	0	0.637
关山林场—竹园沟	0	0.009	0.395	0.009	0.071	0.016	0	0.500
丰山村—竹园沟	0.192	0.119	0.773	0.086	0.732	0.222	0.006	2.130
丰山村—西源	0.209	2.988	5.629	0.286	1.708	0.431	0.069	11.320

续表

分区	水体	常绿林	落叶林	裸地	水田	旱地	建筑用地	合计
丰山村—胡庄区间	0	0.017	0.059	0.005	0.028	0.018	0.001	0.128
荣誉村—中源	0.101	0.488	2.934	0.213	0.767	0.643	0.006	5.152
杨家饭店村—西源	0.076	1.160	2.605	0.237	1.065	0.279	0.057	5.479
龙蟠村—中源	0.594	0.853	9.485	1.657	3.690	2.256	0.450	18.985
龙蟠村—东源	0.457	0.088	0.831	0.074	0.234	0.325	0	2.009
花山村—西源	0.006	0.017	0.140	0.045	0.094	0.215	0.005	0.522
花山村—中源	0.407	1.703	7.666	0.916	3.085	1.754	0.440	15.971
河东村—东源	0.047	0.031	0.738	0.036	0.350	0.107	0.003	1.312
河东村—胡庄区间	0.012	0.002	0.044	0.008	0.031	0.011	0.002	0.110
花山村—胡庄区间	0	0.008	0.008	0	0.001	0	0	0.017
合计	2.188	8.081	46.501	3.930	11.860	6.502	1.068	80.13

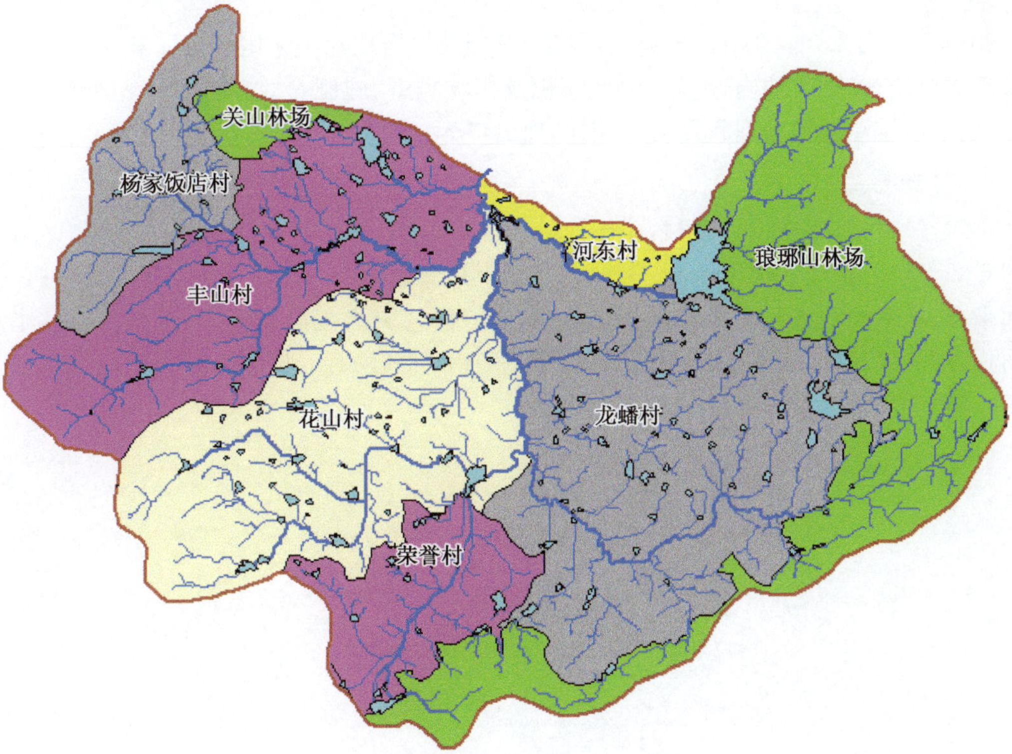

图 5.1-2　花山流域各行政村分布

表 5.1-1 中的土地利用面积为行政调查面积，而表 5.1-6、表 5.1-7 中的面积为遥感解译面积，两者之间有一定的差别，使用时应根据实际情况取用或转换。例如，根据调查的农作物种植面积和土地覆被遥感解译面积可得各子流域农作物种植面积，见表 5.1-8。

表 5.1-8　各子流域农作物种植面积　　　　单位：亩

作物种类	东源	中源	西源	竹园沟	胡庄区间	合计
农田面积	2 080.09	13 849.28	3 543.94	1 105.36	204.33	20 783
水稻	1 475.09	11 135.42	2 787.13	885.34	138.02	16 421
玉米	353.13	1 401.52	428.33	115.80	39.22	2 338
棉花	128.45	673.83	149.74	49.63	13.35	1 015
大豆	25.69	140.99	44.36	14.89	3.07	229
花生	97.73	497.52	134.38	39.70	10.67	780
小麦	792.94	5 031.91	1 168.16	364.70	72.29	7 430
油菜	271.95	1 694.72	362.85	110.63	23.85	2 464
菜地面积	71.57	598.12	132.88	36.47	5.96	845
茶园		465.00	70.00			535

5.2　典型农村居住地污染状况调查

2013 年 1 月 28 日、29 日，研究人员选择典型农村居住地小宋组开展了相关农事活动及氮磷污染源调查，调查的内容包括种植面积及作物类型、施肥量、作物产量、秸秆的去向、畜禽养殖、人畜排泄物的处理和食物/饲料的进出口等。

5.2.1　村概况

小宋自然村隶属花山行政村，位于 118.199 6°E、32.276 9°N，中源流域下游，见图 5.2-1、图 5.2-2。小宋自然村共有 34 户 142 口人，其中常住人口 128 人，14 人常年在外打工，春节回来，无外来流动人口。小宋村共有耕地 183 亩，其中水稻田 153 亩、旱地 30 亩，小麦播种面积为 99 亩；除此之外，还有菜园 13.2 亩。小宋村西南有一村塘。

图 5.2-1　小宋村位置

图 5.2-2　小宋村位置概貌

5.2.2　村污染源调查

小宋村无工业及第三产业分布，污染源主要为生活污水和畜禽养殖业。

(1) 生活污水状况

小宋村目前还未集中供水，各家使用井水(配简易泵)。没有生活污水排放管道，厨房余水随地流淌。使用改造的旱厕和化粪池，粪便去向多半为菜园和农田，遇雨水自由漫溢排向低处的田地和村塘。

(2) 畜禽养殖业

小宋村畜禽养殖业主要为各户圈养的畜禽，合计为 8 头猪、680 只土鸡、120 只土鸭土鹅，还有 20 条狗。小宋村无规模养猪场，无养鸡场，无养鸭场。有一养羊专业户，存栏 300 只羊。畜禽粪便去向多半为菜园和农田，遇雨水自由漫溢排向低处的田地和村塘。

5.2.3　村污染源状况

小宋村的生活污水和畜禽排泄物缺乏有效控制，遇雨水自由漫溢排向低处的田地和村塘，影响了周边环境质量。研究人员分别于 2014 年 1 月 7 日和 2014 年 7 月 14 日采集了小宋村村塘水样，总氮为 1.45 mg/L 及 6.57 mg/L，雨季小宋村村塘污染较严重。

图 5.2-3　小宋村生活用水状况

图 5.2-4　小宋村生活污水排放方式

图 5.2-5　小宋村改造的旱厕加化粪池

图 5.2-6　小宋村养鸡方式

图 5.2-7　小宋村养猪方式

图 5.2-8　小宋村养羊专业户

图 5.2-9　小宋村畜禽养殖粪便去向

5.3　流域氮素来源识别方法

影响流域生态系统氮素收支平衡的因素包括输入、输出和存量变化三大部分。流域生态系统氮素输入的主要途径有农田化肥及有机肥（厩肥、秸秆等）的施用、生物固氮、大气氮沉降、农作物种子带入等；氮素支出的主要途径有农作物收获、作物秸秆、气体损失（硝化、反硝化、氮的氨挥发、植株直接排放含氮气体等）、淋溶渗漏以及土壤侵蚀等。在影响流域生态系统氮素收支平衡的因素中，化肥、有机肥、作物收获与秸秆等形式的损失对氮素收支平衡结果影响最大。在流域生态系统氮素循环过程中，气体损失、淋溶、土壤侵蚀所携带的氮素流出系统后几乎是不可逆的，很难重新回到流域中。另外，农作物收获以及作物秸秆移走所携带的养分也有很大一部分不能回到农田中去。这种循环的结果势必导致流域农田生态系统中的氮素越来越少，因此为了维持农田肥力的持续稳定，对农田不断进行外源物质的投入是非常必要的[26-27]。

将花山流域整体看作一个系统，对花山流域生态系统进行氮素收支平衡分析，识别氮素来源，见图 5.3-1。系统的输入项有化肥氮、有机肥氮、大气氮沉降、生物固氮、种子携带氮，中间经过土壤生态系统被植物吸收转化，被微生物分解等复杂的机理过程，最后以作物收获、秸秆输出、氨挥发、反硝化、随径流流失等多种方式输出流域系统。

本文建立的氮收支平衡分析系统与文献 17～19 有所不同，并不将外购食品氮等外源输

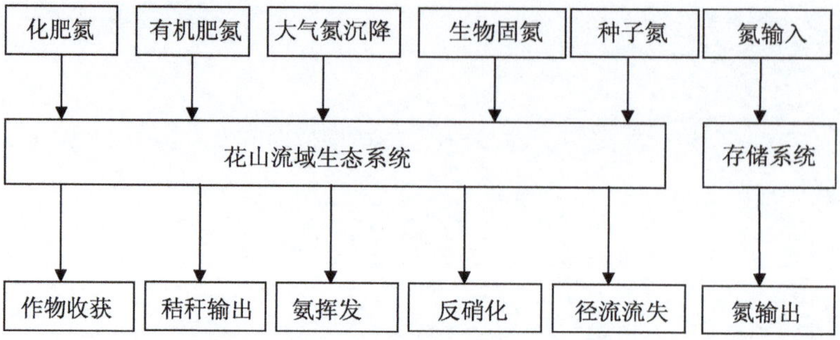

图 5.3-1　流域氮素收支平衡分析系统

入氮纳入小流域氮输入项，而是针对流域下垫面生态系统进行氮平衡分析，这样考虑的氮的收支项与流域的水文过程和氮循环更加直接，有利于非点源污染控制的研究。

本文主要采取实地调查分析与实验研究相结合、野外监测与室内实验分析相结合的方法分析花山流域氮的收支平衡。花山流域水稻品种主要以杂交稻(长粒稻和团粒稻)为主，每年 9 月中旬就开始大面积收割水稻，到 10 月初已收割完毕，11 月初小麦播种开始。考虑到水稻的收割期、雨季结束及监测数据时间，本次氮平衡分析期为 2012 年 10 月—2014 年 9 月。

5.4　流域氮的输入

5.4.1　化肥氮

氮肥可用于提高农作物的产量，能在短时间内直接补充作物所需的氮素。目前常用的氮肥有尿素、铵盐以及氨水等，其中在各种无机氮化合物中，尿素因其有利于作物利用和吸收，成为最常用的氮源，植物主要吸收铵态氮和硝酸根形式的氮。由花山流域农作物及茶园等经济植物化肥施用品种及施肥量计算得到主要农作物化肥氮施用量(表 5.4-1)，其中尿素含氮量按 46%计算，复合肥(史丹利)含氮量按 32%计算。花山流域化肥氮施用量见表 5.4-2，化肥氮总计为 480 661 kg/a。

表 5.4-1　花山流域主要农作物化肥氮使用标准　　单位:斤/亩

行政村 农作物	丰山村	花山村	龙蟠村	荣誉村	杨家饭店村	河东村
水稻	29.8	29.8	29.8	34.6	29.8	29.8
玉米	34.4	29.8	29.8	36.2	34.4	29.8
棉花	37.6	37.6	37.6	37.6	37.6	39.0
大豆	9.6	12.8	12.8	12.8	9.6	12.8
花生	9.6	12.8	12.8	12.8	9.6	9.6
小麦	29.8	33.0	33.0	33.0	29.8	29.8
油菜	33.0	33.0	33.0	33.0	33.0	29.8
茶园	22.4	32.0	0	19.2	22.4	0

表 5.4-2　花山流域主要农作物化肥氮使用量　　单位：kg/a

农作物＼行政村	丰山村	花山村	龙蟠村	荣誉村	杨家饭店村	河东村	全流域
水　稻	44 477	60 136	74 768	43 250	8 970	19 072	250 673
玉　米	6 020	8 940	7 450	7 783	2 374	4 768	37 335
棉　花	2 820	4 888	5 640	3 384	470	1 950	19 152
大　豆	216	320	384	282	48	128	1 378
花　生	576	1 600	1 280	640	144	384	4 624
小　麦	17 880	30 360	37 950	19 800	3 576	9 685	119 251
油　菜	6 006	9 570	13 530	6 600	1 320	3 278	40 304
茶　园	1 120	13 440	0	882	448	0	15 890
合计	79 115	129 254	141 002	82 621	17 350	39 265	488 607

5.4.2　有机氮肥

有机肥料种类很多，常见的是人和畜禽的排泄物以及农作物秸秆。植物只能吸收利用 NH_4^+-N 和 NO_3^--N，有机肥料中的各种有机态氮只有经过土壤微生物的分解，转变为 NH_4^+ 态氮和 NO_3^- 态氮，才能作为作物的氮素营养。然而有机肥中的有机氮化合物并非都能转化成 NH_4^+-N 和 NO_3^--N，只有小部分能转化成植物可吸收利用的形态。有机肥中相当一部分氮化合物转变成不同稳定程度的土壤有机态氮，贮藏在土壤中[22]。

研究区域内的有机肥氮主要来源于人和畜禽粪便。研究区域人口分为总人口和常住人口，非常住人口按一年在家两个月进行计算；鸡分为土鸡和肉鸡，土鸡的生长周期按 150 d 计算，肉鸡的生长周期一般为 45 d；鸭的生长周期按 45 d 计算；猪、羊的生长周期按 180 d 计算。根据畜禽日排泄物中氮含量系数[23-26]，由畜禽生长周期统计得畜禽粪便中氮含量系数，计算获得流域有机肥氮素输入量(表 5.4-3)。花山流域输入的有机肥氮总计为 106 011.23 kg/a。

表 5.4-3　花山流域有机肥氮输入量

类别	数量/(口、头、只)	人畜禽粪便氮含量/[kg/(个・a)]	合计/(kg/a)
常住人口	9 944	5	49 720.00
非常住人口	2 252	5/6	1 876.67
猪	1 150	2.70	3 105.00
牛	27	49.78	1 344.06
羊	3 600	0.95	3 420.00
土鸡	76 420	0.22	16 812.40
肉鸡	197 800	0.097	19 186.60
鸭	118 500	0.089	10 546.50
合计			106 011.23

5.4.3 大气氮沉降

大气氮沉降包括大气氮干沉降和大气氮湿沉降两部分。沉降方式主要为随雨雪下降和吸附在气溶胶及大气颗粒物上后下降。大气氮的干沉降成分包括颗粒态 NH_4^+、NO_3^- 和气态 NH_3、HNO_3、NO_x 等；大气湿沉降物主要包含 NO_3^-、NH_4^+ 和溶解性有机氮 DON，主要来源于农田氮和家畜排泄物氮的气体排放、化石燃料的燃烧、工业生产等，大量氮氧化物进入大气，大大增加了氮的湿沉降量。

大气氮沉降在氮平衡分析中是一个不确定的因素，大气氮干沉降研究集中在欧美。目前，大气干沉降的测定主要基于推断法和微气象学方法[27]。推断法是利用仪器收集大气中 NO_2 和 NH_3 等活性氮化合物，通过分析测定相应的气象参数得到这些组分在大气中的浓度，查找相关文献确定活性氮组分的沉降速率，大气浓度、沉降速率和时间的乘积即为单位时间内大气氮素干沉降通量；微气象学方法是利用微气象学原理，通过快速检测大气中 NO_2 和 NH_3 等化合物浓度变化，结合微气象条件来计算大气含氮化合物的沉降或排放通量。两种方法都具有不确定性，相比于后者，前者只要有适合的仪器能确定一些气象参数，就可以得到大气中各种活性氮化合物的浓度，从而获得大气氮素干沉降的通量；后者需要昂贵的仪器设备和宽广的下垫面，测定起来困难，即使在欧美发达国家，也只有少数实验室能开展这类工作[28]。

为了监测和估算氮的湿沉降量，在花山流域布设了郑家边、凤库、春雷鸡场、汪郢村 4 个氮湿沉降监测采样点，监测期为 2012 年 6 月—2014 年 9 月，这 4 个监测点的具体分布见图 5.4-1。由泰森多边形法可得 4 个监测站点的面积权重，即凤库 0.36、汪郢村 0.19、郑家边 0.18、春雷鸡场 0.27。大气氮湿沉降样品采集与保存方法参照《大气降水样品的采集与保存》(GB 13580.2—92)执行，收集雨水样品的容器为聚乙烯塑料盆，分析项目有 TN(总氮)、NO_3^--N(硝态氮)、NH_3-N(氨氮)。收集的雨水样品由于包括部分干沉降(如降尘)，又称为混合沉降，但一般情况下，混合沉降与湿沉降没有本质差异。

图 5.4-1 花山流域湿沉降监测站点分布

为了估算大气氮的湿沉降量，本书收集了滁州水文局花山径流实验站在花山流域布设的胡庄、红花桥、沈郢、方岗、汪郢 5 个雨量站 2012 年 10 月—2014 年 9 月的雨量资料。雨量站分布见图 4.3-1。由泰森多边形法可得 5 个雨量站的面积权重，即胡庄 0.14、汪郢 0.25、沈郢 0.21、红花桥 0.27、方岗 0.13。

根据监测的降雨量、相应总氮浓度和流域面积，计算流域氮的湿沉降量，计算公式如下

$$N_r = \sum_{t=1}^{365} C_t \cdot P_t \cdot A \tag{5.4-1}$$

式中：N_r 为氮的年沉降量，单位为 kg；C_t 为日降雨中流域面平均总氮浓度，单位为 mg/L，采用泰森多边形法计算；P_t 为流域面平均日降雨量，单位为 mm，采用泰森多边形法计算；A 为流域面积，单位为 km^2。

根据花山流域雨量观测资料、湿沉降监测分析数据及公式(5.4-1)可计算得表 5.4-4、表 5.4-5。

表 5.4-4　花山流域氮湿沉降统计分析(2012.10—2013.9)

月份	降水/mm	氮湿沉降量/kg	氮湿沉降通量/(kg/ hm^2)
10	37.12	10 898.31	1.360
11	34.05	6 579.07	0.821
12	54.90	10 094.77	1.260
1	34.74	4 197.60	0.524
2	52.70	11 108.28	1.386
3	34.19	7 025.51	0.877
4	21.57	4 817.27	0.601
5	118.84	21 116.21	2.635
6	157.19	26 409.38	3.296
7	253.96	28 322.05	3.535
8	65.61	14 640.52	1.827
9	131.47	15 842.42	1.977
总计	996.32	161 051.39	20.099

由表 5.4-4、表 5.4-5 可知，花山流域 2012 年 10 月—2013 年 9 月及 2013 年 10 月—2014 年 9 月氮湿沉降总量分别为 161 051.39 kg/a 及 163 830.49 kg/a，氮湿沉降通量分别为 20.099 kg/ hm^2 及 20.321 kg/ hm^2。大气氮湿沉降不仅与大气环境质量有关，还与降水量等天气条件有关。

表 5.4-5　花山流域氮湿沉降统计分析(2013.10—2014.9)

月份	降水/mm	氮湿沉降量/kg	氮湿沉降通量/(kg/hm^2)
10	21.32	6 274.85	0.783

续表

月份	降水/mm	氮湿沉降量/kg	氮湿沉降通量/(kg/hm²)
11	23.94	7 044.78	0.879
12	1.34	393.50	0.049
1	20.58	6 058.23	0.756
2	105.99	25 896.56	3.232
3	39.50	6 764.37	0.844
4	112.02	18 239.00	2.276
5	71.39	5 807.49	0.725
6	90.33	16 877.75	2.106
7	329.07	33 091.99	4.130
8	183.53	19 954.32	2.490
9	103.66	16 427.65	2.050
总计	1 102.67	163 830.49	20.321

在大气氮沉降中，湿沉降虽然历时较干沉降短，但其沉降量却更大。国内大部分研究均显示绝大部分地区的湿沉降量占总沉降量的60%以上。由李世清等[29]对陕西关中的研究和陈能汪等[30]在九龙江流域的大气氮湿沉降量计算可知，大气湿沉降发生在春夏两季，约占全年的91%，大气氮湿沉降占沉降总量的66%。洪华生等[31]在九龙江流域的大气氮干沉降实验研究认为，九龙江流域平均大气干沉降通量为4.87±1.21 kg/(hm²·a)。对于干沉降，参考上述研究，干沉降通量取为6 kg/(hm²·a)，再结合流域面积求得花山流域干沉降总量为48 078.00 kg/a。

花山流域2012年10月—2013年9月及2013年10月—2014年9月氮干湿沉降总量分别为209 129.39 kg/a及211 908.49 kg/a，氮干湿沉降通量分别为26.099 kg/hm²及26.321 kg/hm²。

我国大气氮湿沉降量多为8.5～36.52 kg/(hm²·a)，但部分发达城市的氮湿沉降量高达66.0～78.422 kg/(hm²·a)[32-34]。文献资料和实测资料均表明，本研究在花山流域的氮沉降计算成果和全国监测成果是一致的。大气氮沉降已经成为非点源污染的一项重要来源。

5.4.4 生物固氮

生物固氮是指自然界中通过不同微生物种群将空气中的分子氮——N_2转化成为氨的生物化学过程，具有这种功能的生物种群称为固氮生物。自然界中各种类型生物的固氮体系分为自生固氮、共生固氮和联合固氮等三大体系。生物的固氮形式虽然有许多种，然而固氮机制是共同的。固氮是还原反应、加氢反应，其简单的化学反应通式为

$$N_2+6e+6H^+ \rightarrow 2NH_3 \quad (5.4\text{-}2)$$

$$N_2+8e+8H^+ \rightarrow 2NH_3+H_2 \quad (5.4\text{-}3)$$

豆科植物根瘤菌是最普遍和最重要的一种共生固氮生物。自生固氮是指自然界的一类微生物不需要同其他生物共生，而能独立地进行固氮作用。由文献5、7、16、18可知不同作物

固氮水平不同，当作物的固氮数据无法获得时，采用默认值 15 kg/(hm² · a)。由各种土地覆被面积和固氮水平可计算生物固氮量，见表 5.4-6。由表 5.4-6 可知研究区域总的生物固氮量为 131 080.60 kg/a。

表 5.4-6　花山流域生物固氮量

作物	面积/hm²	固氮水平/[kg/(hm² · a)]	固氮量/(kg/a)
水稻	1 094.73	30	32 841.90
玉米	155.87	15	2 338.05
棉花	67.67	15	1 015.05
大豆	15.27	80	1 221.60
花生	52.00	10	520.00
小麦	495.33	15	7 429.95
油菜	164.27	15	2 464.05
菜地	56.33	15	844.95
茶园	35.67	15	535.05
森林	5 458.00	15	81 870.00
合计			131 080.60

5.4.5　种子氮

除上述氮素输入项外，在作物播种的过程中，种子也输入少量的氮素。从 2004 年起，为了确保农业的稳定发展和维护广大农民的利益，当地政府出台了一系列增加作物产量的政策，鼓励农民从政府指定部门购买种子。研究区域内作物种子均由种子销售部门购入，经实地调研获得花山流域作物种植面积及单位面积种子播种量(表 5.4-7)。各类作物播种时种子带入的氮量根据播种面积、种子籽粒含氮量[23,41-42]计算，结果见表 5.4-7。花山流域作物种子带入的氮总量为 3 665.09 kg/a。

表 5.4-7　花山流域作物种子输入项

作物	种植面积/hm²	单位面积种子播种量/(kg/hm²)	种子籽粒氮含量/(g/kg)	作物种子氮合计/(kg/a)
水稻	1 094.73	15.00	18.1	297.22
玉米	155.87	30.00	15.3	71.54
棉花	67.67	12.00	35.4	28.75
大豆	15.27	75.00	51.2	58.64
花生	52.00	75.00	39.7	154.83
小麦	495.33	225.00	27.2	3 031.42
油菜	164.27	4.50	30.7	22.69
合计				3 665.09

5.5 流域氮的支出

5.5.1 氨挥发

氨挥发是农田土壤氮素损失的重要途径，主要受土壤性质、气象条件和农业技术措施的影响。氨挥发主要来源于农田化肥氮、人和畜禽排泄物。国内研究认为，氨挥发所损失的氮量一般占施氮量的10%以下，但在有利于氨挥发的情况下，其损失量可达40%～50%，为氮肥损失的主要途径[35]。化肥氮挥发率参照田光明等[36]和曹金留等[37]对镇江地区的测定结果确定，计算得主要作物化肥氮氨挥发损失量，见表5.5-1，化肥氮氨挥发输出为44 545.38 kg/a。有机肥氮氨挥发率按IPCC公布的标准(20%)取值[38]，流域有机肥氮为106 011.23 kg/a，计算得有机肥氮氨挥发损失量为21 202.25 kg/a。花山流域氨挥发损失氮合计为65 747.63 kg/a。

表5.5-1 花山流域主要作物化肥氨挥发氮损失量

作物种类	化肥氮施用量/kg	氨挥发损失比例/%	氨挥发损失量/(kg/a)
水稻	25 0673	10.7	26 822.01
玉米	37 335	14.8	5 525.58
棉花	19 152	14.8	2 834.50
大豆	1 378	14.8	203.94
花生	4 624	14.8	684.35
小麦	119 251	5.0	5 962.55
油菜	40 304	5.0	2 015.20
茶园	7 945	5.0	397.25
合计			44 545.38

5.5.2 反硝化

反硝化作用是指在厌氧条件下，微生物将NO_3^-还原成N_2O和N_2的过程。反硝化的基本过程是：$NO_3^- \rightarrow NO_2^- \rightarrow NO \rightarrow N_2O \rightarrow N_2$。反硝化作用发生条件包括[1]：(1) 反硝化微生物的存在；(2) 合适的电子供体，如有机碳；(3) 厌氧条件；(4) 氮的氧化物，主要指NO_3^-，NO_3^-作为末端电子受体。只有上述条件同时满足时，反硝化才能进行。

反硝化作用是氮素生物地球化学循环的重要环节，能将生物可以利用的氮素(硝态氮NO_3^-)转化为惰性氮素(N_2)，使大气氮库得以更新，同时保持生态系统氮素平衡，是实现完整氮素循环不可缺少的重要环节。在森林、农田、河流、湖泊、水库、海洋中都有反硝化作用的发生。森林、农田中的反硝化作用主要发生在土壤中，水域中的反硝化作用主要发生在底泥沉积物中。

反硝化速率测定技术方法主要包括乙炔抑制技术、N通量测定方法、^{15}N同位素示踪技术。不同的研究区域，适宜不同的方法。乙炔抑制法具有培养时间短、灵敏度高、重现性好、价格低廉等优点。

Hauck(1981)[39]估计氮肥损失中有30%缘于反硝化作用，洪华生等[31]在九龙江五川小流域的研究认为林地的土壤反硝化通量为2.0 kg/hm^2。李飞跃等[40-41]在秦淮河上游句容水库流域(宁镇丘陵区典型农业流域)的研究认为水体沉积物反硝化潜势存在显著的季节差异,河流、水塘、水库反硝化潜势年均值分别为 2.24 kg/(hm^2 · a)、1.43 kg/(hm^2 · a)、1.29 kg/(hm^2 · a);土壤反硝化速率与土壤硝态氮浓度、铵态氮浓度之间不具有显著的相关关系,水田土壤的反硝化强度小于旱地土壤的反硝化强度,水田(水稻-小麦、水稻-油菜等轮作)、旱地(玉米-油菜、大豆-油菜、棉花-油菜、大豆-小麦等轮作)反硝化潜势年均值分别为 8.35 kg/(hm^2 · a)、19.30 kg/(hm^2 · a);林地、茶园反硝化潜势年均值分别为 1.59 kg/(hm^2 · a)、0.08 kg/(hm^2 · a)。秦淮河上游句容水库流域与花山流域同属长江下游流域,两地相距 100 km 左右,土壤、气候条件相近,本书采用李飞跃的研究成果。由土地覆被类型和面积、反硝化潜势年均值计算得反硝化作用去除氮总量,见表 5.5-2。花山流域反硝化作用去除氮总量为 31 515.85 kg/a。

表 5.5-2　花山流域反硝化作用去除氮总量

土地覆被类型	面积/hm^2	反硝化潜势年均值/[kg/(hm^2 · a)]	去除氮总量/(kg/a)
水田	1 186.00	8.35	9 903.10
旱地	650.28	19.30	12 550.40
茶园	35.67	0.08	2.85
水体	219.00	2.00	438.00
森林	5 422.33	1.59	8 621.50
合计			31 515.85

5.5.3　作物收获

农作物收获氮的输出量在农田生态系统中起着较重要的作用。农作物吸收的氮是土壤氮素去向的重要部分,也是农业生产者最关心的问题。随着氮肥的大量施用以及优良品种的选用,农作物产量有了很大的提高,农作物产品带走的氮素的绝对量增加。农作物产品带走的氮素等于农作物产量乘以粒籽氮元素含量。根据农户调查得到的农作物产量和农作物籽粒氮含量计算得农产品收获输出的氮素,见表 5.5-3。花山流域农产品收获输出的氮总量为 267 748.34 kg/a。

表 5.5-3　花山流域农作物产品氮输出

作物	种植面积/hm^2	农户调查产量/(kg/hm^2)	籽粒氮含量/(g/kg)	作物产品氮输出/(kg/a)
水稻	1 094.73	8 250	18.1	163 470.56
玉米	155.87	4 875	15.3	11 625.95
棉花	67.67	2 250	35.4	5 389.92
大豆	15.27	1 875	51.2	1 465.92
花生	52.00	1 800	39.7	3 715.92
小麦	495.33	5 250	27.2	70 733.12
油菜	164.27	2 250	30.7	11 346.95
合计				267 748.34

5.5.4 秸秆输出

流域农作物秸秆氮输出比较复杂，除秸秆返田为下季作物提供养分外，农作物秸秆最主要的利用方式为燃烧（包括田间焚烧和燃料燃烧），燃烧过程中作物残渣中的大量氮素以 NH_3 和 NO_x 的形式被释放到大气中，小部分以 N_2 的形式。农户调查显示，2012 年 10 月—2014 年 9 月期间，流域内作物秸秆，例如棉花、油菜、大豆秸秆等，绝大部分都被当地农户拖回家作为燃料使用，而小麦、玉米、水稻等秸秆则直接在田间焚烧，仅有少部分作为饲料。根据作物的茎秆与籽粒的比例系数及农作物产量可估算得到作物秸秆重量，结合流域实地调查的作物秸秆燃烧比例系数可计算得作物秸秆燃烧量，根据作物秸秆燃烧量和作物秸秆含氮量计算得作物秸秆燃烧氮输出量，见表 5.5-4。花山流域作物秸秆燃烧输出氮总计为 76 561.21 kg/a。

表 5.5-4 花山流域作物秸秆燃烧输出的氮

作物	种植面积 /hm^2	籽粒单产 /(kg/hm^2)	秸秆与籽粒比例	秸秆燃烧系数	秸秆含氮量 /(g/kg)	氮排放量 /(kg/a)
水稻	1 094.73	8 250	1.0	0.8	6.6	47 686.44
玉米	155.87	4 875	2.0	0.8	6.8	8 267.34
棉花	67.67	2 250	3.0	1.0	12.9	5 892.37
大豆	15.27	1 875	1.5	1.0	21.0	901.88
花生	52.00	1 800	2.0	0.7	5.7	746.93
小麦	495.33	5 250	1.0	0.8	3.9	8 113.51
油菜	164.27	2 250	2.0	1.0	6.7	4 952.74
合计						76 561.21

5.5.5 径流流失

关于氮素流失，不同的学者在认识上有所差别。农学家一般认为氮素移出作物根系活动层则视为流失，而环境学家则认为氮素进入水体后才可以视为流失[42]。氮素流失量主要受降雨量、灌溉量、施肥量、土壤厚度和渗透性、温度、地表覆盖度等因素的影响。NO_3^--N 是氮素淋溶的主要形态，约占氮流失总量的 40%～80%。据朱兆良等[35]对苏南太湖流域稻麦轮作区 5 个点的观测表明，田间尺度的氮流失量相当于氮肥施用量的 3.0%。

本章中氮素随径流流失是指氮离开作物生长系统，随土壤以及径流迁移进入到水体，随地表及地下径流流出流域。通过对流域出口断面——胡庄断面的氮浓度监测和流量观测计算氮素的流失通量。2012 年 10 月 1 日—2014 年 10 月 1 日期间对胡庄断面进行了 TN 浓度监测（监测的项目还有 NH_3-N、NO_3^--N、COD_{Mn}等），采样监测的频次为常规每半个月一次，暴雨期间适当加测，每次每样点采水样 500 mL，用聚乙烯塑料瓶密封带回实验室及时进行测定，TN 质量浓度利用过硫酸钾硝解-紫外分光光度法测定。将每个监测项目每个月的月初、月中及加测、下个月月初监测的数据进行时间间隔加权平均，作为该监测项目的月平均值。按总氮的月平均浓度、月径流量和该月的天数计算氮的月流失量。胡庄断面的月径流量采用该月每日平均流量计算得到，数据来源于滁州水文局。氮的月流失量计算结果见表

5.5-5、表 5.5-6。

表 5.5-5　花山流域氮随径流流失量(2012.10—2013.9)

月	径流量/万 m^3	TN 平均浓度/(mg/L)	氮流失量/kg	占全年比例/%
10	74.727 4	0.736	549.99	1.78
11	55.987 2	0.598	334.80	1.08
12	57.049 9	0.782	446.13	1.44
1	79.816 3	0.830	662.48	2.14
2	167.408 6	0.827	1 384.47	4.48
3	144.901 4	0.852	1 234.56	4.00
4	45.878 4	0.741	339.96	1.10
5	131.777 3	1.091	1 437.69	4.65
6	401.760 0	2.118	8 509.28	27.53
7	1 033.862 4	1.325	13 698.68	44.33
8	162.311 0	0.647	1 050.15	3.40
9	151.632 0	0.830	1 258.55	4.07
合计	2 507.111 9		30 906.74	100.00

表 5.5-6　花山流域氮随径流流失量(2013.10—2014.9)

月	径流量/万 m^3	TN 平均浓度/(mg/L)	氮流失量/kg	占全年比例/%
10	78.745 0	0.720	566.96	0.79
11	52.876 8	0.730	386.00	0.54
12	39.104 6	1.018	398.08	0.56
1	56.246 4	0.864	485.97	0.68
2	113.944 3	1.693	1 929.08	2.69
3	141.419 5	1.352	1 912.00	2.66
4	311.040 0	0.609	1 894.23	2.64
5	205.701 1	1.235	2 540.41	3.54
6	228.096 0	3.496	7 974.24	11.11
7	1 387.411 2	2.247	31 175.13	43.44
8	886.550 4	1.275	11 303.52	15.75
9	572.832 0	1.954	11 193.14	15.60
合计	4 073.967 3		71 758.76	100.00

由表 5.5-5、表 5.5-6 可知，花山流域 2012 年 10 月—2013 年 9 月及 2013 年 10 月—2014 年 9 月氮随径流流失量分别为 30 906.74 kg/a 及 71 758.76 kg/a，且主要发生在雨季水稻施肥

期。氮随径流流失量不仅与流域面上的氮源有关，还与降雨径流过程和径流量有关。

5.6 氮收支平衡分析

5.6.1 结果

花山流域 2012 年 10 月—2013 年 9 月及 2013 年 10 月—2014 年 9 月两个灌溉年氮输入、输出估计结果见表 5.6-1、表 5.6-2。

表 5.6-1 花山流域氮收支平衡表(2012.10—2013.9)

项目	类别	氮总量/(kg/a)	氮通量/[kg/(hm² · a)]	比例/%
输入	化肥氮	480 661.00	59.99	51.65
	有机肥氮	106 011.23	13.23	11.39
	大气沉降	209 129.39	26.10	22.47
	生物固氮	131 080.60	16.36	14.09
	种子氮	3 665.09	0.46	0.40
	输入合计	930 547.31	116.14	100.00
输出	反硝化	31 510.46	3.93	6.67
	氨挥发	65 647.63	8.19	13.90
	作物收获	267 748.34	33.41	56.68
	秸秆燃烧	76 561.21	9.55	16.21
	随径流流失	30 906.94	3.86	6.54
	输出合计	472 374.58	58.94	100.00
存储量	输入一输出	458 172.73	57.20	

花山流域人口、种植面积、畜禽养殖、施肥、种子施用率、作物产量、秸秆还田等在 2012 年 10 月—2013 年 9 月及 2013 年 10 月—2014 年 9 月 2 个灌溉年之间变化不大，上述基本数据在 2 个灌溉年是一致的。因此，根据 2 个灌溉年之间相同的参数，估计得到 2 个灌溉年具有相同的化肥氮输入、有机肥氮输入、种子氮输入，并具有相同的氮的作物收获输出、秸秆燃烧输出。

表 5.6-2 花山流域氮收支平衡表(2013.10—2014.9)

项目	类别	氮总量/(kg/a)	氮通量/[kg/(hm² · a)]	比例/%
输入	化肥氮	480 661.00	59.99	51.56
	有机肥氮	106 011.23	13.23	11.37
	大气沉降	210 908.49	26.32	22.62
	生物固氮	131 080.60	16.36	14.06
	种子氮	3 665.09	0.46	0.39
	输入合计	932 326.41	116.36	100.00

续表

项目	类别	氮总量/(kg/a)	氮通量/[kg/(hm² · a)]	比例/%
输出	反硝化	31 510.46	3.93	6.14
	氨挥发	65 647.63	8.19	12.79
	作物收获	267 748.34	33.41	52.17
	秸秆燃烧	76 561.21	9.55	14.92
	随径流流失	71 748.83	8.95	13.98
	输出合计	513 216.47	64.03	100.03
存储量	输入—输出	419 109.94	52.33	

生物固氮机理较复杂，也难以实验监测，主要根据文献调查得到的生物固氮水平和土地覆被面积估计花山流域生物固氮输入量，花山流域生物固氮输入量在2个灌溉年是相同的。

氨气挥发和反硝化与气温、湿度、风速等气象因子有关，实际估计中很难针对不同的年份采用不同的氨挥发损失比例参数和反硝化潜势参数。根据化肥及有机肥施用量和依据文献调查的氨气挥发损失比例估计得到的2个灌溉年氨挥发损失氮是相同的；同样，根据水体、水田、旱地、茶园、森林等土地覆被面积及依据文献调查的反硝化潜势参数估计得到的2个灌溉年反硝化损失的氮相同的。

由于在数据采集过程中存在着监测误差、随机误差、关键数据缺乏以及数据代表性不足等因素，氮素收支估算不可避免地存在着不确定性[43]。假定所有不确定性参数服从正态分布，相应分布参数为均值和标准差(或变差系数)，采用Monte Carlo方法来分析氮素收支估算中的不确定性[18,44]。表5.6-1、表5.6-2中的各项氮输入、输出估计还存在着一定的不确定性。根据调查资料和监测数据分析，并参考文献18的研究结果，将表5.6-1、表5.6-2中的氮输入输出各项估计值的变异系数作一分析：有机肥氮输入、作物收获氮输出、秸秆燃烧氮输出、生物固氮估计的变异系数为30%，氨挥发损失氮、反硝化损失氮等各项估计的变异系数为30%。由于农业技术的指导及农民耕作习惯的保持，化肥氮及种子氮输入估计的误差相对较小，变异系数均估计为10%。氮素湿沉降和径流流失根据实际监测数据计算，估计的误差相对较小，对氮素沉降输入的变异系数、氮随径流流失输出的变异系数均估计为10%。

5.6.2 讨论

(1) 流域盈余氮素对环境的影响

花山流域2012年10月—2013年9月氮素年盈余量为458 172.73 kg/a，占当年氮总投入的49%；2013年10月—2014年9月氮素年盈余量为419 109.94 kg/a，占当年氮总投入的45%。尽管流域氮的各项输入及各项输出的估计存在着不确定性，但这两个盈余量还是较大的，约占总输入的45%以上。这部分盈余氮的去向包括地下水淋溶蓄存、土壤蓄存、塘坝底泥蓄存、生物量的增加(林木及竹子的生长)等。根据Zebarth[45]的研究，当单位面积上氮盈余量<50 kg/(hm² · a)时，不会对环境造成威胁。花山流域2012年10月—2013年9月及2013年10月—2014年9月单位面积上的氮盈余量分别为57.18 kg/(hm² · a)及52.30 kg/(hm² · a)，显然花山流域的氮盈余量超过了Zebarth提出的预警

值，因此流域存在着潜在的富营养化趋势。另外流域的林地和水面占总面积的70.84%，而林地和水面产生的氮负荷较小，因此居民地、旱地和水田的单位面积产生的盈余氮将远大于当前计算值。这就是说，居民区及农田区潜在的富营养化趋势会更大。

（2）降水量对大气氮湿沉降的影响

花山流域2012年10月—2013年9月及2013年10月—2014年9月流域面平均降水量分别为996.32 mm及1 102.67 mm，氮湿沉降量分别为161 051.39 kg/a及163 830.49 kg/a。这就是说，大气氮湿沉降不仅与大气环境质量有关，还与降水量有关。对2012年10月—2014年9月间每月TN湿沉降通量与降水量之间进行相关分析，见图5.6-1。TN湿沉降通量与降水量之间有显著的正线性相关关系，这说明花山流域TN湿沉降通量的大小取决于降水量的大小。对1963—2014年花山流域年降水量进行频率分析得频率曲线，见图5.6-2。2012年10月—2013年9月及2013年10月—2014年9月降水量对应的超过概率分别为54.45%及33.30%。因此，也可认为在2012年10月—2014年9月大气环境状况下，超过概率分别为54.45%及33.30%的氮湿沉降量分别为161 051.39 kg/a及163 830.49 kg/a。

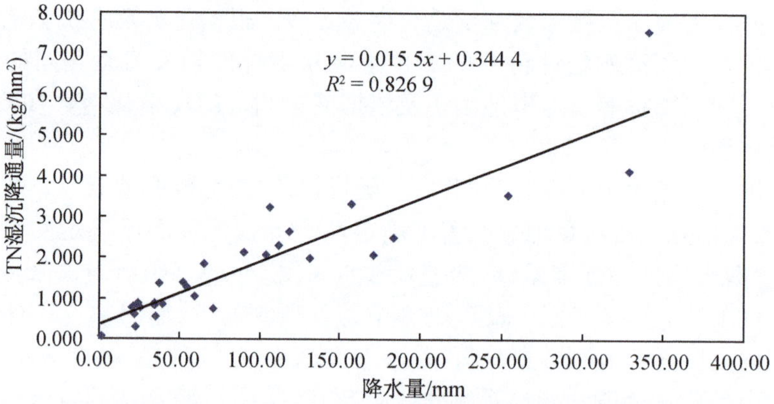

图5.6-1　TN湿沉降通量与降水量之间的关系

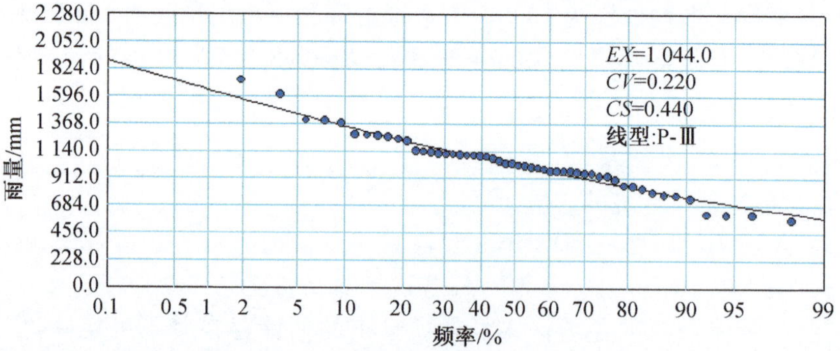

图5.6-2　花山流域年降水量频率曲线

（3）降雨径流过程和径流量对氮输出的影响

花山流域2012年10月—2013年9月及2013年10月—2014年9月径流量分别为2 507.11万m³及4 073.97万m³，氮随径流流失量分别为30 906.94 kg/a及71 748.83 kg/a；氮素随径流流失量占总输出量的比例分别为 6.54%及 13.98%，两者相差一倍以上。氮素随径流流失量占总输出量的比例随径流流失的差异波动较大，氮素随径流流失量与降雨径流过程和径流量有关。

5.6.3 结论

基于花山流域调查数据和实验数据，对 2012 年 10 月—2013 年 9 月及 2013 年 10 月—2014 年 9 月 2 个灌溉年流域氮素的收入支出情况进行了研究，分析了降雨径流对花山流域氮收支的影响。结论如下：

(1) 2 个灌溉年大气氮沉降通量分别为 26.10 kg/(hm^2 · a)及 26.32 kg/(hm^2 · a)，相差小于 1%。尽管大气湿沉降受到降水量的影响，但氮各项输入比例波动小于 1%，化肥氮、大气氮沉降、生物固氮、有机肥氮输入比例分别为 52%、11%、23%、14%。

(2) 对于 2012 年 10 月—2013 年 9 月及 2013 年 10 月—2014 年 9 月 2 个灌溉年，花山流域氮的总输入量分别为 930 547.31 kg/a、932 326.41 kg/a，二者相差小于 1%；流域径流量分别为 2 507.11 万 m^3 及 4 073.97 万 m^3，氮随径流流失量分别为 30 906.74 kg/a 及 71 758.76 kg/a，占氮总输出量的比例分别为 6.54%及 13.98%，两者相差一倍以上，氮随径流流失量与降雨径流有关。

(3) 对于 2012 年 10 月—2013 年 9 月及 2013 年 10 月—2014 年 9 月 2 个灌溉年，化肥氮是流域最主要的氮收入项，分别占氮总输入的 51.65%及 51.56%，作物收获是流域氮最主要的输出项，分别占氮总输出的 56.68%及 52.17%。花山流域 2012 年 10 月—2013 年 9 月及 2013 年 10 月—2014 年 9 月单位面积上的氮盈余量分别为 57.18 kg/(hm^2 · a)及 52.30 kg/(hm^2 · a)，流域存在着潜在的富营养化趋势。

5.7 小结

基于花山流域调查数据和实验数据，系统地研究流域氮素的收入支出情况，结论如下：

(1) 提出了花山流域生态系统氮收支和氮来源识别分析方法。对花山流域生态系统进行氮收支平衡分析，识别氮素来源。流域氮输入项有化肥氮、有机肥氮、大气氮沉降、生物固氮、种子携带氮，输出项有作物收获、秸秆输出、氨挥发、反硝化、随径流流失等。

(2) 花山流域氮收支分析表明，化肥氮是流域最主要的氮收入项，占氮总输入的 50%以上，作物收获是流域氮最主要的输出项，占氮总输出的 50%以上。花山流域单位面积上的氮盈余量超过了 50 kg/(hm^2 · a)，流域存在着潜在的富营养化趋势。

参考文献

[1] 孙勤芳，段华平，赵建波，等. 基于清单分析的农业非点源污染控制区划方法[J]. 生态与农村环境学报，2011，27(4)：104-109.

[2] 杜伟，遆超普，姜小三，等. 长三角地区典型稻作农业小流域氮素平衡及其污染潜势[J]. 生态与农村环境学报，2010，26(1)：9-14.

[3] Breemen N V, Boyer E W, Goodale C L, et al. Where did all the nitrogen go ? Fate of nitrogen inputs to large watersheds in the northeastern U. S. A. [J]. Biogeochemistry, 2002, 57(1)：267-293.

[4] Boyer E W, Howarth R W, Galloway J N, et al. Riverine nitrogen export from the continents to the coasts[J]. Global Biogeochemistry Cycles，2006，20(1)：17-25.

[5] Sobota D J, Harrison J A, Dahlgren R A. Influences of climate, hydrology, and land use on input and export of nitrogen in California watersheds[J]. Biogeochemistry, 2009, 94(1):43-62.

[6] Schaefer S C, Hollibaugh J T, Alber M. Watershed nitrogen input and riverine export on the west coast of the US[J]. Biogeochemistry, 2009, 93(3):219-233.

[7] Yan W J, Zhang S S P, et al. How do nitrogen inputs to Changjiang basin impact the Changjiang River nitrate[J]. Global Biogeochemical Cycles,2003,17(4):2-9.

[8] 卞建民,李育松,胡昱欣,等. 吉林西部农田生态系统氮平衡及其水环境影响研究[J]. 环境科学学报,2014,34(7):1862-1868.

[9] 谢丽纯,陈建耀. 近 10 年来珠江三角洲地区氮收支演变及区域差异分析[J]. 自然资源学报,2014,29(2):237-248.

[10] Wang X Z, Zhu J G, Gao R, et al. Nitrogen cycling and losses under rice—wheat rotations with coated urea and urea in the Taihu Lake region[J]. Pedosphere,2007,17(1):62-69.

[11] 韩莹,李恒鹏,聂小飞,等. 太湖上游低山丘陵地区不同用地类型氮、磷收支平衡特征[J]. 湖泊科学,2012,24(6):829-837.

[12] 周伟,田玉华,尹斌. 太湖地区水稻追肥的氨挥发损失和氮素平衡[J]. 中国生态农业学报,2011,19(1):32-36.

[13] 常龙飞,王晓龙,李恒鹏,等. 巢湖典型低山丘陵区不同土地利用类型壤中流养分流失特征[J]. 生态与农村环境学报,2012,28(5):511-517.

[14] 王振旗,沈根祥,钱晓雍. 淀山湖区域茭白种植模式氮、磷流失规律及负荷特征[J]. 生态与农村环境学报,2011,27(1):34-38.

[15] Chen N W, Hong H S,Zhang L P, et al. Nitrogen sources and exports in an agricultural watershed in Southeast China[J]. Biogeochemistry, 2008,87(2):169-179.

[16] 陈法锦,贾国东. 北江流域氮收支估算[J]. 热带地理,2009,29(1):11-15.

[17] 郭劲松,刘京,方芳,等. 三峡库区紫色土坡耕地小流域氮收支估算及污染潜势[J]. 重庆大学学报,2011,34(11):141-147.

[18] Yan X Y, Cai Z C, Yang R, et al. Nitrogen budget and riverine nitrogen output in a rice paddy dominated agricultural watershed in eastern China[J]. Biogeochemistry, 2011,106(3): 489-501.

[19] Kimura S D, Yan X Y, Hatano R, et al. Influence of agricultural activity on nitrogen budget in Chinese and Japanese watersheds[J]. Pedosphere,2012, 22(2): 137-151.

[20] 肖桐,齐永青,王军邦. 基于降水和径流的长江源头氮素收支研究[J]. 生态学报,2010,30(19):5404-5412.

[21] 王圣杰,张明军,王飞腾,等. 基于大气沉降与径流的乌鲁木齐河源区氮素收支模拟[J]. 生态学报,2012, 32(18):5747-5754.

[22] 王智平. 中国农田 N_2O 排放量的估算[J]. 农村生态环境,1997,13(2):51-55.

[23] 国家环境保护总局自然生态保护司. 全国规模化畜禽养殖业污染情况调查及防治对策[M]. 北京:中国环境科学出版社,2002: 2230-2278.

[24] 刘庄,李维新,张毅敏,等. 太湖流域非点源污染负荷估算[J]. 生态与农村环境学报,2010,26(增刊 1):45-48.

[25] 李鹏,李玉浸,杨殿林,等. 天津市畜禽粪便年排放量的估算[J]. 畜牧与兽医,2009,41(2):32-34.

[26] 中国农业科学院农业环境与可持续发展研究所,环保部南京环科所科学研究院所. 第一次全国污染源普查禽兽养殖业源产排行系数手册[M]. 2009.

[27] 李欠欠,汤利. 大气氮沉降的研究进展[J]. 云南农业大学学报,2010,25(6):889-895.

[28] Fowler D, Coyle M, Flechard C, et al. Advances in micrometeorological methods for the measurement

and interpretation of gas and particle nitrogen fluxes[J]. Plant and Soil, 2001, 228: 117-129.
[29] 李世清，李生秀. 陕西关中湿沉降输入农田生态系统中的氮素[J]. 农业环境保护，1999，18(3)：7-101.
[30] 陈能汪，洪华生，张珞平. 九龙江流域大气氮湿沉降研究[J]. 环境科学，2008，29(1)：38-46.
[31] 洪华生，黄金良，曹文志. 九龙江流域农业非点源污染机理与控制研究[M]. 北京：科学出版社，2018：79.
[32] 崔键，周静，杨浩. 农田生态系统大气氮、硫湿沉降通量的观测研究[J]. 生态环境学报，2009，18(6)：2243-2248.
[33] 邓君俊，王体健，李树，等. 南京郊区大气氮化物浓度和氮沉降通量的研究[J]. 气象科学，2009，29(1)：25-30.
[34] 周婕成，史贵涛，陈振楼，等. 上海大气氮湿沉降的污染特征[J]. 环境污染与防治，2009，31(11)：30-34.
[35] 朱兆良，文启孝. 中国土壤氮素[M]. 南京：江苏科学技术出版社，1992.
[36] 田光明，蔡祖聪，曹金留，等. 镇江丘陵区稻田化肥氮的氨挥发及其影响因素[J]. 土壤学报，2001，38(3)：324-332.
[37] 曹金留，田光明，任立涛，等. 江苏南部地区稻麦两熟土壤中尿素的氨挥发损失[J]. 南京农业大学学报，2000，23(4)：51-54.
[38] IPCC. Agriculture: Nitrous oxide from agricultural soil and manure management[R]. Paris: OECD, 1996: 1-20.
[39] Hauck R D. Nitrogen fertilizer effects on nitrogen cycle processes [C] // International workshop: Terrestrial nitrogen cycles. Sweden: Oesterfaernebo, 1981, 33: 551-562.
[40] 李飞跃，杨绒. 秦淮河流域句容水库农业流域水体沉积物的反硝化作用[J]. 环境土壤学报，2009，29(4)：854-860.
[41] 李飞跃，汪建飞，谢越，等. 江苏句容水库农业流域农田土壤反硝化作用的研究[J]. 农业环境科学学报，2012，31(3)：638-643.
[42] 郝芳华，程红光，杨胜天. 非点源污染模型——理论方法与应用[M]. 北京：中国环境科学出版社，2006.
[43] Kroeze C, Aerts R, Breemen, et al. Uncertainties in the fate of nitrogen: An overview of sources of uncertainty illustrated with a Dutch case study[J]. Nutrient Cycling in Agroecosystems, 2003, 66(1): 43-69.
[44] Yanai R D, Battles J J, Richardson A D, et al. Estimating uncertainty in eeosystem budget caleulations [J]. Eeosystems, 2010, 13(2): 239-248.
[45] Zebarth B J, Paul J W, Van K R. The effect of nitrogen management in agricultural production on water and air quality: evaluation on a regional scale[J]. Agriculture, Ecosystems and Environment, 1999, 72(1): 35-52.

第6章 流域氮素时空分布特征

6.1 地表径流氮素时空迁移特征

6.1.1 研究背景

综合反映人类活动对自然环境作用的土地利用类型、结构等是影响水土流失、氮磷营养物流失的主要因素，也是导致非点源污染的主要原因[1]。土地利用方式对氮、磷的流失和面源污染的影响，一直是国内外研究的热点。研究表明，林地、草地等与污染物浓度存在负相关关系[2-4]，李俊然等研究认为以林地和草地为主的小流域的地表水水质明显好于以耕地为主的小流域[5]。高密度的城市和农业斑块更容易使水质恶化，完整的、复杂形状的并具有较高比例的森林斑块更容易净化水质[6]。郝敬锋等研究发现以林地斑块为主要景观类型的小流域水质好于以草地斑块为主的小流域[7]。李杨等对深圳坪山河流域1990年和2000年的土地利用结构变化进行分析，利用长周期水文影响评价模型（L-THIA），以TP、TN为评价指标，对非点源污染负荷进行分析表明，由于耕地减少、建设用地增加等原因，坪山河流域各用地类型的非点源污染所占比例发生变化，由1990年的以耕地、园地产污为主，逐渐变化为2000年的以建设用地产污为主[8]。宋泽芬等以自然降雨条件下澄江尖山河小流域为研究对象，认为NH_3-N和COD输出量表现出农田和人工林大于次生林和灌草丛，植被覆盖度越高，NH_3-N随径流流失浓度越小；次生林和灌草丛小区域径流中的水溶态氮浓度较大，并以NO_3^--N为主[9]。冯明磊等在2004年和2005年间，对三峡库区内长江一级支流曲溪水体中的NO_3^--N含量进行了连续监测，利用划分子流域的方法和SPSS等分析工具，分析了该流域在异质景观条件下溪流水中NO_3^--N含量的变化特征，认为水体硝酸盐含量与流域土地利用类型有关，其含量与流域的农用地面积有较好的正相关关系，而与林地呈负相关[10]。郎海鸥等选取三峡库区典型支流小江流域为研究对象，在L-THIA模型的基础上，分析小江流域非点源污染物TN和TP的负荷量随土地利用方式改变而产生的时空变化特征，结果表明旱地的污染物负荷量最大，1995—2007年间随着旱地面积的大幅增加，污染物负荷量明显增加[11]。黄金良等选取亚热带中尺度流域九龙江为研究对象，运用空间分析与统计分析方法，从全流域和河岸缓冲区尺度分别建立了九龙江流域2002年和2007年土地利用、景观格局与河流水质的相关关系，结果表明，建设用地面积比例与BOD_5、NO_3^--N、NH_3-N和COD_{Mn}指数呈负相关；林地面积比例与NO_3^--N、NH_3-N和COD_{Mn}指数呈负相关；耕地面积比例与NO_3^--N、NH_3-N和COD_{Mn}指数呈负相关性[12]。从以上研究可以看出，土地利用变化对氮、磷的流失和面源污染的影响已成为水环境领域研究的重要课题。但以小流域为整体单元，研究不同土地利用类型中各种形态的氮的输出特征还缺少深入的研究，现有的研究结论，例如文献 9 与文献 10～11 还存在着不一致性。本项研究以花山流域为研究对象，研究不同土地利用类型中各种形态的氮的输出特征，以期揭示此流域不同土地利用方式的面源污染物输出规律，为此地区合理利用土地资源、控制水土流失和面源污染提供科学依据。

6.1.2 材料与方法

在花山流域干支流上共布设 10 个氮素监测断面，其中西源流域为重点监测子流域，自上而下分别布置了军事牌、汪郢左支、汪郢水库下、三板桥、三岔河等 5 个监测断面，汪郢左支断面在西源支流上，并与军事牌断面并联；竹园沟流域布置了竹园沟监测断面；中源流域布置了新坝、蔡集桥等 2 个监测断面，其中新坝监测断面布置在中源干流的支流上；东源流域布置了张郢监测断面；花山流域出口断面为胡庄(三)断面。监测断面位置见图 6.1-1。

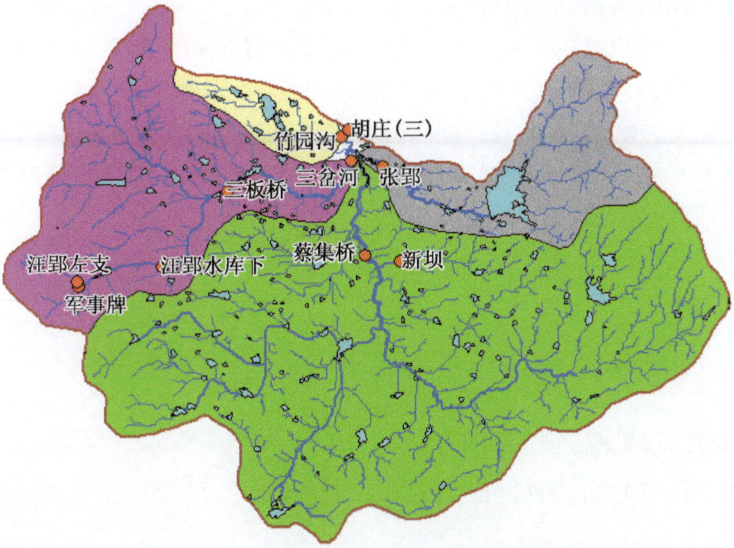

图 6.1-1 流域 10 个氮素监测断面位置

利用 ArcGIS 对土地利用图进行统计分析得各监测断面集水区土地利用信息，见表 6.1-1。

表 6.1-1 各监测断面集水区土地利用类型面积比例

监测断面	集水面积/km²	水体/%	林地/%	裸地/%	水田/%	旱地/%	建筑地/%
军事牌	1.69	0.00	99.92	0.00	0.01	0.07	0.00
汪郢左支	0.72	0.02	99.98	0.00	0.00	0.00	0.00
汪郢水库下	2.94	0.29	99.26	0.23	0.04	0.18	0.00
三板桥	12.58	1.11	79.78	3.14	12.23	2.83	0.91
三岔河	16.14	1.62	73.19	3.16	15.99	5.31	0.73
竹园沟	2.63	7.31	49.26	3.61	30.54	9.05	0.23
新坝	2.23	1.35	61.51	1.30	27.15	8.48	0.21

续表

监测断面	集水面积/km²	水体/%	林地/%	裸地/%	水田/%	旱地/%	建筑地/%
蔡集桥	44.07	2.36	65.33	6.02	14.95	9.51	1.83
张郢	8.82	6.32	80.46	2.19	6.01	4.97	0.05
胡庄(三)	80.13	2.84	68.33	4.85	14.64	8.02	1.32

6.1.3 样品采集与数据分析

2012 年 10 月 1 日—2013 年 10 月 1 日期间，每半月采样一次，暴雨期间适当加测，检测项目包括 TN、NH_3-N、NO_3^--N、COD_{Mn}等。每次采集水样 500 mL，用聚乙烯塑料瓶密封带回实验室及时进行测定。TN 质量浓度利用过硫酸钾硝解-紫外分光光度法测定；NH_3-N 质量浓度采用苯酚-次氯酸盐比色法进行测定；NO_3^--N 质量浓度采用紫外分光光度法测定；COD_{Mn}质量浓度采用酸性高锰酸钾滴定法进行测定。

将每个监测项目每个月的月初、月中及加测、下个月月初监测的数据进行时间间隔加权平均，作为该监测项目月平均值。考虑到水稻的收割期、雨季结束及监测数据时间，分析期确定为 2012 年 10 月—2013 年 9 月。将 2012 年 10 月—2013 年 9 月共 12 个月的监测项目月平均值进行算术平均，作为该监测项目的年平均值。研究区域降雨量观测资料来源于安徽省滁州水文局，降雨量统计结果见表 6.1-2。

表 6.1-2 研究区不同月份降雨统计表

月份	10	11	12	1	2	3	4	5	6	7	8	9
降雨量/mm	37.12	34.05	54.90	34.74	52.70	34.19	21.57	118.84	157.19	253.96	65.61	131.47

6.1.4 流域年尺度氮输出特征

对监测数据进行监测期(2012 年 10 月—2013 年 9 月)平均值统计，结果见表 6.1-3。

表 6.1-3 监测项目监测期(2012 年 10 月—2013 年 9 月)平均值统计

断面	林地/%	农田/%	ρ(TN)/(mg/L)	ρ(NO_3^--N)/(mg/L)	ρ(NH_3-N)/(mg/L)	ρ(COD_{Mn})/(mg/L)
军事牌	99.92	0.08	2.830	2.496	0.069	2.363
汪郢左支	99.98	0.01	4.028	3.626	0.074	1.719
汪郢水库下	99.26	0.22	1.688	1.307	0.069	2.542
三板桥	79.78	15.06	1.230	0.692	0.094	3.839
三岔河	73.19	21.30	0.881	0.451	0.102	4.169
竹园沟	49.26	39.59	2.076	0.548	0.452	5.742
新坝	61.51	35.63	1.196	0.404	0.300	4.933
蔡集桥	65.33	24.46	0.926	0.471	0.102	4.293
张郢	80.46	10.98	1.102	0.669	0.140	4.058
胡庄(三)	68.33	22.66	0.931	0.491	0.118	4.409

林地比重较大的集水区域径流中的 TN 和 NO_3^--N 浓度较高，农田比重较大的集水区域径流中 NH_3-N 浓度较高。例如军事牌和汪郢左支断面集水区域林地比重较大，分别为 99.92% 和 99.98%，竹园沟和新坝断面集水区域农田比重较大，分别为 39.59%和 35.63%。军事牌和汪郢左支断面的 TN 浓度分别为 2.830 mg/L、4.028 mg/L，分别是竹园沟和新坝断面的 1.42～2.51 倍、2.02～3.57 倍；NO_3^--N 浓度分别为 2.496 mg/L、3.626 mg/L，分别是竹园沟、新坝断面的 4.55～6.15 倍、6.62～8.93 倍。而竹园沟、新坝断面的 NH_3-N 浓度分别为 0.452 mg/L、0.300 mg/L，分别是军事牌和汪郢左支断面的 5.31～5.70 倍、4.05～4.35 倍。

汪郢左支断面和军事牌断面集水区域林地比重高达 90%以上，人类活动较少，COD_{Mn}浓度分别为 1.719 mg/L、2.363 mg/L，分别达到Ⅰ类水和Ⅱ类水标准，但 TN 输出较高，甚至高于其集水区域农田比重较大的竹园沟、新坝断面。

根据表 6.1-3 中的数据，建立 NO_3^--N 浓度与林地面积比例关系（图 6.1-2），和 NH_3-N 浓度与耕地面积比例关系（图 6.1-3）。由图 6.1-2、图 6.1-3 可以看出，NO_3^--N 浓度与集水区域林地面积呈正相关关系，NH_3-N 浓度与集水区域耕地面积呈正相关关系。

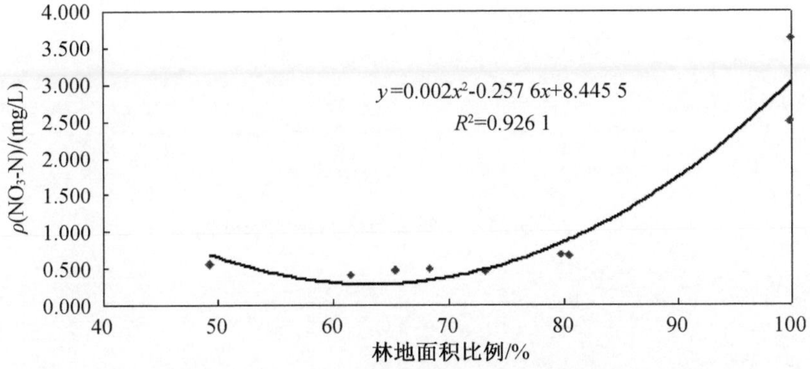

图 6.1-2　NO_3^--N 浓度与林地面积比例关系

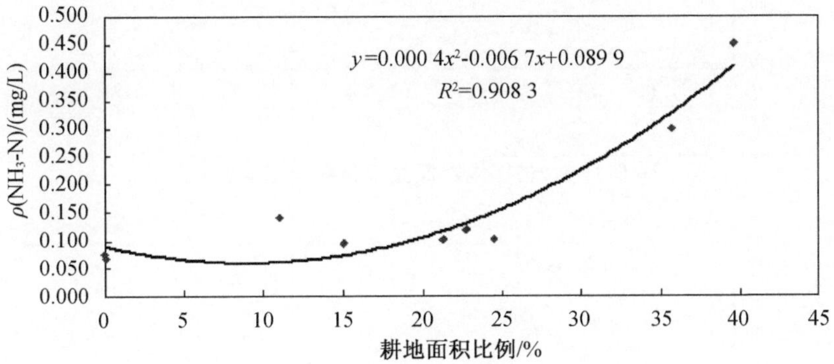

图 6.1-3　NH_3-N 浓度与耕地面积比例关系

6.1.5　流域月尺度氮输出特征

集水区域林地比重较大的监测断面——军事牌和汪郢左支断面的 TN、NH_3-N 和 NO_3^--N 月平均浓度过程见图 6.1-4、图 6.1-5，集水区域农田比重较大的监测断面——竹园沟和新坝断面的 TN、NH_3-N 和 NO_3^--N 月平均浓度过程见图 6.1-6、图 6.1-7。

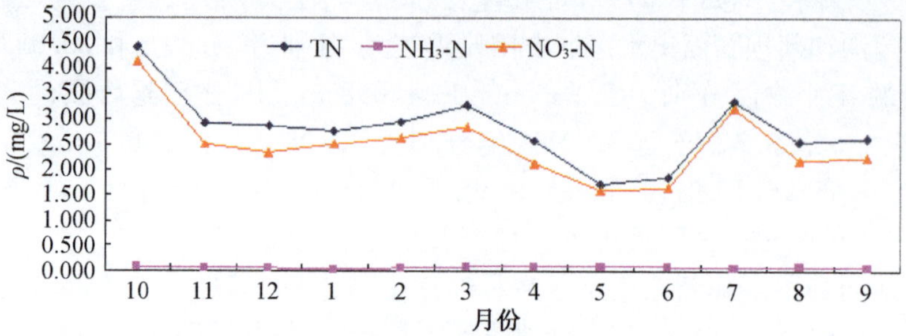

图 6.1-4　军事牌断面氮素月平均浓度过程

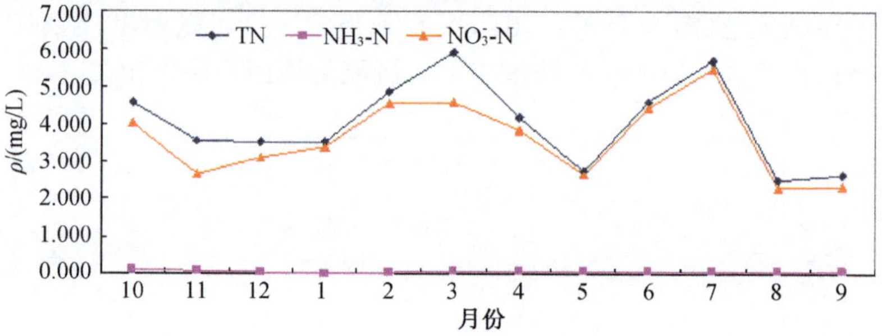

图 6.1-5　汪郢左支断面氮素月平均浓度过程

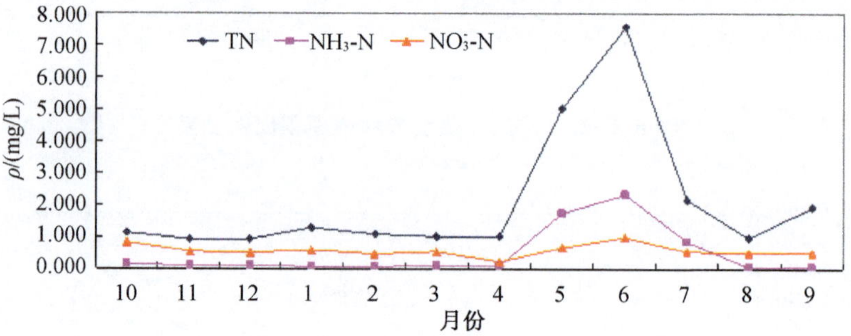

图 6.1-6　竹园沟断面氮素月平均浓度过程

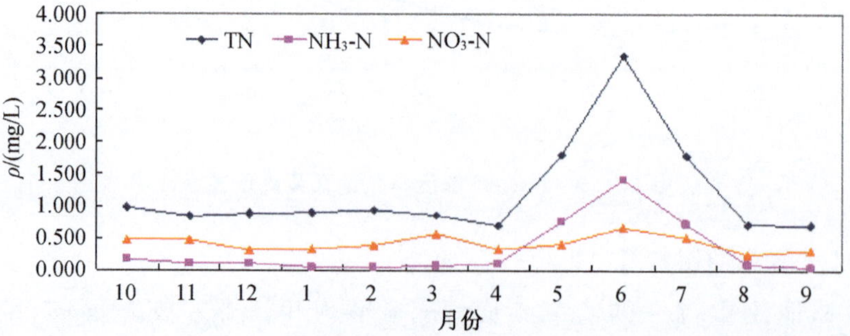

图 6.1-7　新坝断面氮素月平均浓度过程

集水区域林地比重较大的监测断面——军事牌和汪郢左支断面的 TN 月平均浓度过程为双峰型，其中第一个峰值出现在 3 月份左右，第二个峰值出现在 7 月份左右，与雨量峰值时间一致；TN 与 NO_3^--N 变化趋势一致，NO_3^--N 比例高达 81%～96%，NH_3-N 比例仅为 0.4%～5.2%。

集水区域耕地比重较大的监测断面——竹园沟和新坝断面的 TN 月平均浓度过程为单峰型，峰值出现在 6 月份，与农业施肥（主要是水稻田施肥）时间一致；TN 变化趋势与 NH_3-N 一致。NO_3^--N 比例平均为 40%左右，NH_3-N 比例平均为 13%～17%；受施肥和降水的影响，在 5 月、6 月、7 月三个月，NH_3-N 比例高达 30%～42%，而 NO_3^--N 比例仅为 12%～27%。

6.1.6 嵌套子流域氮输出特征

对重点监测的西源流域沿西源干流自上而下排列的 4 个嵌套断面的 NO_3^--N、NH_3-N 和 TN 月平均浓度过程进行比较，见图 6.1-8～图 6.1-10。

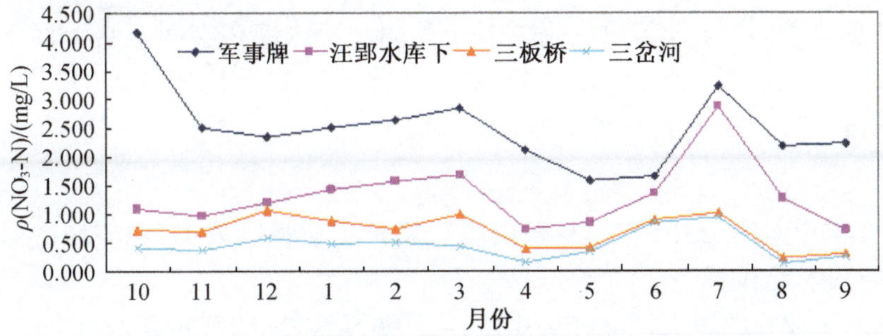

图 6.1-8 西源嵌套子流域 NO_3^--N 月平均浓度过程比较

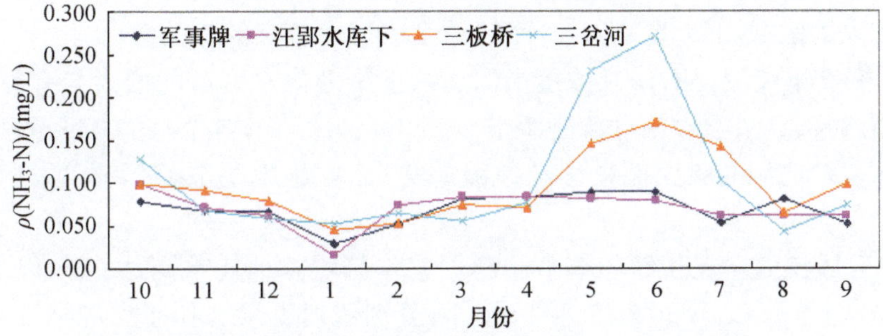

图 6.1-9 西源嵌套子流域 NH_3-N 月平均浓度过程比较

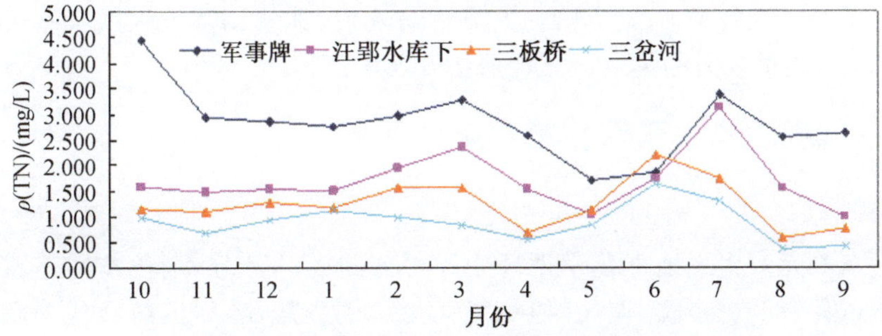

图 6.1-10 西源嵌套子流域 TN 月平均浓度过程比较

西源流域沿西源干流自上而下排列的军事牌、汪郢水库下、三板桥、三岔河等4个嵌套断面集水区域森林覆被比例自上而下逐渐递减，分别为99.92%、99.26%、79.78%、73.19%，相应地各个月的NO_3^--N浓度在空间上自上而下呈减小趋势（图6.1-8）。这表明，NO_3^--N浓度与森林覆被率有关，在西源沿河道往下游随集水区域的增大与森林覆被比例的减少而呈逐渐递减趋势。

在农田非施肥季节，西源流域各采样点的NH_3-N浓度变化较小，基本是一致的。军事牌断面、汪郢水库下断面集水区域的农田面积比例小于0.22%，汪郢水库下断面以下流域为农田区域，下游的三板桥、三岔河2个断面集水区域农田比例分别为15.06%、21.30%，5月底、6月初正是当地种植杂交水稻的插秧、返青季节，水稻田施用底肥和返青肥，由于农田施肥导致下游的三板桥、三岔河2个采样断面在5月、6月NH_3-N浓度较大，而在上游林区的军事牌、汪郢水库下断面，NH_3-N浓度保持稳定不变。这说明，NH_3-N浓度在5月、6月的突变是农田化肥的使用导致的。

在农田非施肥季节，与NO_3^--N一样，各个月的TN浓度在空间上自上而下随森林覆被比例的减少而呈逐渐递减趋势；而在施肥季节，集水区域农田比例较大的三板桥、三岔河2断面的TN浓度接近或超过上游断面的TN浓度。

6.1.7 结论

基于2012年10月—2013年9月花山流域氮素实验观测数据，对流域的氮随径流流失的特征进行了分析，结论如下：

（1）林地比重较大的集水区域径流中的TN和NO_3^--N浓度较高，农田比重较大的集水区域径流中的NH_3-N浓度较高。

（2）在林地面积比例较大区域，TN浓度和NO_3^--N浓度表现出较好的相关性；而在耕地面积比例较大的区域，TN浓度与NH_3-N浓度表现出较好的相关性。

（3）对于嵌套子流域，NO_3^--N浓度沿河道往下游随集水区域的增大与森林覆被比例的减少而呈逐渐递减趋势；在农田非施肥季节，与NO_3^--N一样，各个月的TN浓度在空间上自上而下随森林覆被比例的减少而呈逐渐递减趋势；而在施肥季节，TN浓度随NH_3-N浓度上升而上升。

（4）研究区域汪郢左支断面和军事牌断面集水区域林地比重高达90%以上，人类活动较少，COD_{Mn}分别为1.719 mg/L、2.363 mg/L，分别达到Ⅰ类水和Ⅱ类水标准，但汪郢左支断面和军事牌断面的TN浓度较高，分别为4.028 mg/L、2.830 mg/L，高于其集水区域农田比重较大（分别为39.59%和35.63%）的竹园沟断面和新坝断面，分别是竹园沟断面和新坝断面的1.42～2.51倍、2.02～3.57倍。人类活动较少、林地比重较大的集水区域径流中的TN浓度高于农田比重较大的集水区域径流中TN浓度。

6.2 水库塘坝沉积物中氨氧化菌丰度和群落组成

6.2.1 研究背景

氮循环是营养元素生物地球化学循环中不可或缺的一部分，硝化作用是氮循环中重要的一步。硝化过程有两个步骤，首先，氨氮氧化为亚硝酸盐，随后迅速氧化为硝酸盐。其中第一步的氨氧化在全球氮循环过程中起着关键作用[13-14]。研究初期，人们认为氨氧化细菌

(AOB)是唯一能进行这个过程的微生物[15-16]，近年来新的研究发现，氨氧化古菌(AOA)也能催化这一过程[17]，并且 AOA 在包括海洋[17]、湖泊[18]、河口[19-20]和温泉[21]在内的多种生态系统中普遍存在。

对 AOA 和 AOB 的氨氮加氧酶(*amoA*)基因的定量分析表明：在许多生境中，AOA 比 AOB 更丰富，起着控制硝化过程的作用[22-23]；然而与此同时，一些其他的研究在特定土壤中发现了相反的研究结果[24-25]。

在湖泊生态系统中，在湖泊水体和沉积物中都发现了 AOA，且通常在数量上占优势，其影响因子主要有水深或沉积物深度、氧浓度、季节变化、水生植物根际、富营养化程度、有机质累积程度等[26]。Ye 等[27]对太湖沉积物进行分层研究，发现沉积物好氧层中 AOA 丰度小于 AOB，而厌氧层中 AOA 丰度大于 AOB。此外，陈国元等[28]通过室内培养试验，研究了不同浓度非离子态氨(NH_3)对太湖梅梁湾水体中氨氧化作用的影响，结果表明氨氧化速率都随着 NH_3浓度的升高而显著增加。

相比较而言，关于湖泊沉积物营养水平差异对 AOA 和 AOB 的丰度以及群落结构影响的研究相对较少。为了探究这一关系，我们选取了不同营养水平的沉积物样品，进行了理化指标和氨氧化元与生物的丰度和群落结构分析，以阐述两者之间的关系。

6.2.2 材料与方法

(1) 样品采集

2013 年 12 月 27 日，在流域东源、中源和西源的水库或者小型湖泊各选取一个采样点，分别为龙库(32.26311°N，118.253067°E)、狮子山坝(32.25508°N，118.202897°E)和红旗水库(32.27044°N，118.171449°E)，参见图 6.2-1。使用柱状采泥器(HYDRO-BIOS，德国)采集柱状沉积物，每个采样点同时采集三个平行样品进行混合。所有样品采集后立即转移到无菌试管中，置于冰上冷藏，运回实验室等待进一步分析处理。在实验室内，切取每个柱状沉积物样品中表层 0～1 cm 的部分，每个采样点的三个平行样品分层后进行混合。

(2) 沉积物理化指标分析

采集的沉积物样品用冷冻干燥机(ALPHA1-2，CHRIST，德国)干燥后，根据 ISO 13878—1998 标准使用元素分析仪(EA3000，Euro Vector，意大利)测定总氮(TN)浓度。样品的氨氮 (NH_3-N)、硝氮(NO_3^--N)、亚硝态氮(NO_2^--N)浓度用 2 mol/L KCl 从沉积物样品中提取，并用连续流动分析仪(San＋＋，SKALER，荷兰)测定。

(3) DNA 提取

使用 PowerSoil DNA 提取试剂盒(MoBio Laboratory，Solana Beach，CA)从 0.25 g 沉积物样品中提取 DNA，提取的 DNA 用 0.8%的琼脂糖凝胶电泳检测，然后使用生物光度计(Eppendorf，Hamburg，德国)测出提取 DNA 的浓度。

(4) 实时定量 PCR

使用 IQ5 Thermocycler(RG65HD，Corbett，澳大利亚)PCR 仪，应用 SYBR Green I 染料对之前提取的 DNA 进行实时定量 PCR 扩增。古菌的 *amoA* 基因 PCR 扩增的引物为 Arch-amoAF/Arch-amoAR[29]，细菌的 *amoA* 基因 PCR 扩增的引物为 amoA-1F/amoA-2R[30]。

古菌和细菌的 *amoA* 基因 PCR 扩增的反应体系均为 20 μL，包括 5 ng DNA 模板，1× SYBR Premix Ex Taq™缓冲液(Takara，日本)，0.2 μm 古菌或细菌的 *amoA* 引物，超纯水补足至 20 μL。古菌的 *amoA* 基因 PCR 扩增的热循环程序如下：95 ℃ 3 min，95 ℃ 30 s，

图 6.2-1　花山流域沉积物采样点位置

53 ℃ 1 min，72 ℃ 20 s，45 个循环，最后 72 ℃ 7 min。细菌的 *amoA* 基因 PCR 扩增的热循环程序如下：95 ℃ 3 min，95 ℃ 30 s，50 ℃ 1 min，72 ℃ 20 s，45 个循环，最后 72 ℃ 7 min。

（5）克隆文库和系统发育分析

所有的 *amoA* 基因 PCR 反应用 Ex Taq DNA 聚合酶（Takara，Otsu，日本）进行扩增。对于每个样品取三份 PCR 扩增产物合并，并用 AxygenPCR 纯化试剂盒纯化，然后与 pGEM-T 载体（Promega，Madison，WI，美国）连接。所得到的连接产物用来转化大肠杆菌感受态细胞（DH5α，Takara，日本）。转化产物在含有 100 μg/mL 氨苄青霉素钠、40 μg/mL X-Gal 和 24 μg/mL IPTG 的 LB 固体培养基上培养过夜。用载体引物（T7 和 SP6）验证阳性克隆并送上海美吉生物科技有限公司进行 DNA 测序。

所有 *amoA* 序列用 BLAST 与 GenBank 数据库序列进行比对。核酸序列差异≤5%的序列划分为一个操作分类单元（OTU）。用软件程序 DOTUR 进行多样性指数和非参数丰度估计，公式 $C=[1-(n_1/N)]\times 100\%$（$n_1$ 是单例序列数目，N 是序列总数目）用来计算 *amoA* 基因序列的覆盖率。用 ClustalX 进行序列比对[31]，使用 MEGA 4.0 软件包以 Jukes-Cantor 距离为基础建立邻接的系统发育树[32]。

（6）核苷酸序列登录号

此研究中获取的 *amoA* 基因序列已上传到 GenBank 数据库，古菌的 *amoA* 基因序列登录号是 KJ583308—KJ583337（红旗水库）、KJ583458—KJ583487（狮子山坝）和 KJ583518—

KJ583547(龙库);细菌的 *amoA* 基因序列登录号是 KJ583644—KJ583690(红旗水库)、KJ583876—KJ583923(狮子山坝)和 KJ583974—KJ584021(龙库)。

6.2.3 结果与讨论

(1) 沉积物理化指标

不同沉积物样品的理化指标测定结果见表 6.2-1。三个采样点沉积物的 pH 值没有显著差异,均接近中性。不同样品的 TN 浓度差异很大,位于西源的采样点红旗水库的沉积物中 TN 浓度最高(991.01 mg/kg),其次是位于东源的采样点龙库(807.52 mg/kg),位于中源的采样点狮子山坝沉积物的 TN 浓度最低(755.03 mg/kg)。而采样点龙库的 NH_3-N 浓度最高,采样点红旗水库次之,浓度分别高达狮子山坝采样点的 4 倍和 3 倍。NO_3^--N 浓度呈现相同规律,均为采样点龙库最高,采样点狮子山坝最低。

表 6.2-1 不同沉积物样品的理化指标测定结果

采样点	pH	NO_3^--N/(mg/kg)	NH_3-N/(mg/kg)	TN/(mg/kg)
红旗水库	7.34	0.59	27.66	991.01
狮子山坝	7.15	0.39	9.00	755.03
龙库	7.15	0.62	36.61	807.52

(2) 古菌和细菌 *amoA* 基因丰度

采样点红旗水库沉积物中古菌 *amoA* 基因丰度最高(1.72×10^6 拷贝每克干沉积物),而采样点狮子山坝的最低(1.51×10^5 拷贝每克干沉积物),采样点龙库的古菌 *amoA* 基因丰度大约是其 2 倍(图 6.2-2)。不同沉积物样品细菌 *amoA* 基因丰度与古菌有明显不同,由大到小依次为采样点龙库(2.11×10^8 拷贝每克干沉积物)>采样点狮子山坝(6.40×10^7 拷贝每克干沉积物)>采样点红旗水库(2.02×10^7 拷贝每克干沉积物)。所有沉积物样品的细菌 *amoA* 基因丰度均高于古菌 *amoA* 基因丰度,二者之间基本相差 3 个数量级。

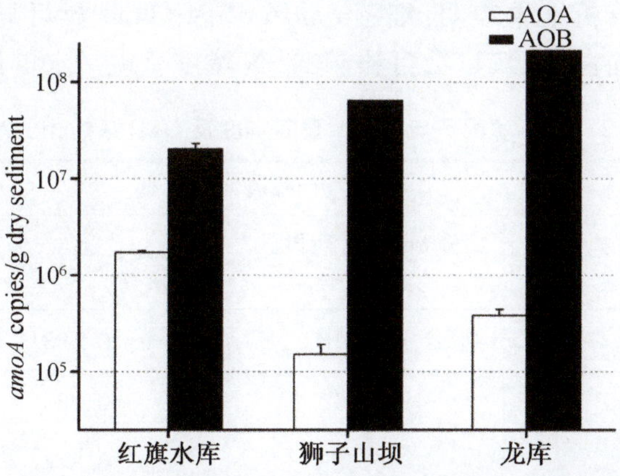

图 6.2-2 不同沉积物样品中古菌和细菌 *amoA* 基因拷贝数

(3) AOA 和 AOB 的多样性分析

古菌和细菌 *amoA* 基因序列分别有 90 和 143 条。每个采样点的古菌 *amoA* 基因序列均为 30 条，而细菌 *amoA* 基因序列相差不大(分别为 47 条、48 条和 48 条)。古菌 *amoA* 基因克隆文库可以划分为 29 个 OTUs，而细菌 *amoA* 基因克隆文库可以划分为 26 个 OTUs。对于每个样品包含的 OTU 数目，古菌 *amoA* 基因变化不大(分别为 8 个、9 个、12 个)，而细菌 *amoA* 基因每个样品包含的 OTU 数目为 6～13 个(表 6.2-2)。采样点红旗水库中细菌 *amoA* 基因 OTU 的数目约为其他两个采样点的 2 倍，龙库只比狮子山坝中数目多一个。AOA 克隆文库的覆盖率为 80%～96.7%，AOB 克隆文库的覆盖率变化不大，每个采样点均略大于 90%。Shannon-Weiner (H')多样性指数和 S_{Chao1} 指数结果表明：采样点狮子山坝沉积物样品古菌 *amoA* 基因多样性最高，红旗水库沉积物样品中古菌 *amoA* 基因多样性最低；而采样点红旗水库样品细菌 *amoA* 基因多样性最高，另外两个采样点沉积物样品细菌 *amoA* 基因多样性差别不大。

表 6.2-2　不同沉积物样品中古菌和细菌 *amoA* 基因序列多样性

样品	序列数	OTU 数	C/%	S_{Chao1}	H'
AOA					
红旗水库	30	8	96.7	8	1.77
狮子山坝	30	12	80	15.75	2.14
龙库	30	9	90	10.5	1.94
AOB					
红旗水库	47	13	91.5	16.3	2.07
狮子山坝	48	6	93.8	7.5	1.04
龙库	48	7	93.8	8.5	1.28

(4) 环境因子与基因丰度以及 OTU 数的相关性分析

Pearson 相关系数分析结果表明：细菌 *amoA* 基因 OTU 数目显著正相关于 pH 以及 TN 浓度($P < 0.01$)，而古菌 OTU 数目和 NO_3^--N 浓度呈现一定负相关关系(表 6.2-3)。

表 6.2-3　环境因子与 *amoA* 基因丰度及 OTU 数的相关系数

环境因子	Pearson 相关系数			
	古菌 *amoA*/(拷贝数/克沉积物)	细菌 *amoA*/(拷贝数/克沉积物)	古菌 OTU 数	细菌 OTU 数
pH	0.991**	−0.678	−0.693	0.991**
NO_3^--N 浓度	0.514	0.410	−0.935	0.511
NH_3-N 浓度	0.330	0.586	−0.844	0.327
TN 浓度	0.997**	−0.506	−0.830	0.997**

** $P < 0.01$。

古菌和细菌的 *amoA* 基因丰度的差异可能是由众多环境因子引起的，其中包括沉积物样品的营养水平。氨氮作为氨氧化反应的底物，浓度不同会对氨氧化菌群落造成影响。Pearson 相关系数分析结果表明，AOB 的 *amoA* 基因丰度和 pH 以及 TN 浓度呈现明显的正相关关系，而 AOA 的 *amoA* 基因丰度和这两者没有明显相关关系(表 6.2-3)。TN 浓度最高的采样点红旗水库中沉积物古菌 *amoA* 基因丰度最高，而最低的采样点狮子山坝沉积物古菌 *amoA* 基因丰度最低。Christman 等[33]对夏季和冬季北冰洋水样进行研究发现，古菌的 *amoA* 基因丰度与氨氮浓度呈正相关关系，另有研究表明东江水样古菌的 *amoA* 基因与 pH 正相关[34]。Cao 等[35]研究发现，珠江口底泥中古菌的 *amoA* 基因丰度与 pH 正相关，这和本研究结果相一致。

(5) AOA 和 AOB 的系统发育分析

此研究中获取的古菌 *amoA* 基因序列分为两种属，即 *Nitrososphaera* 和 *Nitrosopumilus*(图 6.2-3)。从采样点红旗水库和狮子山坝沉积物中获得的序列主要包含 *Nitrososphaera* 属，百分比分别为 83%和 93%；从采样点龙库沉积物中获得的古菌 *amoA* 基因序列包含 57%的 *Nitrosopumilus* 和 43%的 *Nitrososphaera*(图 6.2-5)。NH_3-N 浓度和不同采样点沉积物中 *Nitrososphaera* 属含量呈负相关，和 *Nitrosopumilus* 属呈正相关。

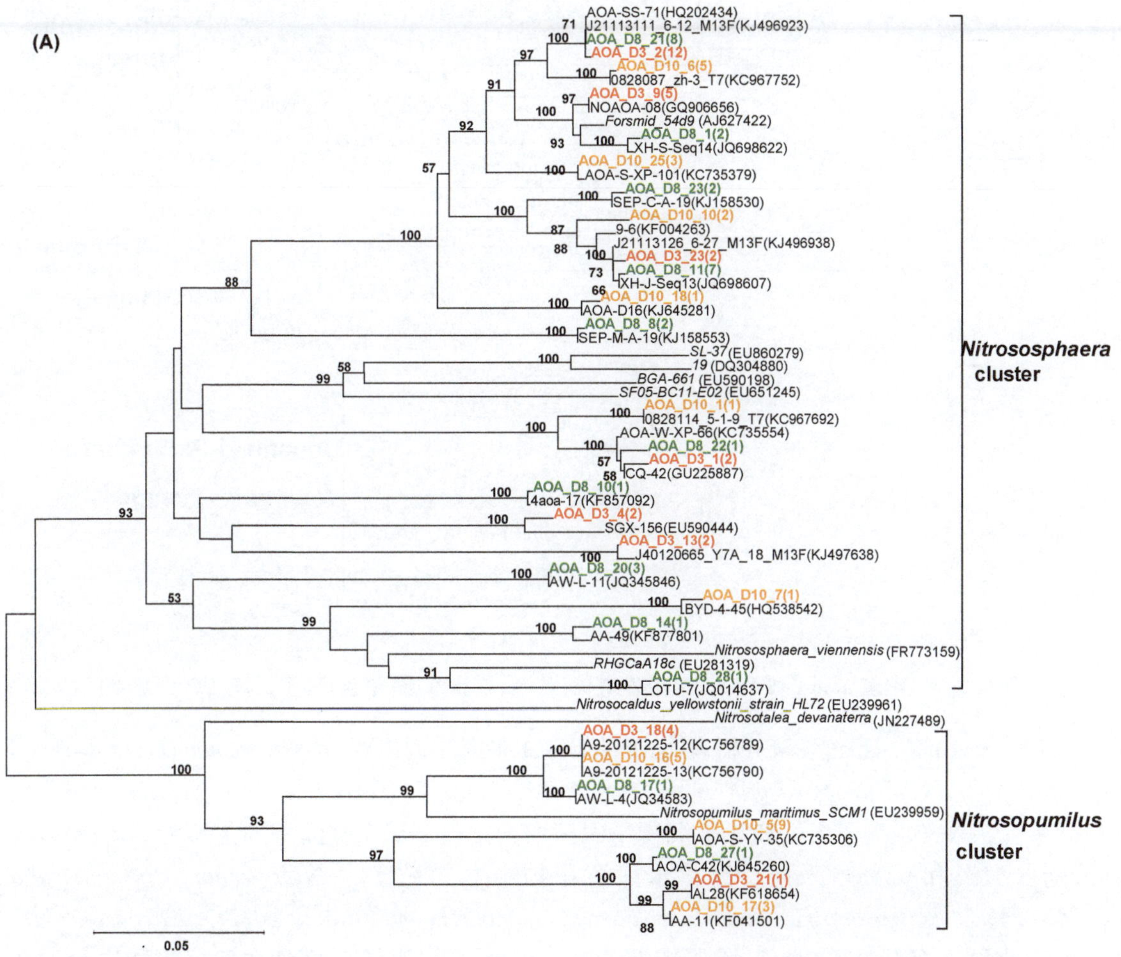

图 6.2-3　古菌 *amoA* 基因序列系统发育树(红色，红旗水库；橙色，狮子山坝；绿色，龙库)

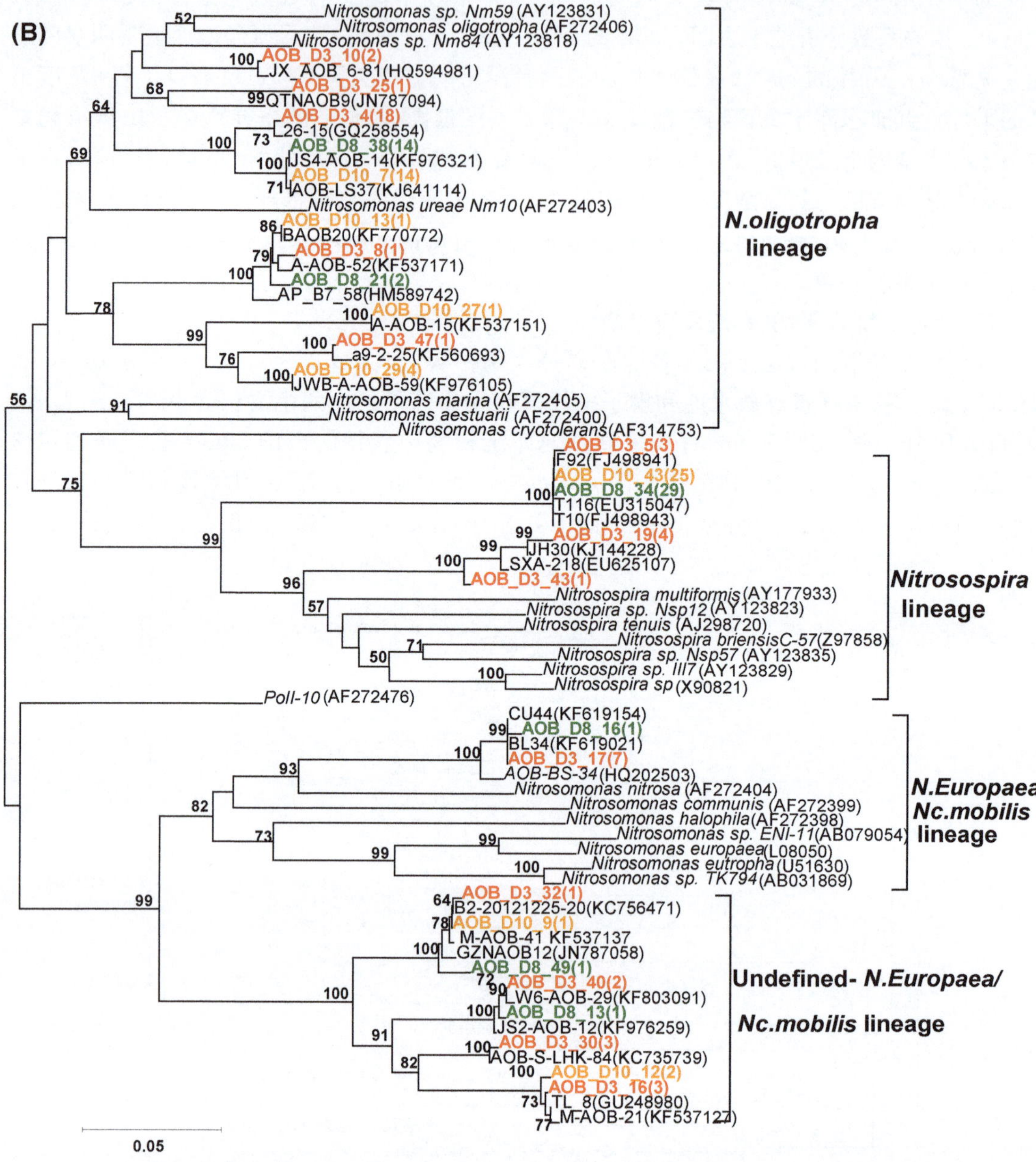

图 6.2-4　细菌 *amoA* 基因序列系统发育树(红色，红旗水库；橙色，狮子山坝；绿色，龙库)

细菌 *amoA* 基因系统发育分析表明，细菌 *amoA* 基因序列主要有 *Nitrosomonas oligotropha*，*Nitrosospira*，*N. Europaea*/*Nc. mobilis* 和 Undefined-*N. Europaea*/*Nc. mobilis* 类群(图 6.2-4)。从采样点狮子山坝和龙库沉积物中获取的细菌 *amoA* 基因序列主要为 *Nitrosospira*(分别占 61%和 52%)；采样点红旗水库沉积物中含量最多为 *Nitrosomonas oligotropha*(49%)，其余 *Nitrosospira*，*N. Europaea*/*Nc. mobilis* 和 Undefined-*N. Europaea*/*Nc. mobilis* 类群占有百分比相近。除了主要的 *Nitrosospira*，狮子山坝和龙库沉积物中分别含有 33%和 42%的 *Nitrosomonas oligotropha*，采样点红旗水库和狮子山坝沉积物中均含有

上述四种细菌 *amoA* 基因类群，而采样点龙库沉积物中没有 *N. Europaea/Nc. mobilis* 类群（图 6.2-6）。

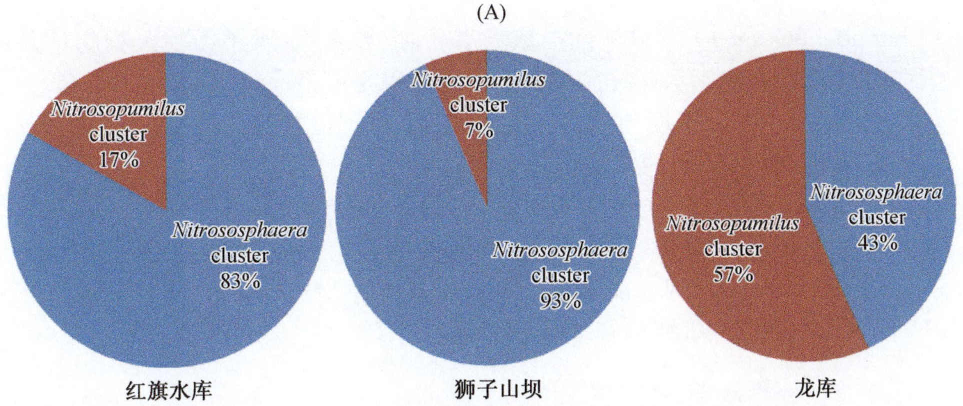

图 6.2-5　不同沉积物样品古菌(A)基因不同属的相对含量

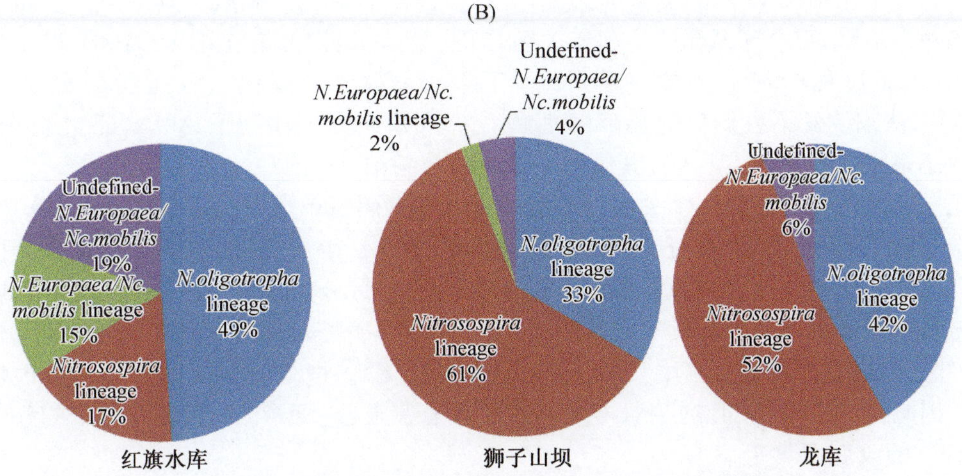

图 6.2-6　不同沉积物样品细菌(B)基因不同属的相对含量

分析发现 *Nitrosomonas oligotropha* 所占相对百分比和 TN 浓度、NO_3^--N 浓度以及 pH 正相关。*Nitrosospira* 所占相对百分比与 TN 浓度和 pH 负相关。*N. Europaea/Nc. mobilis* 和 Undefined-*N. Europaea/Nc. mobilis* 类群所占相对百分比均正相关于 pH 和 TN 浓度。综上发现，TN 浓度以及 pH 对氨氧化古菌和氨氧化细菌的群落组成有重要影响。氮元素作为硝化反应的底物，浓度不同会影响氨氧化菌群落组成，pH 则通过对不同形态氮的影响而影响氨氧化微生物群落组成。

6.2.4　结论

(1) 花山流域东源、中源和西源的 3 个采样点沉积物样品中，所有的细菌 *amoA* 基因丰度均高于古菌 *amoA* 基因丰度。采样点红旗水库沉积物中古菌 *amoA* 基因丰度最高（1.72×10^6 拷贝每克干沉积物），而采样点狮子山坝的最低（1.51×10^5 拷贝每克干沉积物）。不同

沉积物样品细菌 *amoA* 基因丰度由大到小依次为采样点龙库(2.11×10^8拷贝每克干沉积物)>采样点狮子山坝(6.40×10^7拷贝每克干沉积物)>采样点红旗水库(2.02×10^7拷贝每克干沉积物)。

(2) Shannon-Weiner (H')多样性指数和 S_{Chao1} 指数表明:狮子山坝沉积物样品中古菌 *amoA* 基因丰度最高,而红旗水库样品细菌 *amoA* 基因丰度最高。

(3) 古菌的 *amoA* 基因丰度与 pH 以及 TN 浓度呈现显著的正相关关系,细菌 *amoA* 基因 OTU 数目明显正相关于 pH 以及 TN 浓度。

(4) 古菌 *amoA* 基因序列分为两种属,即 *Nitrososphaera* 和 *Nitrosopumilus*,细菌 *amoA* 基因系统发育分析表明,本研究中得到的细菌 *amoA* 基因主要有 *Nitrosomonas oligotropha*, *Nitrosospira* ,*N. Europaea*/*Nc. mobilis* 和 Undefined-*N. Europaea*/*Nc. mobilis* 类群。pH 和 TN 浓度对群落结构有重要影响。

6.3 土壤中氨氧化菌丰度和多样性特征

6.3.1 研究背景

硝化作用包括两个步骤,氨氧化为亚硝酸,以及随后氧化为硝酸。其中第一步氨氧化是限速的一个步骤,在全球氮循环中起着关键作用[13-14]。最初氨氧化细菌(AOB)被认为是这个好氧、化能过程中唯一的微生物[15-16]。近年来,对也能催化这一过程的氨氧化古菌(AOA)的认知改变了人们对氮循环的理解[17]。大量研究关注到了 AOA,证实了 AOA 在多种生态系统中的普遍存在性,其中包括海洋[17]、湖泊[18]、河口[19-20]和温泉[21]。大部分研究都靶向能催化氨氧化的一个关键性功能基因——编码氨单加氧酶 α 亚基的 *amoA* 基因。

至于包括森林、草地、农田等在内的土壤环境,AOA 和 AOB 的丰度以及多样性也有研究[36-43]。对氨氧化古菌和氨氧化细菌 *amoA* 基因的定量分析表明,在许多土壤中氨氧化古菌比氨氧化细菌更丰富,且氨氧化古菌对硝化过程起着控制性作用[22-23,44-45];然而与此同时,一些其他研究在特定土壤中发现了相反的结果[24-25]。微生物群落的活动会被很多因素影响。因此,AOA 和 AOB 的相对丰度和多样性随着土壤 pH[46-47]、温度[48]、氨浓度[49]和施肥措施[39]的改变而改变。

一些研究关注水稻田土壤[50-51]和草地土壤[52-53],这些研究表明土壤类型是决定氨氧化古菌和氨氧化细菌 *amoA* 基因丰度和群落组成的关键因素[54-57]。Chen 等(2010)从中国不同城市采集了三种类型的水稻田土壤,用盆栽试验培养十周,期间在同种土壤中没有观察到 AOA 和 AOB 丰度和群落结构的变化,在三种土壤中氨氧化古菌的 *amoA* 基因拷贝数比氨氧化细菌的 *amoA* 基因拷贝数更多[44]。另外一个研究确定了氮肥对水稻土壤的影响。在 AOB 群落中观察到主要有三种属(*Nitrosomonas communis* 属、*Nitrosospira* 属 3a 和属 3b)明显被氮肥影响,而 AOA 群落组成保持不变[51]。Di 等(2009)研究了新西兰六种草地土壤 AOA 和 AOB 对硝化的贡献[58]。AOA 丰度以及活动均不随着氨氮底物的使用而增加,而 AOB 的数目以及活动随着氨氮的添加而大大增加。这个结果表明驱动这些草地土壤中的硝化过程的是 AOB。关于不同土壤利用方式的多种土壤类型能够得到的信息有限,因此,需要更多研究来揭示不同土地利用方式的 AOA 及 AOB 的丰度和多样性以及它们的群落组成差异。

此研究中采集了不同土地利用方式的六种不同类型土壤样品,分别进行了化学分析和分子分析，以阐明 AOA 和 AOB 的丰度和多样性以及查明 AOA 还是 AOB 是不同土壤类型中主要的氨氧化菌及它们在硝化过程中的重要性。

6.3.2 材料和方法

(1) 研究位置和样品采集

2012 年 4 月选取了流域内 6 个采样点(图 6.3-1)，这些土壤分别包含了不同的类型[FS：林地(32.26179°N，118.14592°E)；PS：种植水稻土壤(32.28060°N，118.17474°E)；WPS：种植小麦土壤(32.24452°N，118.20132°E)；FPS：种植果树土壤(32.29761°N，118.18365°E)；GS：草地(32.2947°N，118.18707°E)；RPS：种植油菜土壤(32.29138°N，118.19935°E)]。每个采样点采集了三份柱状土样，所有样品采集后立刻转移到无菌试管中。

图 6.3-1 土壤采样点位置

(2) 土壤样品的化学分析

所有土样样品用冷冻干燥机(ALPHA1-2，CHRIST，德国)干燥。按照以前的研究方法测出 pH 值(Zeng 等，2012)。总氮(TN)和总碳(TC)根据 ISO 13878—1998 和 ISO 10694—1995 标准使用元素分析仪(EA3000，Euro Vector，意大利)测出。土壤氨浓度(NH_4^+)、硝酸盐浓度(NO_3^-)、亚硝酸盐浓度(NO_2^-)用 2 mol/L KCl 从土样中提取，并用连续流动分析仪(San++，SKALER，荷兰)测出。

(3) DNA 提取

根据制造商的说明，使用 PowerSoil DNA 提取试剂盒(MoBio Laboratory，Solana Beach，

CA)从 0.25 g 土壤中提取 DNA。提取的 DNA 用 0.8%的琼脂糖凝胶电泳检测,然后使用生物光度计(Eppendorf, Hamburg, 德国)测出提取 DNA 的浓度。

(4) 实时定量 PCR

为了研究氨氧化古菌和氨氧化细菌 *amoA* 基因拷贝数,使用 IQ5 Thermocycler (RG65HD, Corbett, 澳大利亚)在 SYBR Green I 基础上进行了实时定量 PCR 扩增。古菌的 *amoA* 基因 PCR 扩增的引物为 Arch-amoAF/Arch-amoAR[30],细菌的 *amoA* 基因 PCR 扩增的引物为 amoA-1F/amoA-2R[31]。

古菌和细菌的 *amoA* 基因 PCR 扩增的反应混合物为 20 μL,包括 5 ng DNA 模板,1× SYBR Premix Ex Taq™缓冲液(Takara,日本),0.2 μm 古菌或细菌的 *amoA* 引物。古菌的 *amoA* 基因 PCR 扩增的热循环程序如下:95 ℃ 3 min ,95 ℃ 30 s,45 个循环, 53 ℃ 1 min, 72 ℃ 20 s,最后 72 ℃ 7 min。细菌的 *amoA* 基因 PCR 扩增的热循环程序如下:95 ℃ 3 min, 95 ℃ 30 s,45 个循环, 50 ℃ 1 min, 72 ℃ 20 s ,最后 72 ℃ 7 min。

(5) 克隆文库和系统发育分析

用从 6 种土壤样品中提取的 DNA 来建立克隆文库。所有的 *amoA* 基因 PCR 反应用 Ex Taq DNA 聚合酶(Takara, Otsu, 日本)进行扩增。将一式三份的 PCR 产物进行合并,用 AxygenPCR 纯化试剂盒凝胶提纯,然后用 pGEM-T 载体(Promega, Madison, WI, 美国)克隆。所得到的产物用来转化为大肠杆菌感受态细胞(DH5α, Takara, 日本)。挑选出的转化物在含有 100 μg/mL 氨苄西林、40 μg/mL X-Gal 和 24 μg/mL IPTG 的 LB 琼脂板生长一夜。用载体引物(T7 和 SP6)检查克隆并送到上海美吉生物科技有限公司进行 DNA 测序。

将以上获得的序列翻译为概念的蛋白质序列。所有的 *amoA* 序列用 BLAST 和 GenBank 数据库序列进行比对。操作分类单元(OTU)被定义为核苷酸差异≤5%的序列组。用 ClustalX 进行氨基酸序列比对[32]。多样性指数和非参数丰度估计用软件程序 DOTUR 进行。建立的 *amoA* 基因序列的覆盖率用公式 $C=[1-(n_1/N)]\times100\%$ 计算,这里 n_1 是单例序列数目, N 是序列总数目。根据氨基酸序列比对使用 MEGA4.0 建立邻接的系统发育树[33](以 Jukes-Cantor 距离为基础)。

(6) 核苷酸序列登录号

此研究中获取的 *amoA* 基因序列已存入 GenBank 数据库,古菌的 *amoA* 基因序列登录号是 JX862207—JX862358,细菌的 *amoA* 基因序列登录号是 JX862359—JX862527。

6.3.3 结果

(1) 土壤的化学性质

不同土壤类型的化学性质比较见图 6.3-2~图 6.3-7(图中,FS,林地土壤;PS,种植水稻土壤;WPS,种植小麦土壤;FPS,种植果树土壤;GS,草地土壤;RPS,种植油菜土壤)。不同土壤的 pH 值为 3.76~6.99,有很大不同。种植小麦土壤样品的 pH 最高,其次是种植水稻土壤和林地土壤。这三种土壤样品的 pH 值都接近 7.0。种植果树土壤和草地土壤样品 pH 值几乎相同,均为最低(3.76)。草地、种植水稻土壤和种植油菜土壤样品的硝酸盐浓度(分别为 21.04 mg/kg,19.86 mg/kg,16.00 mg/kg)明显高于其他土壤样品。六种土壤样品的亚硝酸盐浓度只有微小的差异。草地土壤的 NH_4^+ 浓度最高(9.12 mg/kg),几乎是其他样品的 2 倍。林地土壤样品的 TC 和 TN 含量最高。

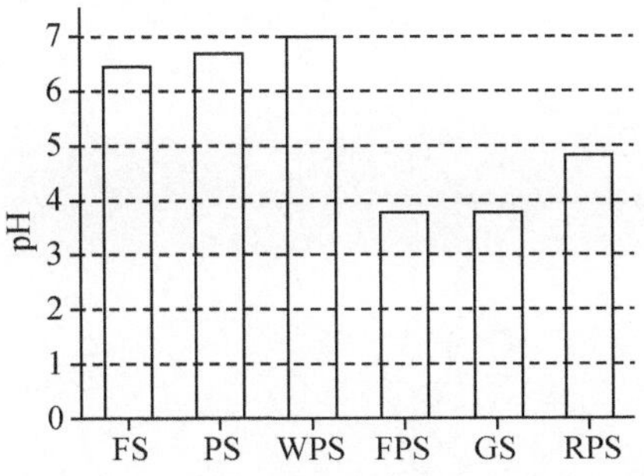

图 6.3-2　不同土壤类型的 pH 值

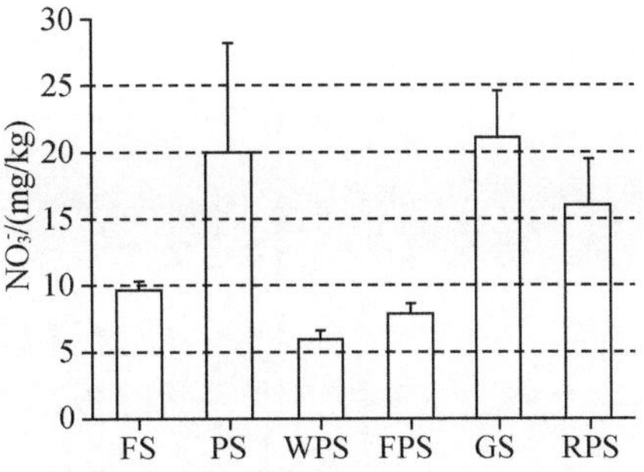

图 6.3-3　不同土壤类型的 NO_3^- 浓度值

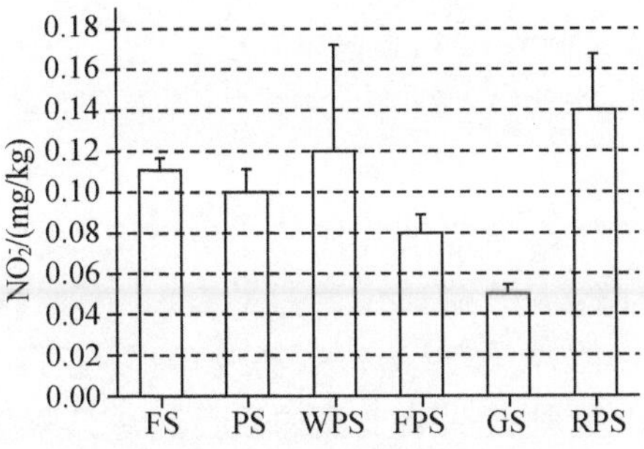

图 6.3-4　不同土壤类型的 NO_2^- 浓度值

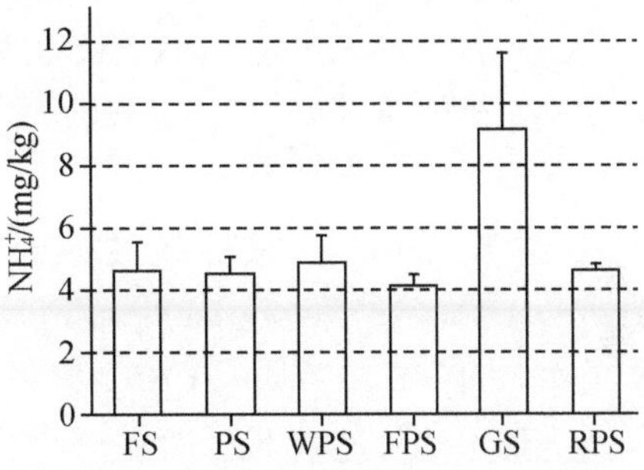

图 6.3-5　不同土壤类型的 NH_4^+ 浓度值

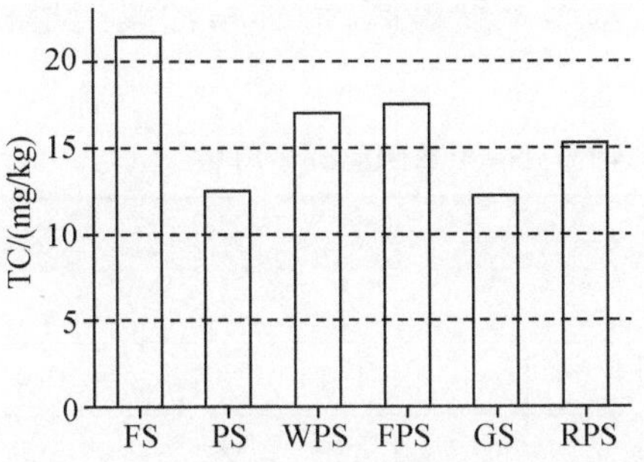

图 6.3-6　不同土壤类型的 TC 浓度值

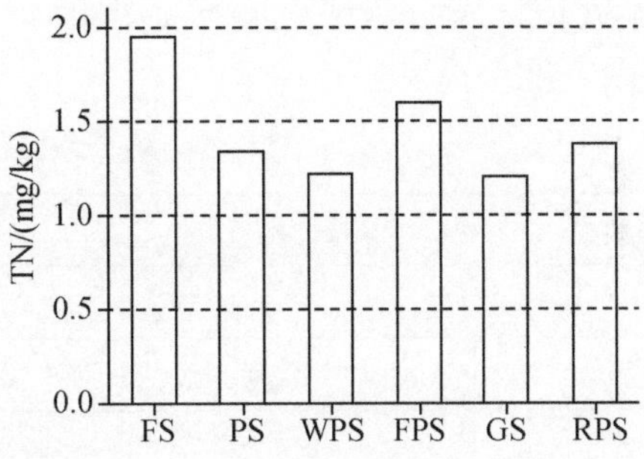

图 6.3-7　不同土壤类型的 TN 浓度值

(2) 古菌和细菌 *amoA* 基因丰度

古菌 *amoA* 基因丰度为 2.12×10^4 拷贝每克干土～2.57×10^5 拷贝每克干土，而细菌 *amoA* 基因丰度为 5.58×10^4 拷贝每克干土～1.59×10^8 拷贝每克干土。所有土壤样品的细菌 *amoA* 基因丰度高于古菌 *amoA* 基因丰度。不同样品的古菌 *amoA* 基因丰度没有明显差异，除了种植果树土壤样品(2.12×10^4 拷贝每克干土)外，所有的值都略高于 10^5 拷贝每克干土。然而，不同土壤样品细菌 *amoA* 基因丰度明显不同。草地土壤样品细菌 *amoA* 基因丰度最高达到 1.59×10^8 拷贝每克干土，种植果树土壤样品细菌 *amoA* 基因丰度最低，几乎低了四个数量级。同时，种植果树土壤样品古菌 *amoA* 基因丰度也最低(图 6.3-8)。

(3) AOA 和 AOB 的多样性分析

古菌 *amoA* 基因序列和细菌 *amoA* 基因序列分别有 164 个和 174 个。对于古菌 *amoA*

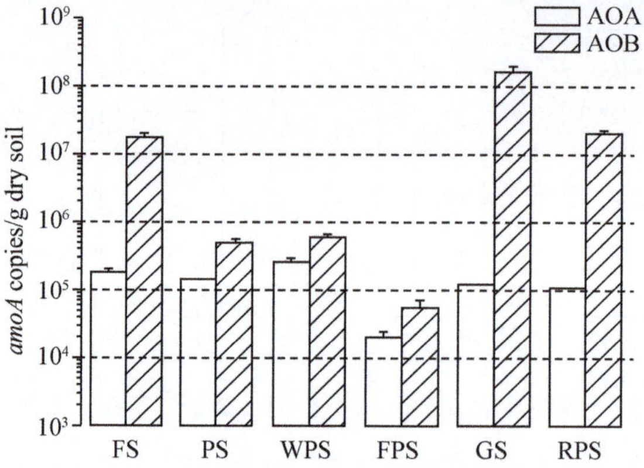

图 6.3-8　不同土壤样品中古菌和细菌 *amoA* 基因拷贝数

（数据表示为平均值±标准差（$n=3$）。FS，林地土壤；PS，种植水稻土壤；WPS，种植小麦土壤；FPS，种植果树土壤；GS，草地土壤；RPS，种植油菜土壤）

基因，操作分类单元（OTU）按照核酸序列比对 5%差异定义并使用 DOTUR 软件包计算。结果古菌 *amoA* 克隆文库产生 31 个 OTU，而细菌 *amoA* 克隆文库总共有 17 个 OTU。至于单个克隆文库，古菌 *amoA* 基因 OTU 数目为 4～12，而细菌 *amoA* 基因 OTU 数目为 2～10（表 6.3-1）。对于 AOA，林地土壤有 4 个 OTU，而种植油菜土壤的数目高达其三倍。对于 AOB，草地土壤有 10 个 OTU，是最小数目的五倍。AOA 克隆文库的覆盖率变化为 74.91%～100.00%，AOB 变化为 82.14%～100.00%。Shannon-Weiner（H'）多样性指数和 S_{Chao1} 丰度估计表明草地土壤样品古菌 *amoA* 基因丰度最高，而种植油菜土壤样品细菌 *amoA* 基因丰度最高。

表 6.3-1　不同土壤样品中古菌和细菌 *amoA* 基因序列多样性

土壤类型	OTU 数	C/%	H'	S_{Chao1}
AOA				
FS	4	100.00	1.111	4
PS	6	86.96	1.480	9
WPS	10	86.11	1.821	13.3
FPS	6	88.00	1.435	9
GS	6	95.83	1.665	6
RPS	12	74.91	2.128	19
Total	31	92.07	2.911	50.5
AOB				
FS	2	100.00	0.460	2
PS	4	93.33	1.085	5.5
WPS	6	89.66	1.216	7.5

续表

土壤类型	OTU 数	C/%	H′	S_{Chao1}
AOB				
FPS	3	96.67	0.769	3
GS	10	82.14	2.054	20
RPS	2	100.00	0.264	2
Total	17	95.40	1.756	31

注:FS,林地土壤;PS,种植水稻土壤;WPS,种植小麦土壤;FPS,种植果树土壤;GS,草地土壤;RPS,种植油菜土壤。

(4) AOA 和 AOB 的系统发育分析

古菌 *amoA* 基因系统发育分析表明,古菌 *amoA* 基因序列主要有 *Nitrososphaera*, *Nitrosopumilus* 和 *Nitrosotalea*。这三种属构成了此研究中从不同土壤类型获得的所有古菌 *amoA* 基因序列(图 6.3-9)。所有序列的 79.80%为 *Nitrososphaera* 属,其他的为 *Nitrosopumilus* 和 *Nitrosotalea* 属。除了种植果树土壤和草地土壤外,其他所有土壤样品还有高丰度的亚属 S1(图 6.3-11)。从林地土壤(FS)和种植水稻土壤(PS)分离的古菌 *amoA* 序列只包含 *Nitrososphaera* 属,分别有 3 和 2 个亚属;而其他样品古菌 *amoA* 序列丰度高。除了草地土壤亚属 S_1为 12%,种植果树土壤不含亚属 S1,其他样品古菌 *amoA* 序列主要为百分比≥50%的亚属 S1。种植小麦土壤样品含有 *Nitrososphaera* 属的所有五个亚属,种植油菜土壤样品包含四个亚属,不含亚属 S5,两种样品都含有 *Nitrosopumilus* 属(分别为 9%和 23%),这表明种植小麦土壤和种植油菜土壤样品的古菌 *amoA* 基因丰度最高。

此研究中获得的细菌 *amoA* 序列分为 *Nitrosomonas oligotropha*, *N. eurppaeal/NC mobilis*, *Nitrosospira* 和未定义的 *Nitrosospira* 系(图 6.3-10)。从所有不同土壤类型中分离的细菌 *amoA* 序列均有不同比例的 *Nitrosomonas oligotropha* 系,分别为 17% (林地)、36% (种植水稻土壤)、62% (种植小麦土壤)、37% (种植果树土壤)、31% (草地土壤)和 7% (种植油菜土壤)(图 6.3-12)。除了 *Nitrosomonas oligotropha* 系,从种植果树土壤和种植油菜土壤样品中分离的细菌 *amoA* 序列就只有未定义的 *Nitrosospira* 系,相对百分比分别是 63%和 93%,而相对百分比为 83%的 *Nitrosospira* 系是从林地土壤中分离的细菌 *amoA* 序列唯一的序列。细菌 *amoA* 序列中第二高含量的 *Nitrosospira* 系(61%)是从种植水稻土壤中分离得到的。小麦地土壤和草地土壤样品包含其他所有四种细菌 *amoA* 序列。

6.3.4 讨论

氨氧化作为硝化的第一步且为限速步骤,在包括土壤环境在内的许多生态系统的氮循环中起着重要作用。这个过程中涉及两种类型微生物,包括氨氧化古菌(AOA)和氨氧化细菌(AOB)。AOA 和 AOB 的相对丰度和多样性受复杂的因素影响,如 pH[46]、施肥[39]等。最近研究发现土壤类型对 AOA 和 AOB 的丰度和多样性起着决定性影响[44]。此研究中采集了不同土地利用方式的六种土壤样品,以阐明不同土壤类型与 AOA 和 AOB 丰度及多样性的联系。

所有土壤样品中细菌 *amoA* 基因丰度高于古菌 *amoA* 基因丰度。一个以前的研究表明了一致的结果,即细菌在一种农业土壤中主导微生物的氨氧化[25]。然而,其他一些研究得

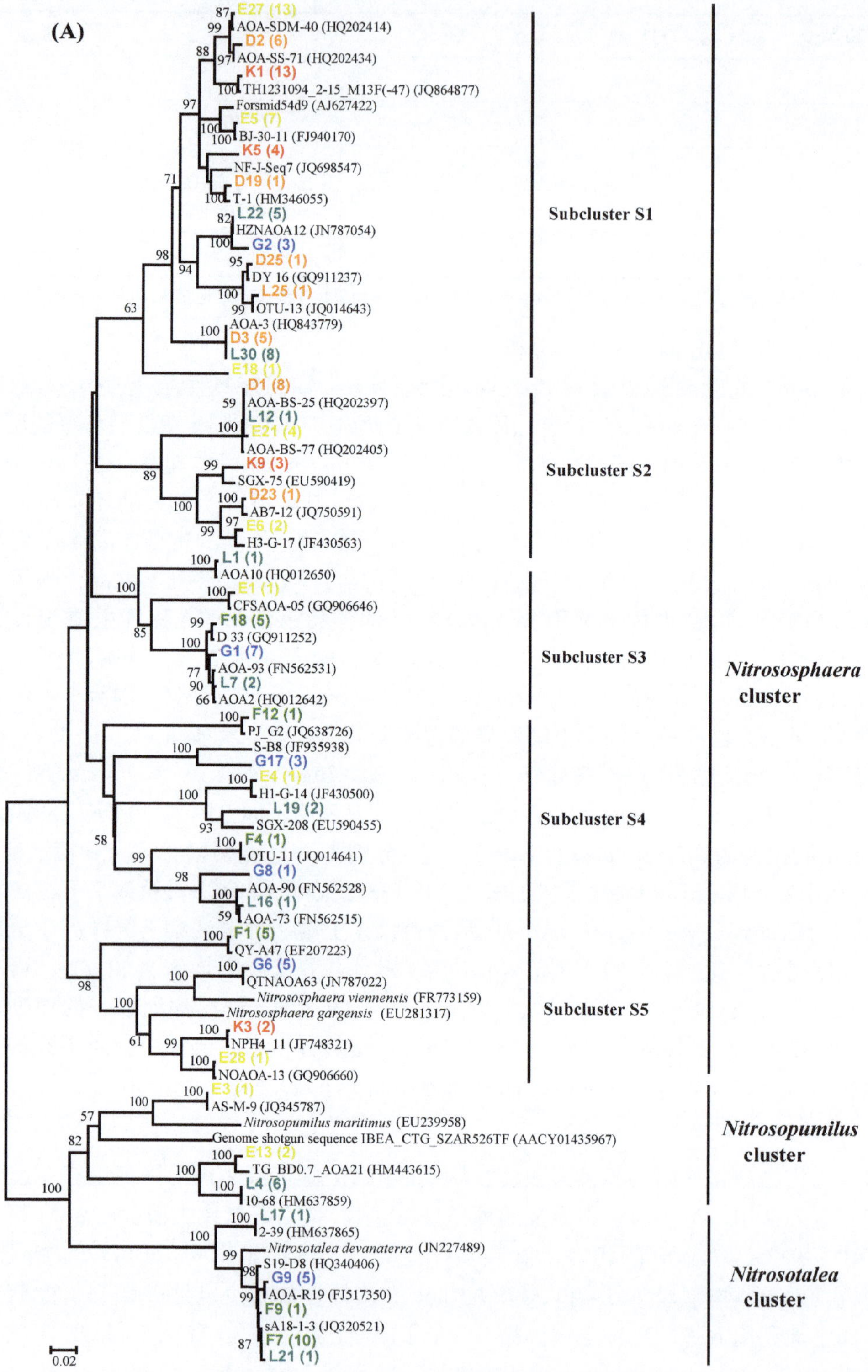

图 6.3-9 古菌的 *amoA* 基因序列系统发育树

（红色，林地土壤；橙色，水稻田土壤；黄色，小麦地土壤；绿色，果树林土壤；蓝色，草地土壤；青色，油菜地土壤）

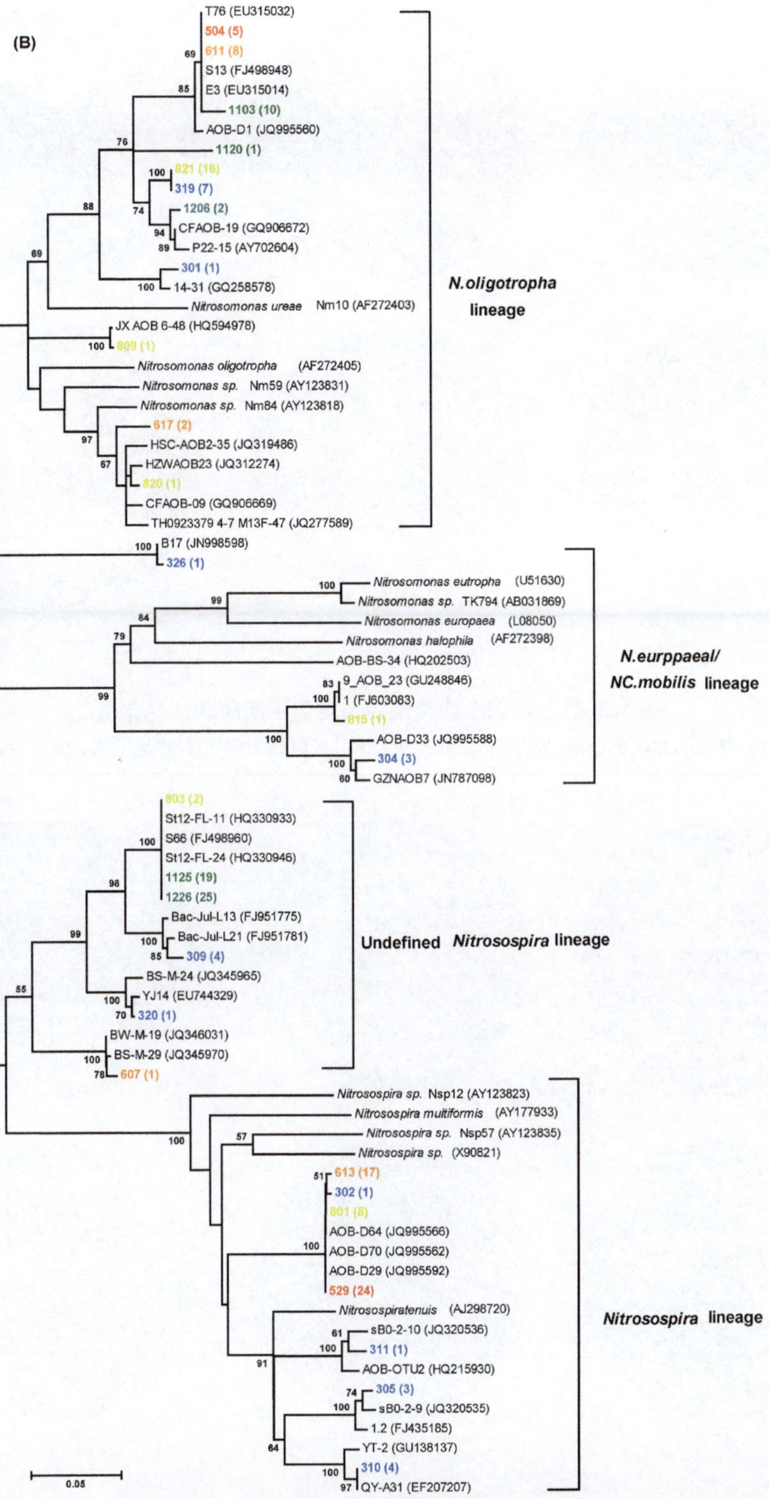

图 6.3-10 细菌 *amoA* 基因序列系统发育树

（红色，林地土壤；橙色，水稻田土壤；黄色，小麦地土壤；绿色，果树林土壤；蓝色，草地土壤；青色，油菜地土壤）

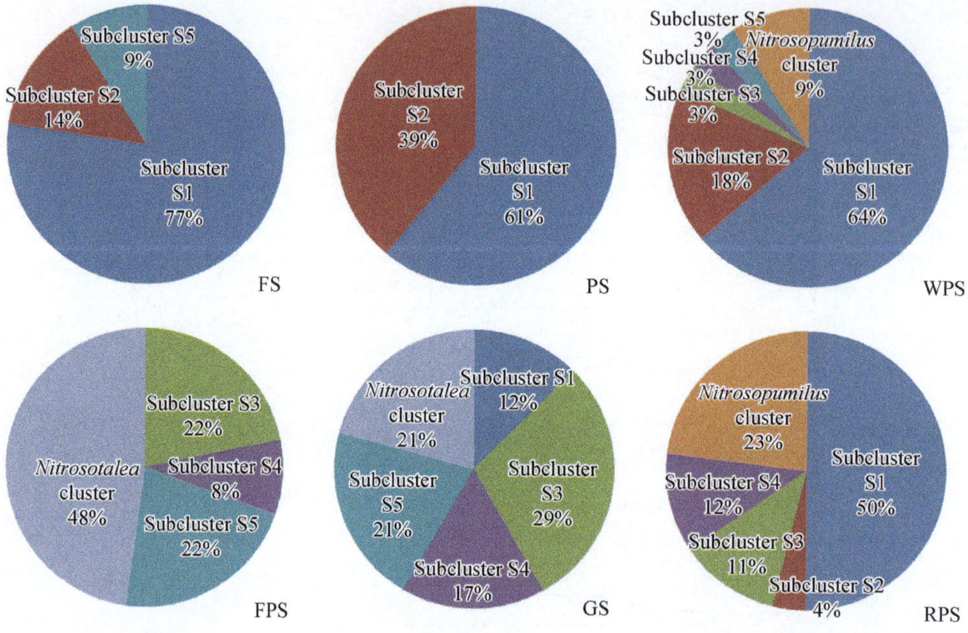

(A)

图 6.3-11　不同土壤类型古菌基因不同属的相对含量

（FS，林地土壤；PS，水稻田土壤；WPS，小麦地土壤；FPS，果树林土壤；GS，草地土壤；RPS，油菜地土壤）

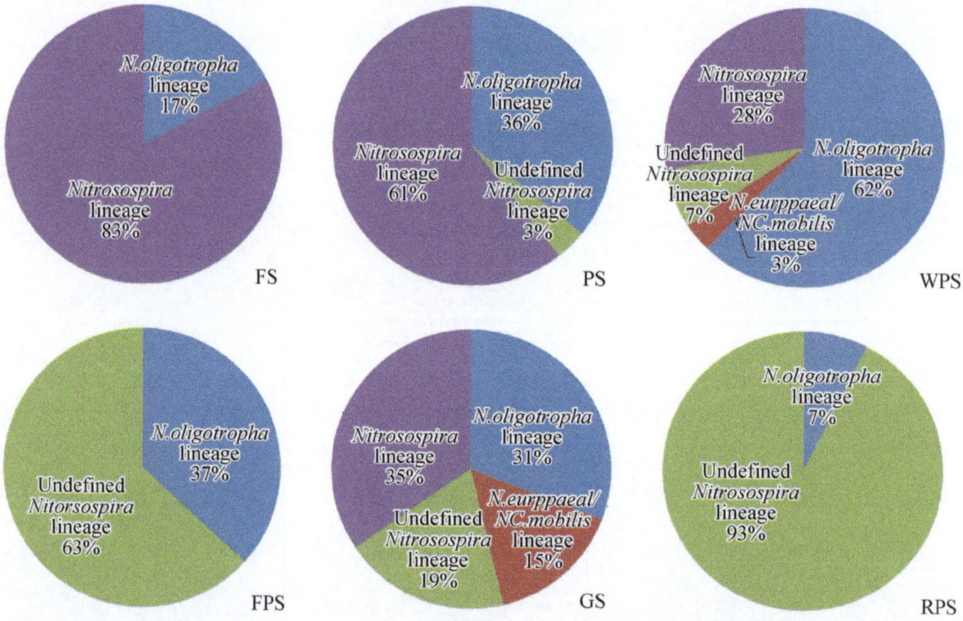

(B)

图 6.3-12　不同土壤类型细菌基因不同属的相对含量

（FS，林地土壤；PS，水稻田土壤；WPS，小麦地土壤；FPS，果树林土壤；GS，草地土壤；RPS，油菜地土壤）

到了相反的结果。Adair 和 Schwartz (2008)发现在美国北亚利桑那的半干旱土壤中，氨氧化古菌比氨氧化细菌丰富，且 AOA 和 AOB 占据不同的生态位[23]。另外一个研究表明泉古菌是地球土壤环境中最丰富的氨氧化微生物[22]。这个差异可能是由被众多环境因子影响的土壤环境的复杂性引起的，所以微生物丰度因此而变化。

一些研究证实 pH 是决定土壤中 AOA 和 AOB 丰度和群落组成的关键因子。Nicol 等(2008)发现古菌 *amoA* 基因和转录丰度随着土壤 pH 升高而降低，细菌 *amoA* 基因和转录丰度总体更低，转录丰度随着土壤 pH 升高而增加[46]。另一个研究表明土壤 pH 和 AOB 丰度显著相关[39]。Shen 等报道过酸性土壤中 AOA 主导硝化过程，中性、碱性土壤和氮丰富土壤中 AOB 主导硝化过程。在此研究中，所有土壤样品中 pH 和微生物丰度以及多样性没有明显相关。氨对细菌 *amoA* 基因丰度以及多样性有显著影响，和以前的研究一致的是发现了一种正相关关系[51]。

AOA 和 AOB 丰度对土壤类型的响应不同。不同样品的古菌 *amoA* 基因丰度没有显著不同。然而，不同土壤样品的细菌 *amoA* 基因丰度有着 4 个数量级的明显变化。细菌 *amoA* 基因对土壤类型变化表现出高敏感性。

从不同土壤样品中获得的 AOA 序列主要有三种属：*Nitrososphaera*，*Nitrosopumilus* 和 *Nitrosotalea*。除了 *Nitrosotalea* 属主导(48%)的种植果树土壤和亚属 S3 主导(29%)的草地土壤外，其他所有土壤样品中都是亚属 S1 主导。AOA 群落组成的最大多样性出现在种植小麦土壤中，其次是种植油菜土壤。不同土壤类型对 AOA 群落组成影响明显。

此研究中获得的细菌 *amoA* 序列也受土壤类型影响。种植小麦土壤和草地土壤包含所有四种细菌 *amoA* 系。所有土壤类型分离的细菌 *amoA* 序列有不同含量的 *Nitrosomonas oligotropha* 系。*Nitrosospira* 系占据了一大部分从林地土壤和种植水稻土壤样品中获得的序列。一个研究表明 AOB 群落组成在初土和农业土壤中表现出了显著不同，而 AOA 群落组成和土壤发展阶段没有表现出显著相关[57]。此研究暗示在不同土壤类型硝化中 AOB 比 AOA 更重要。

6.3.5 结论

为了阐明土壤类型对 AOA 及 AOB 丰度和多样性的影响，此研究中采集了安徽省滁州市 6 种不同土地利用方式(林地、稻田、小麦地、果地、草地和油菜地)的土壤样品。每克干土中，氨氧化古菌 *amoA* 基因的丰度变化范围是 2.12×10^4～2.57×10^5 拷贝，而氨氧化细菌 *amoA* 基因的丰度变化范围是 5.58×10^4～1.59×10^8 拷贝。草地和油菜地分别保持着氨氧化古菌和氨氧化细菌 *amoA* 基因的最高多样性。不同土地利用方式的所有六种土壤样品细菌 *amoA* 基因丰度都高于古菌 *amoA* 基因丰度。AOA 和 AOB 的群落组成均随着土壤类型的改变而变化。AOB 群落组成比 AOA 群落组成对土壤类型更敏感。此研究获得的数据将有利于更好地理解不同土壤类型中的硝化进程，但仍然需要做更多的研究阐明土壤类型怎样影响 AOA 和 AOB 群落组成的机制，以便更好地理解土壤中的氮循环。

6.4 小结

本章对滁州花山流域地表水氮素时空迁移特征、大气氮沉降时空分布特征、水库塘坝及不同土地利用类型土壤中对硝化作用有重要影响的氨氧化菌和氨氧化古菌的丰度和多样性等进行了深入研究，总结如下：

(1) 林地比重较大的集水区域径流中的 TN 和 NO_3^--N 浓度较高，农田比重较大的集水区域径流中 NH_3-N 浓度较高。在林地面积比例较大的集水区域，TN 浓度与 NO_3^--N 浓度表现出较好的相关性；而在耕地面积比例较大的集水区域，TN 浓度与 NH_3-N 浓度表现出较好的相关性。对于嵌套子流域，NO_3^--N 浓度沿河道往下游随集水区域的增大与森林覆被比例的减少而呈逐渐递减趋势；在农田非施肥季节，各个月的 TN 浓度在空间上自上而下随森林覆被比例的减少而呈逐渐递减趋势，而 NH_3-N 浓度变化较小；在施肥季节，TN 浓度随 NH_3-N 浓度上升而上升。研究中发现林地比重高、人类活动较少的采样点 TN 浓度较高，高于集水区域农田比重较大的采样点，这一事实与人们通常的认识不一致，值得进一步深入研究。

(2) 花山流域东北部凤库和郑家边监测点的平均湿沉降 TN 浓度低于西南部汪郢和春雷鸡场平均湿沉降 TN 浓度，但大气湿沉降氮空间变异不明显。每年的雨季 TN 湿沉降通量较大，每月 TN 湿沉降通量与每月降水量之间有较好的正线性相关关系。

(3) 花山流域的 3 个采样点沉积物样品中，所有的细菌 *amoA* 基因丰度均高于古菌 *amoA* 基因丰度。古菌的 *amoA* 基因丰度与 pH 以及 TN 浓度呈现显著的正相关关系，细菌 *amoA* 基因 OTU 数目明显正相关于 pH 以及 TN 浓度。古菌 *amoA* 基因序列分为两种属，即 *Nitrososphaera* 和 *Nitrosopumilus*；细菌 *amoA* 基因系统发育分析表明，本研究中得到的细菌 *amoA* 基因主要有 *Nitrosomonas oligotropha*，*Nitrosospira*，*N. Europaea/Nc. mobilis* 和 Undefined-*N. Europaea/Nc. mobilis* 类群。pH 和 TN 浓度对群落结构有重要影响。

(4) 每克干土中，氨氧化古菌 *amoA* 基因的丰度变化范围是 2.12×10^4～2.57×10^5 拷贝，而氨氧化细菌 *amoA* 基因的丰度变化范围是 5.58×10^4～1.59×10^8 拷贝。不同土地利用方式的所有六种土壤样品细菌 *amoA* 基因丰度都高于古菌 amoA 基因丰度。草地和油菜地分别保持着氨氧化古菌和氨氧化细菌 *amoA* 基因的最高多样性。AOA 和 AOB 的群落结构均随着土壤类型的改变而变化。AOB 群落组成比 AOA 群落组成对土壤类型更敏感。此研究获得的数据将有利于更好地理解不同土壤类型中的硝化进程，但仍然需要做更多的研究阐明土壤类型怎样影响 AOA 和 AOB 群落组成的机制，以便更好地理解土壤中的氮循环。

参考文献

[1] 于兴修，杨桂山，王瑶. 土地利用/覆被变化的环境效应研究进展与动向[J]. 地理科学，2004，24(5)：627-633.

[2] Alden D. Relationships between landscape characteristics and nonpoint source pollution inputs to coastal estuaries[J]. Environmental Management，1999，23(4)：539-549.

[3] Wang X. Integrating water quality management and landuse planning in a watershed context[J]. Journal of Environmental Management，2001，61(1)：25-36.

[4] Tong S T Y，Chen W L. Modeling the relationship between land use and surface water quality[J]. Journal of Environmental Management，2002，66(4)：377-393.

[5] 李俊然，陈利顶，郭旭东，等. 土地利用结构对非点源污染的影响[J]. 中国环境科学，2000，20(6)：506-510.

[6] Lee S W，Hwang S J，Lee S B，et al. Landscape ecological approach to the relationships of land use patterns in watersheds to water quality characteristics[J]. Landscape and Urban Planning，2009，92：80-89.

[7] 郝敬锋，刘红玉，胡俊纳，等. 南京东郊城市湿地水质多尺度空间分异[J]. 应用生态学报，2010，21(7)：

1799-1804.
[8] 李杨,马晓明. 深圳坪山河流域土地利用变化对流域非点源污染负荷的影响[J]. 水资源保护,2012,28(2):42-45.
[9] 宋泽芬,王克勤,杨云华,等. 澄江尖山河小流域不同土地利用类型面源污染输出特征[J]. 水土保持学报,2008,22(2): 98-101.
[10] 冯明磊,胡荣桂,许克翠,等. 三峡小流域水体 NO_3^--N 含量变化特征及其影响因素研究[J]. 环境科学,2008,29(1):13-18.
[11] 郎海鸥,王文杰,王维,等. 基于土地利用变化的小江流域非点源污染特征[J]. 环境科学研究,2010,23(9):1158-1166.
[12] 黄金良,李青生,洪华生,等. 九龙江流域土地利用景观格局-水质的初步关联分析[J]. 环境科学,2011,32(1):64-71.
[13] Hermansson A, Lindgren P E. Quantification of ammonia-oxidizing bacteria in arable soil by real-time PCR[J]. Applied and Environmental Microbiology, 2001, 67(2): 972-976.
[14] Beman J M, Francis C A. Diversity of ammonia-oxidizing archaea and bacteria in the sediments of a hypernutrified subtropical estuary: Bahia del Tobari, Mexico [J]. Applied and Environmental Microbiology, 2006, 72(12): 7767-7777.
[15] Hastings R C, Butler C, Singleton I, et al. Analysis of ammonia-oxidizing bacteria populations in acid forest soil during conditions of moisture limitation[J]. Letters in Applied Microbiology, 2000, 30(1): 14-18.
[16] Kowalchuk G A, Stephen J R. Ammonia-oxidizing bacteria: a model for molecular microbial ecology [J]. Annual Reviews in Microbiology, 2001, 55(1): 485-529.
[17] Könneke M, Bernhard A E, José R, et al. Isolation of an autotrophic ammonia-oxidizing marine archaeon[J]. Nature, 2005, 437(7058): 543-546.
[18] Hu A, Yao T, Jiao N, et al. Community structures of ammonia-oxidizing archaea and bacteria in high-altitude lakes on the Tibetan Plateau[J]. Freshwater Biology, 2010, 55(11): 2375-2390.
[19] Mosier A C, Francis C A. Relative abundance and diversity of ammonia-oxidizing archaea and bacteria in the San Francisco Bay estuary[J]. Environmental Microbiology, 2008, 10(11), 3002-3016.
[20] Bernhard A E, Bollmann A. Estuarine nitrifiers: new players, patterns and processes[J]. Estuarine, Coastal and Shelf Science, 2010, 88(1): 1-11.
[21] Weidler G W, Dornmayr-Pfaffenhuemer M, Gerbl F W, et al. Communities of archaea and bacteria in a subsurface radioactive thermal spring in the Austrian Central Alps, and evidence of ammonia-oxidizing Crenarchaeota[J]. Applied and Environmental Microbiology, 2007, 73(1): 259-270.
[22] Leininger S, Urich T, Schloter M, et al. Archaea predominate among ammonia-oxidizing prokaryotes in soils[J]. Nature, 2006, 442(7104): 806-809.
[23] Adair K L, Schwartz E. Evidence that ammonia-oxidizing archaea are more abundant than ammonia-oxidizing bacteria in semiarid soils of northern Arizona, USA[J]. Microbial Ecology, 2008, 56(3): 420-426.
[24] Di H J, Cameron K C, Shen J P, et al. Nitrification driven by bacteria and not archaea in nitrogen-rich grassland soils[J]. Nature Geoscience, 2009, 2(9): 621-624.
[25] Jia Z, Conrad R. Bacteria rather than archaea dominate microbial ammonia oxidation in an agricultural soil[J]. Environmental Microbiology, 2009, 11(7): 1658-1671.
[26] 马婷, 赵大勇, 曾巾, 等. 氨氧化古菌生态学及其在湖泊生态系统中的研究进展[J]. 化学与生物工程, 2011, 28(10): 1-6.
[27] Ye W, Liu X, Lin S, et al. The vertical distribution of bacterial and archaeal communities in the water

and sediment of Lake Taihu[J]. FEMS Microbiology Ecology, 2009, 70(2): 263-276.

[28] 陈国元，赵超. 不同浓度 NH_3 对富营养化湖泊水体硝化作用的影响[J]. 水生态学杂志，2011，32(6)：52-56.

[29] Francis C A, Roberts K J, Beman J M, et al. Ubiquity and diversity of ammonia-oxidizing archaea in water columns and sediments of the ocean[J]. Proceedings of the National Academy of Sciences of the United States of America, 2005, 102(41): 14683-14688.

[30] Rotthauwe J H, Witzel K P, Liesack W. The ammonia monooxygenase structural gene *amoA* as a functional marker: molecular fine-scale analysis of natural ammonia-oxidizing populations[J]. Applied and Environmental Microbiology, 1997, 63(12): 4704-4712.

[31] Thompson J D, Gibson T J, Plewniak F, et al. The CLUSTAL_X windows interface: flexible strategies for multiple sequence alignment aided by quality analysis tools[J]. Nucleic Acids Research, 1997, 25(24): 4876-4882.

[32] Tamura K, Dudley J, Nei M, et al. MEGA4: molecular evolutionary genetics analysis (MEGA) software version 4.0[J]. Molecular Biology and Evolution, 2007, 24(8): 1596-1599.

[33] Christman G D, Cottrell M T, Popp B N, et al. Abundance, diversity, and activity of ammonia-oxidizing prokaryotes in the coastal Arctic Ocean in summer and winter[J]. Applied and Environmental Microbiology, 2011, 77(6): 2026-2034.

[34] Liu Z, Huang S, Sun G, et al. Diversity and abundance of ammonia-oxidizing archaea in the Dongjiang River, China[J]. Microbiological Research, 2011, 166(5): 337-345.

[35] Cao H, Hong Y, Li M, et al. Diversity and abundance of ammonia-oxidizing prokaryotes in sediments from the coastal Pearl River estuary to the South China Sea[J]. Antonie Van Leeuwenhoek, 2011, 100(4): 545-556.

[36] Kowalchuk G A, Stienstra A W, Heilig G H J, et al. Molecular analysis of ammonia-oxidizing bacteria in soil of successional grasslands of the Drentsche A (The Netherlands)[J]. Fems Microbiology Ecology, 2000, 31(3):207-215.

[37] Boer W D, Kowalchuk G A. Nitrification in acid soils: micro-organisms and mechanisms[J]. Soil Biology & Biochemistry, 2001, 33(7):853-866.

[38] Webster G, Embley T M, Freitag T E, et al. Links between ammonia oxidizer species composition, functional diversity and nitrification kinetics in grassland soils[J]. Environmental Microbiology, 2005, 7(5):676-684.

[39] He J Z, Shen J P, Zhang L M, et al. Quantitative analyses of the abundance and composition of ammonia-oxidizing bacteria and ammonia-oxidizing archaea of a Chinese upland red soil under long-term fertilization practices[J]. Environmental Microbiology, 2010, 9(9):2364-2374.

[40] Boyleyarwood S A, Bottomley P J, Myrold D D. Community composition of ammonia-oxidizing bacteria and archaea in soils under stands of red alder and Douglas fir in Oregon[J]. Environmental Microbiology, 2010, 10(11):2956-2965.

[41] Shen J P, Zhang L M, Zhu Y G, et al. Abundance and composition of ammonia-oxidizing bacteria and ammonia-oxidizing archaea communities of an alkaline sandy loam[J]. Environmental Microbiology, 2010, 10(6):1601-1611.

[42] Onodera Y, Nakagawa T, Takahashi R, et al. Seasonal change in vertical distribution of ammonia-oxidizing archaea and bacteria and their nitrification in temperate forest soil[J]. Microbes & Environments, 2010, 25(1):28.

[43] Kristina Schauss, Andreas Focks, Sven Leininger, et al. Dynamics and functional relevance of ammonia-

oxidizing archaea in two agricultural soils[J]. Environmental Microbiology, 2010, 11(2):446-456.

[44] Chen X, Zhang L M, Shen J P, et al. Soil type determines the abundance and community structure of ammonia-oxidizing bacteria and archaea in flooded paddy soils[J]. Journal of Soils & Sediments, 2010, 10(8):1510-1516.

[45] Gubry-Rangin C, Nicol G W, Prosser J I. Archaea rather than bacteria control nitrification in two agricultural acidic soils[J]. Fems Microbiology Ecology, 2010, 74(3):566-574.

[46] Nicol G W, Leininger S, Schleper C, et al. The influence of soil PH on the diversity, abundance and transcriptional activity of ammonia oxidizing archaea and bacteria[J]. Environmental Microbiology, 2008, 10(11):2966-2978.

[47] Shen J P, Zhang L M, Di H J, et al. A review of ammonia-oxidizing bacteria and archaea in Chinese soils[J]. Front Microbiol, 2012, 3:296-302.

[48] Sharon Avrahami R C. Patterns of community change among ammonia oxidizers in meadow soils upon long-term incubation at different temperatures[J]. Applied & Environmental Microbiology, 2003, 69(10):6152-6164.

[49] Okano Y, Hristova K R, Leutenegger C M, et al. Application of real-time PCR to study effects of ammonium on population size of ammonia-oxidizing bacteria in soil[J]. Applied & Environmental Microbiology, 2004, 70(2):1008-1016.

[50] Briones A M, Okabe S, Umemiya Y, et al. Influence of different cultivars on populations of ammonia-oxidizing bacteria in the root environment of rice[J]. Applied & Environmental Microbiology, 2002, 68(6):3067.

[51] Wang Y, Ke X, Wu L, et al. Community composition of ammonia-oxidizing bacteria and archaea in rice field soil as affected by nitrogen fertilization[J]. Systematic & Applied Microbiology, 2009, 32(1):27-36.

[52] Kowalchuk G A, Stienstra A W, Heilig G H J, et al. Changes in the community structure of ammonia-oxidizing bacteria during secondary succession of calcareous grasslands [J]. Environmental Microbiology, 2010, 2(1):99-110.

[53] Webster G, Embley T M, Prosser J I. Grassland management regimens reduce small-scale heterogeneity and species diversity of β-proteobacterial ammonia oxidizer populations[J]. Applied & Environmental Microbiology, 2002, 68(1):20-30.

[54] Girvan M S, Bullimore J, Pretty J N, et al. Soil type is the primary determinant of the composition of the total and active bacterial communities in arable soils[J]. Appl Environ Microbiol, 2003, 69(3):1800-1809.

[55] Morimoto S, Hayatsu M, Takada H Y, et al. Quantitative analyses of ammonia-oxidizing archaea (AOA) and ammonia-oxidizing bacteria (AOB) in fields with different soil types[J]. Microbes & Environments, 2010, 26(3):248-253.

[56] Suzuki C, Nagaoka K, Shimada A, et al. Bacterial communities are more dependent on soil type than fertilizer type, but the reverse is true for fungal communities[J]. Soil Science & Plant Nutrition, 2009, 55(1):80-90.

[57] Li X R, Xiao Y P, Ren W W, et al. Abundance and composition of ammonia-oxidizing bacteria and archaea in different types of soil in the Yangtze River estuary[J]. 浙江大学学报(b卷英文版), 2012, 13(10):769-782.

[58] Di H J, Cameron K C, Shen J P, et al. Nitrification driven by bacteria and not archaea in nitrogen-rich grassland soils[J]. Nature Geoscience, 2009, 2(9):621-624.

第7章 流域水分及氮素迁移同位素示踪分析

环境同位素示踪技术是水循环研究中广泛应用的技术。水中稳定的氢氧同位素不仅是水分子的组成成分，且具有很好的稳定性，利用水中的稳定同位素可以有效地示踪水循环过程。环境同位素对大气降水、地表水和地下水的示踪，可以研究其水汽来源、气候环境变化、运移路径、转化数量、地下水定年等。传统的"四水"转化模型比较复杂，各水文要素的计算比较繁琐，涉及到气象、作物、土壤质地等下垫面因素及灌溉、地下水开采等人类活动因素。同位素技术避免了水文研究中的随机性、任意性，尤其是在径流分割方面的应用。利用不同水体中同位素的特征，进行水量转化研究，更方便，更具有说服力。稳定同位素在不同的水体(状态、来源)中有不同的信号特征，利用这些特定的信号判断和推导大尺度上大气降水的一系列效应和不同状态水中同位素分馏机制是可行且有效的[1-6]。本章首先介绍同位素水文学的基本理论，进而阐述花山流域氢、氧、氮同位素的变化特征，并借助同位素信号分析了花山流域水分运动和氮素的迁移过程。

7.1 同位素示踪原理及分馏过程

7.1.1 同位素组成

元素是具有相同质子数(核电荷数)的同一类原子的总称。质子数确定了元素，中子数确定了元素的同位素。原子核内质子数(Z)相同而中子数(N)不同的一类核素称为同位素，即同一化学元素原子量不同的两种以上原子互为同位素。例如，大多数氧原子有 8 个质子和 8 个中子，原子核质量为 16 个原子质量单位($^{16}_{8}O_8$)。还有大约 0.2%的氧原子有 10 个中子($^{18}_{8}O_{10}$)。事实上，原子核的质量略小于质子和中子的质量之和，"丢失"的质量用原子结合能表示(根据爱因斯坦质能方程 $E=mc^2$)，代表将原子核打破成单核子所需的能量。

虽然中子在原子核中的数量可以变化，但变化范围受原子核稳定程度的限制，中子太多或者太少，稳定性都会降低。不稳定同位素或放射性原子核具有衰减的可能性。

很多元素具有两个或两个以上的稳定同位素。一般具有偶数个质子和/或中子数的原子核是较稳定的。原子序数具有 2,8,20,28,50,82 和 126 这种数字特征的核素，具有相对较高的稳定性和较高的自然界含量。如：$^{4}_{2}He_2$ 占 He 元素的 99.998 6%，$^{16}_{8}O_8$ 占所有氧元素的 99.76%。当原子核结合能在核子对之间(质子或中子)产生时，大多数稳定原子核的 Z 和 N 为偶数。目前已知的同位素中，有 161 种稳定同位素的 Z 和 N 为偶数，仅有 4 种同位素的 Z 和 N 为奇数，105 种同位素要么 Z 为奇数，要么 N 为奇数。

原子核不稳定能自发地进行放射性衰变或核裂变而转变成其他一类核素的同位素称为放射性同位素。放射性同位素的原子核很不稳定，会不间断地、自发地放射出射线，直至变成另一种稳定同位素，这就是所谓的“核衰变”。放射性同位素在进行核衰变的时候，可放射出 α 射线、β 射线、γ 射线等，但是放射性同位素在进行核衰变的时候并不一定能同时放射出这几种射线。核衰变的速度不受温度、压力、电磁场等外界条件的影响，也不受元素所处状态的影响，只和时间有关。放射性同位素衰变的快慢，通常用“半衰期”来表示。半衰期(half-life)即一定数量放射性同位素原子数目减少到其初始值一半时所需要的时间。如 ^{32}P 的半衰期是 14.3 d，就是说，假使原来有 100 万个 ^{32}P 原子，经过 14.3 d 后，只剩下 50 万个了。半衰期越长，说明衰变得越慢，半衰期越短，说明衰变得越快。半衰期是放射性同位素的一个特征常数，不同的放射性同位素有不同的半衰期，衰变的时候放射出射线的种类和数量也不同。

如前所述，元素的化学性质是由原子序数所决定的，这表明同位素元素的化学性质是相同的。在自然界中我们观察到同位素的相对浓度是变化的，这种现象的存在有两个原因：

(1) 同位素元素的化学物理性质并不完全相同，导致含有同位素的分子的化学和物理性质有微小区别，最终导致同位素丰度的不同。

(2) 如果同位素是放射性的，则在放射性衰变的过程中同位素分子的浓度逐渐减少，这会使同位素浓度差比(1)中所提到的情况更大[7-8]。

7.1.2 同位素含量表示方法

(1) 同位素丰度

同位素丰度又称同位素相对丰度。定义为自然界中存在的某一元素的各种同位素的相对含量(以原子百分计)。地球上元素的同位素丰度只是指它们在地壳中的含量，例如，氢的同位素丰度为：$^{1}H=99.985\%$，$D=0.015\%$；氧的同位素丰度为：$^{16}O=99.76\%$，$^{17}O=0.04\%$，$^{18}O=0.20\%$。一般在低原子序数($Z<28$)的元素中，只有一种同位素(多数为轻同位素)的丰度最大，其余同位素的丰度较小。在高原子序数($Z>28$)的元素中，各种同位素的丰度分布逐渐趋于相近。

与之有关的还有绝对丰度和宇宙丰度(能观察到的那部分宇宙)，表示方法亦有不同。

(2) 同位素比值(R)

同位素比值(R)为某一元素的重同位素丰度与轻同位素丰度之比。例如，$^{18}O/^{16}O$ 的比值大约为 0.002 005。同位素分馏效应使含氧化合物的这个比值发生微小的改变，但仅限于小数点的第五位或第六位，所以 R 值的表达很不方便。另外，测量绝对的同位素比值或丰度并非易事，需要相当精密的质谱仪。而且这种绝对值的测定结果在不同实验室数据对比方面会出现许多问题。通常，研究者所关注的是稳定同位素浓度的变化而不是实际的丰度值。因此，可以通过更为简单易行的方法来研究同位素含量的变化。在实际工作中通常采用样品的 δ 值来表示样品的同位素组成。

(3) δ 值

δ 值是指样品的同位素比值(R_A)相对于标准样的同位素比值(R_r)的千分偏差，记为

$$\delta_{A/r}=\frac{R_A}{R_r}-1 \tag{7.1-1}$$

以氧同位素为例

$$\delta^{18}O=\left[\frac{(^{18}O/^{16}O)_A}{(^{18}O/^{16}O)_r}-1\right]=\frac{^{18}R_A}{^{18}R_r}-1 \qquad (7.1\text{-}2)$$

当 δ 值为正时，表明样品比标准样富集重同位素(^{18}O)；当 δ 值为负时，表明样品比标准样富集轻同位素(^{16}O)。

样品的 δ 值可通过质谱仪直接测得，并且样品的 δ 值与所选用的标准样有关。根据国际上的规定，实验室给出的 δ 值必须采用统一的国际标准[7-8]。

7.1.3 同位素分馏及过程效应

(1) 同位素分馏机理

自然界中存在各种物理、化学作用，使得某元素的同位素以不同的比值分配到两种物质或两相中，即产生同位素分馏。同位素分馏从物理化学上分为热力学平衡分馏、动力学非平衡分馏、非质量相关分馏。当不同物质或物相间的同位素比值达到恒定时，即到达了同位素平衡状态，这就是同位素平衡分馏，因其仅与温度有关，因此又叫做热力学平衡分馏。同位素非平衡分馏，指偏离同位素平衡而与时间有关的分馏，即同位素在物相之间的分配随时间和反应进程不断变化。质量相关分馏，一般来说，质量差越大，同位素分馏效应越大。不服从质量相关分馏同位素分布的称为非质量相关分馏。

水在循环过程中，经过不同的外界作用，发生同位素分馏，使得水中同位素 δ 值不统一。因此，可以借助 δ 值的不统一性对水循环过程进行研究。在水循环研究中，主要应用 D、T、^{18}O 同位素。对于 D/H 和 $^{18}O/^{16}O$ 的应用早在 1950 年后期就开始了。在热力学平衡分馏中，同位素分馏的程度通过分馏系数 α 来表示，α 指两种物相(物质)中同位素的比值

$$\alpha_{(A-B)}=\frac{R_A}{R_B} \qquad (7.1\text{-}3)$$

A、B 表示两种物相，R 表示物相中重同位素(^{18}O/D)与轻同位素($^{16}O/^{1}H$)的比值。分馏系数表示分馏的程度，$\alpha=1$ 时，两物相之间没有分馏，α 越偏离 1 表明分馏程度越大。α 对 1 的偏离量称为富集系数 ε。富集系数 $\varepsilon_B(A)$ 表示反应系统中反应物 A 相对于反应物 B 中同位素的富集程度或贫化程度，富集时 $\varepsilon>0$，贫化时 $\varepsilon<0$，ε 较小，通常用‰表示：$\varepsilon_B(A)=\alpha_{A/B}-1$。大量实验研究表明，分馏系数是温度的函数，且受湿度的影响。一般用下式表示，$10^3\ln\alpha=A\times10^6/T^2+B$($A$、$B$ 为常数，T 是绝对温度)。Majoube 研究得出了分馏系数与温度的具体函数。

由于同位素不同，引起单质或化合物在物理、化学性质上发生变化的现象称为同位素效应。同位素效应可以分为物理同位素效应、热力学同位素效应和动力学同位素效应等三个方面。物理同位素效应是指由于同位素质量不同而引起一系列物理和物理化学性质的差异，如密度、三相点、蒸汽压、黏度、折射率、热学性质、电磁学性质以及盐类的溶解度等。热力学同位素效应主要研究化学平衡和相平衡过程中的同位素效应，这种效应归因于同位素分子的能量不同，导致了在物理和化学反应中含 $^{16}O/^{1}H$ 的分子比含 ^{18}O/D 的分子更活跃。动力学同位素效应主要研究化学反应速度方面的同位素效应，一般 $^{16}O/^{1}H$ 的反应速度比 ^{18}O/D 快[7-8]。

(2) 大气降水氢氧同位素效应

降水是水文循环中最活跃的因子，正如降水处于水文学中的重要地位一样，大气降水同

位素关系也是同位素水文学的中心概念。

大气降水中几乎所有的水分子都来自于海洋，水源的位置、海陆分布严重影响着降水中同位素的组成。降水中的同位素研究主要集中于D、^{18}O、T。大气降水中会因蒸发和凝结发生氢氧同位素分馏，随着水汽的运移，从海洋到大陆，降水的^{18}O/D优先凝结降落，云团中剩余$^{16}O/^{1}H$，随着运移路线的延长，^{18}O/D逐渐减少，空气中逐渐贫化^{18}O/D，水汽湿度减小。在大气云层水汽中，随着高度的减小，^{18}O/D逐渐富集，在近地层水汽中，δD与空气湿度成正相关关系。迄今认为地球表面的氧同位素总量是基本不变的，若将标准海洋水的$\delta^{18}O$定为0，则地球上水圈中所有水的$\delta^{18}O$的加权平均值为−0.64‰，降水中的平均值约为−4‰，地下水中的平均值约为−7‰。

在大气降水中，氢氧同位素组成即稳定同位素δD与$\delta^{18}O$有着很明显的线性相关性，并因地区环境条件、水汽源地、降水机制等产生地区性差异。因此，在$\delta^{18}O$-δD图中，降水中的^{18}O/D组成有明显的近似于线性的关系，通常称之为大气降水线(Meteoric Water Line, MWL)。1961年，Craig通过归纳分析全球各地的约400个水样，得到了全球平均大气降水线(Global Meteoric Water Line, GMWL)，该经验公式又被称为Craig方程：$\delta D=8.0\delta^{18}O+10$(Standard Mean Ocean Water, SMOW)[9]。这里所说的大气水实际上是指除去海水以外的大气降水和源于降水的河水与湖水等。其中的水样包括采集于不同地理位置的河水、湖水、雨水和雪水水样，其中有近四成水样采集于美国。Craig的这一发现表明大气降水中的^{18}O/D组成可以预测。

全球大气降水线是全球的尺度，但实际情况是，不同地方的气候因素和地理位置都不同，如水汽源地、途径、降水成因、降水蒸发过程中的再蒸发等，这些特有的影响降水线参数的条件会导致实测大气降水中的^{18}O/D组分随空间、时间而异，具体表现为各个地区的大气降水线的方程和全球大气降水线的方程的斜率和截距数值大小有一定的差异。因此，针对各个地区，会有与全球大气降水线差别不大的地区性大气降水线，即地区大气降水线(Local Meteoric Water Line, LMWL)。郑淑惠等对中国各地区的大气降水进行分析研究，提出中国大气降水线为$\delta D=7.91\delta^{18}O+8.2$[10]。Ingraham等对南内华达州降水资料进行分析研究，提出当地大气降水线为$\delta D=6.87\delta^{18}O-6.5$[11-12]。降水线的斜率受当地温度控制，Friedman等首先发现了大气降水线的斜率因蒸发作用而减小[13-14]。

地方大气降水线因为地理位置、气候条件等因素引起同位素分馏及二次蒸发，斜率和截距会有偏差。当地大气降水线的斜率越向右倾斜，说明气候越干燥，蒸发分馏越强烈；截距随着斜率和降雨前水中同位素组成的变化而变化。全球平均大气降水线方程的截距10表示的是全球大气降水的平均值，如果地方大气降水线截距比10大，说明降水之前云气形成过程中气、液两相同位素发生不平衡分馏的程度偏大；如果截距比10小，说明发生降雨时同时发生着蒸发作用，即降水中存在着二次蒸发。研究符合当地实际情况的大气降水线，能更好地了解降水规律，为水循环打下基础。

大气降水中稳定同位素组成的主要影响因素有雨滴凝结时的温度以及发生降水时的水汽来源，大多数情况下表现出降水同位素组成随具体地理位置和气候因素的不同而不同，目前不少学者已经深入研究对大气降水氢氧同位素组成造成影响的几种效应。Dansgaard跟据瑞利模型，通过讨论季节和地理分布对降雨中$\delta^{18}O$的影响，经过研究，总结了影响大气降水中同位素组成分布特征的六种效应[7]：

1）温度效应：降水中同位素分馏时，$^{18}O/D$ 优先分馏。形成降水的云团冷凝温度与其降落雨水的 $\delta^{18}O/\delta D$ 呈正相关关系，冷凝温度越低，所形成的降水中 $^{18}O/D$ 越贫化，即降水中 $\delta^{18}O/\delta D$ 与温度呈现一种正相关关系。

2）纬度效应：随着纬度的不断升高，温度也随之不断降低，因而所形成的降水中 $^{18}O/D$ 也会逐渐贫化，即降水中 $\delta^{18}O/\delta D$ 与纬度呈现一种负相关关系。

3）大陆效应：随着水汽的运移，从海洋到大陆，降水中的 $^{18}O/D$ 优先凝结降落，云团中剩余轻同位素，随着离海岸线的距离不断变长，$^{18}O/D$ 不断减少，气团中 $^{18}O/D$ 逐渐贫化，因而所形成的大气降水中 $^{18}O/D$ 也会逐渐贫化，水汽湿度减小，即降水中 $\delta^{18}O/\delta D$ 与离海岸线的距离呈现一种负相关关系。

4）高度效应：近地层水汽中的 $\delta^{18}O/\delta D$ 与空气湿度呈现出正相关关系，随着海拔的不断降低，其形成降水中 $^{18}O/D$ 不断富集，即降水中 $\delta^{18}O/\delta D$ 与其高度呈现一种负相关关系。

5）降水量效应：随着降雨量的不断增大，所形成的降水中 $^{18}O/D$ 也会逐渐贫化，即雨水的 δ 值与其月平均降雨量呈现一种负相关关系。

6）季节效应：大量研究表明，夏季雨量比较大，降雨量效应大于温度效应，冬季则相反，温度效应大于降雨量效应，即夏季降雨量效应是主导，冬季温度效应是主导。

大量研究表明，在中低纬度海岸或季风区和高纬度地区，降水中的 $\delta^{18}O$ 具有“降水量效应”和“温度效应”。

水汽来源也能影响大气降水中 $^{18}O/D$ 的组成，通过追踪同位素，可以进一步了解大气环流和季风活动等。此外，在降水过程中，蒸发作用也会对大气降水中同位素值产生较大影响。比如在一些干旱、半干旱地区，不仅降水量较少，同时蒸发作用也强，雨水在降落到地面的过程中，其部分水体会受到强烈蒸发作用，这会对降雨过程的同位素分馏产生影响，进而导致该地区的地区大气降水线的斜率变小。

（3）地表水 $^{18}O/D$ 示踪过程

对地表水进行径流划分的过程就是进行水源补给划分的过程。Pearce 等把流量过程线划分成两种组分，即降水和地下水（壤中流和地下水），并在质量守恒定律的基础上，将同位素引入模型中，建立了二项流混合模型，DeWalle 在 Pearce 的基础上，把壤中流作为单独的一项，建立了降水、河水、土壤水、地下水三项流混合模型[15]。

在 δD、$\delta^{18}O$ 关系上，几乎所有的关系线都类似于蒸发线，与大气降水线的交点、斜率等代表了水源类型。各种类型的降雨，经地面、地下径流进入河水，$^{18}O/D$ 也随之进入，因而也称为流域同位素效应。

影响河水中 $^{18}O/D$ 的因素除了降雨外，还包括蒸发引起的同位素分馏、季节影响、水汽来源、人为因素、地理环境等。河水中 $^{18}O/D$ 关系线与大气降水线的交点、斜率主要由水源影响，如流域气候、土壤地貌情况、水文地质等。大部分河水的 $^{18}O/D$ 关系线都类似于蒸发线。地表水中 $^{18}O/D$ 值与大气降水线的位置关系，能够定性分析地表水的补给来源。在大气降水线附近说明大气降水补给地表水，偏离程度反映了补给过程中发生的同位素分馏程度。若位于大气降水线下方，^{18}O 分馏系数比 D 分馏系数大；若位于大气降水线上方，则 D 分馏系数比 ^{18}O 分馏系数大。若地表水 $^{18}O/D$ 比大气降水 $^{18}O/D$ 富集，则说明降水补给地表水过程中经历了不同程度的蒸发；若比大气降水同位素贫化，则说明大气降水不是地表水的唯一补给来源，还存在其他 $^{18}O/D$ 较贫化的补给来源。Zhang 等在 1990 年对黄河、长江氧同位素进行了对比，认为比值不同是海洋-大陆效应、水汽来源不同和高程效应造成的。这些因素是影响大气降水的最根本原因[16]。Karr 等研究了亚马逊河流不同季节的^{18}O/D，表明其变化受季节性水文过程影响。季节不同，包括蒸发效应等气象因素不同。在对河水进行同位素分析时，划分直接影响和间接影响是很有必要的[17]。

(4) 土壤水^{18}O/D 示踪过程

包气带是不同水体之间转化的地方，因此储存于包气带中的土壤水在水文循环中起着至关重要的作用。土壤水中同位素值随深度的变化类似于指数分布，同位素剖面可以反映地下水补给、潜水蒸发、土壤蒸发等情况。降水经非饱和带下渗，在侧向上产生非饱和径流，即壤中流。土壤水的直接补给来源是大气降水，且离地表面很近，因此土壤水中同位素值受大气降水中同位素值和地表蒸发等影响，通过跟踪土壤水中同位素可以了解其运移路径。土壤水的运动有两种模式：活塞式和优先式。活塞流模式：水分成层推进，新水驱动旧水往更深层处运动。优先流模式：新水通过快速通道到达深层土壤处，不与旧水混合[18]。

影响土壤水中同位素特征变化的主要因素包括自然因素和人为因素。自然因素包括大气降水、降雨入渗、蒸发、植被类型。大气降水是土壤水的最终来源，大气降水中同位素的特征直接影响到土壤水中的同位素特征，其变化与大气降水中的同位素变化一致。土壤水中δD、$\delta^{18}O$ 关系与当地大气降水线的关系可以反映出土壤水补给来源的特点。土壤剖面水中同位素值受土地利用、降水蒸发和植被影响而处于不断变化中。土壤水离地表面最近，在地表蒸发作用下，土壤水中同位素分馏富集，Gazis 等研究发现浅层土壤水(<50 cm 土壤水)富集$\delta^{18}O$。不同季节、不同作物下蒸发、蒸腾作用不同，对土壤水的影响程度不同，土壤水蒸发取决于当地的温度和相对湿度。蒸发作用的强度是随着土壤深度呈指数下降变化的，空气湿度大的地区蒸发作用较弱。马雪宁等人概括了土壤水中影响同位素变化的因素：①大气降水的渗入稀释；②其他水源的混合；③地面蒸发作用、植被对土壤水的利用及提升作用；④人类活动对土壤压实的影响[19]。

(5) 地下水^{18}O/D 示踪过程

在水文循环中，浅层地下水关联着大气降水、地表水、土壤水和深层地下水。在垂直方向上，对于浅层地下水的补给分为几种情况：①降水的补给，降水降落到地面后，经过土壤下渗到达浅层地下水处，或者经过植物根系补给浅层地下水。大气降雨的补给是大范围的补给，常称为“散布型补给”。②地表水的补给，河川径流等地表水渗漏补给浅层地下水，常被称为“集中型补给”。③深层地下水补给，深层地下水向上越流补给。④人工补给，人工回灌地下水、灌溉工程等。分析清楚各种补给来源，对于水资源的有效、合理、可持续利用具有重要的意义[20-21]。

通过对浅层地下水水样^{18}O/D 测试值与其他水体测试值的比较，可以对其补给水源进行初步判断。靠近地面的地下水更新速度较快，接受降水下渗补给，并通过蒸发补给土壤水。在靠近河滩地区，与河水的交换也是频繁发生的。当地下水水位高于河底时，地下水补给河水，否则，河水补给地下水。浅层地下水相对于深层比较活跃，在同位素循环中的作用是不可忽视的。

(6) 氮同位素分馏和循环过程[7,22-24]

氮原子的键合和键裂过程中发生的分馏效应使得氮同位素组成发生变化，此外具有不同氮同位素组成的物质进入同一系统时发生混合也会导致同位素组成的变化。氮的同位素分馏可以引起自然界含氮物质 $\delta^{15}N$ 的显著差异，而对于特定过程的同位素分馏是可知的，在氮循环过程中同位素的改变是可预测的。可以通过同位素组分及分馏系数，对氮来源的同位素信号重建。在固氮过程中，同位素分馏效应为－3‰～＋1‰，挥发后的铵经硝化作用产生硝酸盐，整个过程同位素分馏效应约为 25‰。此外氧同位素的使用有助于认识复杂的转化过程，因此综合两种元素的同位素组成可全面辨析氮的来源及转化。

按分馏机制不同，氮同位素分馏可分为两类：①与生物地球化学过程有关的，如固氮、同化、矿化、硝化和反硝化作用；②与物理过程有关的，包括氨的挥发和土壤离子交换及吸附作用。

在自然状态下，氮气中的氮分子都是以氮氮三键相连组成，化学行为极为稳定，动植物都不能直接利用。把大气中的氮气转化成其他氮形式的过程称为固氮作用，主要有闪电固氮及微生物固氮等。一些原核生物在生物固氮酶催化下可以把分子氮还原为氨。具有固氮功能的微生物根据其生活特性分为共生固氮、自生固氮、联合固氮三大类。生物固氮过程中，由细菌固定的大气中氮气产生的 $\delta^{15}N$ 略低于 0，这是因为固氮产生的有机物的 $\delta^{15}N$ 值通常低于由其他过程产生的有机物的值，所以有机物中的低 $\delta^{15}N$ 值通常被当作固氮的证据，尽管其他过程也能产生低值[23-25]。

同化作用是指生物体把无机含氮化合物转化成一种有机化合物的过程。通常，含氮物质首先氧化成 NH_4^+，然后同化吸收转化成有机物。同其他的生物过程一样，同化过程中轻同位素也优先参与反应。在野外实验和室内实验中发现，同化过程中，水环境中藻和细菌对铵和硝酸根的吸收过程中存在较大的氮同位素分馏（－30‰～0‰）。但对同化过程中剩余 NO_3^- 的 $\delta^{18}O$ 影响相对较少。Granger 等（2004）研究表明海洋浮游植物在吸收硝酸盐的过程中对氮氧同位素的分馏程度与浮游植物的种类和大小无关，且氮氧同位素按 1：1 等比例变化[26]。Needoba 等（2010）的研究表明在浮游生物同化吸收 NO_3^- 的过程中导致的同位素效应是由于生理因素对外部的 NO_3^- 库产生了影响。浮游植物细胞在液泡中运输和储存高浓度的 NO_3^-，该运输过程中不会产生分馏，整个硝酸盐还原过程中的分馏程度与生长速率和生长条件相关[27]。

矿化作用是指通过有机物产生铵的过程，通常把硝酸盐从有机物产生整个过程，包括通过的若干反应步骤统称为矿化作用。整个过程中同位素分馏程度取决于最慢反应步骤，一般经矿化作用产生土壤 NH_4^+ 的过程引起的同位素分馏很小（±1‰）。土壤矿化是反映土壤供氮能力的主要因素之一，此外有机质矿化过程与反硝化作用密切相关，能为微生物反硝化提供能量。

硝化作用是 NH_4^+ 氧化成 NO_3^- 的过程，是在好氧条件下自养型细菌为获得自身新陈代谢所需能量，在亚硝化细菌参与下将 NH_4^+ 转化成 NO_2^-，然后在硝化细菌作用下进一步将 NO_2^- 转化 NO_3^-，产物中 NO_3^- 的 N 来自 NH_4^+ 和 NO_2^-；理论上讲氧元素中一个 O 来自 O_2，另外两个 O 来自 H_2O。硝化反应过程中的同位素分馏取决于 NH_4^+ 转化成 NO_2^- 的过程。NO_2^- 到 NO_3^- 的氧化过程反应迅速，几乎不会产生分馏；而第一步 NH_4^+ 到 NO_2^- 的氧化反应较慢，经硝化作用产生的 NO_3^- 中 ^{15}N 相对亏损，其分馏效应与反应物 NH_4^+ 浓度有关。在 NH_4^+ 浓度低时，硝化反应扩散受到限制，同位素分馏效应小。在有大量 NH_4^+ 存在的情况下，最先形成的 NO_3^- 的 $\delta^{15}N$ 最低，随着反应进行，逐渐上升，会产生明显的分馏效应，达－38‰～14‰。硝化作用一般在土壤环境中完成，受土壤水蒸发、氧气扩散以及 pH 和微生物多样性影响，其氧同位素一般有较广的分布范围。

反硝化作用是指厌氧异氧细菌或化能自养型细菌利用有机物为碳源及电子供体，将NO_3^-、NO_2^-作为最终的电子受体，还原为气态氮（氮气、氧化亚氮、一氧化氮）的过程，通常只发生在氧气浓度较低的环境中。异氧型反硝化细菌一般从有机质中获取能量和碳源。

在反硝化过程中，随着残余NO_3^-浓度的降低，剩余硝酸盐的$\delta^{15}N$会随着硝酸盐浓度的减小以指数方式变大，其$\delta^{15}N$值升高，$\delta^{18}O$值也升高，且两者呈线性关系，比值约为2∶1。该过程对氮同位素的分馏作用非常明显，但不同条件下得到的分馏系数存在很大差异，因为分馏程度与所处环境的物理、化学、生物条件及生物的营养状态有关。比如化肥中NO_3^-的$\delta^{15}N$约为0，经反硝化作用后剩余NO_3^-的$\delta^{15}N$值与粪肥氮同位素组成相似。由反硝化作用产生的氮气会导致过量的氮溶解在地下水中，这些氮素中的$\delta^{15}N$能提供有关来源和过程的有用信息。

目前可以通过生物、化学等方法检测到反硝化作用是否存在，以及反硝化进行的程度和速率，包括各种酶块方法和^{15}N示踪方法。天然丰度同位素方法主要原理是在反硝化过程中NO_3^-浓度会逐渐减少，同时也会出现诸如NO_3^-的$\delta^{15}N$值增加、水体溶解性氮气的浓度和同位素组成升高、剩余硝酸盐的$\delta^{15}N$和$\delta^{18}O$成比例增加等现象。反硝化作用导致剩余NO_3^-的$\delta^{15}N$和$\delta^{18}O$增加。随着对地下水相关研究的逐渐增多，发现反硝化能够使得$\delta^{15}N$和$\delta^{18}O$值以2∶1的比例增加。但目前对造成这一现象的机理还没有弄清，大多数科学家都接受了当淡水环境的硝酸盐氮氧同位素在同位素分布图中斜率约2时，同位素的变化与反硝化作用有关。

挥发作用是氨气向大气流失的过程，挥发的氨气比剩余NH_4^+的同位素组成要低，通常同位素分馏较高。在挥发过程中有几个阶段会产生同位素分馏，比如溶液中溶解性氨气与NH_4^+之间的平衡分馏以及气态氨与溶解性氨之间的平衡分馏，此外还有因氨挥发所导致的动力学分馏等。整个过程中同位素分馏可达25‰，但挥发也与pH、温度、湿度和其他因素相关，特别是在碱性土壤中，剩余氮同位素组成会急剧升高。

农田中的挥发作用是由于田地中施用尿素和粪肥，部分也发生在堆肥过程中。由于氨的挥发作用，由有机氮经矿化作用产生的铵的同位素组成会高于20‰。对挥发氨的同位素组成的研究较少，有可能低至−20‰。

在水环境中，氮同位素的分馏主要是由以上七种过程引起的。固氮、矿化、同化和离子交换过程引起的分馏较小，而硝化、反硝化和氨的挥发作用引起的分馏较大[7,23-24]。

7.2 花山流域氢、氧同位素特征分析

7.2.1 大气降水氢氧同位素分析

(1) 花山流域大气降水线[28-29]

全球大气降水线（GMWL）是大气降水氢氧同位素组成之间的线性相关线。由于地方气候、地理位置的不同，当地大气降水线会偏离全球大气降水线，斜率和截距的偏离程度与水汽来源、二次蒸发、季节气候、温度、湿度等因素有关，这些因素导致液、气两相同位素分馏不平衡。大气降水是形成径流的主导因素，当地大气降水线与全球大气降水线进行比较，能够分析大气降水中同位素的影响因素，对了解当地的气候等情况具有实际的意义。

对 2012—2013 年大气降水 $\delta^{18}O$、δD，利用最小二乘法求得当地大气降水线关系式为

$$\delta D = 7.82\,\delta^{18}O + 7.74 \tag{7.2-1}$$

将大气降水测试点 $\delta^{18}O$、δD 绘在氢、氧同位素关系图中，并拟合全球大气降水线、当地大气降水线，见图 7.2-1。当地大气降水线斜率小于 8 时，水汽的同位素来源不稳定，经历不平衡蒸发过程，水汽凝结满足瑞利条件。从图 7.2-1 中可以看出，当地的大气降水线（$\delta D = 7.82\,\delta^{18}O + 7.74$）与全球大气降水线（$\delta D = 8\,\delta^{18}O + 10$）相比，截距和斜率都偏小，斜率与郑淑惠提出的中国大气降水线（$\delta D = 7.91\,\delta^{18}O + 8.2$）相近，截距偏小。当地大气降水线相对于全球大气降水线而言，斜率和截距都有不同程度的偏移，这反映了当地大气降水在形成时由于气象条件变化使水汽两相中同位素分馏不平衡的程度所产生的差异。花山流域位于内陆区，降水过程中同时发生二次蒸发，当地大气降水中 $\delta^{18}O$、δD 沿着蒸发线分布。

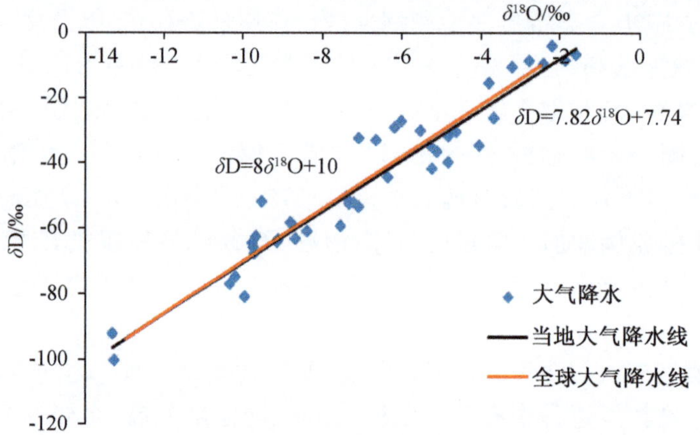

图 7.2-1　花山流域大气降水 $\delta^{18}O$ - δD 关系图

为具体研究汛期大气降水同位素的变化，在 2012 年、2013 年汛期（6—8 月）对降水进行了集中采样。图 7.2-2、图 7.2-3 分别为 2012 年、2013 年汛期大气降水线。2012 年汛期当地大气降水线为：$\delta D = 7.36\delta^{18}O - 0.21$。2013 年汛期当地大气降水线为：$\delta D = 5.6\delta^{18}O - 8.56$。

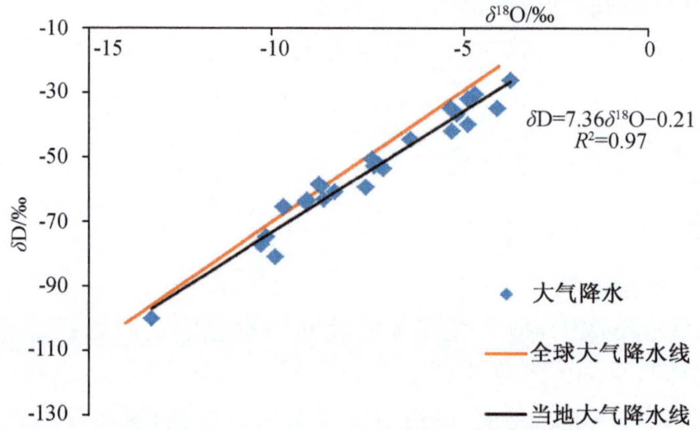

图 7.2-2　花山流域 2012 年汛期大气降水线

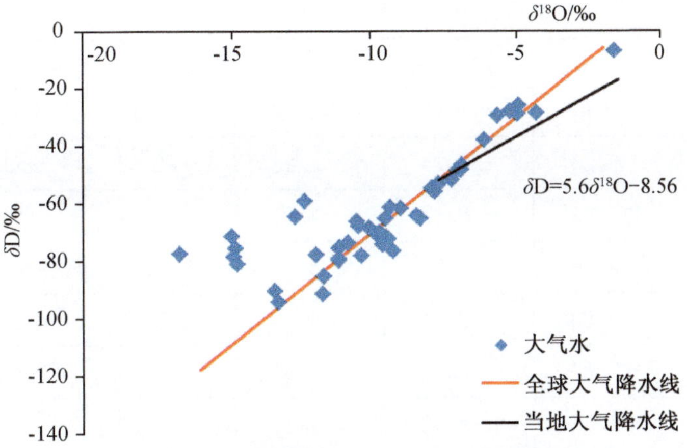

图 7.2-3　实验流域 2013 年汛期大气降水线

由图 7.2-2、图 7.2-3 可以看到，汛期降水受蒸发影响，同位素分馏明显，有部分降水的氢氧同位素散落到全球大气降水线的上方，表明在大气降水过程中伴随着二次蒸发效应，二次蒸发的水汽与花山流域上空的水汽混合再次形成降雨。不同年份的 δD 和 δ^{18}O 关系差别较大，这是由于实验点夏季受太平洋季风影响，不同年份的气候不尽相同，同位素特征有一定差别，进而造成当地大气降水线的斜率和截距的差异。2013 年汛期降水线斜率较 2012 年小，这反映出 2013 年汛期大气降水的蒸发效应强于 2012 年汛期大气降水的蒸发效应。综合比较 2012 年和 2013 年汛期降水 δD 和 δ^{18}O 同位素的关系，可知两年内观测点的当地降水线相对接近，但与全球大气降水线差别较大，且 2013 年年均蒸发点同位素值较 2012 年富集，这是由于 2013 年降水多为小雨，蒸发作用显著，使得同位素值较为富集。

(2) 花山流域大气降水同位素时程变化特征

2012 年至 2013 年在花山流域共采集了 98 个大气降水水样，其中 2012 年 35 个、2013 年 63 个。花山流域大气降水同位素的变化范围为：δ^{18}O 为－14.22‰～－1.44‰，平均值为－6.00‰，δD 为－92.53‰～－4.50‰，平均值为－38.19‰。IAEA/WMO 给出的全球大气降水平均稳定同位素组成为：δ^{18}O 为－50‰～＋10‰，δD 为－350‰～＋50‰。中国大气降水的平均稳定同位素组成为：δ^{18}O 为－24‰～＋2‰，δD 为－210‰～＋20‰。通过比较分析可以看出花山流域大气降水氢氧同位素的变化范围处在我国和全球的大气降水氢氧同位素变化范围之中。

从表 7.2-1 和图 7.2-4、图 7.2-5 中可以看出，花山流域 2012 年大气降水中 δ^{18}O/δD 的变化范围和 2013 年的基本相同；大气降水中 δ^{18}O 和 δD 的时程变化趋势基本一致；从 4 月到 7 月，大气降水中 δ^{18}O/δD 较低，同位素呈贫化趋势，从 7 月到 10 月，δ^{18}O/δD 较高，^{18}O/D 呈富集趋势，从 10 月到 12 月，δ^{18}O/δD 较低，^{18}O/D 呈贫化趋势，从 12 月至 4 月，δ^{18}O/δD 较高，^{18}O/D 呈富集趋势。

表 7.2-1　各月份大气降水 ^{18}O/D 的基本特征值

时间	δ^{18}O/‰			δD/‰		
	最小值	平均值	最大值	最小值	平均值	最大值
2012.6	－4.15	－4.09	－4.03	－35.04	－31.81	－28.58

续表

时间	$\delta^{18}O$/‰			δD/‰		
	最小值	平均值	最大值	最小值	平均值	最大值
2012.7	−9.25	−7.23	−5.23	−62.30	−52.28	−42.25
2012.8	−10.33	−8.17	−4.81	−81.31	−62.61	−40.06
2012.9	−9.10	−7.05	−5.10	−63.75	−48.73	−35.09
2012.10	−3.80	−2.74	−1.85	−15.82	−9.96	−4.50
2012.11	−7.07	−6.46	−5.99	−33.30	−30.70	−27.48
2012.12	−9.51	−9.51	−9.51	−52.08	−52.08	−52.08
2012 全年	−10.33	−6.46	−1.85	−81.31	−41.17	−4.50
2013.4	−1.61	−1.61	−1.61	−6.97	−6.97	−6.97
2013.5	−4.34	−3.18	−1.44	−45.04	−27.60	−13.25
2013.6	−13.33	−9.56	−5.51	−92.53	−65.38	−30.40
2013.7	−14.22	−10.32	−7.91	−77.30	−68.58	−55.46
2013.8	−11.04	−7.12	−4.34	−76.00	−47.93	−28.60
2013.10	−4.03	−4.03	−4.03	−17.14	−17.14	−17.14
2013.11	−4.19	−2.97	−1.76	−16.21	−12.91	−9.62
2013 全年	−14.22	−5.54	−1.44	−92.53	−35.22	−6.97
2012—2013	−14.22	−6.00	−1.44	−92.53	−38.19	−4.50

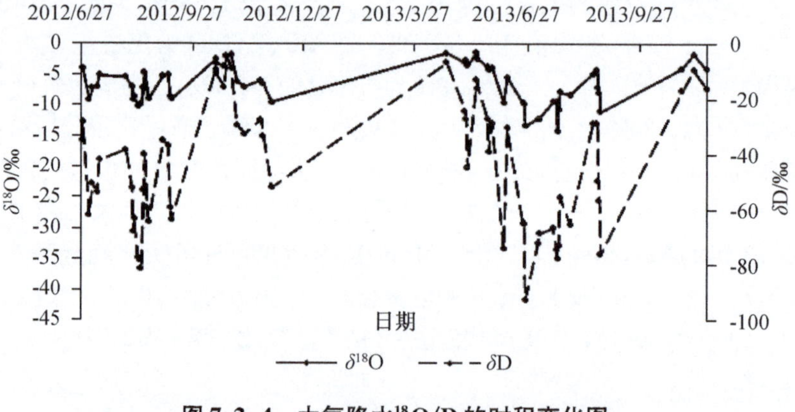

图 7.2-4　大气降水^{18}O/D 的时程变化图

从表 7.2-2 和图 7.2-6 可以看出，随着四季的变化，花山流域大气降水^{18}O/D 的组成也发生了变化，表现为：春季和秋季 $\delta^{18}O$/δD 较高，为^{18}O/D 富集时期，夏季和冬季 $\delta^{18}O$/δD 较低，为^{18}O/D 贫化时期；以夏季和秋季代表夏半年、冬季和春季代表冬半年，则冬半年^{18}O/D 富集偏正，夏半年^{18}O/D 贫化偏负。

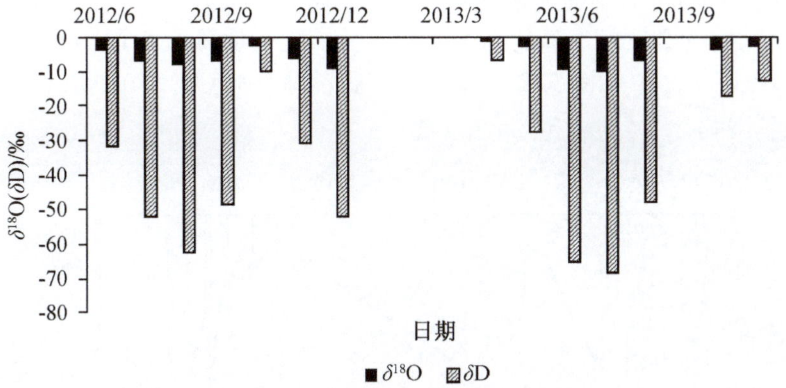

图 7.2-5 大气降水 $^{18}O/D$ 的月均值图

表 7.2-2 各季节大气降水 $^{18}O/D$ 的基本特征值

季节	$\delta^{18}O$/‰			δD/‰		
	最小值	平均值	最大值	最小值	平均值	最大值
春季(4—5 月)	−4.34	−2.39	−1.44	−45.04	−17.28	−6.97
夏季(6—9 月)	−14.22	−7.57	−4.03	−92.53	−53.26	−28.58
秋季(10—11 月)	−7.07	−4.05	−1.76	−33.30	−17.68	−4.50
冬季(12—次年 3 月)	−9.51	−9.51	−9.51	−52.08	−52.08	−52.08

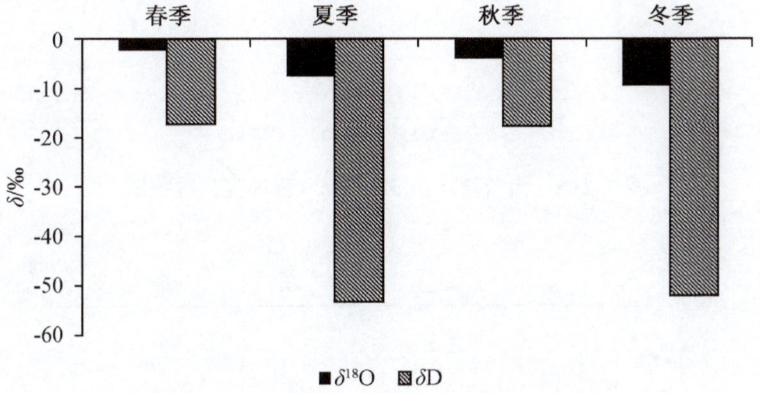

图 7.2-6 各季节大气降水 $^{18}O/D$ 的均值图

综上所述，大气降水中 $\delta^{18}O$ 和 δD 的时程变化趋势基本一致，季节变化明显，春季和秋季的 $\delta^{18}O$/δD 较高，为 $^{18}O/D$ 富集时期，夏季和冬季的 $\delta^{18}O$/δD 较低，为 $^{18}O/D$ 贫化时期。

(3) 降水量与降水中 $^{18}O/D$ 的关系

花山流域地形起伏较小，因而该地区的大气降水中 $^{18}O/D$ 组成基本不会受到高程效应的影响；另外研究区域较小，纬度效应带来的影响也可忽略不计，因此本节重点分析降雨量效应对该地区降水 $^{18}O/D$ 组成的影响。

降水量效应的研究多针对月降水，但是从图 7.2-7 和图 7.2-8 可以看出，降水中的 $\delta^{18}O/\delta D$ 随着降水的持续会出现下降的趋势。回归分析也表明降水中的 $^{18}O/D$ 与降水量对数呈负相关关系，见图 7.2-9 和图 7.2-10，相关关系分别为 $\delta^{18}O=-0.93\ln(P)-4.61$，$\delta D=-7.55\ln(P)-28.42$。

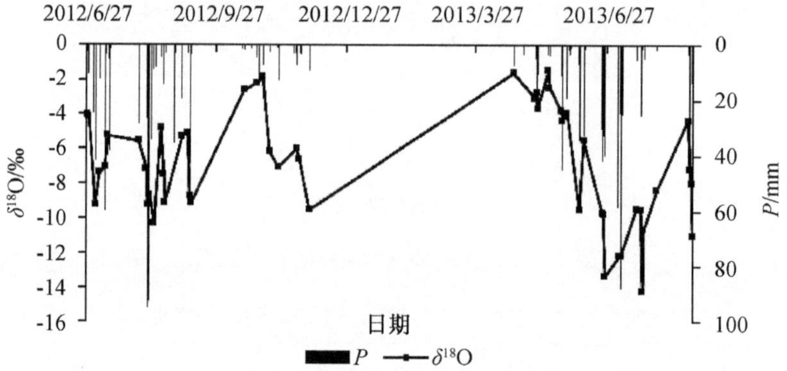

图 7.2-7　大气降水中 $\delta^{18}O$ 随降水量的变化过程图

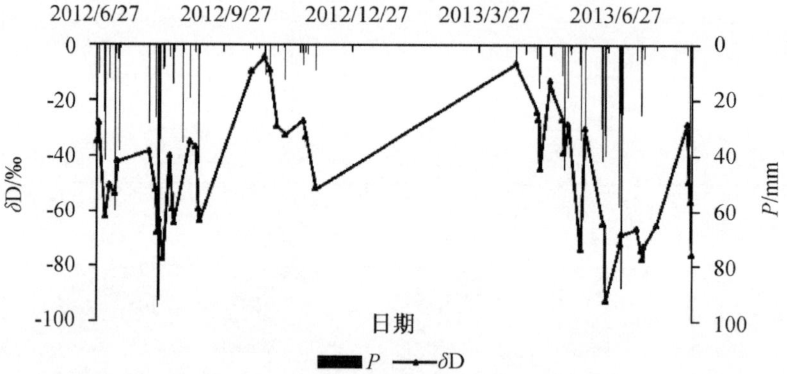

图 7.2-8　大气降水中 δD 随降水量的变化过程图

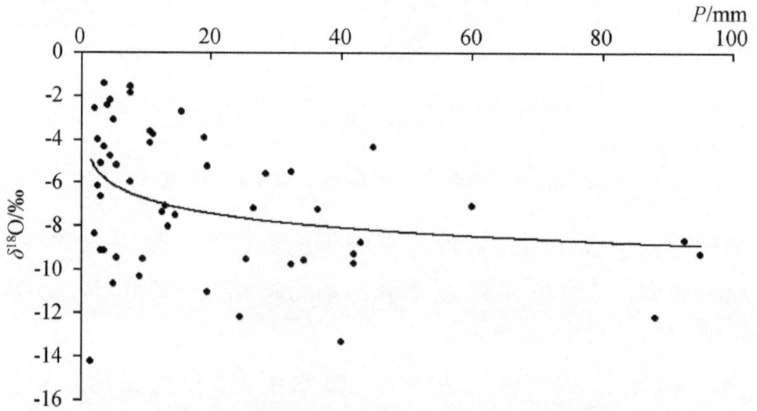

图 7.2-9　大气降水中 $\delta^{18}O$ 与降水量的关系图

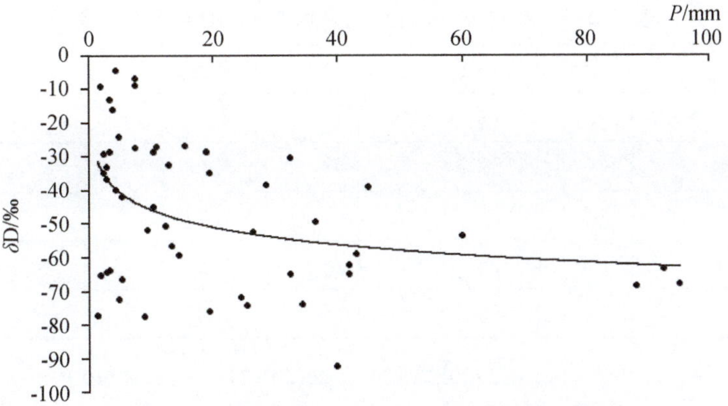

图 7.2-10　大气降水中 δD 与降水量的关系图

雨量效应与降水特征有一定的关系。从表 7.2-3 和图 7.2-11 中可以看出，2013 年 8 月 22 日—8 月 26 日的连续降雨过程，随着降雨的进行，降水中的^{18}O/D 逐渐贫乏。从表 7.2-4 和图 7.2-12 中可以看出，2012 年 10 月 25—31 日的连续降雨过程，随着降水的进行，降水中的^{18}O/D 贫乏，再逐渐富集。这是因为降雨量较小时，降水过程中存在一定程度的蒸发，干扰雨量效应。2013 年 8 月 22 日—8 月 26 日的这场降水雨量比较大，所以雨量效应比较明显，而 2012 年 10 月 25 日—31 日的降水雨量比较小，并受二次蒸发影响，29 日和 31 日的降水^{18}O/Dδ 值较 25—27 日富集。

表 7.2-3　2013 年 8 月大气降水 δ^{18}O、δD 以及降水量

日期	P/mm	δ^{18}O/‰	δD/‰
2013/8/22	3.5	−4.34	−28.60
2013/8/23	36.5	−7.21	−49.53
2013/8/24	13.5	−8.02	−56.58
2013/8/25	19.5	−11.04	−76.00
2013/8/26	0.5	−11.04	−76.00

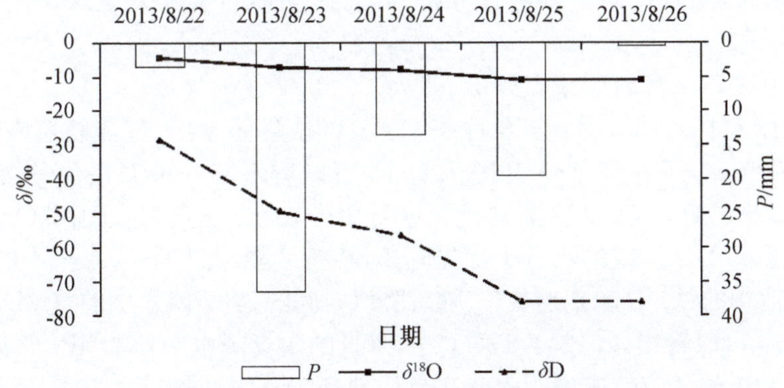

图 7.2-11　2013 年 8 月大气降水 δ^{18}O、δD 随降水量的变化过程图

表 7.2-4　2012 年 10 月大气降水 $\delta^{18}O$、δD 以及降水量

日期	P/mm	$\delta^{18}O$/‰	δD/‰
2012/10/25	4.5	−2.21	−4.50
2012/10/26	11.0	−3.22	−10.88
2012/10/27	0.5	−3.22	−10.88
2012/10/29	7.5	−1.85	−9.20
2012/10/31	0.5	−1.85	−9.20

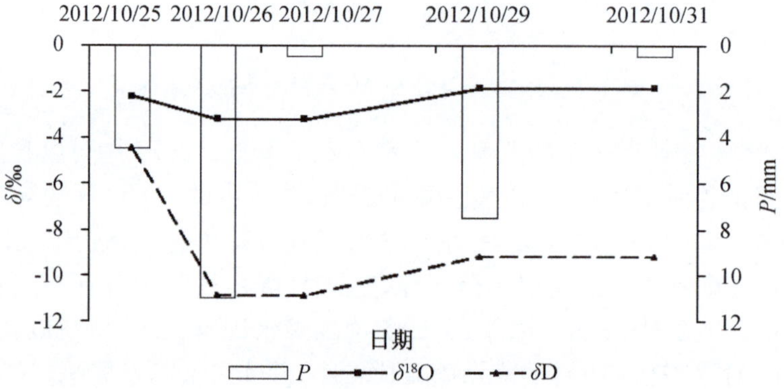

图 7.2-12　2012 年 10 月大气降水 $\delta^{18}O$、δD 随降水量变化过程图

综上所述，降水中的 $\delta^{18}O/\delta D$ 会随着降水的持续出现下降的趋势，与降水量呈负相关关系，不过降水量较小时，蒸发效应会干扰雨量效应。

(4) 水汽来源对大气降水 $^{18}O/D$ 组成的影响

大气降水是水循环过程中的重要输入项，大气降水的 $^{18}O/D$ 组分受到水汽来源地、水汽输送过程、大气环流以及水汽输送路径等因素的影响。

气团轨迹是指大气气团在一定时间内的运动路径，可以用来分析降水气团的来源和输送路径。为了进一步研究大气降水输送过程对花山流域降水中 $^{18}O/D$ 的影响，采用 HYSPLIT 模式中的向后轨迹法，使用 NCEP GDAS 全球 1°×1°的气象数据，后推分析花山流域的水汽来源和传输路径，对每次降水事件向后推 120 h(5 d)，并对 500 hPa、750 hPa、800 hPa 三个高度的水汽运动轨迹进行分析，同时研究不同水汽来源对花山流域大气降水 $^{18}O/D$ 变化的影响。

1) 次场降水水汽来源轨迹模拟分析

从图 7.2-13 可以看出，2012 年 8 月 8—11 日的次场降水中，气流轨迹表明水汽来自南海的热带海洋性气流。从表 7.2-5 和图 7.2-15 可以看出，8—10 日的大气降水的 $\delta^{18}O/\delta D$ 总体上呈逐渐减小趋势，$^{18}O/D$ 逐渐贫化。这是由于在水汽运移过程中 $^{18}O/D$ 与 $^{16}O/H$ 构成的水分子相比，$^{18}O/D$ 构成的水分子优先降落，在持续降水过程中，水汽中的 $^{18}O/D$ 优先形成降水，使得水汽中的 $^{18}O/D$ 越来越贫乏，随着降水时间的延长，降水中的 $^{18}O/D$ 会逐渐贫化。

从图 7.2-14 可以看出，2012 年 8 月 13—14 日的次场降水中，500 hPa 气流轨迹呈 S 型，750 hPa 和 800 hPa 的气流轨迹说明水汽来自局地环流气团，向前推 120 h，正是 8 月 8 日，可以说此次水汽来源是 8 月 8 日水汽的延续，是由前次降水蒸发形成的局地水汽引起的降水。

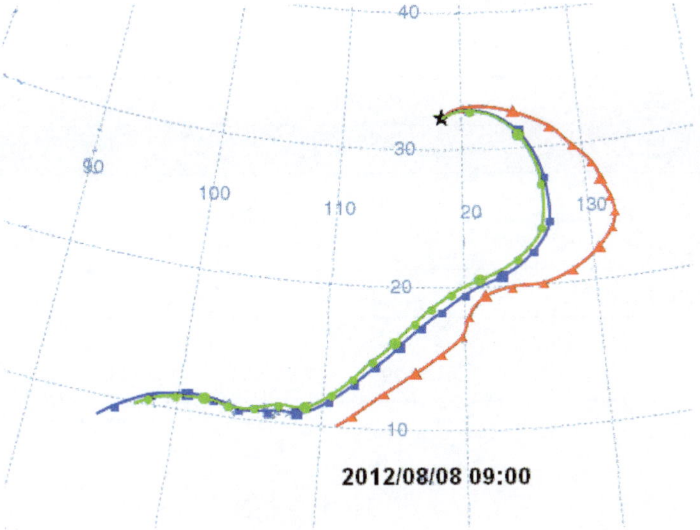

图 7.2-13　2012 年 8 月 8 日大气降水 HYSPLIT 水汽追踪图

（后推 120 h，三角形表示 500 hPa，圆形表示 750 hPa，正方形表示 800 hPa，下同）

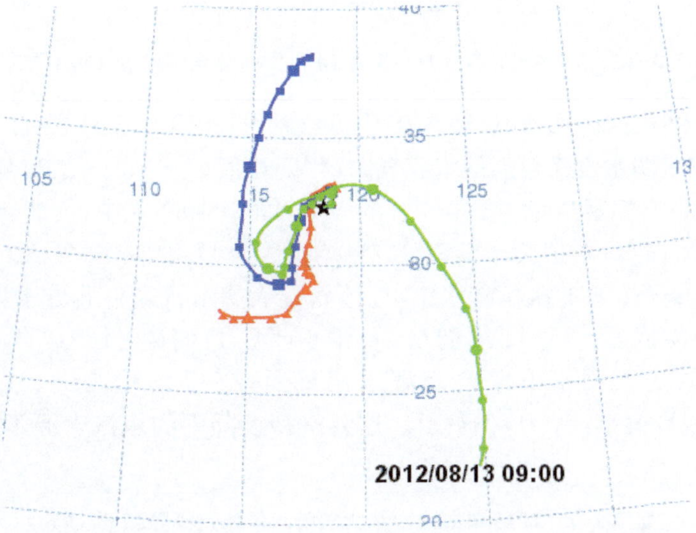

图 7.2-14　2012 年 8 月 13 日大气降水 HYSPLIT 水汽追踪图

表 7.2-5　2012 年 8 月 8 日—8 月 14 日大气降水中的 $\delta^{18}O/\delta D$

日期	2012/8/8	2012/8/9	2012/8/10	2012/8/11	2012/8/13	2012/8/14
$\delta^{18}O$/‰	−7.18	−8.36	−10.18	−8.66	−10.33	−10.13
δD/‰	−52.52	−61.18	−75.10	−63.48	−77.48	−79.39

从表 7.2-6 和图 7.2-15 可以看出，8 月 8—11 日次场降水中 $\delta^{18}O$ 的均值为−8.59‰，δD 的均值为−63.07‰，8 月 13—14 日的次场降水中 $\delta^{18}O$ 的均值为−10.23‰，δD 的均值为 −78.44‰，后次降水比前次降水中的 $\delta^{18}O/\delta D$ 小，$^{18}O/D$ 略显贫化，这是由于 $^{16}O/H$ 与

^{18}O/D 相比，优先蒸发，形成的局地水汽气团中的同位素较前次降水的水汽气团的贫化。

表 7.2-6　2012 年两次次场降水的水汽来源和 δ^{18}O/δD

降雨开始日期	2012/8/8	2012/8/13
降雨结束日期	2012/8/11	2012/8/14
水汽来源	南海气团	局地气团
δ^{18}O 均值/‰	−8.59	−10.23
δD 均值/‰	−63.07	−78.44

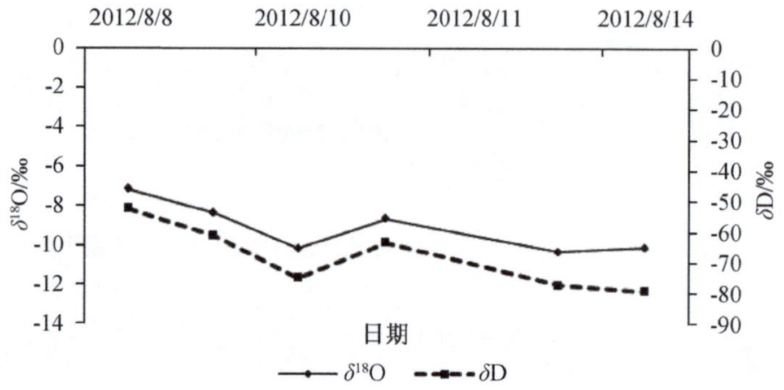

图 7.2-15　2012 年 8 月 8 日—8 月 14 日大气降水中的 δ^{18}O/δD 变化图

从表 7.2-7 和图 7.2-16 至图 7.2-18 中可以看出，2013 年 5 月 25 日—6 月 1 日的次场降水中，气流轨迹表明水汽来自局地水汽气团，δ^{18}O 均值为−4.02‰，δD 均值为−31.92‰，δ^{18}O/δD 偏大，^{18}O/D 偏富集；2013 年 6 月 6—11 日的次场降水中，气流轨迹表明水汽来自西太平洋水汽气团，δ^{18}O 均值为−6.51‰，δD 均值为−47.84‰，δ^{18}O/δD 偏大，^{18}O/D 偏富集；2013 年 6 月 22—26 日的次场降水中，气流轨迹表明水汽来自北方水汽气团，δ^{18}O 均值为−11.15‰，δD 均值为−76.01‰，δ^{18}O/δD 偏小，^{18}O/D 偏贫乏；2013 年 7 月 4—7 日的次场降水中，气流轨迹表明水汽来自南海水汽气团，δ^{18}O 均值为−11.06‰，δD 均值为−66.41‰，δ^{18}O/δD 偏小，^{18}O/D 偏贫乏。这几次持续降雨的水汽来源不同，δ^{18}O/δD 均值也有所差异。

表 7.2-7　2013 年四次次场大气降水的水汽来源和 δ^{18}O/δD

降雨开始日期	2013/5/25	2013/6/6	2013/6/22	2013/7/4
降雨结束日期	2013/6/1	2013/6/11	2013/6/26	2013/7/7
水汽来源	局地气团	西太平洋气团	北方气团	南海气团
δ^{18}O 均值/‰	−4.02	−6.51	−11.15	−11.06
δD 均值/‰	−31.92	−47.84	−76.01	−66.41

在局地水汽气团、西太平洋水汽气团、北方水汽气团和南海水汽气团中，局地水汽气团属近源水汽气团，因为近源水汽蒸发所形成的降雨中^{18}O/D 常呈现高值，所以局地气团产生的降水比其他三个气团产生的降水^{18}O/D 富集。

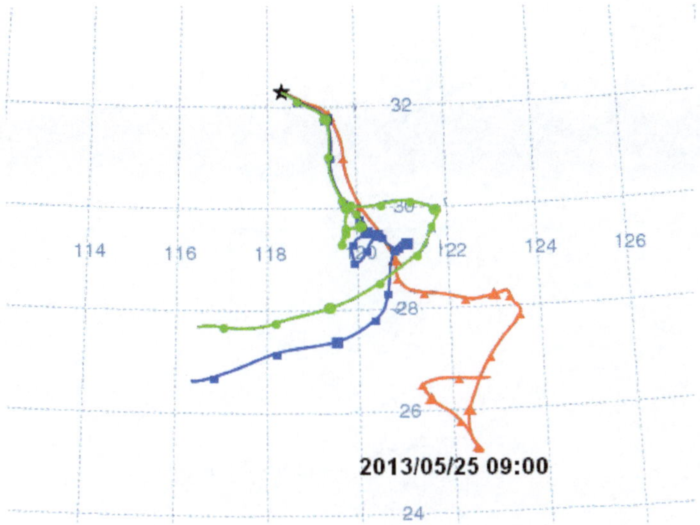

图 7.2-16　2013 年 5 月 25 日大气降水 HYSPLIT 水汽追踪图

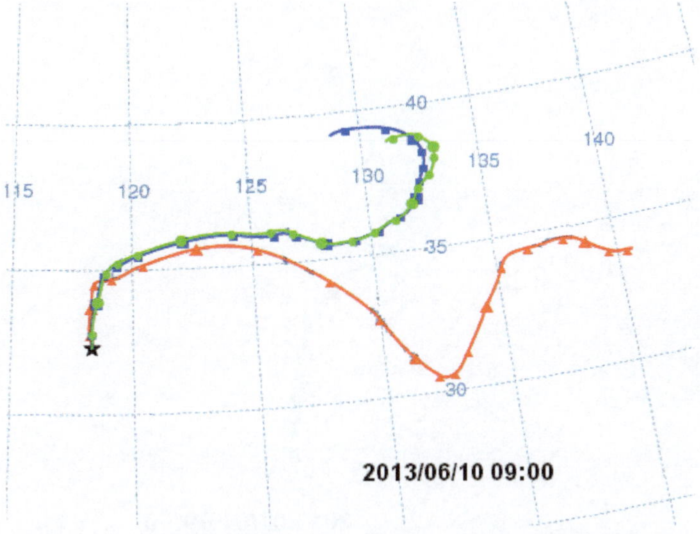

图 7.2-17　2013 年 6 月 10 日大气降水 HYSPLIT 水汽追踪图

来自北方的水汽气团，因运移距离长，在陆面运移时降水损失了^{18}O/D，在到达花山流域前还经过西太平洋洋面，补充了$^{16}O/^{1}H$，因而产生的降水中^{18}O/D 较为贫乏。

来自西太平洋和南海的水汽气团，湿度比较大，气团中的^{18}O/D 在沿途降水过程中不断贫化，而南海的水汽气团比西太平洋的水汽气团运移距离长，同时来自南海的水汽气团在陆地上运移的距离比西太平洋气团运移的距离长，水汽补充也少，因而南海的水汽气团产生的降水^{18}O/D 比西太平洋的水汽气团产生的降水^{18}O/D 贫乏。

综上可知，在 2013 年 5 月 25 日—7 月 4 日这段时间，来源于局地水汽气团的降水，^{18}O/D 较为富集，来源于海洋和内陆的水汽气团的降水，^{18}O/D 较为贫乏。水汽经过远距离运移时，到达花山流域降水的^{18}O/D 会贫化，运移距离越长，贫化越明显。

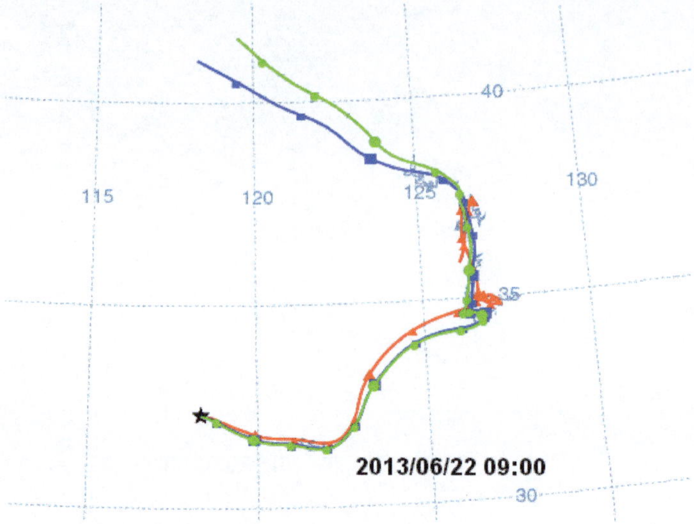

图 7.2-18　2013 年 6 月 22 日大气降水 HYSPLIT 水汽追踪图

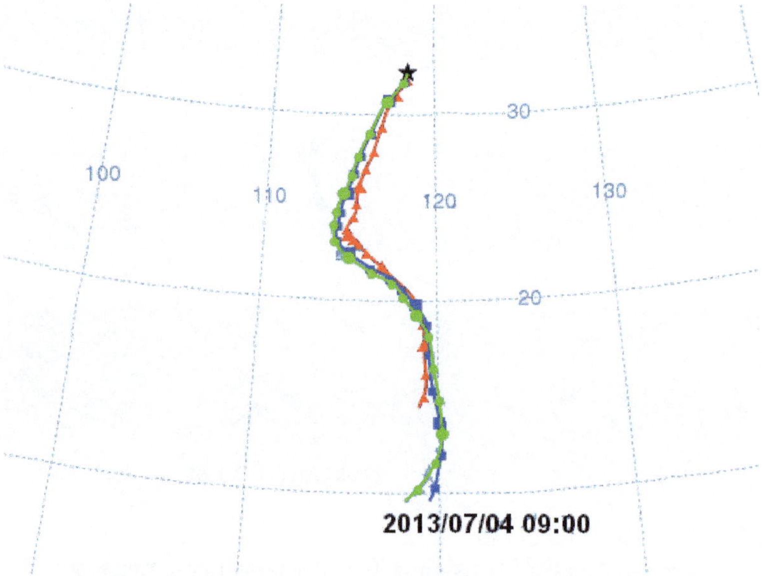

图 7.2-19　2013 年 7 月 4 日大气降水 HYSPLIT 水汽追踪图

2）季节水汽来源轨迹模拟分析

应用 HYSPLIT 模型分别计算实验期间每天 00:00、06:00、12:00 和 18:00 到达花山流域的气团轨迹，并使用 ArcGIS 软件进行聚类分析，得出四个季节(春季 4—5 月，夏季 6—9 月，秋季 10—11 月，冬季 12 月—次年 3 月)实验流域的空气向后轨迹。

一般而言，中国的季风演变分为六个阶段：4 月中旬—6 月中旬为第一阶段，6 月中旬—8 月中旬为第二阶段，8 月中旬—9 月中旬为第三阶段，9 月中旬—12 月上旬为第四阶段，12 月上旬—次年 2 月中旬为第五阶段，2 月中旬—4 月中旬为第六阶段。夏季风在第一阶段出

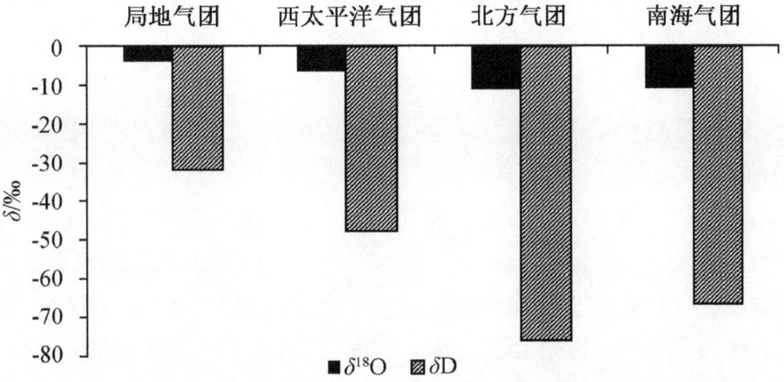

图 7.2-20　2013 年四次不同水汽来源的大气降水的^{18}O/D 的 δ 均值图

现和加强，在第二阶段强盛并稳定，在第三阶段减弱；冬季风在第四阶段出现和加强，在第五阶段强盛并稳定，在第六阶段减弱。

4—5 月为花山流域的春季，这个季节冬季风逐渐减弱并向北退，夏季风将要出现，从图 7.2-21 中的春季水汽轨迹可知，到达花山流域的水汽由一支来源于北方亚洲大陆内部的水

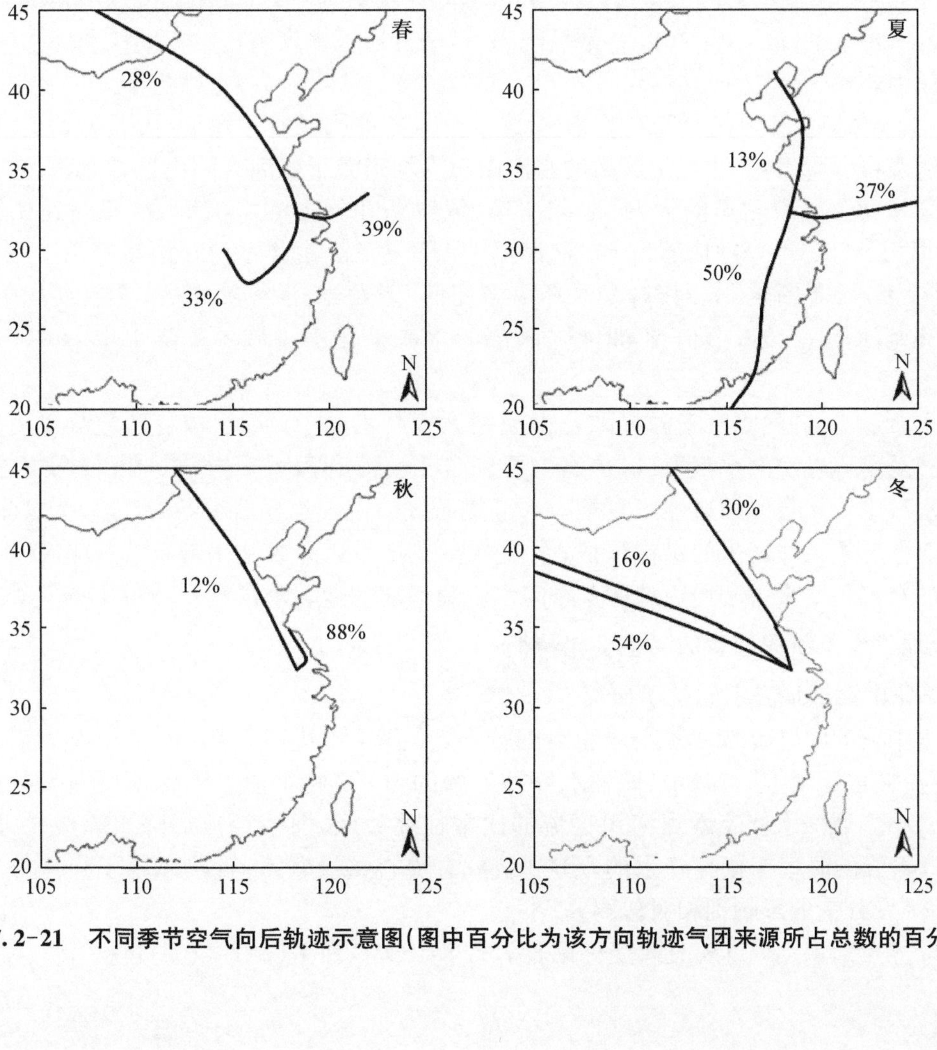

图 7.2-21　不同季节空气向后轨迹示意图(图中百分比为该方向轨迹气团来源所占总数的百分比)

汽和两支近源水汽组成，其中，北方亚洲大陆内部水汽所占比例为28%，东北方向的近源水汽所占比例为33%，西南方向的近源水汽所占比例为39%，即近源水汽所占比例高达72%。此时花山流域的$\delta^{18}O$均值为$-2.39‰$，δD均值为$-17.28‰$，$^{18}O/D$较为富集。这是由于近源水汽蒸发所形成的降雨中$\delta^{18}O/\delta D$常呈现高值，两支近源水汽是花山流域春季降水中$^{18}O/D$富集的原因。

6—9月为花山流域的夏季，这个季节夏季风达到强盛，从图7.2-21中的夏季水汽轨迹可以看出，此时到达花山流域的水汽由一支来源于低纬度南海方向的水汽、一支来源于中纬度西太平洋的水汽和一支来源于北方地区的水汽组成，其中，北方地区的水汽所占比例为13%，南海方向的水汽所占比例为50%，西太平洋方向的水汽所占比例为37%，即来自海洋的水汽所占比例高达87%。此时花山流域的$\delta^{18}O$均值为$-7.57‰$，δD均值为$-53.26‰$，$^{18}O/D$贫乏。因远距离海洋水汽输送的过程中$^{18}O/D$不断贫化，两支来自海洋的水汽是花山流域夏季降水中$^{18}O/D$贫化的原因。

10—11月为花山流域的秋季，这个季节夏季风逐渐减弱并南撤，冬季风逐渐加强并北进，从图7.2-21中秋季的水汽轨迹可以看出，此时到达花山流域的水汽由一支来源于北方的水汽和一支近源水汽组成，其中，北方地区的水汽所占比例为12%，近源水汽所占比例高达88%，此时花山流域的$\delta^{18}O$均值为$-4.05‰$，δD均值为$-17.68‰$，$^{18}O/D$富集。因近源水汽蒸发所形成的降雨中$\delta^{18}O/\delta D$常呈现高值，两支近源水汽是花山流域秋季降水中$^{18}O/D$富集的原因。

12月—次年3月为花山流域的冬季，这个季节冬季风强盛并稳定，从图7.2-21中冬季的水汽轨迹可以看出，到达花山流域的水汽由三支均来源于亚洲大陆内部的水汽组成，三支水汽由高纬度西风带输送的大西洋、北冰洋、俄罗斯和蒙古的水汽混合，此时花山流域的$\delta^{18}O$均值为$-9.51‰$，δD均值为$-52.08‰$，$^{18}O/D$贫乏。远洋水汽在沿途降水过程中会使水汽中的$^{18}O/D$不断贫化，同时，冬季环境温度低、蒸发弱、水汽补充少，导致水汽中$^{18}O/D$得不到补充，所以三支来源于亚洲大陆内部的水汽是花山流域冬季降水中$^{18}O/D$贫化的原因。

综上所述，不同的水汽来源导致花山流域大气降水的$^{18}O/D$组成有所差异。夏季的降水由亚洲夏季风输送的水汽形成，水汽主要来自于南海和西太平洋，$^{18}O/D$较为贫乏；秋季降水的水汽主要来自于周边地区夏季降水汇集而成的地表水再蒸发，$^{18}O/D$较为富集；冬季降水由亚洲冬季风输送来的水汽形成，水汽主要来自于亚洲大陆内部，$^{18}O/D$较为贫乏；春季降水的水汽主要来自于周边地区冬季降水汇集而成的地表水再蒸发，$^{18}O/D$较为富集。

7.2.2 地表水氢氧同位素的时空变化特征

(1) 花山流域地表水同位素概况[28]

河水中$^{18}O/D$组成的时程变化和空间分布，受到花山流域地形、地貌和人为活动的制约，是对流域内降水、冰雪融水、地下水等补给源的$^{18}O/D$特征以及河水所受蒸发效应的综合响应。小流域降水径流量占河川径流的比重往往较大，河川径流对降水响应快，因此河水$^{18}O/D$组成的时程变化与降水的$^{18}O/D$组成有更直接的联系，直接体现了径流补给源的变化，而蒸发分馏的影响则相对较弱。

各取样点河水$^{18}O/D$随时间变化见表7.2-8，$^{18}O/D$在7—9月较为贫化。

表 7.2-8　各取样点河水 $\delta^{18}O/\delta D$ 随时间变化表

取样时间	$\delta^{18}O$/‰			δD/‰		
	最大值	最小值	均值	最大值	最小值	均值
2012/6/22	−0.09	−5.49	−2.89	−11.58	−46.21	−34.01
2012/7/10	−2.74	−7.70	−5.55	−28.82	−52.99	−41.87
2012/7/15	−3.74	−8.19	−6.64	−36.09	−59.84	−49.03
2012/8/1	−2.52	−7.09	−5.08	−21.67	−50.35	−40.69
2012/8/16	−5.89	−8.53	−7.22	−45.17	−61.34	−52.74
2012/9/3	−3.31	−8.41	−5.60	−25.05	−55.89	−39.82
2012/9/16	−0.70	−8.64	−4.47	−5.73	−65.33	−31.16
2012/9/26	−0.07	−7.91	−2.51	−14.33	−54.77	−38.77
2012/10/31	−0.02	−8.76	−5.18	−11.60	−61.69	−34.55
2012/11/14	−3.25	−7.77	−5.57	−29.16	−50.82	−42.07
2013/1/3	−3.08	−7.84	−5.56	−28.02	−50.30	−41.46
2013/1/16	−1.71	−6.10	−4.01	−26.97	−42.60	−35.61
2013/3/3	−2.12	−8.62	−5.27	−30.19	−52.17	−39.20
2013/3/17	−3.31	−7.20	−4.73	−30.56	−49.49	−36.97
2013/4/1	−0.18	−7.14	−4.18	−18.57	−47.55	−33.44
2013/4/16	−0.65	−8.23	−4.47	−17.67	−52.25	−34.52
2013/5/1	−1.47	−6.61	−4.29	−21.74	−46.78	−33.42

(2) 干流主要断面的 $\delta^{18}O/\delta D$ 时程变化过程

图 7.2-22～图 7.2-29 是花山流域干流四个主要监测断面的 $^{18}O/D$ 丰度变化过程线。由这些图可以看到，$\delta^{18}O$ 的变化起伏与 δD 基本一致。胡庄断面 $\delta^{18}O$ 的变化范围是 −7.37‰～−1.54‰，平均值为 −4.81‰，δD 的变化范围是 −55.1‰～−11.9‰，平均值为 −38.4‰；三岔河断面 $\delta^{18}O$ 的变化范围是 −8.27‰～−1.19‰，平均值为 −5.02‰，δD 的变化范围是 −53.6‰～−14.3‰，平均值为 −37.3‰；中源断面 $\delta^{18}O$ 的变化范围是 −7.83‰～−1.37‰，平均值为 −4.90‰，δD 的变化范围是 −54.6‰～−6.99‰，平均值为 −36.8‰；沈郢桥断面 $\delta^{18}O$ 的变化范围是 −7.83‰～−1.34‰，平均值为 −4.69‰，δD 的变化范围是 −56.7‰～−15.5‰，平均值为 −35.4‰。河水 $\delta^{18}O/\delta D$ 平均值大于降水 $\delta^{18}O/\delta D$，这是因为径流形成过程受花山流域因素影响，河水平均 $^{18}O/D$ 组成一般比降水更富集。2012 年 8 月 3 日—21 日降水过程中，花山流域出口断面河水中 D、^{18}O 比率变幅远小于同期降水变幅。本次降水量较小，对河道流量直接贡献不显著，同时平原型流域强烈的均化作用也是造成该现象的原因。2012 年 8 月 18 日大气降水中 $\delta^{18}O/\delta D$ 较大，变化范围较明显，但是此时河水中 $\delta^{18}O/\delta D$ 变化相对平缓，当 $^{18}O/D$ 组分差异较大的降水先后到达地面时，在花山流域包气带比较缺水和降雨强度不大的情况下，只有较小一部分从地表直接汇入河道，而其余大

部分都入渗到土壤中，这部分水与土壤中原有的水发生融合，混合的土壤水通过各种路径汇集到花山流域的出口断面，这个过程需要一定长的时间，在此期间“新水”与“旧水”不断混合，最终到达出口断面的这部分水中的 $\delta^{18}O/\delta D$ 组分已经无法反映当时入渗雨水的组分差异。因此，河水中 $^{18}O/D$ 组分变化不大。平原型流域一般坡度较小，汇流时间很长，流域的均化作用更加显著，花山流域是一个比较典型的代表。

2012 年 10 月—2013 年 5 月为枯季径流，胡庄断面 $\delta^{18}O$ 平均值为－4.42‰，三岔河断面 $\delta^{18}O$ 平均值为－4.35‰，中源断面 $\delta^{18}O$ 平均值为－3.85‰，沈郢桥断面 $\delta^{18}O$ 平均值为－3.89‰，为观测期间之最富集，表明河水主要来自地下水补给和水库蓄水。其他月份进入季风活动期，河水以降水补给为主，河水 $\delta^{18}O$ 随着降水 ^{18}O 的贫化而贫化。

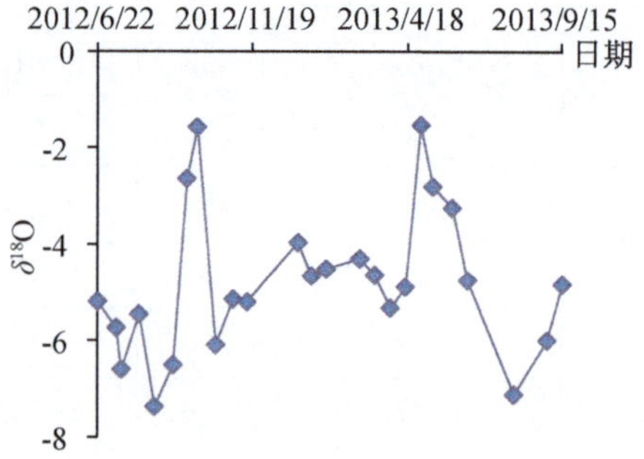

图 7.2-22　胡庄 $\delta^{18}O$ 变化过程线

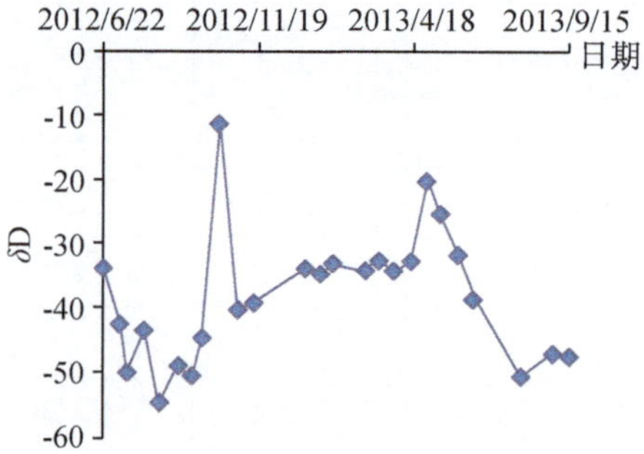

图 7.2-23　胡庄 δD 变化过程线

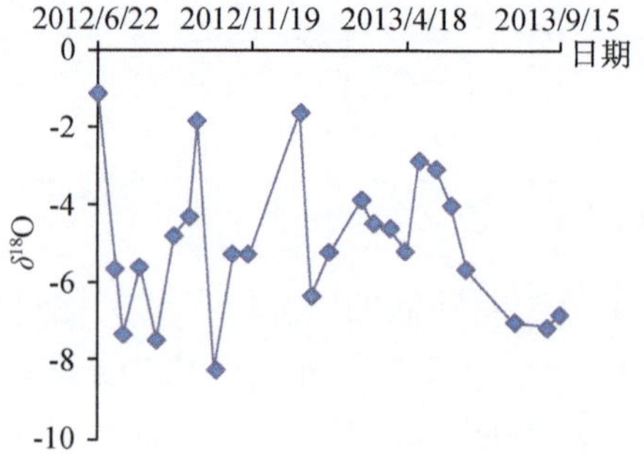

图 7.2-24　三岔河 $\delta^{18}O$ 变化过程线

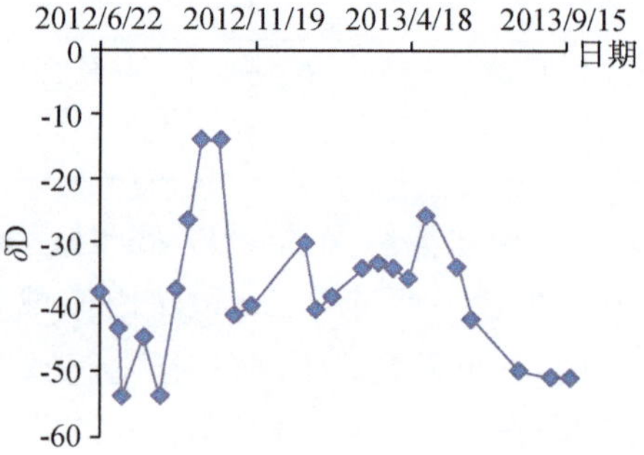

图 7.2-25　三岔河 δD 变化过程线

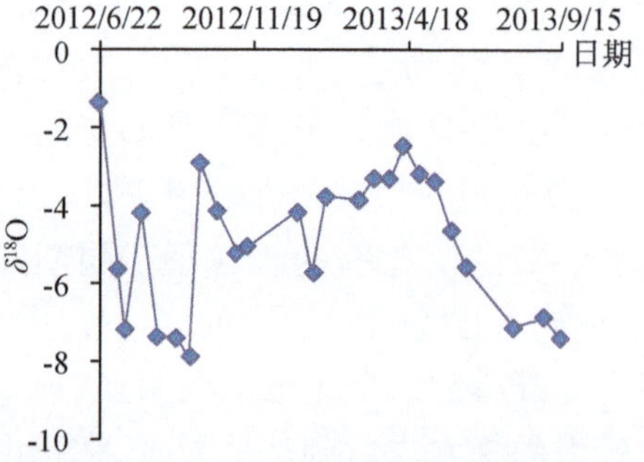

图 7.2-26　中源 $\delta^{18}O$ 变化过程线

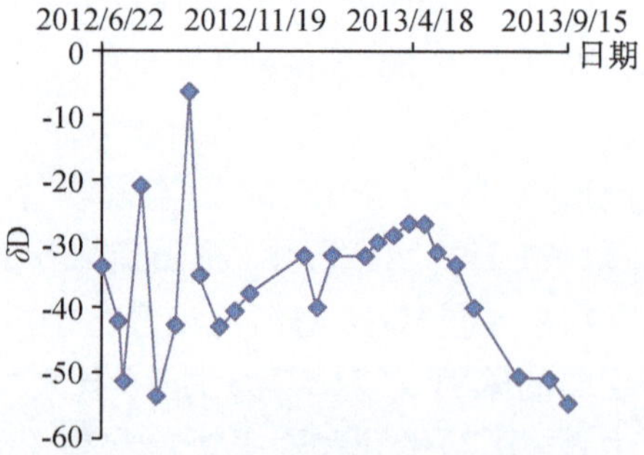

图 7.2-27　中源 δD 变化过程线

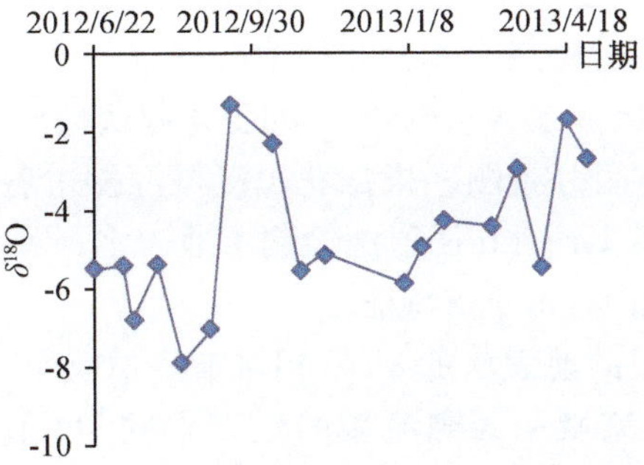

图 7.2-28 沈郢桥 $\delta^{18}O$ 变化过程线

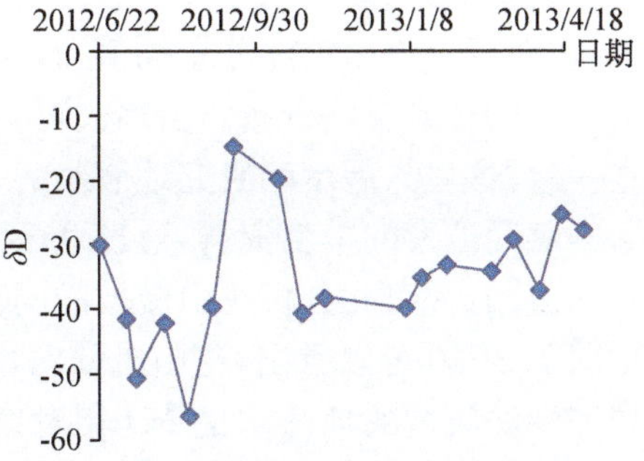

图 7.2-29 沈郢桥 δD 变化过程线

(3) 花山流域地表水$^{18}O/D$空间分布特征

地表水 $\delta^{18}O/\delta D$ 组成的空间分布，能够反映花山流域内不同位置降水的同位素效应、补给源的组成和混合作用、沿程蒸发作用以及人类活动的影响。

从表 7.2-9 可以看出，各个站点的 $\delta^{18}O/\delta D$ 变化范围基本一致，竹园沟流域的朱冲水库(PR4)和竹园沟(CR5)取样点的地表水的 $\delta^{18}O/\delta D$ 较大，$^{18}O/D$ 较为富集，西源流域的汪郢(DR5)、中源流域的凤库(N2R4)取样点的地表水的 $\delta^{18}O/\delta D$ 较小，$^{18}O/D$ 较为贫乏。

表 7.2-9 地表水 $\delta^{18}O/\delta D$ 随空间变化表

站点(代码)	$\delta^{18}O$/‰			δD/‰		
	最小值	平均值	最大值	最小值	平均值	最大值
三岔河(AR5)	−7.45	−5.24	−1.96	−53.63	−38.65	−14.33
胡庄断面(BR5)	−7.37	−4.99	−1.54	−55.06	−39.61	−20.73
竹园沟(CR5)	−7.86	−3.87	−0.14	−59.84	−31.06	−6.55
汪郢(DR5)	−9.03	−7.39	−1.74	−56.91	−49.82	−30.65
三板桥汇合口(ER5)	−8.86	−5.88	−3.19	−57.25	−42.22	−27.05
中源(FR5)	−7.43	−5.03	−2.49	−54.6	−38.9	−26.93
张郢(GR5)	−7.28	−5.25	−2.69	−52.93	−39.99	−25.05
红花桥水库(HR4)	−8.41	−5.54	−2.08	−49.22	−41.58	−32.6
油坊小坝(KR34)	−7.79	−4.8	−0.38	−58.95	−38.6	−17.39
油坊大山洼(L2R4)	−7.27	−4.28	−0.53	−55.34	−35.6	−19.43
大山洼水库(LR4)	−7.61	−5.11	−0.84	−55.89	−42.27	−31.83
叶桥(MR4)	−7.37	−5.24	−0.18	−54.97	−40.41	−22.94
凤库(N2R4)	−7.99	−5.96	−3.53	−54.84	−44.04	−36.06
龙库(NR4)	−7.43	−5.05	−3.32	−51.99	−39.84	−30.77
朱冲水库(PR4)	−6.05	−3.64	−1.82	−48.32	−33.72	−14.56
新坝(QR4)	−8.38	−4.64	−0.63	−61.34	−37.18	−17.67

从理论上说，只要空间上存在连续分布的水文因素，就存在等值的概念，只要有一定数量的测点，就可以作出空间分布插值图，因而可以通过绘制空间分布插值图来进一步研究地表水的氢氧同位素空间分布。由前文可知，花山流域内地表水的 $\delta^{18}O$ 的变化起伏情况与 δD 的基本一致，这里只展示和研究地表水的 $\delta^{18}O$ 的空间分布图。根据花山流域河网中各个取样断面的氧同位素的丰度资料，通过 ArcGIS 软件的 Kriging 插值法绘制了地表水 $\delta^{18}O$ 的空间分布插值图，并以此分析花山流域的同位素丰度的空间分布特征。

由图 7.2-30 可以看出，花山流域内各个子流域的地表水的 $\delta^{18}O$ 相对丰度情况是，竹园沟流域和中源流域的地表水的 ^{18}O 相对富集，东源流域和西源流域的地表水的 ^{18}O 值相对贫乏。

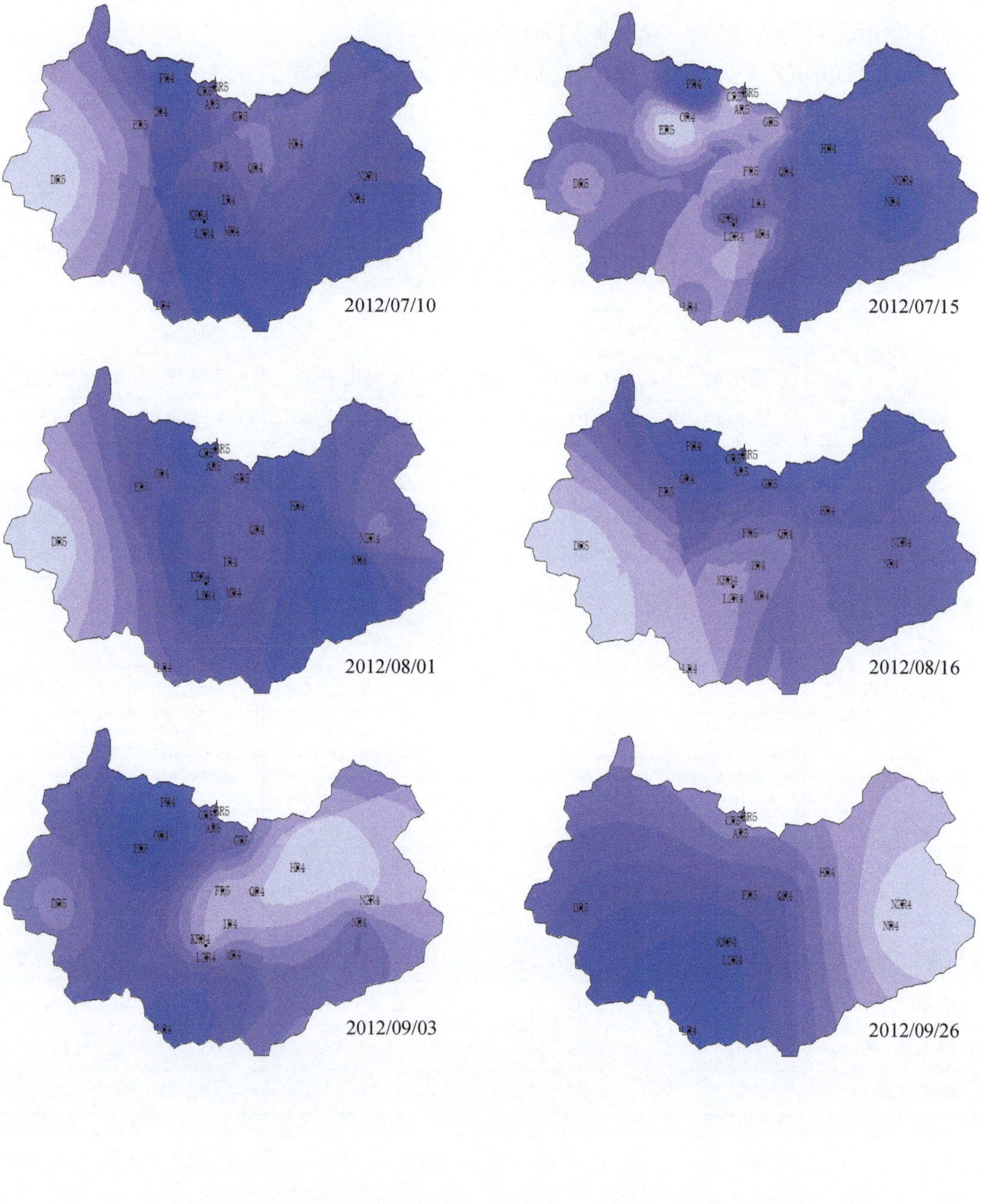

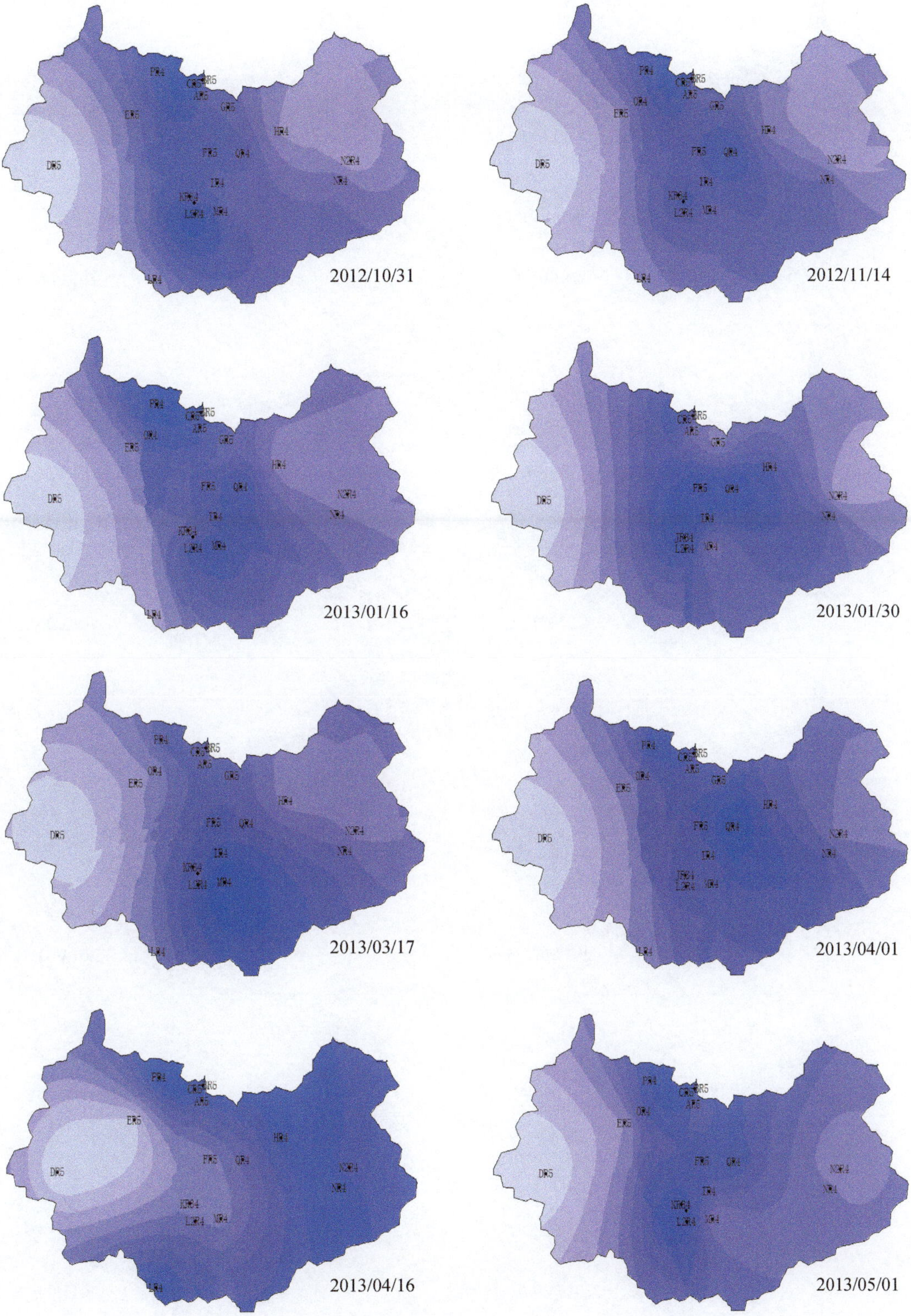
2012/10/31
2012/11/14
2013/01/16
2013/01/30
2013/03/17
2013/04/01
2013/04/16
2013/05/01

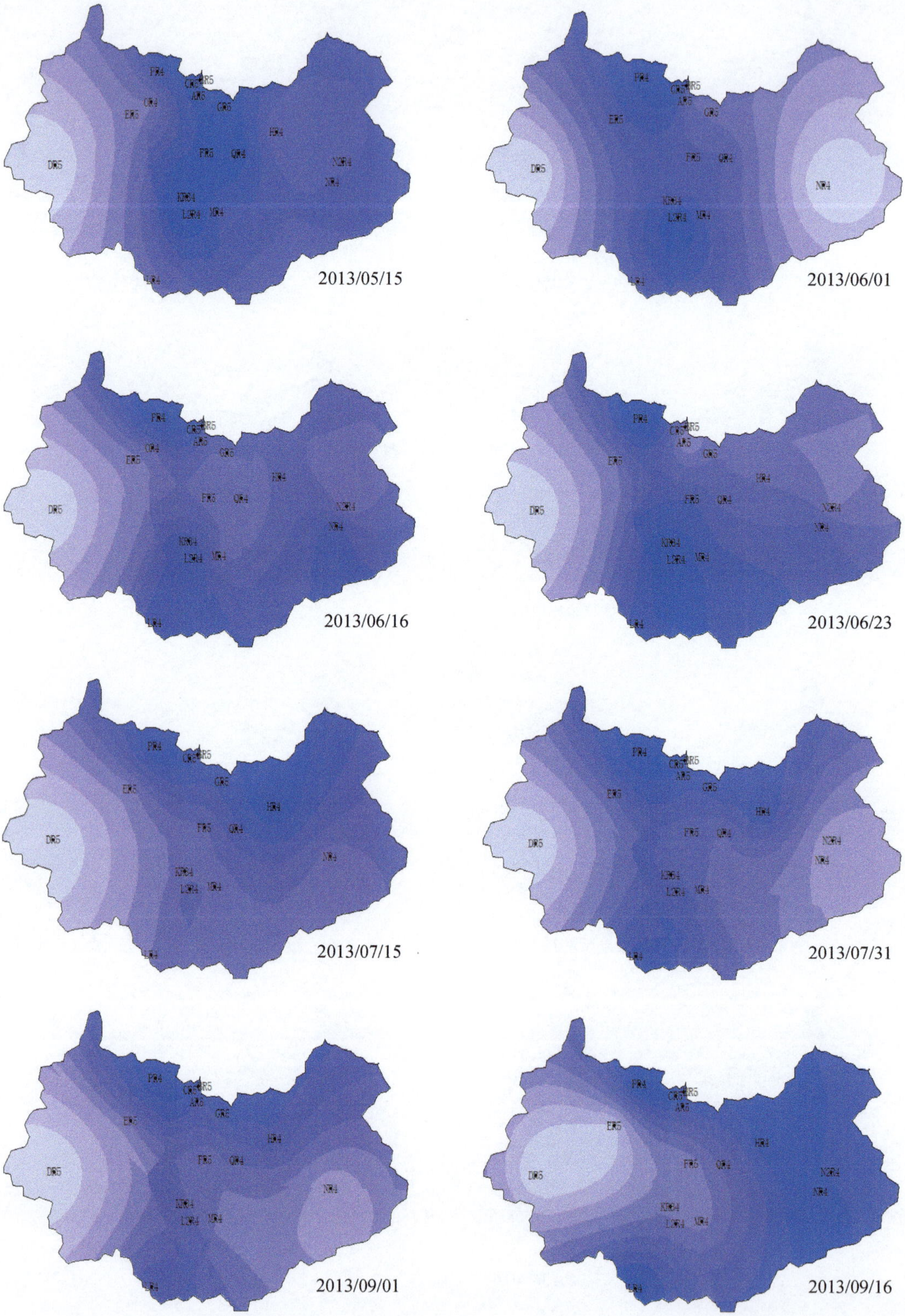
2013/05/15
2013/06/01
2013/06/16
2013/06/23
2013/07/15
2013/07/31
2013/09/01
2013/09/16

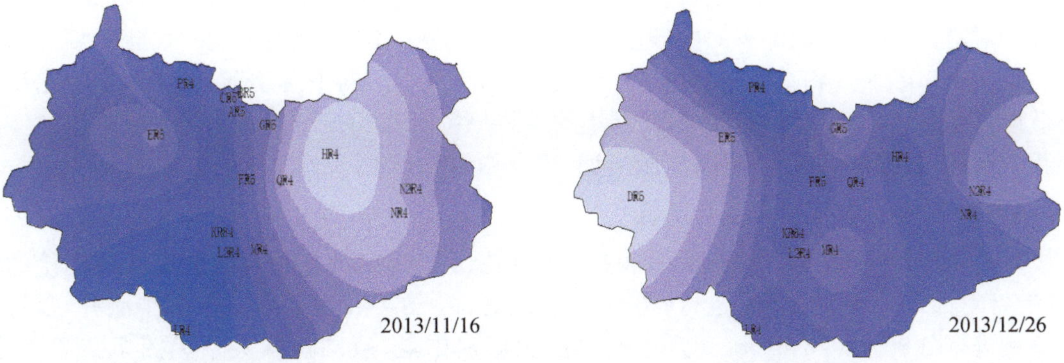

图 7.2-30　不同时间地表水 $\delta^{18}O$ 的空间分布插值图(颜色越深 δ 值越大)

花山流域^{18}O的分布从东向西方向呈现贫乏—富集—贫乏的变化规律。流域内同位素有中部比东部和西部相对富集的现象,且东部和西部有向中部逐渐富集的趋势。结合花山流域的地形地貌图可看出,高程较高处^{18}O较为贫乏,这与降水同位素的高程效应有关。

花山流域内地表水的^{18}O峰值出现的采样点,主要分布在花山流域出口断面处和水库附近。花山流域出口胡庄断面(BR5)处的^{18}O值较大,$^{18}O/D$相对富集,这可能是因为$^{18}O/D$的沿程富集效应,而水库附近$^{18}O/D$的相对富集可能是因为水库水体受蒸发作用的影响,从而导致调节汇入干流后的干流水体的$^{18}O/D$的相对丰度增大,朱冲水库(PR4)、新坝(QR4)、龙库(NR4)、大山洼水库(LR4)、油坊小坝(KR34)、油坊大坝(JR34)等处均出现过峰值点,但时间不同,可能是由各水库蓄水放水时间不同导致的。

花山流域内各支流河水的$\delta^{18}O$有从上游向下游逐渐变大的趋势,也就是$^{18}O/D$沿程逐渐富集的趋势,花山流域西部的西源流域和竹园沟流域的$^{18}O/D$富集形势比中部的中源流域和东部的东源流域明显。流域西部的西源流域内,汪郢(DR5)—三板桥汇合口(ER5)—石山口大坝(CR4)—三岔河(AR5)—胡庄断面(BR5),$^{18}O/D$沿程呈明显富集形势。竹园沟流域,从朱冲水库(PR4)—竹园沟(CR5)—胡庄断面(BR5)也有$^{18}O/D$沿程富集形势,但不如西源流域明显,可能是因为竹园沟流域的流程较西源流域的流程短,且有朱冲水库的影响。右侧东源流域,从红花桥水库(HR4)—张郢(GR5)—胡庄断面(BR5)的$^{18}O/D$沿程富集形势不太明显,可能是受上游红花桥水库的调节影响,且红花桥水库相对其他水库蓄水量较大,所以调节作用也较为明显。中部中源流域的流域面积较大,且水库众多,富集形势不明显,但各支流或支流的部分富集形势较为明显,如靠近流域出口断面处的,沈郢(IR4)—中源(FR5)—三岔河(AR5)—胡庄断面(BR5),$^{18}O/D$沿程呈富集态势;受水库水体调节影响的凤库(N2R4)和龙库(NR4)处的$^{18}O/D$也有沿程富集趋势,龙库和凤库地理位置较为接近,且两处都为水库水体,两者比较时可以忽略水体蒸发带来的影响,龙库处于凤库的下游,因而$^{18}O/D$较为富集。由此可见,受蒸发影响,水库水体$^{18}O/D$相对富集,经调节汇入干流后致使干流水体的同位素相对丰度增大;没有经过水库调节的水体,其同位素相对丰度虽然会随距离改变,但变化不大。

水库对地表水同位素组成的影响有两个方面:一是有效滞蓄了同位素较贫化的大雨和暴雨的降水径流,二是减缓了地表水的水流速度,增大了蒸发面积,强化了地表水滞留过程中的蒸发作用。

综上可知，竹园沟流域和中源流域^{18}O/D相对富集，东源和西源流域相对贫乏；流域内中部相对富集，东部和西部有向中部呈逐渐富集的趋势；^{18}O/D峰值出现的位置主要分布在花山流域出口断面处和水库附近，且各支流地表水有从上游向下游逐渐富集的趋势，水库蒸发效应是导致花山流域内^{18}O/D沿程富集的主要原因。花山流域地表水^{18}O/D丰度的空间变化与高程、补给源的混合作用、土壤类型、蒸发作用等有关。

7.2.3　地下水氢、氧同位素变化特征

花山流域地下水丰富，浅层地下水更新速度快，且与地表水的变化有着直接或间接的联系，有针对性地对浅层地下水进行研究有重要的意义。在花山流域设置了多个测井，以竹园井为例进行分析。2013年5—9月不同深度土壤水中氢、氧同位素关系见图7.2-31～图7.2-35。地下水中D、^{18}O同位素值基本都落在大气降水线附近，表明土壤水主要由大气降水补给，且经过了不同程度的分馏作用。由不同深度测井中同位素关系图可以看出，降水进入土壤后经历了强烈的非平衡蒸发，分馏明显，浅层（0.7 m和1.7 m）地下水水中同位素变化范围较大，这是由于地下水是受降水和蒸发共同作用最为明显的区域，随着深度的增加，受降水直接补给作用减小，经上层水蒸发后下渗和受本层水二次蒸发的影响，下层水D和^{18}O的变化范围较小，蒸发线的斜率由浅到深变小。

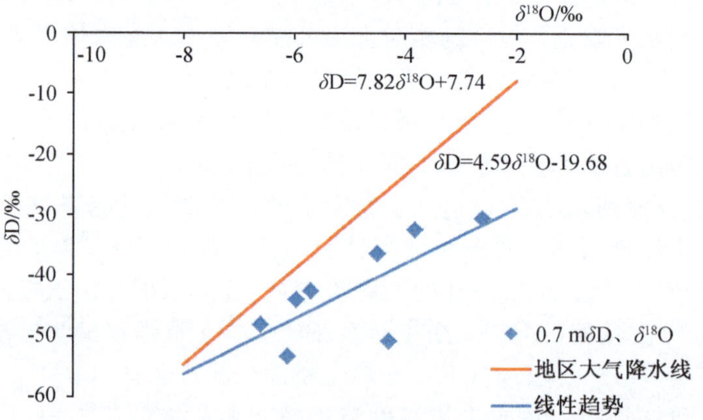

图7.2-31　2013年5—9月竹园井0.7 m深地下水δD、$\delta^{18}O$关系

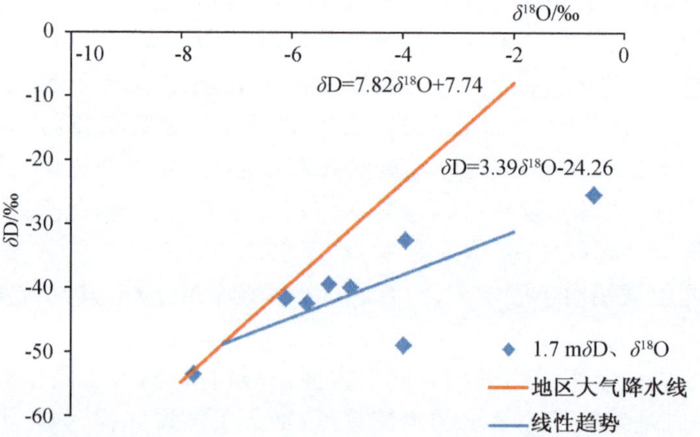

图7.2-32　2013年5—9月竹园井1.7 m深地下水δD、$\delta^{18}O$关系

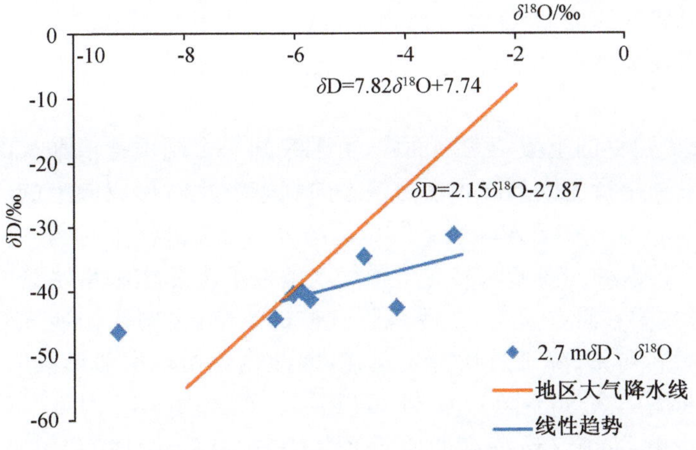

图 7.2-33 2013 年 5—9 月竹园井 2.7 m 深地下水 δD、δ^{18}O 关系

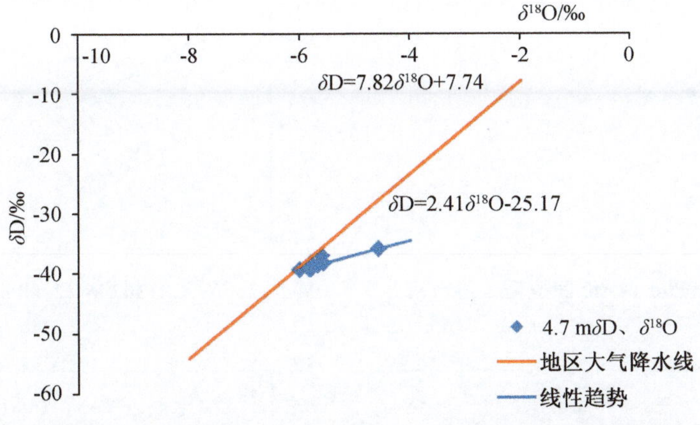

图 7.2-34 2013 年 5—9 月竹园井 4.7 m 深地下水 δD、δ^{18}O 关系

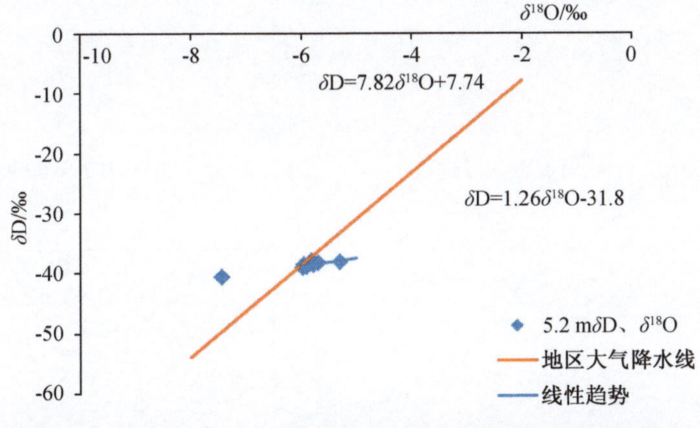

图 7.2-35 2013 年 5—9 月竹园井 5.2 m 深地下水 δD、δ^{18}O 关系

将本次研究测得的 δ^{18}O 数据代入中国大气降水的 δ^{18}O 与年平均气温的关系式：$\delta^{18}O=0.35t-13.0$(‰)，计算可得，δ^{18}O 温度与现代平均气温相符，说明地下水主要是现代大气降水补给形成的。而 $\delta^{18}O$ 温度稍高的月份(主要是 5 月和 6 月),可能是该段时间降水中的蒸发作用较为强烈,大气降水首先在地面低洼处经过蒸发作用,然后入渗给地下水导致的。

Zimmermann 等建立的土壤蒸发剖面中,可观察到一个同位素值最大的点,这个点被称为蒸发峰[30]。蒸发峰是指土壤剖面中水由液态向气态转化时形成向上的蒸发通量的深度。土壤表面的同位素值最小,在蒸发峰以下同位素组分为单调递减的趋势,并在某一深度达到一个理想的常数[18]。这种剖面形状多在干旱气候条件下由非饱和带水分的蒸发损失造成。本研究土壤水取样主要在夏季进行,受季风性气候的影响,在雨季初期气候干旱,土壤蒸发强烈,通过上一节分析可知,降雨过后蒸发迅速,因此也会出现类似形状的剖面。由竹园井不同深度 $\delta^{18}O$ 分布图 7.2-36～图 7.2-41 可以看到,在 2013 年 7 月 6—7 日的次降雨过程中,由于中午蒸发影响,在 0.7 m 深度的地下水 $^{18}O/D$ 较富集,形成 $^{18}O/D$ 富集的一个波峰。

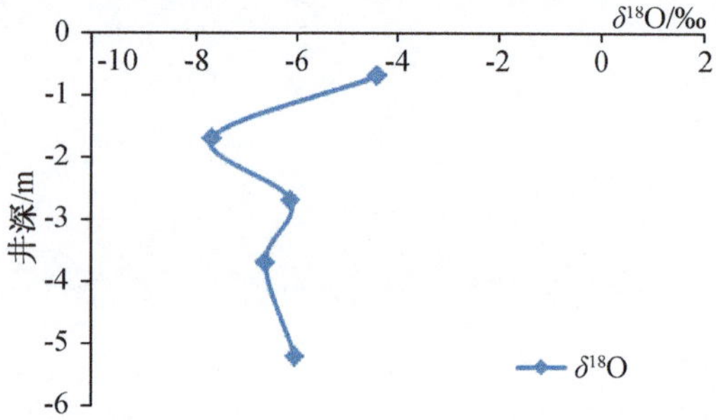

图 7.2-36　20130706 14:00 同位素入渗过程

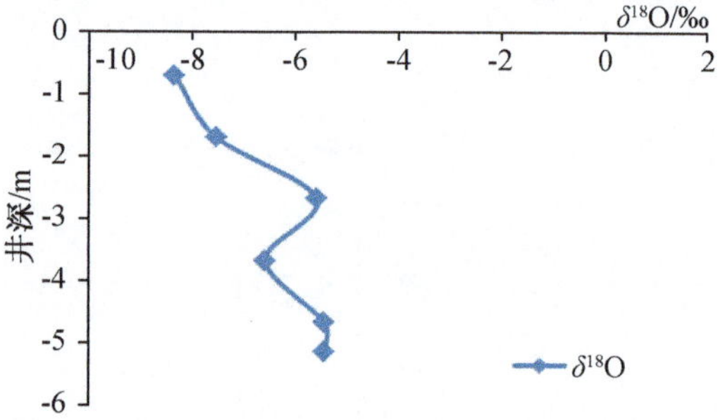

图 7.2-37　20130706 22:00 同位素入渗过程

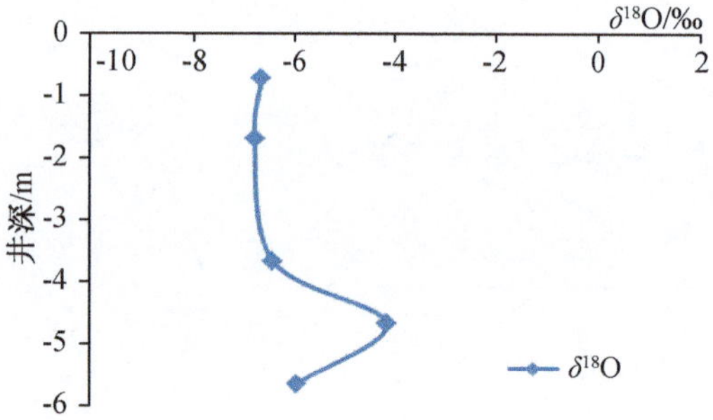

图 7.2-38　20130707 8:00 同位素入渗过程

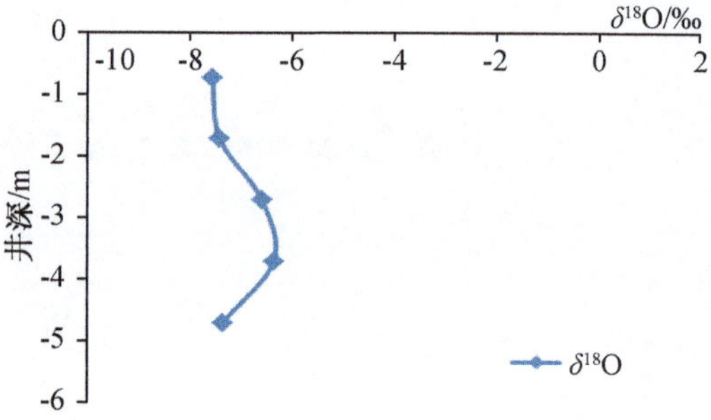

图 7.2-39　20130707 9:00 同位素入渗过程

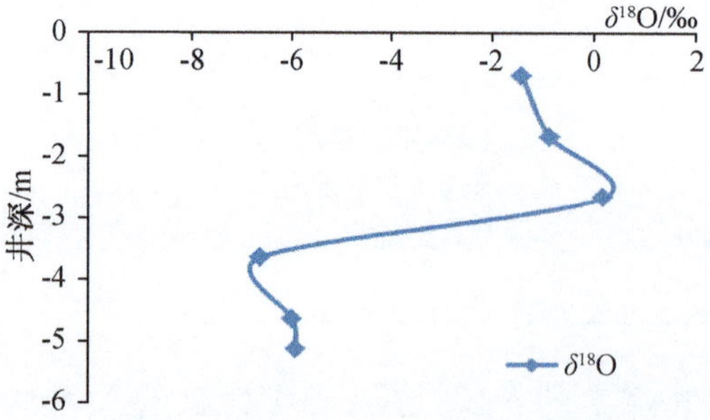

图 7.2-40　20130707 14:00 同位素入渗过程

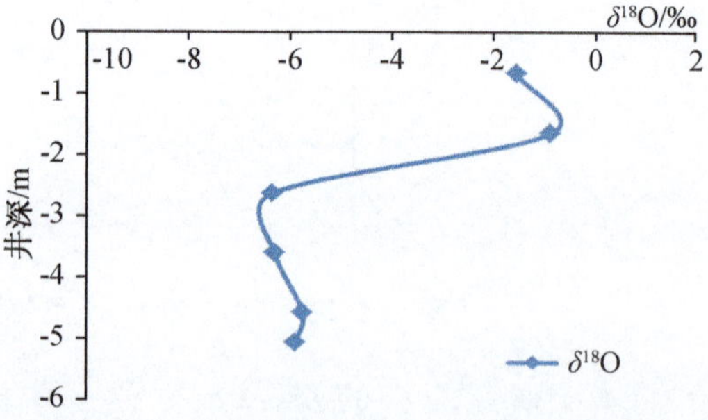

图 7.2-41　20130707 20:00 同位素入渗过程

降水补给地下水的量取决于土壤特征和厚度、植被覆盖、蒸发等气象条件以及降水的强度、持续时间和季节性分布等。而不同条件下，降水入渗后水分在土壤中的运动过程也不同。由上图可以看到，前期降水较大，土壤中含水量充足，土壤中“旧水”受自身重力和大气“新水”挤压作用而下渗，其^{18}O较降水的富集，表明其水源除降雨入渗外还包括前期土壤水。晚上22:00左右，同位素波峰运移至2.7 m深度，在下降过程中可以看到大气“新水”和土壤中“旧水”混合，该位置同位素峰值较0.7 m处贫化；7日早上8:00，同位素波峰运移至4.7 m深度，在入渗过程中伴随二次蒸发，使得同位素富集。根据同位素信息可估算下渗时间，从0.7 m处下渗到2.7 m经历了8 h，从2.7 m处下渗到4.7 m经历了约10 h。

7.3 “四水”转化关系

7.3.1 大气降水与河川径流同位素关系

应用同位素水文技术研究土壤水分运动机理，必须掌握正确阐释各水源的同位素信号、研究花山流域各水源的$^{18}O/D$的相关作用方式及其关系，2014年试验区域大气降水与河川径流δD、$\delta^{18}O$关系见图7.3-1。

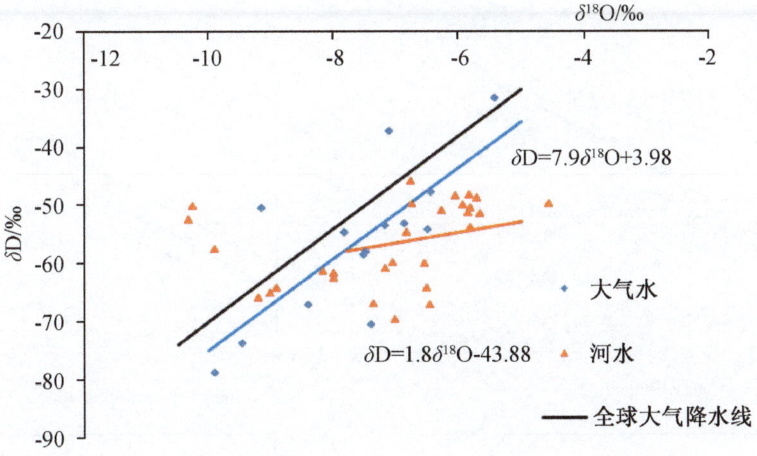

图7.3-1 2014年大气降水与河川径流δD、$\delta^{18}O$关系图

由图7.3-1可以发现，2014年花山流域大气降水的δD、$\delta^{18}O$关系线方程为：$\delta D=7.9\delta^{18}O+3.98$。大气降水降落到地面后，受到了强烈的蒸发，有三组河川径流的氢氧同位素散落到全球大气降水线的上方，表明在大气降水过程中伴随着二次蒸发效应，二次蒸发的水汽与花山流域上空的水汽混合，形成降雨。为说明花山流域降水期间伴随着强烈的蒸发效应，绘制了2014年汛期花山流域的降水量及$\delta^{18}O$随时间的变化过程图，见图7.3-2。

由图7.3-2可以发现，降雨落到地面形成径流汇入河川后，河川径流的$^{18}O/D$成分立即降低；降雨停止后，由于受到强烈的蒸发作用，河川径流的$^{18}O/D$成分随后增加，因此大气降水的$^{18}O/D$成分明显低于河川径流的$^{18}O/D$成分。即使在降雨过程中伴随二次蒸发效应，河川径流中含$^{16}O/^{1}H$的水分子也会优先蒸发进入大气，与花山流域上空的成雨水汽混合。

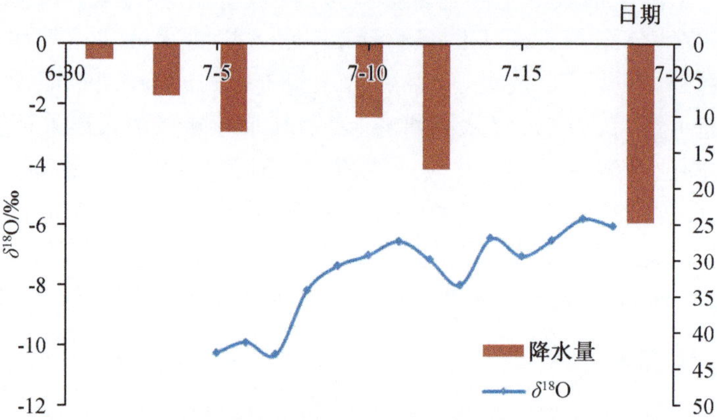

图 7.3-2　花山流域降水量及河川径流 $\delta^{18}O$ 随时间的变化

7.3.2　大气降水与土壤水同位素关系

花山流域大气降水与不同深度土壤水的 δD 与 $\delta^{18}O$ 关系见图 7.3-3(a)～(d)。

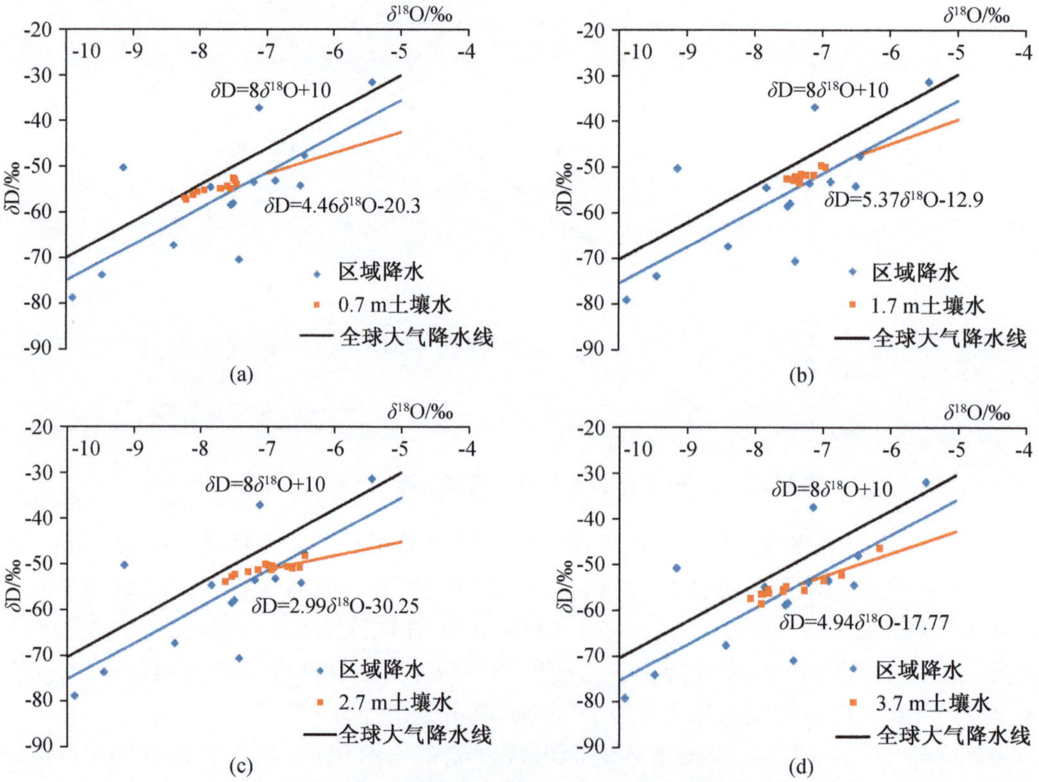

图 7.3-3　大气降水与不同深度土壤水的同位素关系图

由图 7.3-3(a)～(d)可以发现，有三组局部大气降水氢氧同位素落于全球大气降水线的上方，表明花山流域确实存在二次蒸发效应。由图 7.3-3(a)可以发现，二次蒸发效应主要发生在 0.7 m 深范围内，0.7 m 深土壤水的氢氧同位素关系方程为 $\delta D=4.46\delta^{18}O-20.3$；由

图 7.3-3(b)可以发现，1.7 m 深土壤水的氢氧关系方程为 $\delta D=5.37\delta^{18}O-12.9$，蒸发强度小于 0.7 m 深土壤水的蒸发强度，再次佐证了 0.7 m 深土壤水参与二次蒸发，大气降水通过土壤界面下渗，在下渗过程中伴随着蒸发和混合；由图 7.3-3(c)可以发现，土壤水的氢氧同位素关系方程为 $\delta D=2.99\delta^{18}O-30.25$，表明 2.7 m 深的土壤水蒸发分馏强烈，同时表明 2.7 m 深是土壤水与地下水交换的界面；由图 7.3-3(d)可以发现，氢氧同位素关系方程为 $\delta D=4.94\ \delta^{18}O-17.77$，蒸发作用依然存在，但蒸发强度明显下降，表明在监测范围内，0～2.7 m 的确是蒸发作用最强烈的区域。

为了验证大气降水与不同深度土壤水中的 δD 与 $\delta^{18}O$ 的关系，绘制了大气降水与土壤水 $\delta^{18}O$ 随时间变化过程图，见图 7.3-4(a)～(d)。

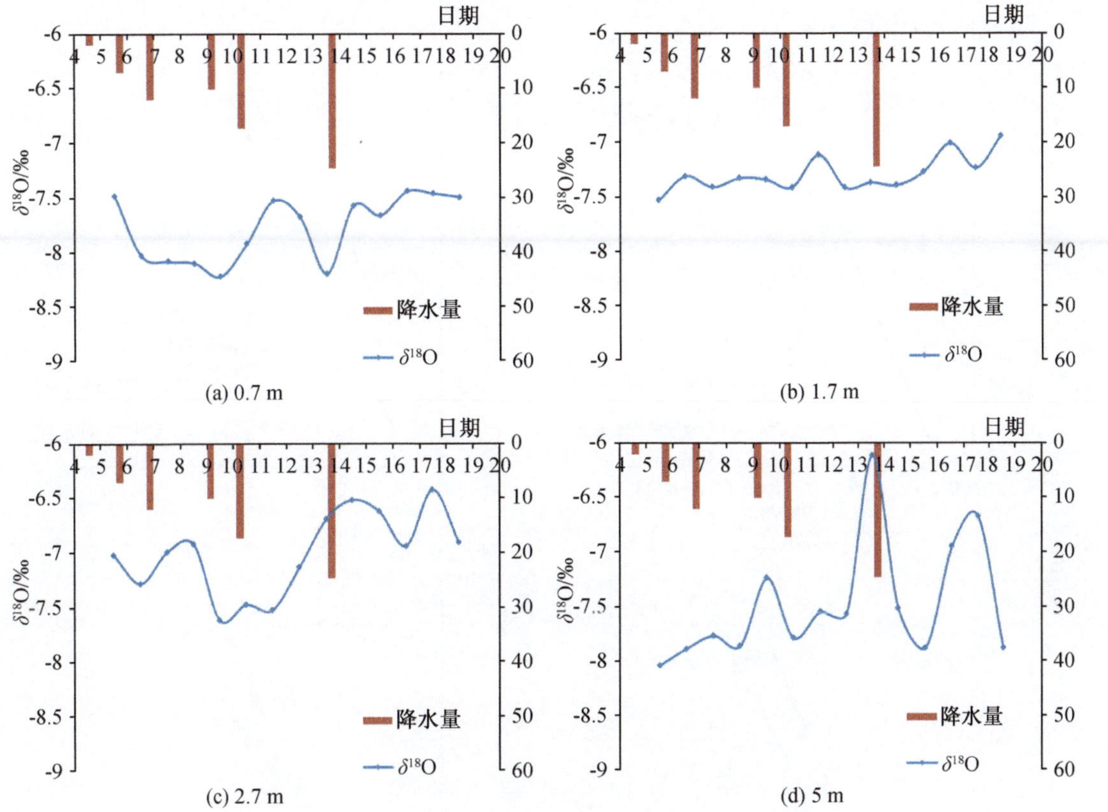

图 7.3-4　大气降水与土壤水 $\delta^{18}O$ 随时间变化过程

由图 7.3-4(a)可以发现，$\delta^{18}O$ 变化范围在−8.5‰～−7.5‰之间。0.7 m 深土壤水中的 $\delta^{18}O$ 受降雨影响较大，降雨前期由于受蒸发影响，土壤水中质量较轻的水分子优先蒸发进入大气，^{18}O/D 相对富集；由于大气降水的 ^{18}O/D 组分低于 0.7 m 深土壤水的 ^{18}O/D 组分，随着降雨的持续，大气降水通过土壤界面下渗并与其混合，致使 0.7 m 深 ^{18}O/D 组分有所下降，并形成波动；降雨停止，蒸发效应开始显现，土壤水中 ^{18}O/D 又开始富集。0～0.7 m 深应该是大气降水与蒸发的主要作用区。由图 7.3-4(b)可以看出，$\delta^{18}O$ 的变化范围在−7.5‰～−7.0‰之间，1.7 m 深的土壤水中重同位素 $\delta^{18}O$ 受降雨的影响不是很大，土壤水中 $\delta^{18}O$ 变化相对平缓，1.7 m 深的包气带应该是大气降水与土壤水交换的主要空间，即掺混最强烈的区域。由图 7.3-4(c)可以发现，$\delta^{18}O$ 的变化范围在－7.8‰～－6.5‰之间，2.7 m 深土壤水中的 $\delta^{18}O$ 随时间变化的波动较大，大气降水对该层土壤水 $\delta^{18}O$ 的影响相对滞后，2.7 m 左右深应该是土壤水与地下水交换的界面，也是蒸发作用最明显的区域。由图 7.3-4(d)可以看出，5 m 深土壤水相对于 2.7 m 深土壤水中的 $\delta^{18}O$ 变化更加剧烈，变化范围为－8.0‰～－6.2%，说明土壤水与地下水交换更加频繁，降雨、蒸发对该区域有影响，但影响更加滞后。

7.3.3 大气降水与地下水同位素关系

大气降水与地下水 δD、$\delta^{18}O$ 关系见图 7.3-5(a)～(d)。

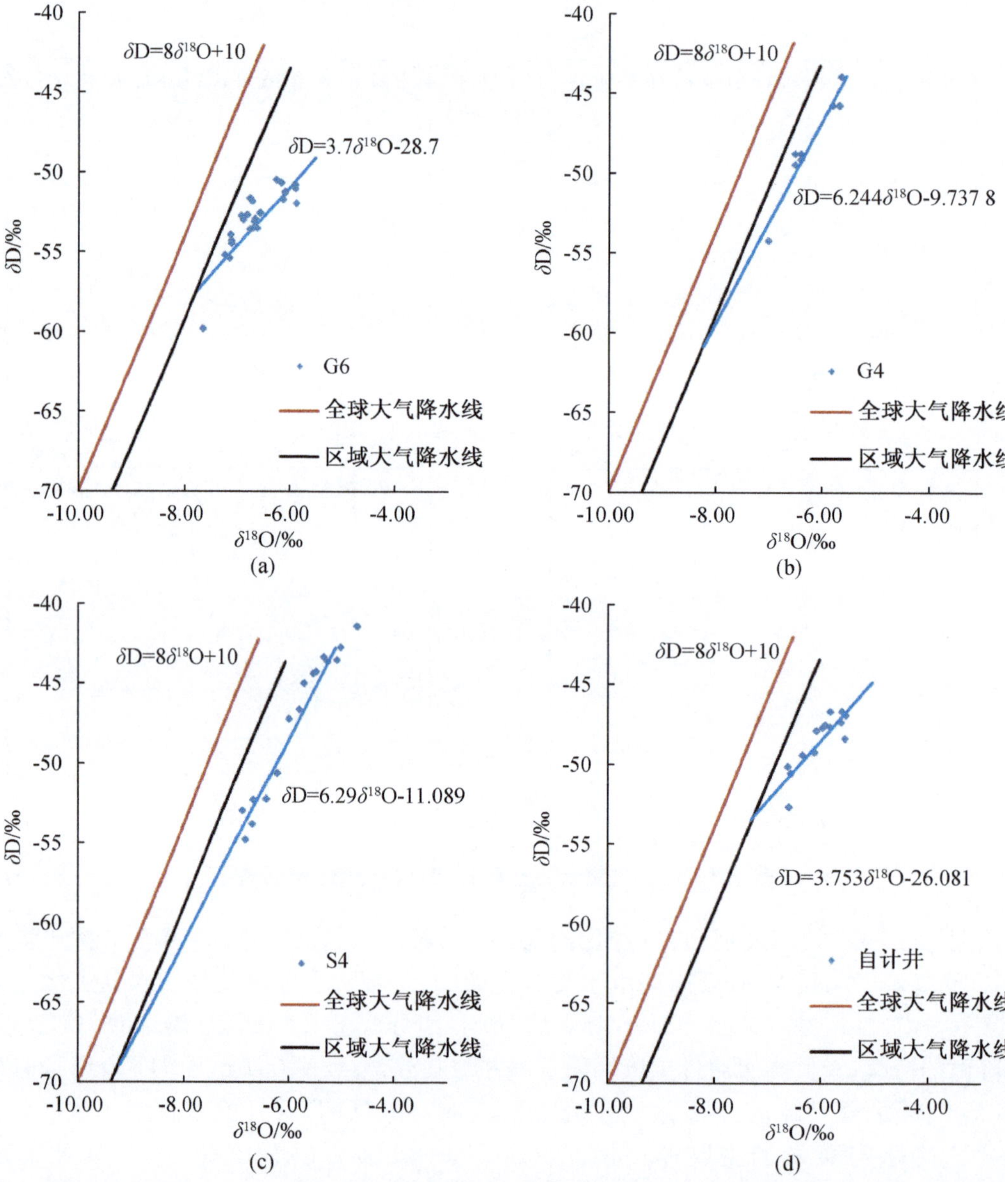

图 7.3-5 大气降水与地下水 δD、$\delta^{18}O$ 关系图

由图 7.3-5(a)~(d)可以发现，地下水氢氧同位素关系线都位于花山流域大气降水线下方，表明各井的地下水都受到不同程度的蒸发影响。蒸发影响最强烈的是 G6 井，其氢氧同位素关系方程为 $\delta D=3.7\delta^{18}O-28.7$，这是因为该井较深，主要接受地下水补给，地下水长期经受蒸发，所以 $^{18}O/D$ 富集；竹园沟 G4 井位于河道旁，其氢氧同位素方程关系为 $\delta D=6.244\delta^{18}O-9.7378$，其地下水的补给主要来自旁边的河道径流，因此其氢氧同位素关系接近于河川径流的氢氧同位素关系；三岔河 S4 井氢氧同位素关系方程为 $\delta D=6.29\delta^{18}O-11.089$，由于受河流和农田灌溉的补给，所以其氢氧同位素关系接近于河川径流氢氧同位素关系是合理的。

7.3.4 地表径流和地下径流流量过程线划分

在水文学中，降雨径流模型中的水源划分是重要环节，若划分不当将会影响汇流计算的准确性。各种不同水源的径流在汇流时间上差别较大，地面径流、坡面汇流时间不超过几个小时，而壤中流有三五天，地下径流则达几十天甚至百天。因此水源划分的准确性对汇流结果有直接的关系。1993 年 R. E. Horton 首先提出产流理论，对地面径流的研究比较成熟，认为天然流域地面径流来源于本次降水，在国外利用同位素技术进行径流划分的研究中，假定了地表径流中同位素值与本次降水中同位素值相等。但地面径流不一定全部源于本次降雨，本次降水和地面径流的同位素有时候会存在差异。顾慰祖在 1995 年分析了径流中同位素差异的影响因素：降水本身同位素的差异、径流汇流过程中发生同位素分馏及其他水流汇集[31]。可以通过差异判别“新”水和“旧”水。顾慰祖在 1986 年对集水区降水和地面径流中 ^{18}O 进行了研究，分析了同位素组成不同的情况。

流量过程线划分是将总径流量的过程线划分成地表径流量与基流量等组成部分。氢氧同位素被大量应用于小流域降水事件中的径流过程线划分，拓展了流域产流机制和径流组分的研究。1940 年 Barnes 提出利用退水规律划分地面、地下径流，但部分学者认为传统的径流划分方法实际是带有任意性的图解经验法。到 1970 年，随着水化学分析在降水径流研究中日趋完善，同位素技术也逐渐应用到降雨径流研究中。不同水体中的同位素有不同的特征，利用同位素技术进行径流过程线划分能避免斜线分割法的随意性，为流量过程线划分提供了物理方法。

二水源划分是将径流过程线划分为“新”水（一般指降水产生的地表径流）和“旧”水（一般指地下径流，降水之前就有的水分）。二水源划分有 4 个基本假设：①地下水和基流是相等的，同位素组成相同；②降水与降水之前土壤中水分同位素组成变化很大；③忽略土壤水对地表径流的贡献率，或者土壤水与地下水同位素组成相同；④流量过程线忽略了地表储蓄水量的部分。二水源划分基于质量平衡和浓度平衡，即

$$Q_t = Q_o + Q_n \tag{7.3-1}$$

$$C_tQ_t = C_oQ_o + C_nQ_n \tag{7.3-2}$$

式中：Q_t 为总流量；Q_o 为“旧”水流量；Q_n 为“新”水流量；C_t、C_o、C_n 分别表示同位素浓度。浓度值用 δ 表示，因此可以写成

$$\delta_tQ_t = \delta_oQ_o + \delta_nQ_n \tag{7.3-3}$$

解得 Q_o、Q_n

$$Q_o = \frac{\delta_t - \delta_n}{\delta_o - \delta_n} Q_t, Q_n = \frac{\delta_t - \delta_o}{\delta_n - \delta_o} Q_t \tag{7.3-4}$$

花山流域的地质特征决定了，产流量较小，大部分降水直接渗入土壤中，补给土壤水、地下水。因此对河水进行二水源划分时，不考虑地面径流的因素，把二水源划分成降水和地下水两部分。

对花山流域 2013 年 7 月份降雨的流量过程线依据上面的理论进行二水源划分，见图 7.3-6。本文借鉴国外的思路，在应用公式 7.3-4 时，用降水中的 δ 代替“新”水 δ_n。在短历时内，降水中同位素值随气温、湿度变化很小，且次场降雨的水汽来源变化不大，小流域地区地形影响可以忽略，所以用降雨中的同位素值代替“新”水的同位素值是合理的。短历时的径流过程线分割，地表储水量较小，可以忽略，因此可以认为所有假设成立。

图 7.3-6 表明，“旧”水在次降水产生的河流径流中占有很大比例(非本次降水所占比重为 47%～77%)。一次降水事件的直接径流响应，就水源而言，不仅对应于本次，而且对应于后次峰，可称为“降水与径流的分离滞后对应现象”。

很多学者在进行径流划分时发现河流径流的主要成分是地下径流。比如，Gibson 等在对加拿大径流组成的研究中发现，森林或湿地源区的小流域中降水之前的地下径流是其主要成分。二水源径流划分中，7 月份“旧”水占较大比例，说明地下水对河流径流的补给较大，见图 7.3-6。

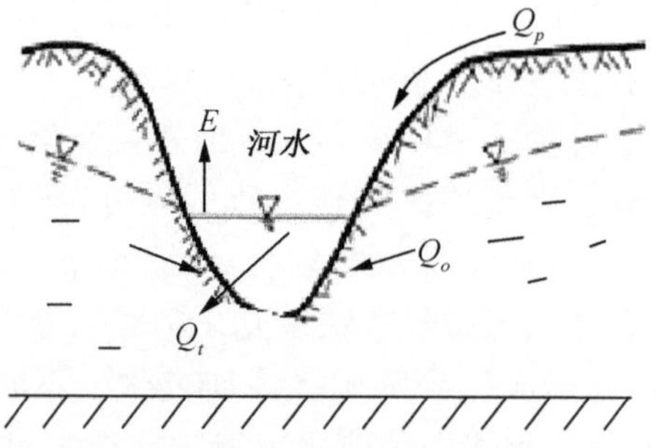

图 7.3-6　地下水补给河水

考虑蒸发因素，河水增加量＝大气降水直接补给量＋地下水补给量－蒸发量，河水的平衡方程如下

$$Q_r = Q_p + Q_g - E \tag{7.3-5}$$

$$\delta_r Q_r = \delta_p Q_p + \delta_g Q_g - \delta_e E \tag{7.3-6}$$

$$C_r Q_r = C_p Q_p + C_g Q_g - C_e E \tag{7.3-7}$$

式中：C_r、C_p、C_g、C_e 代表示踪剂的浓度。对上面三个式子进行推导

$$\begin{bmatrix} Q_p \\ Q_g \\ E \end{bmatrix} = \begin{bmatrix} 1 & 1 & -1 \\ \delta_p & \delta_g & -\delta_e \\ C_p & C_g & -C_e \end{bmatrix}^{-1} \begin{bmatrix} 1 \\ \delta_r \\ C_r \end{bmatrix} Q_r \tag{7.3-8}$$

$$\begin{bmatrix} Q_p/Q_r \\ Q_g/Q_r \\ E/Q_r \end{bmatrix} = \begin{bmatrix} 1 & 1 & -1 \\ \delta_p & \delta_g & -\delta_e \\ C_p & C_g & -C_e \end{bmatrix}^{-1} \begin{bmatrix} 1 \\ \delta_r \\ C_r \end{bmatrix} \tag{7.3-9}$$

令 $A=\begin{bmatrix}1 & 1 & -1\\ \delta_p & \delta_g & -\delta_e\\ C_p & C_g & -C_e\end{bmatrix}$，$B=\begin{bmatrix}1\\ \delta_r\\ C_r\end{bmatrix}$，$x=\begin{bmatrix}Q_p/Q_r\\ Q_g/Q_r\\ E/Q_r\end{bmatrix}$

则式(7.3-9)写成：$x=A^{-1}B$，x 表示成分所占比重。

式中：δ_e为蒸发水汽中的同位素值，计算公式如下

$$\delta_e=\frac{\alpha_{v/l}\delta_r-h\delta_A+\varepsilon_{v/l}+\varepsilon_{diff}}{1-h-\varepsilon_{diff}} \tag{7.3-10}$$

其中，$\alpha_{v/l}=\varepsilon_{v/l}-1$，$\varepsilon_{diff}=n\theta(1-h)\Delta_{diff}$。

式中：$\alpha_{v/l}$为水体蒸发中汽液体之间的分馏系数；h 为相对湿度；δ_A为水体上方自由空气水中的同位素组成；ε_{diff} 为动力分馏因子；Δ_{diff} 为扩散层中 D、^{18}O的最大耗损量，对于 D，值为 $-25.1‰$，对^{18}O，值为 $-28.1‰$；n 为反应蒸发表面空气边界层的特性因子，取值范围是 $0.5\leqslant n\leqslant 1.0$，对开发的水体 n 一般取 0.5，对小水体 θ 取 1.0。

温度是影响蒸发分馏系数 α 的最重要的因素，Majoube 提出了 α 与温度的关系

对^{18}O：$\alpha^{18}\mathrm{O}=\exp((-1.137T^{-2})\times10^3+(0.4156T^{-1})+2.0667\times10^{-3})$ (7.3-11)

对 D：$\alpha_{\mathrm{D}}=\exp((-24.844T^{-2})\times10^3+(76.248T^{-1})-52.612\times10^{-3})$ (7.3-12)

对 δ_A的计算采用 Gibson 的估算法：$\delta_A=(\delta_{PS}-\varepsilon)/\alpha$。各参数计算结果见表 7.3-1。

表 7.3-1 ^{18}O、D 参数

参数 / 同位素	α	h	δ_A	ε	ε_{diff}	T	δ_e
^{18}O	0.990 8	0.87	−0.002 03	−0.009 17	−0.001 83	26.5	−54.187
D	0.927 9	0.87	−0.065 43	−0.072 11	−0.001 63	26.5	−394.879

α 偏离 1 的程度较小，表明分馏程度较小。由 Matlab 计算可知，蒸发占的比例非常小，几乎没有改变由降水直接补给和地下水补给时的比例。小河流蒸发量相对较小，计算是没有意义的。

在短历时内，大气降水中的 δ^{18}O/δD 受气温、湿度等影响较小，同时，次场降雨的水汽来源基本相同，小流域地区地形等影响也可以忽略，因而可以认为用大气降水中的氢氧同位素代替新水中的氢氧同位素是合理的，所以借鉴国外的思路，用大气降水的氢氧同位素 δ 值代替新水的同位素 δ 值。

因地下水氢氧同位素的组成会受降水过程的影响，而在降水开始前和退水过程结束后河道径流量比较稳定时，河道径流量基本上可以看作由地下水补给，因而，可以用降水开始前和退水过程结束后的河道径流量的氢氧同位素组成的平均值来表示补给地下水的氢氧同位素组成。在应用公式时，用降水开始前和退水过程结束后的河道径流量的氢氧同位素 δ 平均值来表示补给地下水的氢氧同位素 δ 值。

因取样资料的限制，本文对花山流域 2013 年 7 月份降雨的流量过程线依据上面的理论进行二水源划分，计算结果见表 7.3-2、表 7.3-3 和图 7.3-8。

表 7.3-2 胡庄断面 $\delta^{18}O/\delta D$ 二水源划分流量

时间	P/mm	Q_t/(m³/s)	$\delta^{18}O$		δD	
			Q_o/(m³/s)	Q_n/(m³/s)	Q_o/(m³/s)	Q_n/(m³/s)
2013/7/5 6:00	24.5	0.3	0.14	0.16	0.13	0.17
2013/7/5 14:00		16.4	11.11	5.29	11.24	5.16
2013/7/5 20:00		18.3	12.33	5.97	12.59	5.71
2013/7/6 8:00	88.0	10.3	7.13	3.17	7.02	3.28
2013/7/6 20:00		16.1	10.94	5.16	10.33	5.77
2013/7/7 4:00	25.0	23.8	15.28	8.52	14.78	9.02
2013/7/7 6:00		43.6	23.94	19.66	24.27	19.33
2013/7/7 8:00		78.6	48.86	29.74	49.96	28.64
2013/7/7 9:00		82.9	50.65	32.25	56.29	26.61
2013/7/7 11:00		70.2	46.64	23.56	43.91	26.29
2013/7/7 15:00		40.5	29.92	10.58	29.80	10.70
2013/7/7 17:00		37.3	28.64	8.66	29.30	8.00

表 7.3-3 胡庄断面 $\delta^{18}O/\delta D$ 二水源划分流量比例 单位:%

时间	$\delta^{18}O$		δD	
	Q_o/Q_t	Q_n/Q_t	Q_o/Q_t	Q_n/Q_t
2013/7/5 6:00	46.67	53.33	43.33	56.67
2013/7/5 14:00	67.74	32.26	68.54	31.46
2013/7/5 20:00	67.38	32.62	68.80	31.20
2013/7/6 8:00	69.22	30.78	68.16	31.84
2013/7/6 20:00	67.95	32.05	64.16	35.84
2013/7/7 4:00	64.20	35.80	62.10	37.90
2013/7/7 6:00	54.91	45.09	55.67	44.33
2013/7/7 8:00	62.16	37.84	63.56	36.44
2013/7/7 9:00	61.10	38.90	67.90	32.10
2013/7/7 11:00	66.44	33.56	62.55	37.45
2013/7/7 15:00	73.88	26.12	73.58	26.42
2013/7/7 17:00	76.78	23.22	78.55	21.45

从表 7.3-2、表 7.3-3 和图 7.3-7 可以看出，$\delta^{18}O$ 值和 δD 值二水源划分流结果大致相同。从表中可以看出，地下水在次降水产生的河流径流中占有很大比例。一次降水事件的直接径流响应，就水源而言，不仅对应于本次，而且对应于后次峰，可称为“降水与径流的分

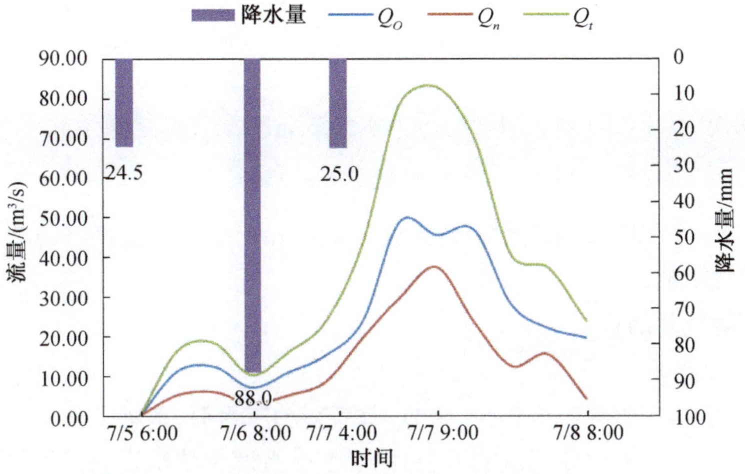

图 7.3-7　二水源划分结果

离滞后对应现象”。一般而言，“一一对应”只在特殊情况下发生。本次连续降雨的地下水比例也随时间变化，在降雨事件开始时，地下水所占比例较小，之后，地下水所占比例也较小。

综上所述，δ^{18}O 值和 δD 值二水源划分流结果大致相同，大气降水和地下水对地表径流均有贡献，且地下水在次降水产生的河流径流中占有很大比例，连续降雨过程中，地下水对河流径流的贡献率也会随着时间和降雨量等变化。

7.4　非饱和带水分入渗模拟

利用同位素信息并结合 HYDRUS-1D 模型对花山流域非饱和带土壤水分的入渗过程进行模拟，以求进一步分析土壤水分入渗过程的变化规律。

7.4.1　模型介绍及求解

求解包气带土壤水的数值方法主要有有限差分法(FDM)和有限单元法(FEM)两种。国内外根据这两种主要方法，开发研究了许多计算技术及软件，有 HYDRUS、SWAP、SWMS 以及 VS2DI 等。这些软件把饱和带地下水及包气带土壤水处理成一个统一的水流入渗系统，既考虑了饱和带，又考虑了非饱和水流运动的数值解，使得自由水面的迭代计算得以省去，边界条件的计算更为方便。HYDRUS-1D 是美国国家盐改中心(US Salinity Laboratory)开发的一款用于模拟水分和溶质在非饱和多孔隙介质中运移规律的数值模型，是用土壤的物理参数来模拟水、热运动、作物根系吸水以及溶质运移等的一维有限元计算机模型。HYDRUS 软件将饱和带和包气带作为一个统一的渗流系统进行处理，可以灵活地处理定压力水头、定水分通量、可积水的大气边界、产流的大气边界、变水头、自由下渗排水等各类边界条件下的包气带土壤水运移模拟。

在主要考虑包气带水分垂向运动时，同时考虑作物根系对水分的吸收，土壤水流运动方式可以采用一维饱和土壤水分运移方程(Richards 方程)来描述

$$\frac{\partial\theta}{\partial t}=\frac{\partial}{\partial z}\left[K(\theta)\frac{\partial h}{\partial z}\right]+\frac{\partial K(\theta)}{\partial z}-S,t\geqslant 0 \tag{7.4-1}$$

式中：θ 为土壤体积含水量；h 为负压水头，cm；z 为垂向坐标，地表为零点，向下取负值，cm；t 为时间，d；$K(\theta)$ 为含水量为 θ 时所对应的非饱和水力传导度，cm/d；S 是作物根系吸水项，d^{-1}。

初始条件以模拟开始时刻实测到的压力水头或者土壤含水量表示

$$h(z,t)=h_0(z) \text{ 或 } \theta(z,t)=\theta_0(z) \tag{7.4-2}$$

式中：$h(z,t)$ 和 $\theta(z,t)$ 表示 t 时刻在 z 处的压力水头和土壤含水量；$h_0(z)$ 和 $\theta_0(z)$ 表示已知函数，其也可以为定值。

7.4.2 模型参数及其测定

(1) 水分特征曲线

影响水分能量的主要有重力势、基质势、溶质势和压力势，各种势能总和称为总水土势。水土势大小代表了土壤中水分能量的大小，而对于非盐碱土壤来说，包气带中水分能量大小主要取决于基质势大小。土壤水分特征曲线是包气带土壤水基质势与土壤含水量的关系曲线，是土壤水分能量与数量的反映，同时也反映出土壤水分运动基本特征。土壤水分特征曲线的形状主要是由土壤的物理以及化学性质决定的，包括土壤的容重、孔隙率以及土壤的构成等因素。根据国内外的多年研究，还不能根据土壤的物理性质等推算出土壤的水分特征曲线，目前只能通过实验测定。

竹园沟流域 2012 年 10 月 0～1.25 m 土壤水平均 $\delta^{18}O/\delta D$ 剖面图见图 7.4-1。从图 7.4-1 可以看出，当地土壤可以分为 3 层，分别为 0～0.2 m、0.2～0.4 m 和 0.4 m 以下部分。分别对这三层土壤的基质势进行测量，以获得土壤水分特征曲线。

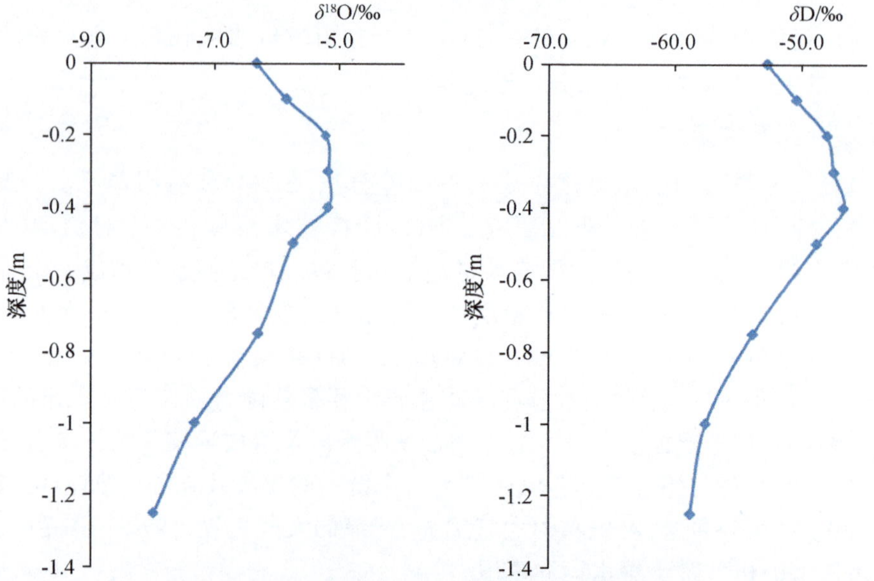

图 7.4-1　竹园沟流域土壤 $\delta^{18}O$ 和 δD 剖面分布

采用离心机法，测定花山流域的土样从饱和状态开始脱湿下的水土势的变化，测得的 1 m 内土壤三层结果见表 7.4-1，土壤吸力与含水率关系见图 7.4-2。

表 7.4-1　花山流域土壤吸力与含水率关系表

土壤吸力/cm		50	150	250	500	2 500	5 000	10 000
含水率/%	0～0.2 m	32.5	23.6	19.2	18.3	16.1	14.5	13.8
	0.2～0.4 m	28.0	27.4	26.3	25.5	23.2	21.9	21.7
	0.4～1.0 m	27.8	27.1	25.8	24.8	22.0	21.4	21.3

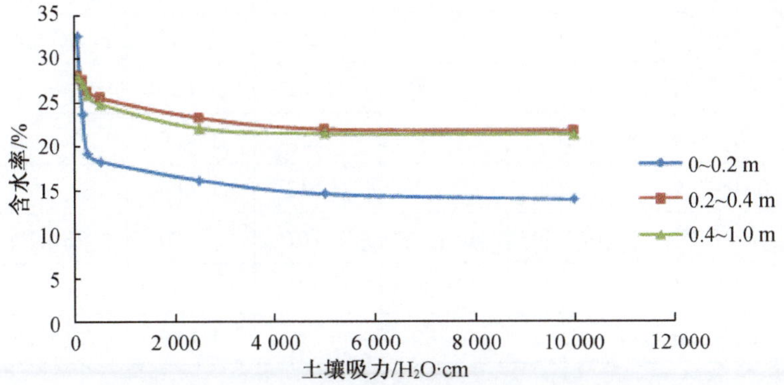

图 7.4-2　花山流域土壤吸力与含水率关系图

根据所测得的土壤吸力与含水率之间关系，拟合 van Genuchten 公式(式 7.4-3)中各参数。

$$\theta(h)=\begin{cases}\theta_r+\dfrac{\theta_s-\theta_r}{[1+|\alpha h|^n]^m}, & h<0\\ \theta_s, & h>0\end{cases} \tag{7.4-3}$$

式中：θ_s 为饱和含水率；θ_r 为凋萎含水率；h 为负压；θ 为土壤含水率；α、m、n 为拟合待定参数，可以根据实测数据拟合得到，其中 $m=1-1/n$。

对于参数的拟合确定，有很多种方法，如 RETC 软件、Vanfit 软件以及 Matlab 中的多种拟合函数(包括最小二乘法、最速下降法、牛顿法、共轭梯度法、单纯形法等)，另外在缺少实测土壤特征曲线数据的时候，我们也能利用土壤的粒径资料，通过使用美国盐改中心(US Salinity Laboratory)的 Rosetta 软件来对土壤水分参数进行拟合，该软件根据 1 913 个样本中土壤颗粒组成、土壤水分特征曲线参数、干密度、饱和水力传导度等实测资料，通过人工神经网络技术，建立了土壤颗粒粒径及组成、土壤水分特征曲线参数、干密度与饱和水力传导度之间的函数关系，其中土壤粒级成果见表 7.4-2。

表 7.4-2　土壤粒级成果表

采样深度/m	颗粒含量/%					
	粗砂 1～0.5 mm	中砂 0.5～0.25 mm	细砂 0.25～0.1 mm	中粉 0.1～0.02 mm	细粉 0.02～0.002 mm	物理黏粒 <0.002 mm
0～0.2	5	18	42	13	22	35
0.2～0.4	2	18	41	14	25	39
0.6～0.8	1	18	38	15	28	43

使用 Vanfit 软件，以及 Matlab 中的 Nlinfit 和 Lsqcurvefit 函数进行拟合，拟合后的参数见表 7.4-3。

表 7.4-3　根据 3 种方法拟合的 van Genuchten 参数

方法	取样深度/m	θ_r	θ_s	α	n	标准差	岩性
Vanfit	0～0.2	0.139	0.413	1.609	1.632	8.77×10^{-5}	
	0.2～0.4	0.187	0.284	0.271	1.308	3.59×10^{-6}	
	0.4～1.0	0.206	0.280	0.213	1.690	2.48×10^{-6}	
Nlinfit	0～0.2	0.137	0.414	1.701	1.629		
	0.2～0.4	0.186	0.284	0.273	1.305		亚黏土
	0.4～1.0	0.206	0.281	0.213	1.689		
lsqcurvefit	0～0.2	0.138	0.414	1.701	1.630	3.28×10^{-4}	
	0.2～0.4	0.186	0.284	0.273	1.305	2.51×10^{-5}	
	0.4～1.0	0.206	0.280	0.213	1.689	1.74×10^{-5}	

从表 7.4-3 可以看出，3 种方法拟合出来的竹园沟流域 van Genuchten 方程参数基本相同，且标准差都较小。

(2) 非饱和水力传导度

土壤非饱和水力传导度 $K(h)$ 可以由下式计算

$$K(h)=\begin{cases}K_sK_r(h), & h<0\\ K_s\ , & h\geqslant 0\end{cases} \tag{7.4-4}$$

式中：K_s 为土壤饱和水力传导度；K_r 是相对水力传导度，其计算公式为

$$K_r=S_e^{1/2}\left[1-(1-S_e^{\frac{1}{m}})^m\right]^2 \tag{7.4-5}$$

式中：$S_e=\dfrac{\theta-\theta_r}{\theta_s-\theta_r}=\dfrac{1}{[1+|ah|^n]^m}$。

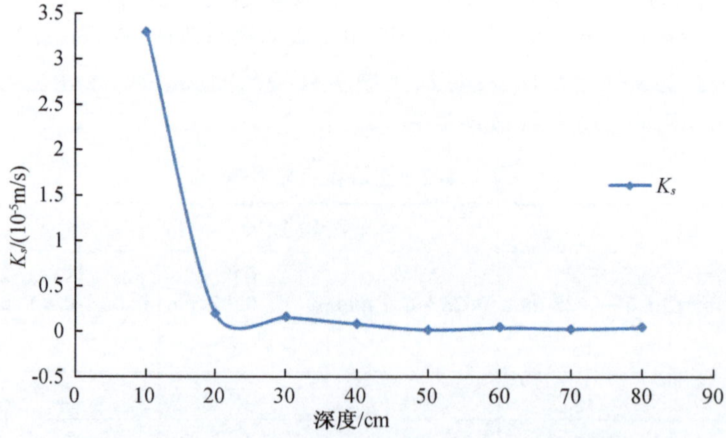

图 7.4-3　竹园沟流域饱和水力传导度与深度关系图

通常情况下，土壤的饱和水力传导度可以通过野外实验测得，竹园沟流域的饱和水力传导度数据见图 7.4-3、表 7.4-4，也可以取原土柱进行室内达西实验获得，还可以根据土壤颗粒粒径、组成以及干密度等实测资料通过 Rosetta 软件进行模拟获得。

表 7.4-4　竹园沟流域不同深度土壤饱和水力传导度

土层深度/cm	0～10	10～20	20～40	40～50	50～60	60～70	70～80	80 以下
K_s/(m/s)	3.3×10^{-5}	1.9×10^{-6}	1.5×10^{-6}	7.5×10^{-7}	1.2×10^{-7}	3.6×10^{-7}	2.4×10^{-7}	3.6×10^{-7}

(3)潜在腾发与植物根系吸水

参照作物腾发量是 FAO 定义的一种假想的参照作物冠层的腾发速率，该定义假设作物高 0.12 m，叶面固定阻力为 70 s/m，反射率为 0.23，其腾发速率约等于表面开阔、生长旺盛、高度一致且完全遮盖地面并不缺水的绿色草地所产生的蒸腾量。通常在计算参照作物的潜在腾发量 ET_0 时采用 FAO 推荐的彭曼-蒙特斯方程(式 7.4-6)，再根据式 7.4-7 计算实际作物的潜在腾发量。

$$ET_0 = \frac{0.408 \cdot \Delta \cdot (R_n - G) + \dfrac{900}{T+273} \cdot \gamma \cdot u_2 \cdot (e_a - e_d)}{\Delta + \gamma \cdot (1 + 0.34u_2)} \tag{7.4-6}$$

式中：ET_0 为参照作物腾发量，mm/d；Δ 为饱和水汽压与温度曲线的斜率，计算公式为 $\Delta = \dfrac{4\,098e_a}{(T+237.3)^2}$；$e_a$ 为饱和水汽压，kPa，计算公式为 $e_a = \dfrac{e^0(T_{\max}) + e^0(T_{\min})}{2}$；$e_d$ 为实际水汽压，kPa，计算公式为 $e_d = RH_{\text{mean}}/\left[\dfrac{50}{e^0(T_{\max})} + \dfrac{50}{e^0(T_{\min})}\right]$；$e^0(T)$ 为温度 T 的水汽压函数，kPa，计算公式为 $e^0(T) = 0.611\exp\left(\dfrac{17.27T}{T+237.3}\right)$；$\gamma$ 为温度计常数，kPa/℃，计算公式为 $\gamma = 0.001\,63\dfrac{P}{\lambda}$；$\lambda = 2.501 - 0.002\,361T$ 或 $\lambda = 2.45$；P 为在高程 H 处的气压，kPa，计算公式为 $P = 101.3\left(\dfrac{293 - 0.006\,5H}{293}\right)^{5.26}$；$u_2$ 为 2 m 处的风速，m/s，计算公式为 $u_2 = \dfrac{4.87}{\ln(67.8z - 5.42)}u_z$；$R_{ns}$ 为净短波辐射，MJ/(m² · d)；R_{nl} 为净长波辐射，MJ/(m² · d)；R_a 为碧空太阳总辐射，MJ/(m² · d)；G 为土壤热通量，MJ/(m² · d)；z 为风速测点高度，m；u_z 为 z 高度的风速，m/s。

$$ET_P = K_c \cdot T_0 \tag{7.4-7}$$

式中：ET_P 为参照作物潜在腾发量；K_c 为作物系数。

作物棵间的潜在土面蒸发量 E_P 计算公式为

$$E_P = \begin{cases} ET_{\text{rad}}e^{-kLAI} + ET_{\text{aero}}(1 - LAI), & 0 \leqslant LAI \leqslant 1 \\ ET_{\text{rad}}e^{-kLAI}, & LAI \geqslant 1 \end{cases} \tag{7.4-8}$$

式中：ET_{rad} 为辐射项，mm/d，计算公式为 $ET_{\text{rad}} = \dfrac{0.408 \cdot \Delta \cdot (R_n - G)}{\Delta + \gamma \cdot (1 + 0.34u_2)}$；$ET_{\text{aero}}$ 为空气动力学

项，mm/d，计算公式为 $ET_{aero}=\dfrac{\dfrac{900}{T+273}\cdot\gamma\cdot u_2\cdot(e_a-e_d)}{\Delta+\gamma\cdot(1+0.34u_2)}$；$k$ 为制备消光系数，常采用经验系数；LAI 是叶面积指数，一般可以通过实测资料获得。

则潜在腾发量的值 T_P 为

$$T_P=ET_P-E_P \tag{7.4-9}$$

根系吸水项主要是对于根系吸水速率 S 的计算，根系吸水速率指单位时间内从单位体积的土壤里所吸收的水体积，其大小与土壤含水量以及作物根系的垂向发育情况有关，计算公式为

$$S(h)=a(h)S_p \tag{7.4-10}$$

式中：$a(h)$ 为水压力响应函数，是给定土壤水压力水头的无因次系数（$0\leqslant a\leqslant 1$），其大小与大气蒸散发能力以及土壤质地有关；S_p 是潜在的最大的吸水速率，d^{-1}。

水压力响应函数在接近饱和区时根系吸水率为 0，也就是含水量达到了作物的厌氧点 h_1；当 $h<h_4$（凋萎点的压力水头）时，吸水率同样为 0；当压力水头处于 h_2 和 h_3 之间时，吸水率达到最大；当压力水头在 h_3 与 h_4（或者 h_1 与 h_2）之间时，吸水率与压力水头呈线性关系。水压力响应函数示意图见图 7.4-4，其具体表达公式如下

$$a(h)=\begin{cases}0, & |h|\geqslant|h_1|\\ \dfrac{h-h_s}{h_4-h_s}, & |h_4|<|h|<|h_3|\\ 1, & |h_3|\leqslant|h|\leqslant|h_2|\\ \dfrac{h-h_1}{h_2-h_1}, & |h_2|<|h|<|h_1|\\ 0, & |h|\leqslant|h_4|\end{cases} \tag{7.4-11}$$

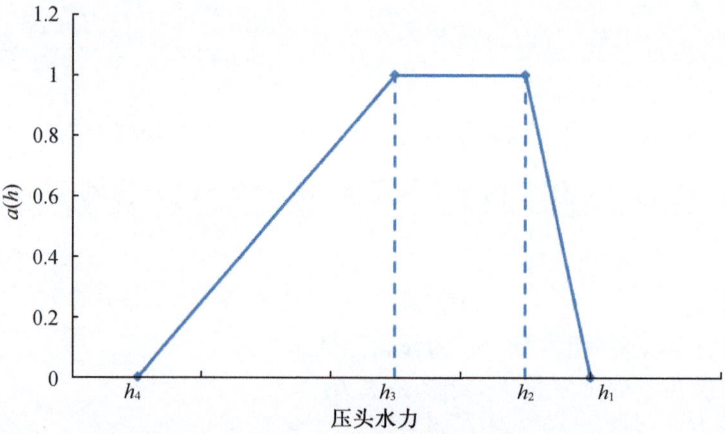

图 7.4-4　水压力响应函数示意图

7.4.3　模拟结果

运行 HYDRUS-1D 模型，模拟 2012 年 10 月 16 日—11 月 16 日共 32 d 的土壤入渗情

况，将所求得的竹园沟流域的土壤水力参数以及对应时间的气象数据作为输入项，输出模拟后的土壤水分特征曲线(见图 7.4-5)以及土壤含水率随深度的变化曲线(见图 7.4-6)。

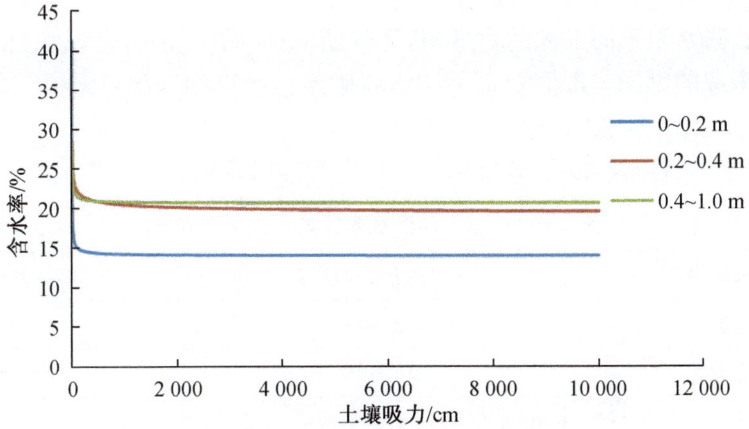

图 7.4-5　模拟土壤水分特征曲线

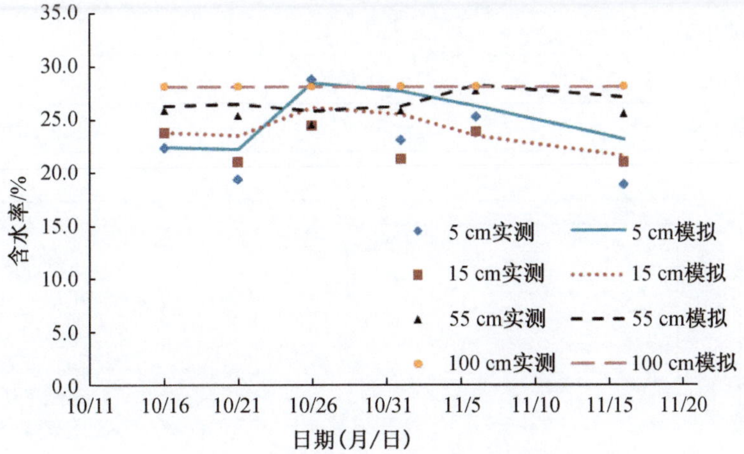

图 7.4-6　土壤含水率模拟值与实测值

从图 7.4-5 可以看出，软件运行出的土壤水分特征曲线与实测值(图 7.4-2)基本一致，说明所用参数符合实际情况。从图 7.4-6 可以看出，10 月 16 日土壤含水率作为初始条件输入，所得实测值与模拟趋势一致。此外模拟期 100 cm 以下处在地下水位线下，土壤达到饱和含水率，其余土壤含水率的模拟值与实测值基本一致，可以说明该模型以及所选用的参数能够较好地描述和模拟花山流域的土壤水分运移及变化过程。

7.5　流域氮同位素分布特征

7.5.1　花山流域氮同位素分布范围

水体污染来源复杂，包括化肥与粪肥，生产、生活污水及大气氮沉降、土壤有机氮等。传统的水化学方法利用各种污染源的排放数据、质量浓度及其他离子浓度特征来分析水体的污染来源。随着技术的进步，氮、氧稳定同位素技术已经广泛应用于环境污染方面的研究，并在示踪水体污染来源、迁移和转化方面显示出较强的优越性。研究人员根据不同污染来源的氮、氧同位素特征值的差异性原理，并与其他环境同位素及化学分析技术相结合，计算地表水、地下水、降水中不同来源的贡献率，评价硝化/反硝化过程，有效判别水体污染来源。

根据不同来源的氮同位素值划定不同流域硝酸盐污染的来源，不同来源氮同位素值见表 7.5-1，花山流域中氮、氧同位素相关图见图 7.5-1，该地区地表水硝酸盐污染主要是粪肥、生活污水和土壤有机氮输出，这与花山流域内的种植方式和居民生活方式有关。

表 7.5-1　硝酸盐潜在来源的同位素范围[32]

硝酸盐来源	硝酸盐 $\delta^{18}O$/‰	硝酸盐 $\delta^{15}N$/‰
大气硝酸盐	23～75	－10～9
硝酸盐肥料	18～24	－5～5
铵肥	－5～7	－5～0
牲畜粪	－5～7	10～20
家禽粪肥	－5～7	7.9～8.6
氮素固定者	－5～7	0～2
土壤硝酸盐	－5～7	0～17
未开垦土壤	－5～7	2～5

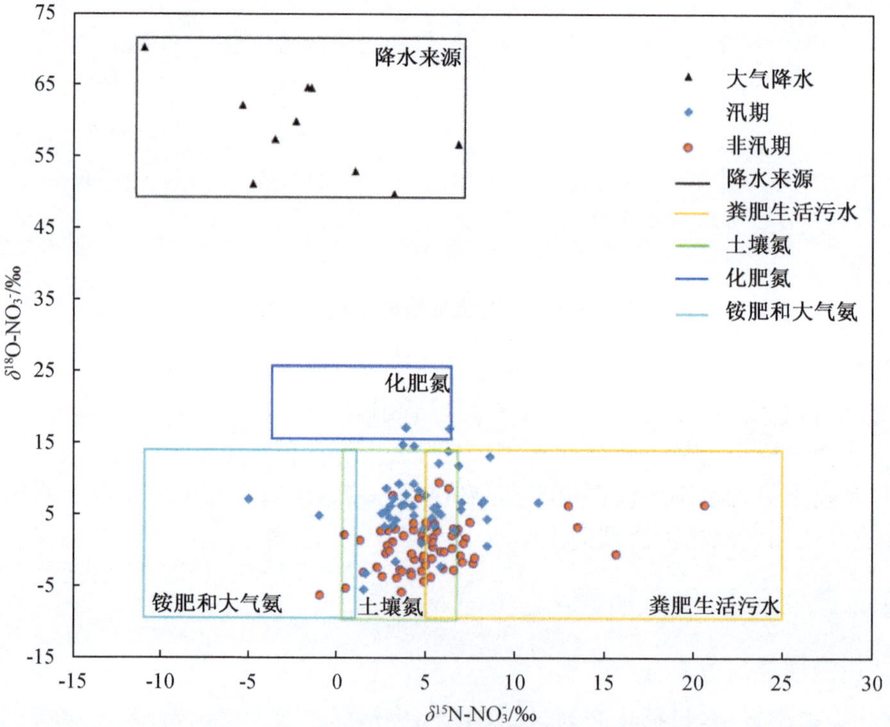

图 7.5-1　不同来源硝态氮稳定同位素分布范围

7.5.2 地表水同位素的空间变化特征

根据不同时段监测点的氮同位素值可以得到花山流域不同时期的氮同位素空间分布范围,见图 7.5-2～图 7.5-9。

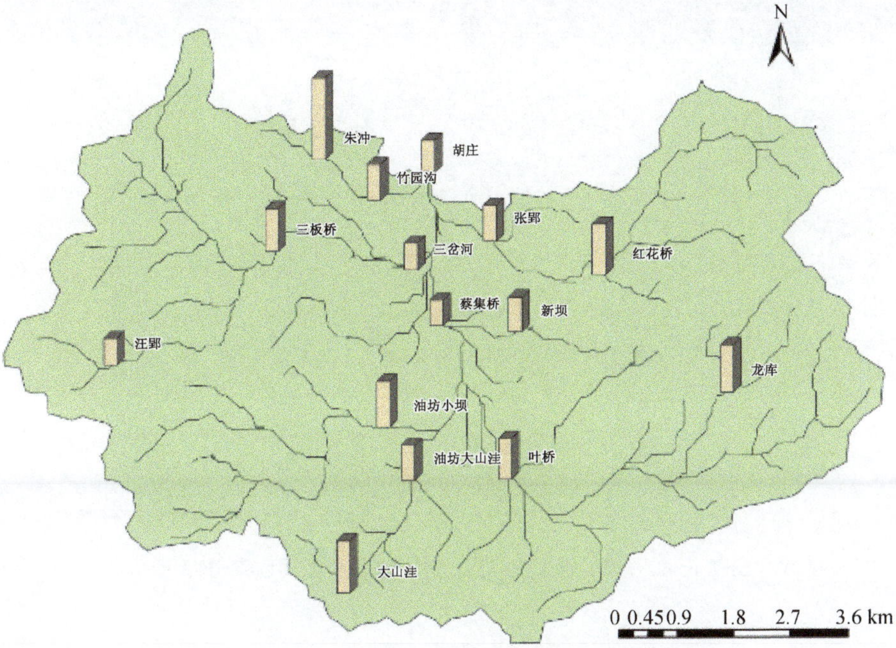

图 7.5-2 2012 年 6 月花山流域地表水氮同位素分布图

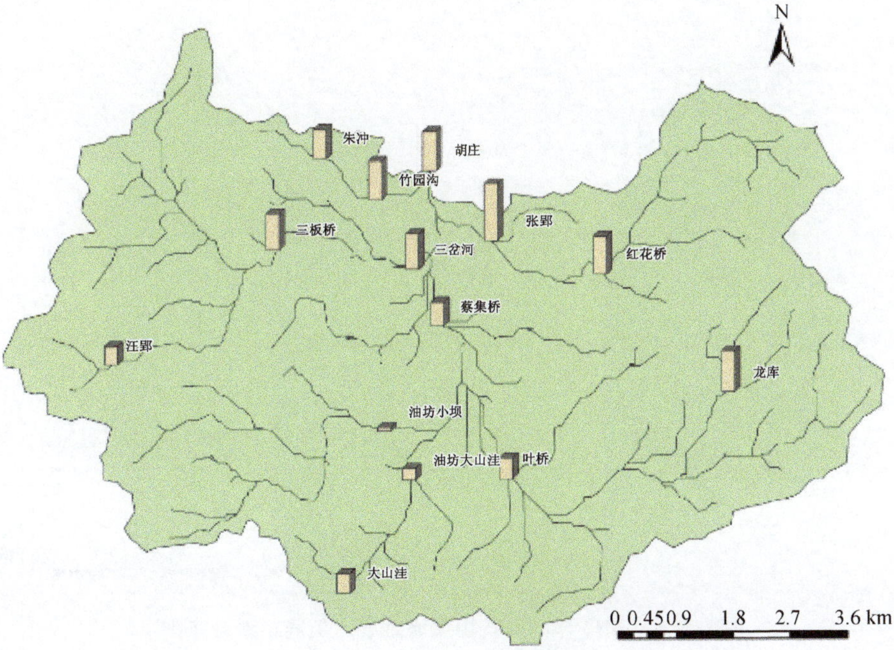

图 7.5-3 2012 年 9 月花山流域地表水氮同位素分布图

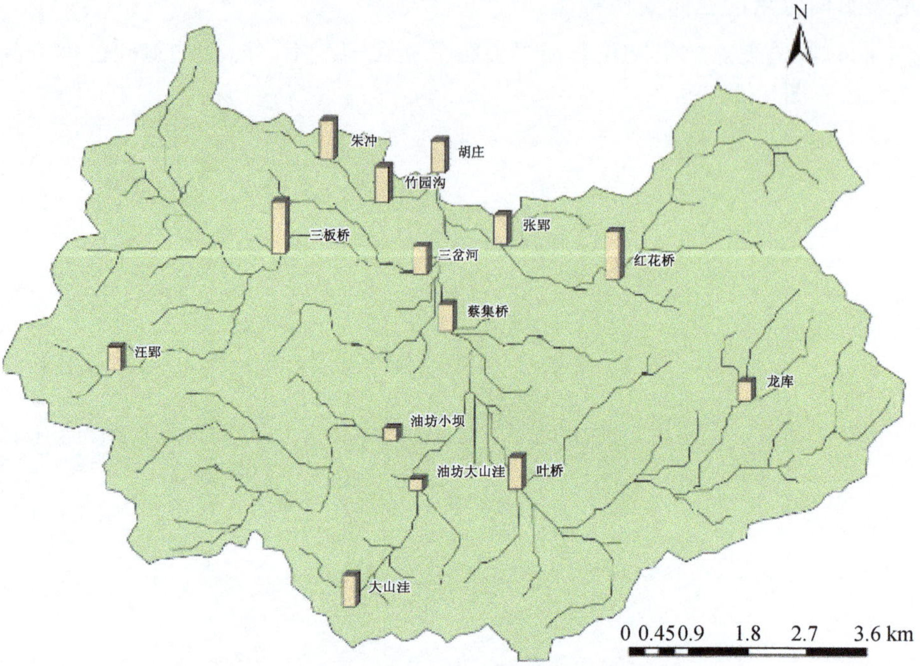

图 7.5-4 2012 年 12 月花山流域地表水氮同位素分布图

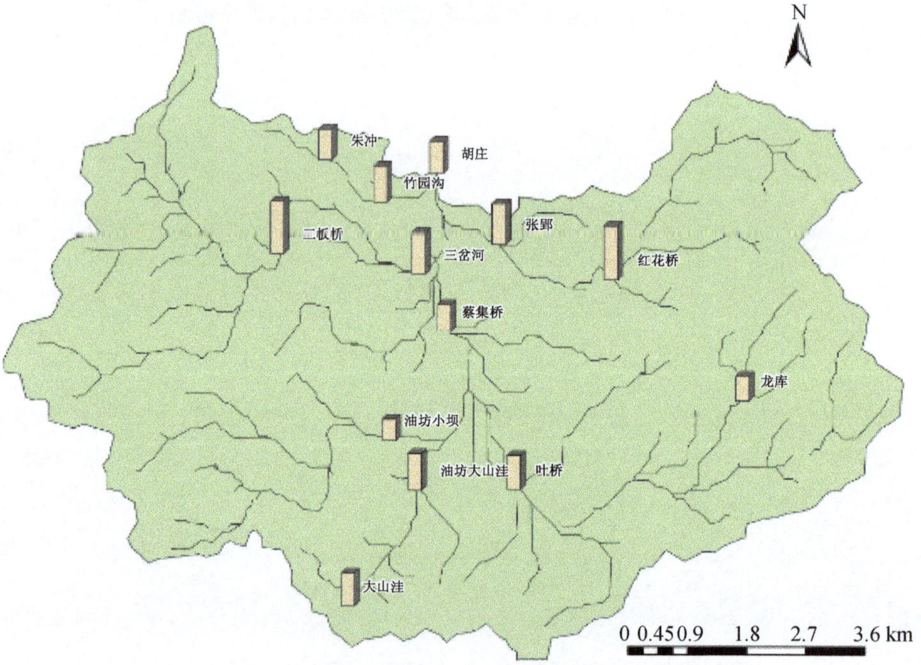

图 7.5-5 2013 年 3 月花山流域地表水氮同位素分布图

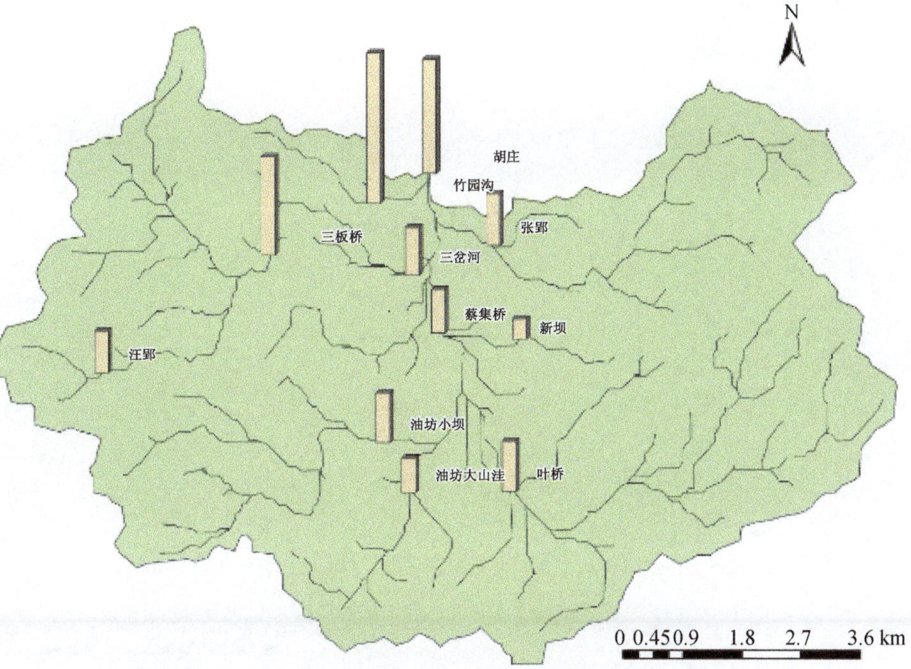

图 7.5-6　2013 年 6 月 1 日花山流域地表水氮同位素分布图

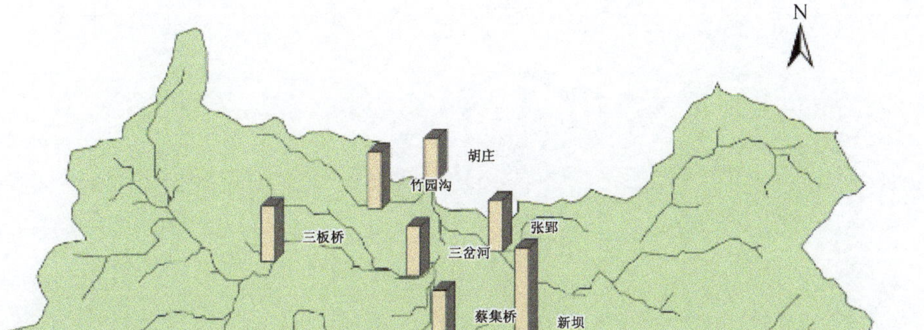

图 7.5-7　2013 年 6 月 30 日花山流域地表水氮同位素分布图

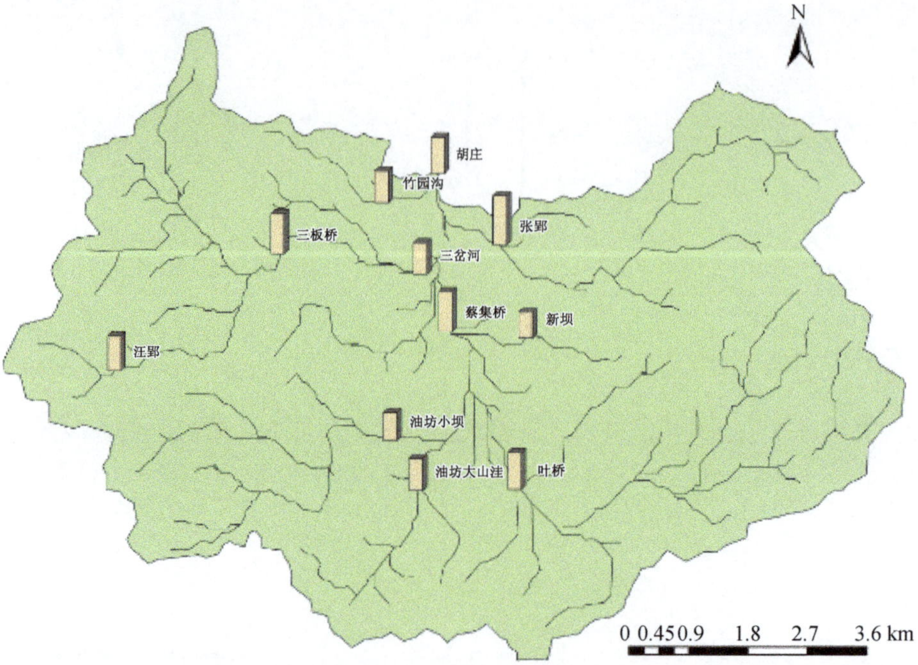

图 7.5-8　2013 年 7 月 31 日花山流域地表水氮同位素分布图

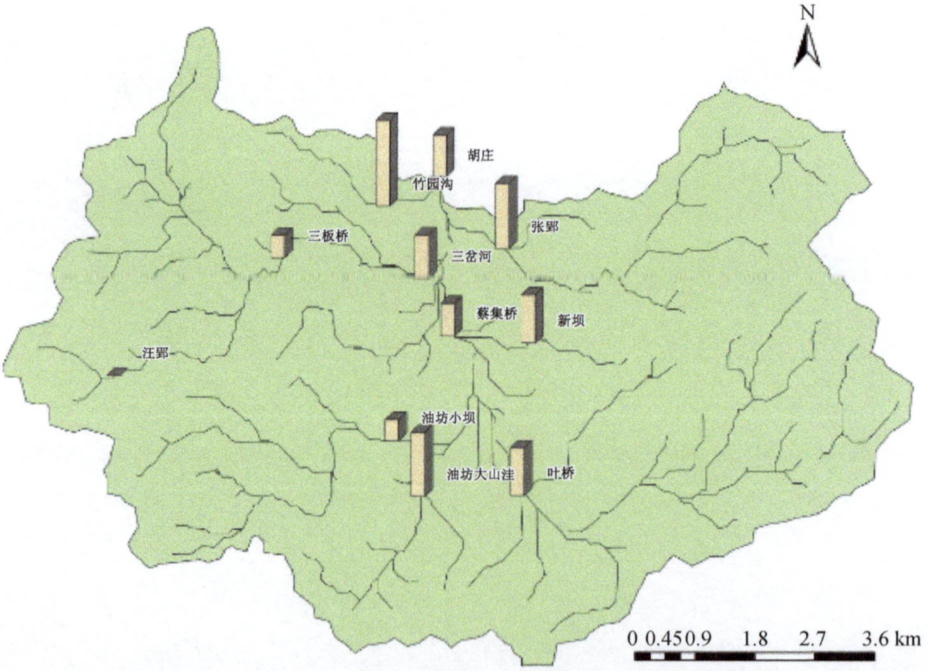

图 7.5-9　2013 年 12 月 16 日花山流域地表水氮同位素分布图

西源流域汪郢林地，种植作物少，人类活动少，其总氮和硝氮含量较高，但氮同位素含量最低，说明了微生物的硝化作用强烈；竹园沟流域种植密集，畜禽养殖和生活污水较多，使得氮同位素值偏高；红花桥水库、朱冲水库和大山洼水库属于湖库塘坝地表水，其流动性较差，硝酸盐含量较高，且在时间尺度上同位素值变化较小，汛期降水前，河流氮同位素丰度值较大，汛期降水对花山流域硝酸氮的分布影响较大，降水过程对河流氮素迁移有较强的驱动作用。

7.5.3 利用氮氧同位素模型识别氮来源

(1) 应用 δ^{15}N 和 δ^{18}O 同位素溯源水体污染原理[33-38]

氮元素在自然界的物理、化学、生物等诸多过程将导致其同位素发生分馏。造成氮同位素分馏的主要过程有固氮、同化、矿化、硝化、反硝化作用及氨的挥发过程。其中，硝化、反硝化作用和同化作用分馏效应比较明显，分馏系数分别在－12‰～29‰、－40‰～－5‰、－27‰～0 之间。化石燃料不完全燃烧、汽车尾气、雷电和光化学反应而引起的氧同位素分馏是造成大气源 δ^{18}O 值差异的主要因素。但是不同条件下氮、氧的生物地球化学过程导致的分馏效应也不同，不同形态氮在同化过程中的分馏效应也不同，光照和溶解氧等条件也能通过影响生物地球化学反应来影响同位素分馏效应。其中，大气氮沉降的 δ^{15}N 值为－10‰～8‰，化学氮肥的 δ^{15}N 较轻，为 0～3‰，土壤含氮有机物经过微生物硝化作用，δ^{15}N 值为－3‰～5‰，而有机肥、污水中 δ^{15}N 较重(δ^{15}N 值为 7‰～20‰或大于 20‰)[33-34]。

由于来源于大气氮沉降、土壤、化肥、有机肥中的 δ^{15}N 分布有重叠现象，利用 δ^{15}N、δ^{18}O 双稳定同位素示踪技术能够更为准确地判定氮的来源。大气氮沉降中 δ^{18}O 值为 25‰～70‰，一般化学合成硝态氮肥中 δ^{18}O 为 22‰±3‰，而原位铵态氮硝化作用形成的土壤 δ^{18}O 为－5‰～5‰。δ^{18}O 值随着硝化作用路径、形成硝态氮环境不同而造成同位素比值不同。有机肥和污水中 δ^{18}O 值较低，低于 15‰。利用 δ^{15}N、δ^{18}O 特征值范围，结合硝态氮、氨氮浓度、施肥状况，以及土地利用方式，可判别水体中氮的主要来源。随着 δ^{15}N 和 δ^{18}O 分析技术的进步，目前逐渐应用 δ^{15}N 和 δ^{18}O 双同位素示踪技术，为水体硝态氮溯源研究提供更准确的方法。δ^{15}N、δ^{18}O 双稳定同位素在计算地表水、地下水、降水中硝态氮不同来源贡献率、评价硝化/反硝化过程研究方面得到了成功应用。目前，δ^{15}N 和 δ^{18}O 同位素主要应用于水体硝态氮污染来源确定、不同来源贡献率定量研究及地下水反硝化研究方面。利用 δ^{15}N 和 δ^{18}O 同位素，结合水化学方法，能较好地分析水体硝态氮污染来源[35-38]。

(2) 用贝叶斯氮氧同位素模型估算不同氮源输出比

地表水中硝酸盐的来源贡献可以使用贝叶斯同位素混合模型定量计算[39]

$$X_{ij} = \sum_{k=1}^{k} p_k (S_{jk} + C_{jk}) + \varepsilon_{ij} \tag{7.5-1}$$

$$S_{jk} \sim \mathrm{N}(\mu_{jk}, \omega_{jk}^2) \tag{7.5-2}$$

$$C_{jk} \sim \mathrm{N}(\lambda_{jk}, \tau_{jk}^2) \tag{7.5-3}$$

$$\varepsilon_{ij} \sim \mathrm{N}(0, \sigma_j^2) \tag{7.5-4}$$

式中：X_{ij} 表示第 i 个混合物的第 j 种同位素的值；S_{jk} 表示第 k 个来源物的第 j 种同位素的值，并假定其服从均值为 M_{jk} 和方差为 ω_{jk}^2 的正态分布；p_k 是第 k 个来源物的输出比例；C_{jk} 表示第 k 个来源物的第 j 种同位素的分馏系数，并假定其服从均值为 λ_{jk} 和方差 τ_{jk}^2 的正态分布；ε_{ij} 表示残差并按均值为 0，方差为 σ_j^2 的正态分布计算。

以硝酸盐潜在来源的同位素范围表作为流域氮源划分的参考，归纳花山流域不同氮源输入量的同位素特征，并构建贝叶斯同位素混合模型，采用蒙特卡洛-马尔科夫方法拟合同位素混合过程，计算五种氮源(大气氮沉降 NP、粪肥生活污水氮含量 M&S、土壤氮 NS、化肥氮 NF 和铵肥及大气氨硝化 NFA)对不同子流域地表水氮素输出的贡献率，计算结果为不同氮源氮素输出的比例及分布特征。

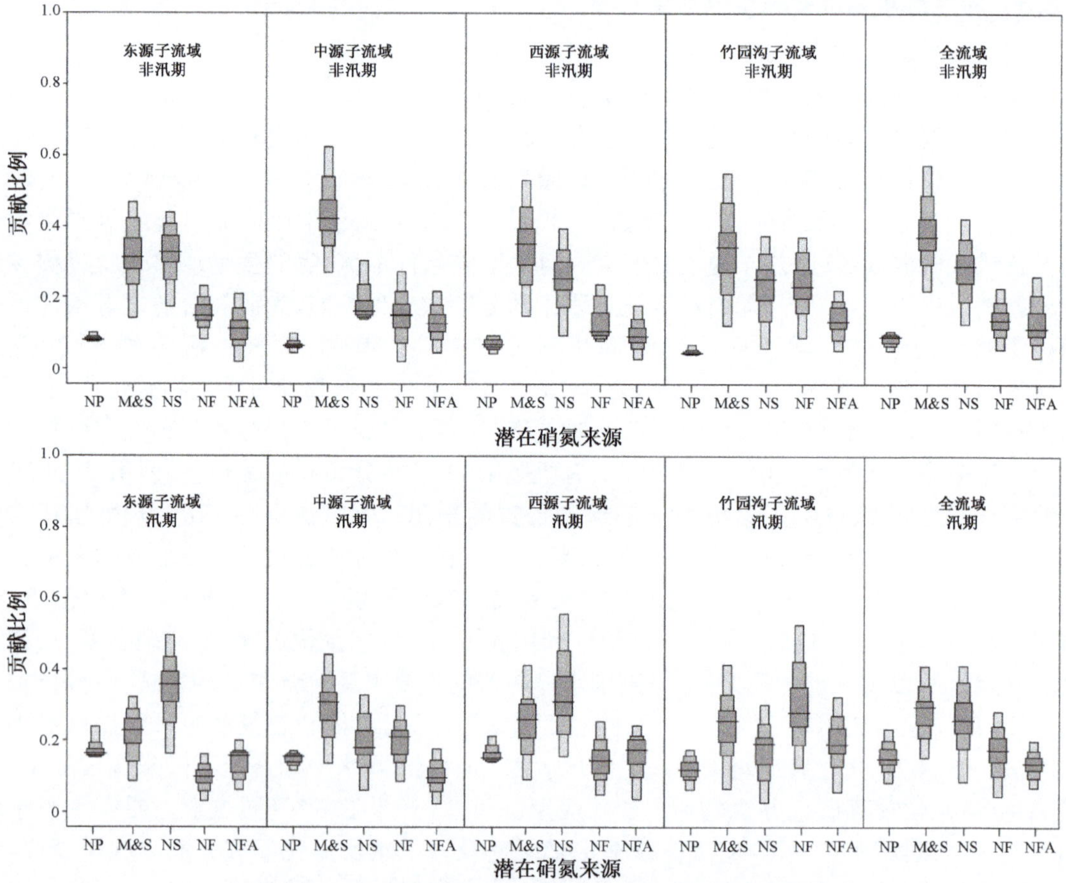

图 7.5-10　不同子流域硝氮不同来源的比例分布图

表 7.5-2　不同子流域不同物质来源的硝酸盐贡献率

来源	东源		中源		西源		竹园沟		全流域	
	汛期	非汛期	汛期	非汛期	汛期	非汛期	汛期	非汛期	汛期	非汛期
大气硝氮沉降(NP)	0.18	0.12	0.15	0.08	0.17	0.09	0.11	0.04	0.15	0.09
粪肥和生活污水(M&S)	0.21	0.29	0.31	0.42	0.26	0.37	0.25	0.32	0.28	0.36
土壤氮(NS)	0.36	0.31	0.20	0.19	0.29	0.25	0.17	0.24	0.24	0.27
化肥氮(NF)	0.11	0.16	0.21	0.17	0.14	0.16	0.27	0.23	0.19	0.16
铵肥和大气氨硝化(NFA)	0.14	0.11	0.13	0.14	0.14	0.12	0.20	0.17	0.14	0.11

由图 7.5-10 和表 7.5-2 的流域硝氮贡献比例可知，东源流域土壤氮以及粪肥和生活污水的输出占比较高，其中土壤氮输出为所有子流域土壤氮输出最高。究其原因，东源森林覆

盖率较高(79.82%),其土壤有机物富集(枯枝落叶等)程度高,土壤水分含量相对丰富,土壤环境适宜微生物的硝化反应,从而有较高的硝态氮输出。其他学者的相关研究也发现林区土壤硝化过程产生的硝态氮是河流硝氮的重要来源[40-42]。中源流域,无论汛期还是非汛期,粪肥和生活污水来源的硝氮占比最高(输出比例汛期 31%,非汛期 42%),化肥氮和土壤硝氮的输出次之。中源流域是该流域受人类活动影响最严重、人群相对密集的区域,农业生产和畜禽养殖较多,有机氮含量在总氮中占比是所有子流域中最高(41.63%)的。西源流域汛期土壤氮输出较高(29%),非汛期粪肥和生活污水来源的硝氮占比较高(37%)。粪肥和生活污水排放全年相对稳定,但汛期径流量大,其他来源氮素随径流的输出变大,相对而言粪肥和生活污水的占比较非汛期变小。竹园沟流域汛期化肥氮输出较高(27%),粪肥和生活污水排放在非汛期占比最高(32%),且竹园沟流域非汛期降水硝氮来源较其他子流域少,该子流域农田、水库和塘坝分布最多(46.59%),拦蓄了非汛期降水的入河量,使来自降水的硝氮入河比重也变小。对于全流域而言,来自粪肥和生活污水排放的硝氮比例在汛期和非汛期的输出都较大(汛期 28%,非汛期 36%),土壤氮输出次之(汛期 24%,非汛期 27%)。相比之下,汛期降水硝氮、化肥氮和铵肥及大气氨硝化的输出较非汛期明显要高,也反映了降水是氮素入河的驱动力[43]。

(3) 西源汪郢氮素异常同位素阐释

在西源汪郢地区,森林覆盖率高,植物腐殖层厚,适宜硝化微生物大量繁殖,其硝化作用较流域其他区域强烈。微生物的硝化作用是将 NH_4^+ 氧化成 NO_3^- 的过程,在氧分充足条件下,自养型细菌为获得自身新陈代谢所需能量,在亚硝化细菌参与下将 NH_4^+ 转化成 NO_2^-,然后再在硝化细菌作用下进一步将 NO_2^- 转化成 NO_3^-。产物中 NO_3^- 的 N 来自 NH_4^+ 和 NO_2^-;理论上氧元素中一个 O 来自 O_2,另外两个 O 来自 H_2O。硝化反应过程中的同位素分馏取决于 NH_4^+ 转化成 NO_2^- 的过程,这是因为 NO_2^- 转化成 NO_3^- 的氧化过程反应迅速,几乎不会产生分馏,而第一步 NH_4^+ 转化成 NO_2^- 的氧化反应较慢,可发生同位素分馏,所以经硝化作用产生的 NO_3^- 中的 ^{15}N 相对亏损,其分馏效应与反应物 NH_4^+ 浓度有关。在浓度低时,硝化反应扩散受到限制,同位素分馏效应小。在有大量 NH_4^+ 存在的情况下,最先形成的 NO_3^- 的 ^{15}N 最低。硝化作用一般在土壤环境中完成,受土壤水蒸发、氧气扩散以及 pH 和微生物的特异性影响,其氧同位素一般有较广的分布范围[23]。

汪郢森林覆盖率高,大量微生物使得动植物腐殖质的氮素由有机氮和无机氮转化成 NH_4^+,并进一步转化成 NO_3^-,随水流输出,由于微生物硝化过程的同位素分馏作用,使得该地区 ^{15}N 含量较低。氮同位素分馏作用可以说明该地区微生物硝化作用较其他地区强烈,生物的硝化作用是该地区硝态氮含量高的可能原因。

7.6 小结

通过对花山流域大气降水、地表水、土壤水和地下水的氢、氧、氮同位素长达两年的观测和分析,得到如下结论:

(1) 由花山流域大气降水同位素值拟合当地大气降水线,其大气降水线方程为:$\delta D = 7.82\,\delta^{18}O + 7.74$,当地大气降水线相对于全球大气降水线而言在斜率和截距上都有不同程度的偏移,反映了当地大气降水在形成时,由于气象条件变化使水汽两相中同位素分馏不平衡的程度所产生的差异。花山流域位于内陆区,降水过程中同时发生二次蒸发,当地大气降水中氢氧同位素值沿着蒸发线分布。大气降水 $\delta^{18}O$ 和 δD 的时程变化趋势一致，且季节变化明显，春季和秋季的氢氧同位素 δ 值较高，为同位素富集时期，夏季和冬季的氢氧同位素 δ 值较低，为同位素贫化时期。降水中的氢氧同位素值随着降水的持续会出现下降的趋势，与降水量成负相关关系。

（2）通过次降水气团轨迹的模拟可知，来源局地水汽气团的降水，同位素较为富集，来源海洋和内陆的水汽气团的降水，同位素较为贫乏。水汽经过远距离运移时，到达花山流域降水的同位素会贫化，运移距离越长，贫化越明显。由季节降水气团轨迹聚类分析可知，夏季降水由亚洲夏季风输送的水汽形成，水汽主要来自于南海和西太平洋，同位素较为贫乏；秋季降水的水汽主要来自于局地地表水蒸发，同位素较为富集；冬季降水由亚洲冬季风输送来的水汽形成，水汽主要来自于亚洲大陆内部，同位素较为贫乏；春季降水的水汽主要来自于局地冬季降水汇集而成的地表水再蒸发，同位素较为富集。

（3）河川地表水同位素与大气降水同位素的时程变化趋势相似，且地表水同位素变化较大气降水同位素变化滞后。花山流域地表水同位素，中部比东部和西部相对富集，且呈现东部和西部向中部逐渐富集的态势。同位素峰值出现的位置主要分布在花山流域出口断面处和水库附近，且各支流地表水有从上游向下游逐渐富集的趋势，水库蒸发效应是导致花山流域内氢氧同位素沿程富集的主要原因。

（4）地下水中氢、氧同位素值基本都落在大气降水线附近，表明地下潜水主要由大气降水补给，且深层潜水存在地下水侧向流。降水入渗过程中同位素的变化与土壤特征和厚度、植被覆盖、蒸发等气象条件以及降水的强度、持续时间相关，可利用同位素信号估算降雨补给地下水的入渗时间。

（5）花山流域 0～0.7 m 土壤水中同位素受降水的影响较大，该层土壤水同时受水分蒸发影响；0.7～1.7 m 土壤水蒸发作用依然存在，但其蒸发强度略小于 0～0.7 m 土壤水，基本不参与二次蒸发，大气降水下渗过程中伴随掺混作用，使得土壤水中的 $\delta^{18}O$ 波动平缓。0～2.7 m 土壤是蒸发分馏作用强烈的区域，降水和蒸发的影响滞后，2.7 m 是地下水与土壤水交换的界面；3.7 m 深土壤水，蒸发作用依然存在，但其蒸发强度明显下降。

（6）利用同位素信息并结合 HYDRUS－1D 软件构建了适用于花山流域的非饱和带土壤水分运移模型，模拟该地区的土壤水分运移过程，进一步揭示了该地区的土壤水补给的空间变化规律，模拟结果较好地拟合实测情况并输出相关参数，为后续水分氮素耦合模型的构建提供参考。

（7）对花山流域氮、氧同位素的分布特征进行了分析。结果表明：① 花山流域地表水硝酸盐污染主要是粪肥和生活污水，这与该流域种植方式和该地区居民的生活方式相关。② 西源流域汪郢林地，微生物的硝化作用可能是该区域硝态氮含量高的原因之一；竹园沟流域人类活动影响大，种植密集，氮同位素值偏高；湖库塘坝地表水，流动性较差且受水禽养殖影响，硝酸盐含量较高。③ 汛期降水对流域硝酸氮的分布影响较大，降水过程对河流氮素迁移有较强的驱动作用。

（8）构建氮氧同位素混合模型估算了不同氮源（大气氮沉降，粪肥、生活污水氮含量，土壤有机质氮素，化肥氮和大气氨沉降及铵肥转化）对不同子流域地表水硝氮输出的贡献率，结果表明：粪肥和生活污水排放的硝氮比例在汛期和非汛期的输出都较大（汛期 28%，非汛期 36%），土壤氮输出次之（汛期 24%，非汛期 27%）。合理使用粪肥和控制生活污水排放是江淮丘陵区小流域地表水治理的关键要素。此外,农业施肥量最好根据农田土壤氮含量、作物生命需求量以及降水条件适当控制,以减少氮肥入河污染量。

参考文献

[1] 汪集旸,陈建生. 同位素水文学与水资源、水环境[J]. 地球科学,2002,27(5):532-533.

[2] 林祚顶. 同位素技术在水文水资源领域的应用[J]. 水利水电技术,2003,34(7):6-8.

[3] 汪集旸,陈建生,陆宝宏,等. 同位素水文学的若干回顾与展望[J]. 河海大学学报(自然科学版),2015,43(5):406-413.

[4] 陆宝宏,孙营营,马乐军,等. 利用同位素质量守恒原理估算太湖河网受水量[J]. 河海大学学报(自然科学版),2009,37(6):645-649.

[5] 谭忠成,陆宝宏,汪集旸,等. 同位素水文学研究综述[J]. 河海大学学报(自然科学版),2009,37(1):16-22.

[6] 孙营营,陆宝宏,汪集旸,等. 环境同位素在地表水中的应用[J]. 安徽农业科学,2009,37(4):1701-1702.

[7] 顾慰祖. 同位素水文学[M]. 北京:科学出版社,2011.

[8] 河海大学环境水利科研所. 环境水力学[M]. 南京:河海大学出版社,1985.

[9] Craig. Isotopic variation in meteoric waters[J]. Science,1961.

[10] 郑淑蕙,侯发高,倪葆龄. 我国大气降水的氢氧稳定同位素研究[J]. 科学通报,1983,28(13):801-806.

[11] 张应华,仵彦卿,温小虎,等. 环境同位素在水循环研究中的应用[J]. 水科学进展,2006,17(5):738-747.

[12] Ingraham N L, Taylor B E. Light stable isotope systematics of large-scale hydrologic regimes in California and Nevada[J]. Water Resources Research, 1991, 27(1):77-90.

[13] Smith G I, Friedman I, Veronda G, et al. Stable isotope compositions of waters in the Great Basin, United States 3. Comparison of groundwaters with modern precipitation[J]. Journal of Geophysical Research Atmospheres, 2002, 107(D19):ACL-1-ACL 15-16.

[14] Friedman I, Smith G I, Johnson C A, et al. Stable isotope compositions of waters in the Great Basin, United States 2. Modern precipitation[J]. Journal of Geophysical Research Atmospheres, 2002, 107 (D19):ACL-1-ACL 15-22.

[15] 朱高峰. 同位素水文地质学的数学方法及其在西北干旱内陆河流域的应用——以黑河和石羊河为例[D]. 兰州:兰州大学,2008.

[16] Zhang J, Letolle R, Martin J M. Stable oxygen isotope distribution in the Huang he (Yellow River) and the Chang jiang (Yangtze River) estuarine systems[J]. Continental Shelf Research, 1990.

[17] Karr J D, Showers W J. Stable oxygen and hydrogen isotopic tracers in Amazon shelf waters during Amasseds[J]. Oceanologica Acta, 2002, 25(2):71-78.

[18] 王永森,陈建生. 蒸发过程中饱和土壤水稳定同位素运移规律浅析[J]. 工程科学与技术,2010,42(1):10-13.

[19] 马雪宁,张明军,李亚举,等. 土壤水稳定同位素研究进展[J]. 土壤,2012,44(4):554-561.

[20] 谭忠成,陆宝宏,汪集旸,等. 五道沟试验场降雨径流中的氢氧稳定同位素特征分析[J]. 河海大学学报(自然科学版),2009,37(6):650-654.

[21] 谭忠成,陆宝宏,孙营营,等. 淮北平原区氢氧同位素水文实验研究[J]. 水电能源科学,2009,27(1):37-39.

[22] 陈自祥. 利用水体中溶解性硝酸根离子中的氮氧同位素组成来识别中国太湖和巢湖水体中氮污染源的研究[D]. 合肥:中国科学技术大学,2012.

[23] 岳甫均. 利用氮氧同位素辨析不同尺度河流氮来源及其转化过程[D]. 贵阳：中科院贵阳地化所，2012.

[24] Carol Kendall. Stable isotopes in ecology and environmental science[J]. 2nd Edition. 2007:1-566.

[25] 李思亮，刘丛强，肖化云. 地表环境氮循环过程中微生物作用及同位素分馏研究综述[J]. 地球与环境，2002，30(4):40-45.

[26] Granger J，Sigman D M，Needoba J A，et al. Coupled nitrogen and oxygen isotope fractionation of nitrate during assimilation by cultures of marine phytoplankton[J]. Limnology & Oceanography，2004，49(5):1763-1773.

[27] Needoba J A，Sigman D M，Harrison P J. The mechanism of isotope fractionation during algal nitrate assimilation as illuminated by the $^{15}N/^{14}N$ of intracellular nitrate[J]. Journal of Phycology，2010，40(3):517-522.

[28] 季好. 滁州实验流域的氢氧同位素特征分析[D]. 南京：河海大学，2014.

[29] 崔冬梅. 滁州花山流域氢氧同位素水文特征研究[D]. 南京：河海大学，2015.

[30] Zimmermann U，Munnich K. O，Roether W. Downward movement of soil moisture traced by means of hydrogen isotopes. Isotope techniques in the hydrologic cycle[J]. American Geophysics Union-JGR，1967.

[31] 顾慰祖. 利用环境同位素及水文实验研究集水区产流方式[J]. 水利学报，1995(5):9-17.

[32] 陈法锦，李学辉，贾国东. 氮氧同位素在河流硝酸盐研究中的应用[J]. 地球科学进展，2007，22(12):1251-1257.

[33] 李力，任斐鹏，王志刚，等. 利用氮稳定同位素识别农业面源污染源的研究进展[J]. 长江科学院院报，2014，31(7):21-28.

[34] 张千千，缪丽萍，孙继朝，等. 稳定同位素识别水体硝酸盐污染来源的研究进展[J]. 长江流域资源与环境，2015，24(5):742-749.

[35] 徐志伟，张心昱，于贵瑞，等. 中国水体硝酸盐氮氧双稳定同位素溯源研究进展[J]. 环境科学，2014(8):3230-3238.

[36] 丁京涛，席北斗，许其功，等. 稳定同位素技术在地表水硝酸盐污染研究中的应用[J]. 湖泊科学，2013，25(5):617-627.

[37] 毛巍，梁志伟，李伟，等. 利用氮、氧稳定同位素识别水体硝酸盐污染源研究进展[J]. 应用生态学报，2013，24(4):1146-1152.

[38] 尹玉龙，王周锋，王文科，等. 利用氮氧同位素定量识别地下水中硝酸盐来源[J]. 水资源与水工程学报，2015，26(5).

[39] Xue D，Botte J，De B B，et al. Present limitations and future prospects of stable isotope methods for nitrate source identification in surface and groundwater[J]. Water Research，2009，43(5):1159-1170.

[40] Lu L，Cheng H，Pu X，et al. Nitrate behaviors and source apportionment in an aquatic system from a watershed with intensive agricultural activities[J]. Environmental Science Processes & Impacts，2014，17(1):131-144.

[41] Burns D A，Boyer E W，Elliott E M，et al. Sources and transformations of nitrate from streams draining varying land uses：evidence from dual isotope analysis[J]. Journal of Environmental Quality，2009，38(3):1149.

[42] Barnes R T，Raymond P A. Land-use controls on sources and processing of nitrate in small watersheds：insights from dual isotopic analysis[J]. Ecological Applications，2010，20(7):1961-1978.

[43] Wang M，Lu B，Wang J，et al. Using dual isotopes and a bayesian isotope mixing model to evaluate nitrate sources of surface water in a drinking water source watershed，East China[J]. Water，2016，8(8):355.

第 8 章

径流与氮素耦合模拟分析

土地利用类型、空间结构等的组合对非点源污染的发生有重要影响，不合理的土地利用方式是水土流失、营养物及农药流失发生的主要原因，也是导致非点源污染的主要原因[1-3,6]。为了探讨土地利用对氮素迁移规律的影响，本章采用 SWAT 模型方法构建花山流域径流与氮素耦合模拟模型，分析计算氮素污染负荷在年内不同月份的分布情况，研究现状土地利用条件下不同土地利用类型非点源污染负荷量的时空变化，并利用情景方法分析土地利用/覆盖变化对非点源污染的贡献率。定量分析土地利用结构对氮素输移时空变化的影响，对于采取合理的土地管理方式、减少流域氮素污染负荷、控制非点源污染具有重要意义。

8.1 模型的基本原理

8.1.1 模型背景

SWAT 是由美国农业部（USDA）农业研究局（ARS）开发的分布式流域水文模型，是一个具有物理基础的、以日为时间单位运行的流域尺度的动态模拟模型，可以进行连续多年的模拟计算，用于模拟地表水和地下水的水质和水量，长期预测土地管理措施对多种土壤、土地利用和管理条件下的复杂流域的水文、泥沙和农业化学物质产量的影响。SWAT 模型是从 SWRRB 模型（Arnold J. G. 等，1990）发展而来的，融合了 CREAMS 模型（Knisel，Creams，1980）、EPIC 模型（Williams，Dyke 等，1983）、GLEAMS 模型（Leonard，Knisel 等，1987）和 ROTO 模型（Arnold，1995）的特点。随着 SWAT 模型的广泛运用和多次改进，自 20 世纪 90 年代中后期以来，先后经历了 SWAT 94.2、SWAT 96.2、SWAT 98.1、SWAT 99.2、SWAT 2000、SWAT 2005、ArcSWAT；SWAT 作为一个扩展模块被嵌入 ArcGIS 中[4]。

SWAT 模型可以模拟流域内很多不同的物理过程，主要包括水文过程子模型、土壤侵蚀子模型和污染物负荷子模型。

8.1.2 水文过程子模型

模型中采用的水量平衡表达式为

$$SW_t = SW_0 + \sum_{i=1}^{t}(R_{day} - Q_{surf} - E_a - W_{seep} - Q_{gw}) \qquad (8.1\text{-}1)$$

式中：SW_t 为土壤最终含水量，mm；SW_0 是土壤前期含水量，mm；t 是时间步长，d；R_{day} 为第 i 天降水量，mm；Q_{surf} 是第 i 天的地表径流，mm；E_a 是第 i 天的蒸发量，mm；W_{seep} 为第 i 天位于土壤剖面地层的渗透量和侧流量，mm；Q_{gw} 是第 i 天地下水含量，mm。

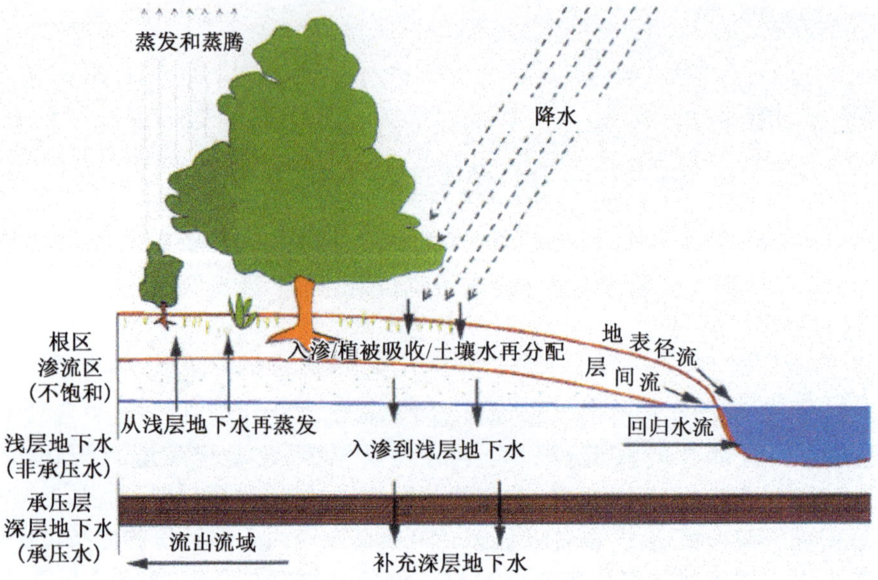

图 8.1-1　SWAT 水文循环示意图

(1) 地表径流

SWAT 模型采用对全美小流域降水与径流关系 20 多年的研究成果——经验模型的 SCS 曲线数法来进行降水径流模拟。SCS 模型的降雨-径流基本关系表达式如下

$$\frac{F}{S}=\frac{Q}{P-I_a} \tag{8.1-2}$$

式中：P 为一次性降水总量，mm；Q 为径流量，mm；I_a 为初损，mm，即产生地表径流之前的降雨损失；F 为后损，mm，即产生地表径流之后的降雨损失；S 为流域当时的最大可能滞留量，是后损 F 的上限，mm。

流域当时最大可能滞留量 S 在空间上与土地利用方式、土壤类型和坡度等下垫面因素密切相关，模型引入 CN 值可较好地确定 S，公式如下

$$S=\frac{25\ 400}{CN}-254 \tag{8.1-3}$$

(2) 蒸散发量

模型提供了 Penman-Monteith、Priestley-Taylor 和 Hargreaves 三种计算潜在蒸散发能力的方法，另外还可以使用实测资料或已经计算好的逐日潜在蒸散发资料。

(3) 土壤水

下渗到土壤中的水以不同的方式运动。模型采用动力贮水方法计算壤中流，公式如下

$$Q_{lat}=0.024\times\frac{2\times SW_{ly,excess}\cdot K_{sat}\cdot slp}{\Phi\cdot L_{hill}} \tag{8.1-4}$$

式中：$SW_{ly,excess}$ 为土壤饱和区内可流出的水量，mm；K_{sat} 为土壤饱和导水率，mm/h；slp 为坡度；L_{hill} 为山坡坡长，m；Φ 为土壤可出流的空隙率。

8.1.3 土壤侵蚀子模型

MUSLE 可以用来预测泥沙生成量。计算渠道泥沙输移的公式为

$$T = a \cdot V^b \tag{8.1-5}$$

式中：T 为输移能力，t/m^3；V 为流速，m/s；a 和 b 是常数。

MUSLE 是修正的通用土壤流失方程(USLE)。在 MUSLE 中，用径流因子代替降水动能，改善了泥沙产量的预测，这样就不需要泥沙输移系数了，修正的通用土壤流失方程为

$$m_{sed} = 11.8 \times (Q_{surf} \cdot q_{peak} \cdot A_{hru})^{0.56} \cdot K_{usle} \cdot C_{usle} \cdot P_{usle} \cdot LS_{usle} \cdot CFRG \tag{8.1-6}$$

式中：m_{sed} 为土壤侵蚀量，t；Q_{surf} 为地表径流，mm/h；q_{peak} 为洪峰径流，m^3/s；A_{hru} 为水文响应单元(HRU)的面积，hm^2；K_{usle} 为土壤侵蚀因子；C_{usle} 为植被覆盖和管理因子；P_{usle} 为保持措施因子；LS_{usle} 为地形因子；$CFRG$ 为粗碎屑因子。

8.1.4 污染负荷子模型

SWAT 模型可以模拟不同形态氮素的迁移转化过程，如化肥输入、地表径流流失、入渗淋失等物理过程，有机氮矿化、反硝化等化学过程以及作物吸收等生物过程，氮的生物固定、有机氮向无机氮的转化以及溶解性氮随侧向壤中流的迁移等过程(图 8.1-2)，氮素可以分为有机氮、硝酸盐氮和作物氮三种化学状态。

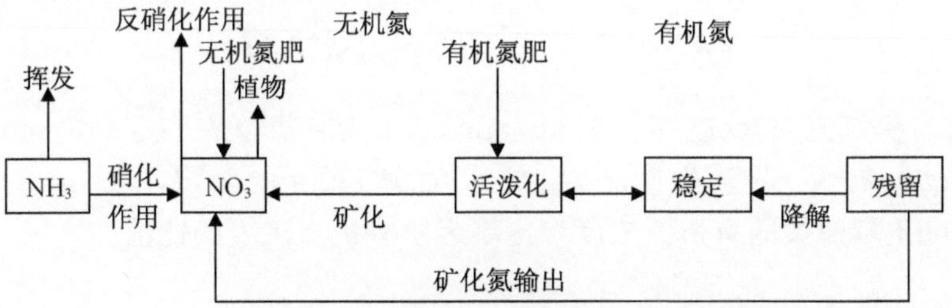

图 8.1-2 SWAT 模型模拟氮循环示意图

(1) 溶解态氮(硝态氮)污染负荷模型

硝态氮主要随地表径流、侧向流或渗流在水体中迁移，要计算随水体迁移的硝态氮量，必须先计算自由水中的硝态氮浓度，用这个浓度乘以各个水路流动水的总量，即可得到从土壤中流失的硝态氮总量。

自由水部分的硝态氮浓度可用下面公式计算

$$\rho_{NO_3^-,mobile} = \frac{1}{w_{mobile}} \cdot \rho_{NO_{3ly}^-} \cdot \exp\left[\frac{-w_{mobile}}{(1-\theta_e) \cdot SAT_{ly}}\right] \tag{8.1-7}$$

式中：$\rho_{NO_3^-,mobile}$ 为自由水中硝态氮浓度(以 N 计)，kg/mm；$\rho_{NO_{3ly}^-}$ 为土壤中硝态氮的量(以 N 计)，kg/hm^2；w_{mobile} 为土壤中自由水的量，mm；θ_e 为孔隙度；SAT_{ly} 为土壤饱和含水量。

通过地表径流流失的溶解态氮的计算公式为

$$\rho_{NO_{3surf}^-} = \beta_{NO_3^-} \cdot \rho_{NO_3^-,mobile} \cdot Q_{surf} \tag{8.1-8}$$

式中：$\rho_{NO_{3,surf}^-}$ 为通过地表径流流失的硝态氮（以 N 计），kg/hm²；$\beta_{NO_3^-}$ 为硝态氮渗流系数；$\rho_{NO_{3,mobile}^-}$ 为自由水的硝态氮浓度（以 N 计），kg/mm；Q_{surf} 为地表径流，mm。

对于地表 10 mm 及以上土层，通过侧向流流失的溶解态氮量的计算公式为

$$\rho_{NO_{3lat,ly}^-} = \beta_{NO_3^-} \cdot \rho_{NO_{3,mobile}^-} \cdot Q_{lat,ly} \tag{8.1-9}$$

对于 10 mm 以下的土层：

$$\rho_{NO_{3lat,ly}^-} = \rho_{NO_{3,mobile}^-} \cdot Q_{lat,ly} \tag{8.1-10}$$

式中：$\rho_{NO_{3lat,ly}^-}$ 为通过侧向流流失的硝态氮（以 N 计），kg/hm²；$\beta_{NO_3^-}$ 为硝态氮渗流系数；$\rho_{NO_{3,mobile}^-}$ 为自由水的硝态氮浓度（以 N 计），kg/mm；$Q_{lat,ly}$ 为侧向流，mm。

通过渗流流失的溶解态氮量的计算公式为

$$\rho_{NO_3^-\ perc,ly} = \rho_{NO_3^-,mobile} \cdot w_{perc,ly} \tag{8.1-11}$$

式中：$\rho_{NO_{3perc,ly}^-}$ 为通过渗流流失的硝态氮（以 N 计），kg/hm²；$\rho_{NO_{3,mobile}^-}$ 为自由水的硝态氮浓度（以 N 计），kg/mm；$w_{perc,ly}$ 为渗流，mm。

（2）吸附态氮（有机氮）污染负荷模型

有机氮通常是吸附在土壤颗粒上随径流迁移的，这种形式的氮负荷与土壤流失量密切相关，土壤流失量直接反映了有机氮负荷，1976 年 McElroy 等发展了有机氮随土壤流失的输移负荷函数。

$$\rho_{orgN\ surf} = 0.001 \times \rho_{orgN} \cdot \frac{m}{A_{hru}} \cdot \varepsilon_N \tag{8.1-12}$$

式中：$\rho_{orgN_{surf}}$ 为有机氮流失量（以 N 计），kg/hm²；ρ_{orgN} 为有机氮在表层（10 mm）土壤中的浓度（以 N 计），kg/t；m 为土壤流失量，t；A_{hru} 为水文响应单元的面积，hm²；ε_N 为氮富集系数，氮富集系数是随土壤流失的有机氮浓度和土壤表层有机氮浓度的比值。

8.2 模型数据库的构建

SWAT 模型数据库的构建包括空间数据库和属性数据库，必需的数据有数字高程模型 DEM、土地利用图、土壤类型图以及水文、气象和水质等资料。在 ArcSWAT 运行前，必须对图件资料预处理，转换到统一坐标系 Albers 等积投影上。模型根据土地利用和土壤类型查找表，将土地利用图、土壤类型图与其数据库进行链接。降水、温度、水质等数据通过输入文件以 ASCII 或.dbf 格式输入。

8.2.1 资料收集

图件资料有数字高程模型（DEM）、土地利用类型图以及土壤类型图，水文、气象资料和实验监测数据。

（1）DEM：DEM 数据是 SWAT 模型进行水系提取、子流域划分和水文过程模拟的基础，由于研究区域面积较小，对 DEM 数据的精度要求较高。直接从覆盖研究区域的资源三号卫星[5-6]前后视影像中提取了 DEM 数据，其空间分辨率为 4 m。

（2）土地利用类型图：从资源三号卫星遥感影像中解译获取。

（3）土壤类型图：土壤类型图是对图片格式的滁州市 1∶20 万土壤类型图[12]进行数字

化得到的，土壤主要划分为潴育型水稻土、黄棕壤、棕色石灰土和中性粗骨土。

（4）水文资料：包括流域5个水文站点2008年1月1日—2014年9月30日的日降雨资料，流域出口胡庄断面2008年1月1日—2014年9月30日的水位、流量数据。

（5）气象资料：最高气温、最低气温、风速等气象资料（从1990—2014年共24年逐日气象资料），由国家气象局网站下载。

（6）实验数据：2012年10月1日—2013年10月1日期间，每半月对布置的10个采样断面进行监测采样，暴雨期间适当加测，监测的项目有TN、NH_3-N、NO_3^--N、COD_{Mn}等。

8.2.2 空间数据库建立

根据模型对输入资料的要求，研究中采用Albers等积圆锥投影，最终使所有空间数据统一在同一坐标系统中，其参数见表8.2-1。

表8.2-1 Albers等积圆锥投影参数表

第一标准纬线	第二标准纬线	中央经线	椭球体	单位
25°	47°	117°	Krasovsky	m

（1）DEM预处理

数字高程模型（DEM）是地表单元上的高程集合，高程是地理空间的Z坐标，是进行流域划分、水系生成和水文过程模拟的基础。处理过程为：在ArcGIS中对提取的DEM进行流域编辑剪切，得到区域DEM，对于高精度的DEM，在小流域内，易受到一些人为因素的影响，改变了原来的水系，所以需要对局部的DEM进行raster计算来还原局部DEM高程；再转换投影到Albers等积圆锥投影图。

（2）土地利用图

土地利用类型对于流域模拟非常重要，不同土地利用类型的产流、产沙、污染物质运移规律存在差异，土地利用类型的编码是进行营养物质模拟计算的依据。基于资源三号卫星遥感影像进行土地利用信息的提取，将区域土地利用类型划分为常绿林、落叶林、水田、旱地、水体、裸地、居民地及道路桥梁等建筑用地，并运用混淆矩阵对土地利用图进行精度评价，总体精度为92.04%，Kappa系数为0.903 0，在SWAT模型运行时对土地利用类型重分类为旱地、水田、林地、裸地、水体和居民地6类，参见表8.2-2。

表8.2-2 研究区域内的主要土地利用类型代码

模型代码	土地类型	代码	面积/km^2	比例/%
1	旱地	AGRL	6.50	8.11
2	水田	RICE	11.86	14.80
3	林地	FRST	54.58	68.12
4	裸地	URMD	3.93	4.90
5	水体	WATR	2.19	2.73
6	居民地	URLD	1.07	1.34

(3) 土壤类型图

在 ArcGIS 软件下对滁州市 1∶20 万土壤类型图图片格式进行研究区域图形校准和按土壤类型边界描图，再用区域边界裁剪，对区域按土壤类型相同合并和重分类，得到矢量图，进行投影转化以及属性表的建立，获得本研究所需的土壤类型图，见表 8.2-3。

表 8.2-3 研究区域内土壤类型代码

ID	土壤类型	编码	面积/km²	比例/%
1	潴育型水稻土	ZYXSDT	21.67	27.04
2	黄棕壤	HZR	4.46	5.57
3	棕色石灰土	ZSSHT	14.24	17.77
4	中性粗骨土	ZXCGT	39.76	49.62

8.2.3 土壤属性数据库

研究中用到的土壤数据分为物理属性数据和化学属性数据两大类。土壤的物理属性决定了土壤剖面中水和气的运动情况，并且对水文响应单元中的水循环起到决定作用。物理属性数据包含土层厚度、砂石、黏土、容积密度、有机碳、有效含水量和饱和水力传导度等。土壤的化学属性主要用来给模型赋初始值。土壤的物理属性是必需的，而化学属性是可选的。土壤输入文件. sol 为土壤的各层定义了模型模拟过程所需要的物理属性，. chm 文件为土壤的各层定义了所需要的化学属性。

建立土壤物理属性数据库步骤如下。

(1) 土壤颗粒级配转换

根据我国土壤分类系统，参考中国土壤和南京土壤所中国土壤数据库网站上的土壤数据[7]，确定图层厚度等参数值。模型用到的土壤颗粒分析标准是美国制，而我国在第二次土壤普查中土壤颗粒分析使用的是国际制，因此存在国际制向美国制转换的问题，本研究土壤粒径转换是利用 Matlab 软件，采用三次样条插值的方法将其转化为美国制。

(2) 水文学分组(HYDGRP)

美国国家自然资源保护局(NRCS)根据土壤的渗透属性，将土壤分为四类。在使用 SCS 径流曲线计算地表径流时，需要对研究区土壤进行水文学分组，划分依据是长时间处在湿润并且不冻条件下的最小下渗率，主要包括土壤的饱和导水率和下渗深度。根据土壤入渗特征将土壤水文学分组(HYDGRP)分成 ABCD 4 组，同一组土壤具有相似的产流特性。土壤的水文学分组分类见表 8.2-4。

表 8.2-4 SCS 模型土壤水文学分组

土壤分类	土壤水文性质	最小下渗率 /(mm/h)	饱和导水率 /(mm/h)
A	在完全湿润条件下具有较高渗透率的土壤，这类土壤主要由砂砾石组成，有很好的排水、导水能力(产流低)	7.26～11.43	>144
B	在完全湿润条件下具有中等渗透率的土壤，这类土壤的排水、导水能力和结构都属于中等	3.81～7.26	36～144

续表

土壤分类	土壤水文性质	最小下渗率/(mm/h)	饱和导水率/(mm/h)
C	在完全湿润条件下具有较低渗透率的土壤，这类土壤大多有一个阻碍水流向下运动的层，下渗率和导水能力较低	1.27～3.81	3.5～36
D	在完全湿润条件下具有很低渗透率的土壤，这类土壤主要由黏土组成，有很高的涨水能力，大多数有一个永久的水位线，黏土层接近地表，深层土几乎不影响产流，具有很低的导水能力	0～1.27	<3.5

土壤水文学分组可根据 SPAW 软件计算出的饱和导水率来划分，也可根据以下方法计算得到。

土壤渗透系数采用的是车振海[8]介绍的经验计算公式

$$X = (20Y)^{1.8} \tag{8.2-1}$$

式中：X 为土壤渗透系数；Y 为土壤平均颗粒直径。

当砂粒含量等于零时，土壤平均颗粒直径是 0.01 mm；当砂粒含量等于 100%时，土壤平均颗粒直径为 0.3 mm。当黏土含量等于 100%时，土壤平均颗粒直径最小，为 0.002 mm。每当砂粒含量增加 10%，相应地土壤平均颗粒直径将增加 0.03 mm。土壤平均颗粒直径变化范围为 0.002～0.3 mm，土壤平均颗粒直径在任何情况下都不会超出这个界限。根据以上原理可以计算出土壤的平均颗粒直径，然后就可以确定各种土壤类型的所属土壤水文学分组。

(3) 土层可利用的有效水(SOL_AWC)和饱和水力传导系数(SOL_K)的计算

土层可利用的有效水(SOL_AWC)是土壤的一种固定特性，是指在一定深度内土壤能够被植物吸收的那部分水的含量，其计算公式如下

$$AWC = FC - WP \tag{8.2-2}$$

在实际操作中，采用 SAXON 开发的 SPAW 软件来计算 SOL_AWC、SOL_K，SPAW 软件界面见图 8.2-1。

SPAW 软件的 Soil-Water-Charateristics 模块，根据输入黏土、砂、有机物、盐度、砂砾等参数计算以下参数：①凋萎系数；②饱和度；③田间有效持水量；④土壤容重；⑤饱和导水率等五个变量。

(4) USLE 方程中土壤侵蚀力因子 USLE_K 的计算

土壤可蚀性是表示土壤侵蚀敏感程度的重要指标，是土壤侵蚀预报模型必需的参数。通常，国际上用 K 值来反映土壤被冲蚀的难易与敏感程度。它与土壤组成、物理性质、有机质含量等性质有关。土壤渗透性和土壤颗粒组越小，K 值越高，反之则越低；K 值的变幅一般在 0.02～0.75 之间。

Williams 于 1995 年提出用下列方程来计算 K 值

$$K_{USLE} = f_{csand} \cdot f_{cl-si} \cdot f_{orgc} \cdot f_{hisand} \tag{8.2-3}$$

式中：f_{csand} 表示粗糙沙土型土壤的侵蚀因子；f_{cl-si} 表示黏壤土侵蚀因子；f_{orgc} 表示土壤有机

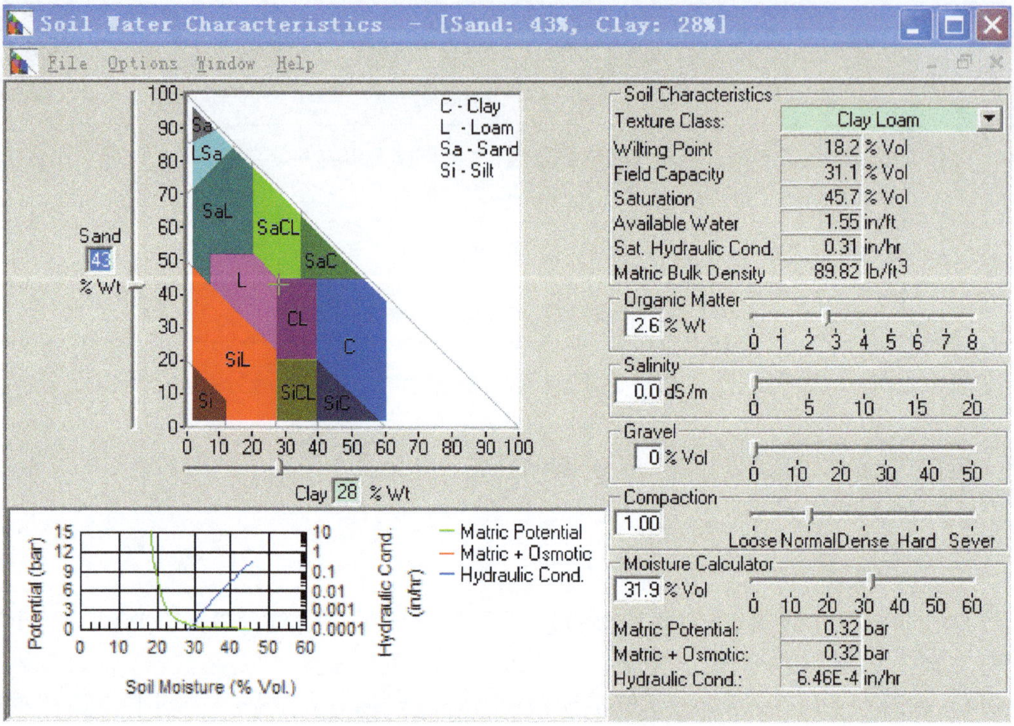

图 8.2-1　SPAW 软件界面图

质侵蚀因子；f_{hisand} 表示高沙质型土壤侵蚀因子。以上各侵蚀因子按以下计算公式计算

$$f_{csand}=0.2+0.3\times\exp\left[-0.0256\times m_s\cdot\left(1-\frac{m_{silt}}{100}\right)\right]\tag{8.2-4}$$

$$f_{cl-si}=\left(\frac{m_{silt}}{m_c+m_{silt}}\right)^{0.3}\tag{8.2-5}$$

$$f_{hisand}=1-\frac{0.7\times\left(1-\frac{m_s}{100}\right)}{\left(1-\frac{m_s}{100}\right)+\exp\left[-5.51+22.9\times\left(1-\frac{m_s}{100}\right)\right]}\tag{8.2-6}$$

式中：m_s 表示土壤颗粒直径为 0.05～2.00 mm 的沙粒百分含量；m_{silt} 表示土壤颗粒直径为 0.002～0.05 mm 的细沙百分含量；m_c 表示土壤颗粒直径小于 0.002 mm 的黏土百分含量。

（5）其他参数的确定

南京土壤所中国土壤数据库网站可以确定参数 SOL_ZAX、SOL_Z、SOL_CRK 等，SOL_CBN 由有机质的含量乘以 0.58 得到[7]，阴离子交换孔隙度 ANION_EXCL 和 SOL_EC 采用模型默认值 0.5，地表反射率 SOL_ALB 参照模型自带的默认值。土壤湿密度（SOL_BD）利用以下公式计算

$$\rho_b=0.471+4.11\times clay\tag{8.2-7}$$

式中：$clay$ 为土壤黏粒质量百分比。

8.2.4 气象数据库

SWAT 模型需要的气象数据主要包括流域的日降水量、日最高/最低气温、太阳辐射、风速、相对湿度等。这些数据可以是统计数据，也可以通过 SWAT 模型的天气模拟程序自动生成。在时间尺度上，模型模拟时间步长可以是年、月、日。SWAT 模型定义一个“天气发生器”，天气发生器要求输入流域多年逐月气象资料，天气发生器可以根据事先提供的多年月平均资料来模拟逐日的气象资料。理想情况下 SWAT 模型校验需要至少 20 年的气象资料，如果缺少必要资料可以由天气生成程序进行补充。数据库的参数主要包括月平均最高气温(℃)、月平均最低气温(℃)、最高气温标准偏差、最低气温标准偏差、月均降雨量(mm)、月均降雨量标准偏差、降雨的偏度系数、月内干日数(d)、月内湿日数(d)、平均降雨天数(d)、露点温度(℃)、月均太阳辐射量[kJ/(m^2 · d)]。本研究的气象数据采用了安徽省滁县气象站 1990—2012 年连续 22 年的逐日观测数据。

SWAT 模型中需要输入的气候数据较多。为了得到较好的模拟结果，必须利用实测资料建立研究区天气生成器(WXGEN)，将输出结果再输入到模型气象数据库中。气象站点中最后按月统计的输入模型气象数据库的数据包括：

① TMPMX：按月统计的日最高气温的平均值；
② TMPSTDMX：按月统计的日最高气温的标准差；
③ TMPMN：按月统计的日最低气温的平均值；
④ TMPSTDMN：按月统计的日最低气温的标准差；
⑤ PCPMM：按月统计的月总降雨量的平均值；
⑥ PCPSTD：按月统计的月总降雨量的标准差；
⑦ PCPSKW：按月统计的日降雨量偏斜系数；
⑧ PR_W1：按月统计的干日所占比例；
⑨ PR_W2：按月统计的湿日所占比例；
⑩ PCPD：按月统计的月平均降雨天数；
⑪ RAINHHMX：按月统计的月最大半小时降雨量；
⑫ SOLARAV：按月统计的日太阳辐射平均值；
⑬ DEWPT：按月统计的日露点温度平均值；
⑭ WNDAV：按月统计的日风速平均值。

逐个计算参数工作量繁杂，数字流域实验室集成了各个参数的公式，建立了简单易操作的计算程序——SwatWeather. exe。这大大缩减了使用模型人员的工作时间。只要输入一定格式要求的文件，就可以根据提示进行所需数据的计算与保存。根据模型输入数据的要求，其中利用气象站点逐日降雨量，可以计算 PCPMM、PR_W1、PCPSTD、PCPD 等；利用气象站点逐日最高最低气温和逐日相对湿度，可以计算出 TMPMX、TMPMN、DEWPT、TMPSTDMX、TMPSTDMN；输入气象站点逐日平均风速和日照时数，用来计算月日均太阳辐射量和月日均风速。最大半小时雨量则用数理统计方法计算得到，取日降雨量最大值的五分之一。对输出计算结果按对应的参数和格式导入到气象数据库(userwgn. dbf)中，建立天气发生器测站位置表；而日降水和气温的输入文件格式参考 SWAT 例子先用 Excel 整理后，以. DBF 格式存储。

8.3 子流域及水文响应单元

8.3.1 子流域的划分

建立流域模型的第一步是划分子流域，其中流域的大小、空间数据的精准度以及研究成果的要求决定了子流域的数量。子流域划分前先要进行河网水系生成，河道上游地区最小的汇流面积就是河道的阈值面积[9]，河道阈值面积越小，河网越密集，子流域的数目也随之变大。本研究中从流域实际出发取河道阈值面积为 50 hm^2，整个流域被划分成 78 个子流域，见图 8.3-1。

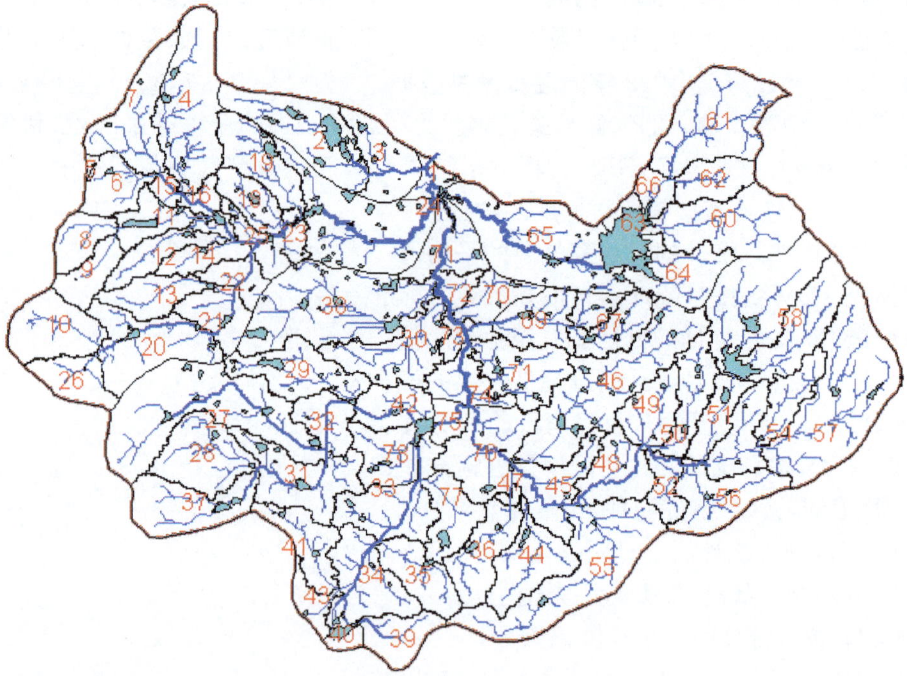

图 8.3-1 花山流域 SWAT 模型子流域划分

8.3.2 水文响应单元生成

SWAT 模型在进行径流模拟时，在子流域划分完后，接着在子流域中划分出水文响应单元(HRU)。水文响应单元含有统一的土地利用和管理以及土壤属性。划分水文响应单元的方式有两种：一种是选择一个面积最大的土地利用和土壤类型的组合作为水文响应单元，即一个 HRU 就是一个子流域；另一种则是按不同的土地利用方式与土壤类型组合，将子流域划分为多个水文响应单元，即同一个子流域划分成多个 HRU。本研究中采用后者来划分 HRU，划分 HRU 需要先确定土地利用和土壤类型的面积阈值比，本次模拟中其值设定为 10%，子流域中面积比大于 10%的被保留下来，小于 10%的土地利用和土壤类型组合的面积则重新进行计算，而被去掉的覆被所占用的面积将会以面积比的大小被分配到保留下来的覆被中去，从而保证全流域范围内均能进行模拟。本研究中将花山流域划分成 540 个 HRU。

8.4 模型的率定与验证

8.4.1 参数敏感性分析

参数敏感性分析是判定计算结果不确定性的基础。传统方法是对每一个可能的敏感参数进行“微扰动”计算，然后考察因变量对自变量变化的敏感度指标值。而SWAT模型采用的是LH-OAT敏感性分析方法。LH-OAT方法是由Morris于1991年提出的，是一种结合LH(Latin Hypercube)抽样法和OAT(One factor At a Time)的敏感性分析的新方法，同时兼备这两种方法的优点[10]，即确保所有的参数在其取值范围内都能被采样，减少了需要调整的数目，提高了计算效率。

本研究中采用模型自带的模块——LH-OAT方法来对参数进行敏感性分析，该方法的原理为：LH-OAT先执行LH采样，再执行OAT采样。首先对每个参数划分多个区间，每个区间内取一个采样点，然后按一定的采样方法一次改变一个采样点。

为了对流域的各种物理化学现象进行描述，SWAT模型中包含了多个物理化学方程，在SWAT2005中可以用于敏感性分析的参数共有41个。由于参数太多以及模型的异参同效的现象，要将每一个参数值都准确地确定是很难实现的，所以只能尽可能使影响显著的参数取值准确。本研究中，采用模型自带模块在胡庄断面流域出口对SWAT模型径流和营养物参数进行敏感性分析，将较敏感的20个参数进行敏感性排序，其结果见表8.4-1。

表8.4-1 敏感性参数分析结果

参数	敏感性排序	参数含义	所在文件
Cn2	1	SCS径流曲线系数	mgt
Rchrg_Dp	2	深层地下水下渗率	gw
Esco	3	土壤蒸发补偿系数	hru
Alpha_Bf	4	基流 α 系数	gw
Ch_K2	5	河道有效水导电率	rte
Ch_N2	6	主河道曼宁系数值	rte
Gwqmn	7	浅层地下水径流系数	gw
Slope	8	平均坡度	hru
Sol_K	9	饱和水导电率	sol
Sol_Awc	10	土壤可供水量	sol
Sol_Z	11	土壤深度	sol
Blai	12	最大潜在叶面积指数	bsn
Canmx	13	最大冠层蓄水量	hru
Revapmn	14	浅层地下水再蒸发系数	gw

参数	敏感性排序	参数含义	所在文件
Surlag	15	地表径流滞后时间	bsn
Gw_Delay	16	地下水滞后系数	gw
Gw_Revap	17	地下水再蒸发系数	gw
Timp	18	结冰气温滞后系数	bsn
Biomix	19	生物混合效率系数	mgt
Epco	20	植物蒸腾补偿系数	hru/bsn

从表中可以看出：对径流敏感性最高的参数是 SCS 径流曲线系数 Cn2、深层地下水下渗率 Rchrg_Dp，土壤蒸发补偿系数 Esco、基流 α 系数 Alpha_Bf。

8.4.2 径流模型的率定与验证

在确定模型结构和输入参数后，需对参数进行率定和验证。选用相关系数（R^2）以及 Nash-Suttcliffe 模拟效率系数（E_{ns}）为指标来评价模型的适用性。相关系数的计算公式为

$$R^2 = \frac{\sum_{i=1}^{n}(Q_{0i}-\overline{Q}_0)(Q_{pi}-\overline{Q}_p)}{\sqrt{\sum_{i=1}^{n}(Q_{0i}-\overline{Q}_0)^2\sum_{i=1}^{n}(Q_{pi}-\overline{Q}_p)^2}} \tag{8.4-1}$$

式中：Q_{0i}，$i=1,2,\cdots,n$ 为实测值；$\overline{Q}_0$ 为实测平均值；Q_{pi}，$i=1,2,\cdots,n$ 为模拟值；$\overline{Q}_p$ 为模拟平均值；n 为实测数据个数。$R^2=1$ 表示模拟值与实测值非常吻合；R^2 越接近 1，表示模拟值与实测值之间的吻合程度越高。

Nash-Suttcliffe 模拟效率系数（E_{ns}）［即确定性系数，见《水文情报预报规范》（GB/T22482—2008）］计算公式为

$$E_{ns} = 1-\frac{\sum_{i=1}^{n}(Q_{0i}-Q_{pi})^2}{\sum_{i=1}^{n}(Q_{0i}-\overline{Q}_0)^2} \tag{8.4-2}$$

当模拟值与实测值相等时，$E_{ns}=1$；若 E_{ns} 为负值，说明模型模拟平均值比直接使用实测平均值的可信度更低。

本研究采用 2008 年 1 月—2014 年 9 月实测水文气象资料，以月为时段长对流域出口胡庄断面月径流过程模拟模型进行率定和验证，用 2008 年 1 月—2011 年 12 月的实测资料对模型进行率定，用 2012 年 1 月—2014 年 9 月的实测资料对模型进行验证。选用相关系数（R^2）以及 Nash-Suttcliffe 模拟效率系数（E_{ns}）为指标来评价模型的适用性。率定期 R^2 和 E_{ns} 分别为 0.95 和 0.89，实测流量与模拟流量的对比见图 8.4-1；验证期 R^2 和 E_{ns} 分别为 0.93 和 0.92，实测流量与模拟流量的对比见图 8.4-2。根据模拟值和实测值流量过程线拟合情况可知，模拟效果较为理想。

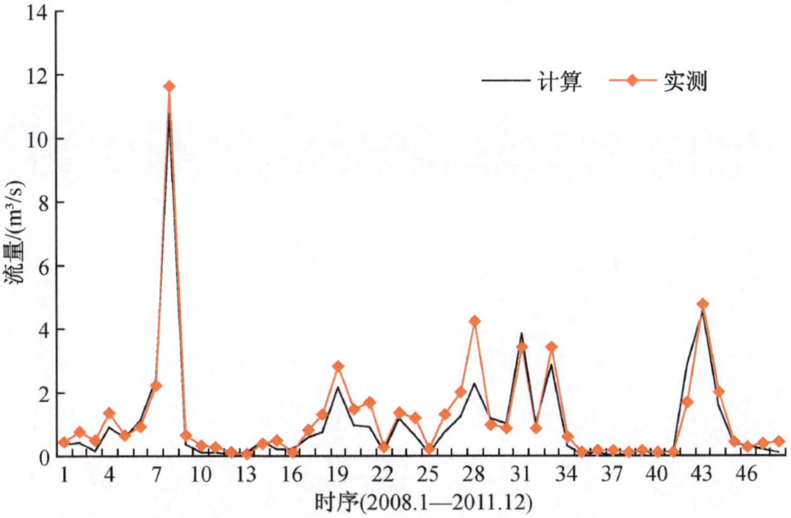

图 8.4-1　率定期胡庄断面月平均流量过程线(2008.1—2011.12)

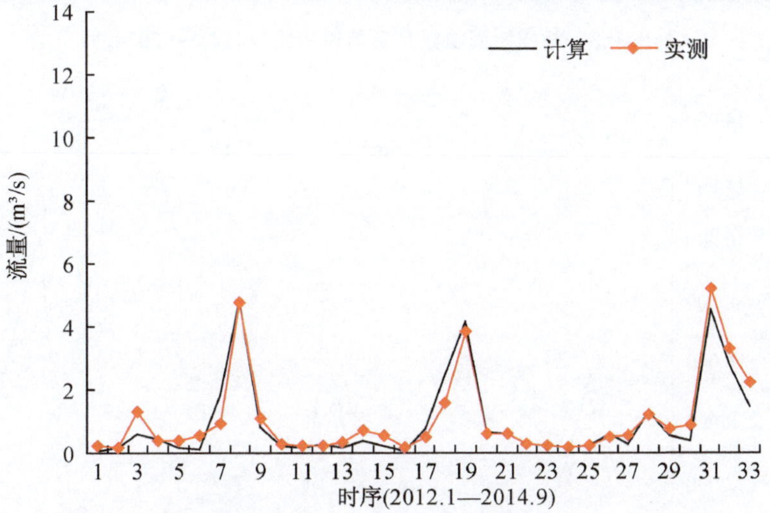

图 8.4-2　验证期胡庄断面月平均流量过程线(2012.1—2014.9)

8.4.3　氮模拟模型的率定与验证

本研究通过对氮负荷敏感性进行分析,选定调整氮负荷系数(NPERCO)、生物降解系数(RSDCO)和生物混合系数(BIOMIX)3个敏感性参数来拟合流域的实际氮负荷情况。利用从2012年4月—2013年12月的污染物监测数据,进行月尺度氮负荷校准。模型首先为这些变量赋了初始值,在参数率定过程中,通过调整变量以适应实际流域。参数调整过程中,硝态氮模拟值偏小,可以通过增加土壤初始硝酸盐含量(SOL-NO_3^-)到合理水平,或减小土壤生物混合系数(BIOMIX),增加氮负荷系数(NPERCO),调整河道水质 NO_2 到 NO_3^- 的转换系数BC2,最后得到合理的计算结果。

图8.4-3是2012年5月—2014年9月胡庄断面实测与计算氨氮月负荷过程线,R^2 和

E_{ns}分别为 0.95 和 0.90。图 8.4-4 是 2012 年 5 月—2014 年 9 月胡庄断面实测与计算硝态氮月负荷过程线，R^2和E_{ns}分别为 0.93 和 0.89。根据模拟值和实测值拟合情况可知，模型对氨氮和硝态氮的模拟结果较理想。

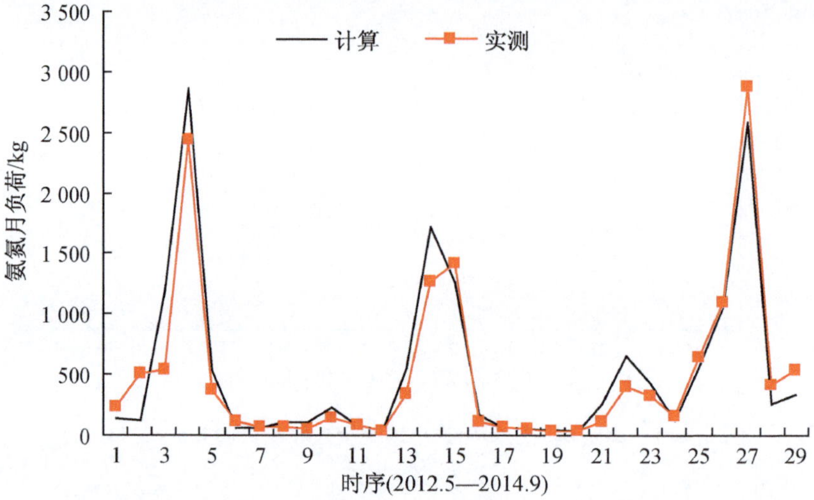

图 8.4-3　胡庄断面氨氮月负荷过程线(2012.5—2014.9)

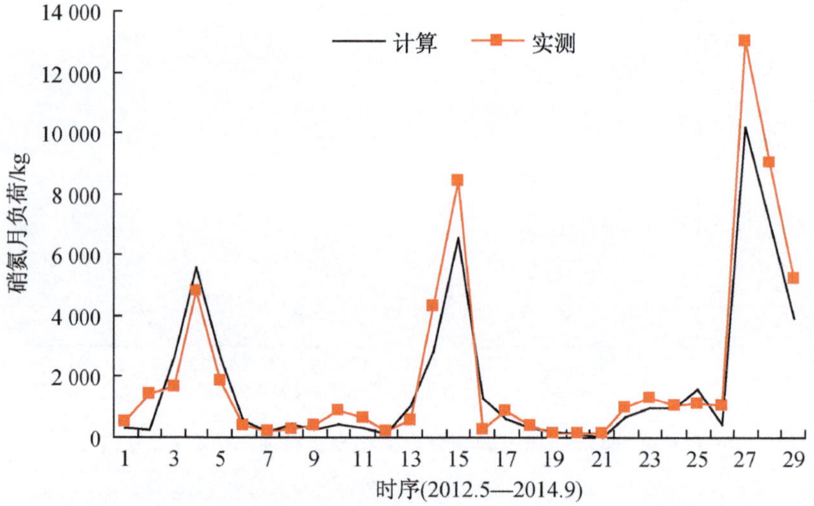

图 8.4-4　胡庄断面硝氮月负荷过程线(2012.5—2014.9)

8.5　现状土地利用情景分析

2008—2013 年降雨数据的统计分析发现，流域内平均降雨量在 950.92～1 210.58 mm 之间，年际间降雨差别不大，但大部分降雨集中在汛期(5—9 月)，占全年降雨的 69%左右。根据 SWAT 模型的月模拟结果，对花山流域全年和汛期的径流和总氮 TN 输出情况进行统计分析，见表 8.5-1。

表 8.5-1　花山流域现状土地利用径流与氮素耦合模拟结果

年份	径流/$10^6 m^3$	总氮/kg	5—9 月径流		5—9 月总氮	
			径流/$10^6 m^3$	百分比/%	总氮/kg	百分比/%
2008	51.79	71 047	37.81	73.01	63 231	89.00
2009	29.91	36 534	18.25	61.02	29 957	82.00
2010	47.36	62 830	29.36	61.99	50 730	80.74
2011	27.66	31 146	22.13	80.01	27 408	88.00
2012	26.26	31 872	16.81	64.01	27 300	85.66
2013	25.48	31 195	14.78	58.01	25 891	83.00
平均	34.74	44 104	23.19	66.75	37 419	84.84

由表 8.5-1 可以看出，汛期多年平均径流占全年径流的 66.75%，汛期的氮负荷流失量占 84.84%，个别年份达到 89%，每年汛期氮流失严重。降雨径流是氮素迁移的主要动力，土壤侵蚀也一般发生在降雨和地表径流产生期间，吸附性氮随泥沙流出流域。因此，汛期的氮流失量占全年氮流失的比重较大，每年的汛期是控制氮流失的关键时期。

8.6　土地利用变化对氮输移的影响

采用情景设计方法定量分析特定的土地利用变化对流域氮素输移的影响程度。土地利用情景设置见表 8.6-1。

现状：现状土地利用/覆被。

情景 1：旱地和水田全部转换为森林覆被。这是理想土地覆被情景。

情景 2：全部水田转化为旱地。主要探讨水田对氮素的调蓄作用。

情景 3：全部旱地转化为裸地。研究区域为农业区，大量劳动力外出务工，造成旱地全部荒废成为裸地。

表 8.6-1　不同土地利用情景组合设计

土地利用类型	现状	情景 1	情景 2	情景 3
林地/%	67.68	90.06	67.68	67.68
水田/%	14.45	0	0	14.45
旱地/%	7.93	0	22.38	0
裸地/%	4.85	4.85	4.85	12.78
建筑用地/%	1.33	1.33	1.33	1.33
水域/%	3.76	3.76	3.76	3.76

在以上土地利用情景假设和 2008—2013 年气象条件下，分别模拟了花山流域 2008—2013 年 6 年的径流深以及流域出口断面氮负荷，模拟结果见表 8.6-2 和表 8.6-3。

表 8.6-2 不同土地利用情景假设下花山流域径流深模拟结果 单位:mm

年份	现状	情景 1	情景 2	情景 3
2008	630.8	626.4	631.4	637.6
2009	364.3	360.5	365.1	370.6
2010	576.8	573.0	578.0	583.3
2011	336.9	334.7	337.2	343.9
2012	319.9	315.4	321.3	325.8
2013	310.4	305.9	311.8	316.2
平均	423.2	419.3	424.1	429.6

表 8.6-3 不同土地利用情景假设下花山流域氮负荷模拟结果 单位:kg

年份	现状	情景 1	情景 2	情景 3
2008	71 047	47 720	80 632	63 486
2009	36 534	26 141	43 189	35 899
2010	62 830	52 528	70 645	59 291
2011	31 146	22 169	43 284	28 714
2012	31 872	21 885	43 797	28 456
2013	31 195	22 143	42 866	28 436
平均	44 104	32 098	54 069	40 714

由表 8.6-2、表 8.6-3 可以得出:

(1) 多年平均径流深从大到小依次为情景 3>情景 2>现状>情景 1。由此可见,相对于现状,情景 1 的森林覆盖率增大,导致蒸发量变大,加之林地涵养水分并吸收水分,进一步增加水量的损失,导致径流量减小;相对于现状,情景 2 水田全部转换为旱地后,径流增大,这是由于在灌溉季节及强降雨条件下,水田具有一定的蓄水能力,蒸发量大于旱地,导致水田全部转换为旱地后年径流量增加;相对于现状,情景 3 旱地全部变为裸地后,径流明显增大,这是由于裸地无植被覆盖和吸收消耗水,土壤持水能力弱,与旱地相比蒸发量小。

(2) 氮负荷从大到小依次为情景 2>现状>情景 3>情景 1。从氮源的角度来看,林地及裸地的氮素输入量小,农田的输入量大,因此随着裸地和林地面积扩大、农田面积的减少,直接减少了流域氮素的输入,进而导致氮素负荷减小。从氮素迁移的驱动因子来看,降雨径流为主要驱动力之一,林地年产流能力弱,裸地年产流能力强。因此,情景 1 森林覆盖率增加,导致氮负荷较现状明显减小;情景 3 裸地面积增加,氮素输入量减小,但是年产流能力增加,导致氮负荷略小于现状;情景 2 氮负荷量大于现状,实地调查表明,研究区域单位面积水田和旱地的氮素输入(主要是施肥)量差别不大,因而年氮负荷的主要影响因子为产流能力,而旱地产流能力大于水田,因而在水田变为旱地后氮负荷增加,水田对氮负荷具有一定的消减作用。

8.7 氮负荷最佳管理措施

PLOAD 模型是由美国 CH2M HILL 水资源工程小组开发的一种简易的基于 GIS 计算流域非点源污染负荷的模型[11]，其可以对多种非点源污染物年负荷进行估算，包括 TN、TP、COD、BOD、TSS 以及 TDS 等，同时可以计算实施最佳管理措施后的年负荷量。本节将 PLOAD 模型与 SWAT 模型进行耦合，并对 PLOAD 模型进行改进，利用改进后的 PLOAD 模型计算花山流域氮素负荷，并研究最佳管理措施的影响，提出相应的流域氮素控制措施。

8.7.1 PLOAD 模型原理

BMPs（最佳管理措施）实施可以有效控制和治理流域非点源污染，美国环保局认为所有可以减少或预防水资源污染的方法、措施或者操作程序，包括工程、非工程措施的操作与维护程序，都可以看作 BMPs。目前 BMPs 已在美国以及加拿大等国得到广泛的使用，我国 BMPs 实施起步较晚。在 PLOAD 模型中可以基于统计性模型，进行最佳管理措施研究。

PLOAD 模型中提供了两种不同的算法来进行污染负荷计算，分别为输出系数法和简易模型法[12]，用户可以根据实际需求来选择负荷的计算方法。本研究结合实际监测数据，选择简易模型法计算负荷量，简易模型法计算公式如下

$$L_p = \sum_U 10^{-6} \cdot P \cdot P_J \cdot R_U \cdot C_U \cdot A_U \tag{8.7-1}$$

式中：L_P为负荷量，kg；A_U为某类土地利用面积，m^2；P 为降雨量，mm；P_J为暴雨产流率；R_U为土地利用类型 U 对应的径流系数；C_U为土地利用类型 U 所对应的 EMC 值，mg/L，即地表径流产生污染负荷除以径流总量，表征了单位土地利用面积上年平均产物能力。

8.7.2 PLOAD 模型数据库

本研究选择运用基于简易模型法的 PLOAD 模型进行非点源污染负荷计算。基于 BASINS 4 系统运用 PLOAD 模型进行非点源污染负荷的计算需要的图层资料包括研究区的土地利用图、子流域图。花山流域土地利用图见图 3.6-4，在基于 PLOAD 模型进行模拟计算时，按照 SWAT 模型模拟重分类后划分出的 6 种土地利用类型进行计算，将常绿林和落叶林合并为林地。子流域划分见图 3.6-3。

除图层资料外，根据模型运行原理还需要不同土地利用类型对应的不透水率、EMC 值和面积，同时还需要流域降水数据、暴雨产流率。其中不同土地利用类型的面积，在 BASINS 4 系统下模型可从土地利用图中自动计算得到。模型输入所需的年降水数据直接使用实测数据。

花山流域为典型的江淮丘陵农业流域，流域内无工业点源污染，农业非点源污染是氮素负荷的主要来源。在无降雨径流事件的枯水季节，花山流域地表水中氮素也会以较低浓度输出。因此在使用 PLOAD 模型计算研究区的氮负荷时，必须将地下水部分的氮负荷考虑进去。所以本研究对 PLOAD 模型进行改进，在负荷计算时将其划分为地表和地下两个部分，将其中地下径流部分带入河道的污染负荷概化为 G，单位为 kg。改进后的模型计算公式如下

$$L_p = \left(\sum_U 10^{-6} \cdot P \cdot P_J \cdot R'_U \cdot C_U \cdot A_U\right) + G \tag{8.7-2}$$

式中：R'_U 为地表径流系数。为了使 PLOAD 模型计算结果和 SWAT 模型模拟结果在时间上保持一致，选择对 2008—2013 年六个完整年份的污染物负荷的年平均状况进行模拟计算。根据花山流域内实测资料可得研究区在 2008—2013 年期间多年平均降雨量为 1 108 mm，PLOAD 模型中输入的 P_J 使用模型默认值。

PLOAD 模型中径流系数的计算是基于不透水率的，而文中涉及到的土地利用类型中，建筑用地是不透水面，其他土地利用类型可认为是完全透水面。因此如果完全根据模型中的径流系数计算方法算得建筑用地径流系数为 0.95，而其他土地利用类型的径流系数均为 0.05。研究区为典型农业区，建筑用地面积所占比例小，若按照模型公式来进行径流系数的计算，必然导致计算出的径流系数与实测值相比明显偏小。在 BASINS 4 系统下运行 PLOAD 模型必须要基于不透水率进行径流系数的计算，因此从不同土地利用类型的径流系数反推不透水率，进而保证径流系数的准确性，建筑用地的径流系数由模型计算公式直接计算。

在 SWAT 模型模拟部分，其计算成果中包含降雨径流过程的数据。其计算的结果中有不同水文响应单元的面积、年平均降雨量、年平均蒸发量以及地表径流对河道总径流补给量和地下径流对河道总径流补给量。由 SWAT 模型计算结果可以计算得到不同水文响应单元的年平均径流系数以及其他相关数据。由 PLOAD 模型的原理可知，径流系数作为模型输入的一个重要条件，在此可以利用率定以及验证效果较好的 SWAT 模型的计算结果来计算得到。

$$G = C_b \cdot \sum\nolimits_I Q_{GI} \cdot A_I \cdot 10^{-6} \tag{8.7-3}$$

$$R'_U = \sum\nolimits_U Q_{SU} / \sum\nolimits_U P_U \tag{8.7-4}$$

式中：A_I 为水文响应单元 I 的面积，m^2；Q_{GI} 为地下径流对河道总径流补给量，mm；C_b 为地下径流对河道总径流补给部分污染物浓度，mg/L；Q_{SU} 为土地利用类型 U 上的地表径流对河道总径流补给量，mm；P_U 为土地利用类型 U 上的降水量，mm。

计算得到 R'_U，结合熊丽君、刘凌等人[13]根据太湖产流模型计算得出的不同土地利用方式对应的径流系数，最终确定模型输入所需的 R'_U 以及反推得到模型所需的直接输入数据。C_U 值是 PLOAD 模型又一重要的输入数据。关于农业径流产污过程，包括中科院南京土壤研究所[14]、南京大学[15]等在内的很多国内科研机构做了大量的调查研究，参照前人研究结果，并结合实地调查和室内实验结果，得到花山流域内不同土地利用类型的 EMC 值。C_b 为地下径流对河道总径流补给部分污染物浓度，在本研究中使用实测的地表水基流中的污染物浓度作为 C_b。

基于上述公式和方法计算得到 PLOAD 模型主要输入数据 C_U 值（土地利用类型 U 对应的 EMC 值）、地表径流系数 R'_U 以及不透水率 I_U。模型计算所需的面积要素，可在 BASINS 4 从土地利用图属性表中获取。最终确定了模型计算所需主要输入数据，见表 8.7-1。

表 8.7-1　PLOAD 模型主要参数

土地利用类型	R'_U	C_U	I_U
水体	0.261	2.93	23.444

续表

土地利用类型	R'_U	C_U	I_U
林地	0.134	2.48	9.315
裸地	0.151	2.00	11.222
水田	0.391	6.41	37.884
旱地	0.459	5.90	45.431
建筑用地	0.950	5.83	100.000

将输入数据代入改进后的 PLOAD 模型中进行计算，最终得到多年平均入河氮素总负荷量为 95 662.082 kg。

8.7.3 最佳管理措施分析

基于 PLOAD 模型模拟计算得到流域氮素多年平均负荷量为 95 662.082 kg；基于 SWAT 模型计算得到 2008—2013 年流域出口断面氮素多年平均输出负荷量为 44 104 kg。

PLOAD 模型计算得到的负荷要明显大于 SWAT 模型计算得到负荷量，这主要是由于 PLOAD 模型计算的结果为流域入河氮负荷量，SWAT 模型模拟得到的胡庄端面的负荷量为流域氮素随径流输出的总负荷量。第 6 章中对流域氮素时空分布规律的研究中发现，自上游到下游，氮素浓度存在沿程衰减的情况，表明研究区对于径流中的氮素存在削减作用，主要是由于研究区植被以及塘坝等综合作用的影响。杨金玲、张甘霖等[16]研究得到，林地以及水塘对于径流中氮素负荷具有负作用，研究区内林地面积比例大，塘坝密布，因此林地以及塘坝对河流中氮负荷具有明显的负作用。同时花山流域为典型农业丘陵地区，河岸植被覆盖率高，有明显河岸带存在，河岸带对非点源污染物具有显著的削减作用[17]，Peterjohn 和 Correll 调查发现[18]，其岸边植被带对于氮素的削减效率甚至可以达到 89%。因此花山流域内河道径流中氮素负荷沿程削减是合理的，这也是 SWAT 模型模拟出的流域输出氮负荷量与 PLOAD 模型模拟出的入河污染负荷量不一致的主要原因。

为了将 PLOAD 模型计算结果换算为流域输出氮素负荷量，与 SWAT 模型模拟结果以及研究区污染负荷实测结果相统一，在 PLOAD 模型中引入流域负荷综合衰减系数 C，得到花山流域出库断面氮素输出负荷 L'_P，计算公式如下

$$L'_P = C \cdot L_P \tag{8.7-5}$$

基于 SWAT 模型分别计算 2008—2013 年的径流系数，代入到前述改进的 PLOAD 模型中，计算得到流域汇入河道的氮素总负荷量，再根据基于 SWAT 模型模拟得到的 2008—2013 年胡庄断面输出的氮素负荷量，计算得到 2008—2013 年研究区综合衰减系数 C，见表 8.7-2。

表 8.7-2 研究区综合衰减系数计算表

年份	径流量/$10^6 m^3$	SWAT 模拟负荷量/kg	PLOAD 计算负荷量/kg	综合衰减系数 C
2008	51.79	71 047	119 726.773	0.593
2009	29.91	36 534	83 445.823	0.438

续表

年份	径流量/10^6m^3	SWAT 模拟负荷量/kg	PLOAD 计算负荷量/kg	综合衰减系数 C
2010	47.36	62 830	99 421.785	0.632
2011	27.66	31 146	75 491.658	0.413
2012	26.26	31 872	75 114.361	0.424
2013	25.48	31 195	81 061.170	0.385

对 2008—2013 年的综合衰减系数和径流量进行分析可知，综合衰减系数与径流量正相关。2008—2013 年花山流域的多年平均径流量为 $34.74\times10^6m^3$，基于径流量与综合衰减系数拟合得到的曲线，可以计算出 2008—2013 年氮负荷的综合衰减系数为 0.479，进而计算得到研究区输出氮负荷为 45 856.958 kg，与 SWAT 模型模拟得到的 44 104 kg 基本一致。综合衰减系数体现了研究区水系对于污染物负荷的削减能力，可以作为衡量区域水系生态安全性的重要指标。

基于改进的 PLOAD 模型计算实施了最佳管理措施（BMPs）区域的污染负荷时，应对原模型中最佳管理措施计算方法进行相应的修正。首先计算实施最佳管理措施（BMPs）区域的面积百分比，计算公式如下

$$A_{BMP\%}=A_{BMP}/A_P \tag{8.7-6}$$

式中：$A_{BMP\%}$ 为流域中实施最佳管理措施（BMPs）区域的面积百分比；A_{BMP} 为流域中实施最佳管理措施（BMPs）区域的面积；A_P 为流域总面积。实施了最佳管理措施（BMPs）区域的污染物负荷量为

$$L_{BMP}=(L_{P0}\cdot A_{BMP\%})\cdot(1-E_{BMP}) \tag{8.7-7}$$

式中：L_{BMP} 为实施了最佳管理措施区域的污染物负荷量，kg；L_{P0} 为这一区域的初始污染物负荷量，kg；E_{BMP} 为最佳管理措施（BMPs）的污染物去除率。最终计算得到实施最佳管理措施（BMPs）后流域污染物负荷量，其计算公式如下

$$L'_P=C\cdot[\sum_{BMP}L_{BMP}+L_P(A_P-\sum_{BMP}A_{BMP})/A_P+G] \tag{8.7-8}$$

不同的最佳管理措施（BMPs）对污染物的去除效率不同，根据郭青海等人[19]的研究得到不同最佳管理措施（BMPs）的污染物去除效率，见表 8.7-3。

表 8.7-3　不同 BMPs 污染物去除效率表

土地利用类型	BMPs	TN/%
耕地	人工湿地和滞留地	50
水域	植被过滤带和草地河岸缓冲带	20
城乡工矿居民用地	植生槽和植生滞留槽	55
未利用土地	沙栏	97

根据 PLOAD 模型计算得到最佳管理措施实施前后，花山流域多年平均氮素输出负荷量，结果见表 8.7-4。

表 8.7-4 最佳管理措施实施前后氮负荷量

BMPs 实施前 N 负荷/kg	BMPs 实施后 N 负荷/kg	削减效率/%
45 856.958	31 101.108	32.18

根据 PLOAD 模型最佳管理措施的研究，得到人工湿地和滞留地、植被过滤带和草地河岸缓冲带、植生槽和植生滞留槽以及沙栏等生态工程措施，可以有效地削减输出的氮素负荷，在花山流域削减效率可达到 32.18%。

花山流域氮素的综合削减效率较高，说明林地塘坝系统本身对于河道中氮负荷的控制有较好的作用，2008—2013 年多年平均综合氮素衰减系数达到 0.479，其对氮素负荷的削减强度甚至高于研究中采用的最佳管理措施。科学合理的土地利用结构和生态布局是氮素负荷削减的较好应用前景，花山流域中的林-塘系统布局对氮素污染负荷削减便是一个典型的案例。

8.8 小结

本章构建了花山流域 SWAT 模型，利用所建立的模型对现状土地利用情形和土地利用变化情景假设进行了径流与氮素耦合模拟，计算了现状和不同土地利用情景假设下流域的径流深和氮负荷。

对 PLOAD 模型进行了改进，并将 PLOAD 与 SWAT 模型进行耦合，模拟计算流域出口断面输出的氮负荷。结合 PLOAD 模型最佳管理措施计算功能，研究了最佳管理措施对氮负荷的削减效率。

参考文献

[1] 罗璇，史志华，尹炜，等. 小流域土地利用结构对氮素输出的影响[J]. 环境科学，2010，31(1)：58-62.
[2] 赵中华，邱祖民. 桃江流域农业区氮平衡及时空差异性[J]. 水电能源科学，2012，5：83-86.
[3] 陈媛，郭秀锐，程水源，等. 基于 SWAT 模型的三峡库区大流域不同土地利用情景对非点源污染的影响研究[J]. 农业环境科学学报，2012，31(4)：798-806.
[4] Neitsch S L, Arnold J G, Kiniry J R, et al. SWAT version 2000 theoretical documentation[Z/OL]. Published 2002 by Texas Water Resources Institute, College Station, Texas TWRI Report TR-191. http://www. brc. tamus. Edu/swat/.
[5] 中国资源卫星应用中心. 资源三号卫星介绍[EB/OL]. [2014-01-10]. http://www. cresda. com/n16/n1130/n175290/175676. html.
[6] 李德仁. 我国第一个民用三线阵立体测图卫星——资源三号测绘卫星[J]. 测绘学报，2012，41(3)：317-322.
[7] 中国科学院南京土壤研究所. 中国土壤数据库[EB/OL]. [2014-03-10]. http://www. soil. csdb. cn/.
[8] 车振海. 试论土壤渗透系数的经验公式和曲线图[J]. 东北水利水电，1995(9)：17-19.
[9] Chaplotv. Impact of DEM mesh size and soil map scale on SWAT runoff, sediment and NO_3-N loads prediction[J]. Journal of Hydrology，2005，312(10)：207-222.
[10] Jayakrishnan R, Srinivasan R, Santhi C, et al. Advances in the application of the SWAT model for water resources management[J]. Hydrological Process，2005(19)：749-762.
[11] USEPA. BASINS 3.0 Users Manual: System Overview[Z]. EPA-823-B-01-001, June 2001.

[12] Lee K S, Chung E S, Kim Yo. Integrated watershed management for mitigating streamflow depletion in an urbanized watershed in Korea[J]. Physics and Chemistry of the Earth, Parts A/B/C, 2008,33(5): 382-394.

[13] 熊丽君,刘凌,徐祖信,等.张家港西南片地区非点源的计算研究[J].环境科学与技术,2007,30(8):3-5.

[14] 张桂英,汪祖强.苏南太湖地区农田水中COD的调查研究[J].农村生态环境,1994,10(10):41-44.

[15] 高超,朱建国,窦贻俭.农业非点源污染对太湖水质的影响:发展态势与研究重点[J].长江流域资源与环境,2002,11(3):260-263.

[16] 杨金玲,张甘霖,张华,等.丘陵地区流域土地利用对氮素径流输出的影响[J].环境科学,2003,24(1):16-23.

[17] Beegle G B,Carton O T,Bailey J S. Nutrient management planning:justification, theory, practice[J]. J. Environ. Qual. ,2000,29:72-79.

[18] Peterjohn W T, Correll D L. Nutrient dynamics in an agriculture watershed: Observation on the role of a riparian forest[J]. Ecology,1984,65:1466-1475.

[19] 郭青海,马克明,赵景柱,等.城市非点源污染控制的景观生态学途径[J].应用生态学报,2005(5):977-981.

第9章

流域氮磷输出特征

降雨径流过程是流域面源氮磷输出的主要驱动因素，降雨的年内分配不均使得流域面源氮磷输出呈现随机性和间歇性[1-4]。本章利用近3年水量水质同步监测资料，研究流域面源氮磷随地表径流过程输出的年内变化特征，研究次洪过程中流域面源氮磷的输出特征，对比分析不同尺度流域的面源氮磷输出特征，探讨水质采样频次与流域面源氮磷输出负荷之间的对应关系，分析流域面源氮磷输出形态特征等，掌握流域径流过程与面源氮磷输出的响应关系，揭示流域面源氮磷输出基本特征，提出流域面源氮磷输出的采样频次优化方案。

9.1 流量与氮磷输出负荷计算方法

本节提供了流域出口控制断面流量以及总氮和总磷输出负荷的计算方法。控制断面流量根据实测水位，利用水位流量关系计算得到，总氮和总磷输出负荷根据控制断面流量与水质浓度计算得到。

9.1.1 负荷计算方法

污染物通过某个断面的速率称为污染物通量，可用 $flux(t)$ 表示，常用单位有 g/s、t/d 等。污染负荷是污染物通量在时间上的累积值，见图 9.1-1。流域出口污染负荷是指在一定时间内通过流域出口断面的污染物质量，可用 L 表示，常用单位有 t、kg 等。如果在一个河流断面能够直接和连续测定污染物通量，那么污染物负荷可以用下面的数学公式计算

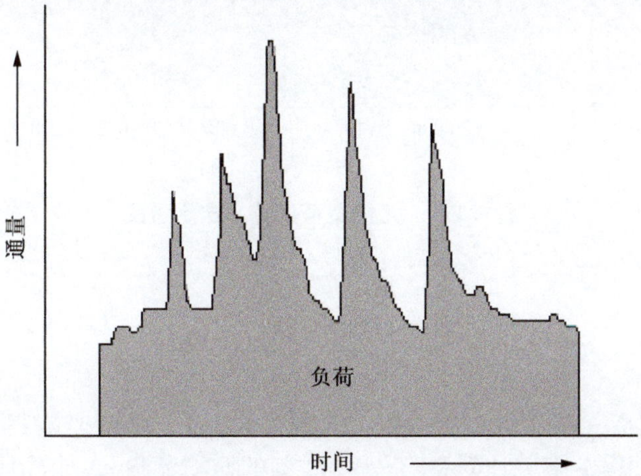

图 9.1-1 流域污染负荷随流失通量在时间尺度上的累积示意图

$$L = \int flux(t)\mathrm{d}t \tag{9.1-1}$$

由于很难甚至无法直接和连续测定污染物通量，通常污染物流失通量可以通过污染物浓度和流量间接计算得到，故上述计算公式可以表述为

$$L = \int C(t) \cdot Q(t)\mathrm{d}t \tag{9.1-2}$$

式中：$C(t)$表示控制断面污染物浓度随时间的变化过程，mg/L；$Q(t)$表示控制断面的流量过程，$\mathrm{m^3/s}$。

由于污染物浓度和流量都随时间变化，限于监测条件，在实际情况下不可能完全做到长时间连续同步监测，只能在不同时刻同时测定污染物浓度和流量，因此可以将整个污染物输出过程划分为若干个时段，分别计算污染物负荷量，再进行累积，可以用下面的公式计算

$$L = \sum_{i=1}^{n-1} C_i \cdot Q_i \cdot \Delta t_i \tag{9.1-3}$$

式中：C_i 为第 i 时刻的污染物监测浓度；Q_i 为第 i 时刻的流量；Δt_i 为第 i 时刻到第 $i+1$ 时刻的时段长。

通过监测一次径流过程中不同时刻的流量和污染物浓度数据，将一次径流过程离散为 n 个流量过程计算单元，每个单元的时间长度可以相同也可以不同，然后计算出该次径流过程中污染物的输出负荷(图 9.1-2)。

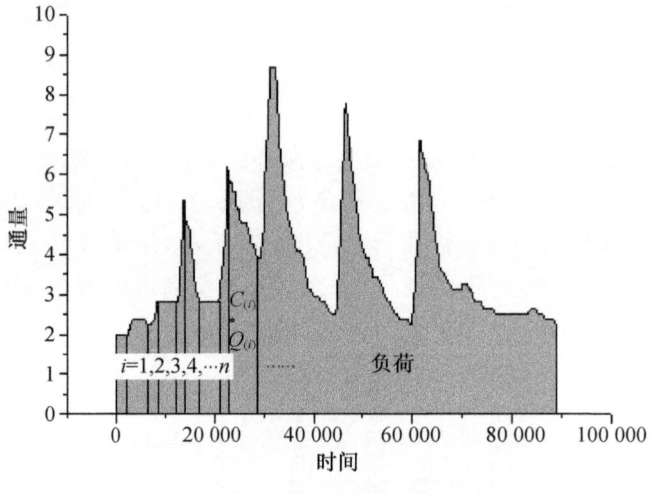

图 9.1-2　污染负荷计算方法示意图

通常用如下公式计算

$$L = \sum_{j=1}^{n} \frac{C_j + C_{j+1}}{2} \times \frac{Q_j + Q_{j+1}}{2} \times \Delta t \tag{9.1-4}$$

式中：C_j 和 C_{j+1} 分别指一次径流过程中第 j 时刻和第 $j+1$ 时刻监测得到的污染物浓度；Q_j 和 Q_{j+1} 指一次径流过程中第 j 时刻和第 $j+1$ 时刻的监测流量；Δt 指相邻两次采样的间隔时间；n 指一次径流过程中的采样次数。

只要监测得到流域出口控制断面的流量、污染物浓度及其相应的监测时间，就可以利用上述公式计算某个时段通过监测断面的污染物负荷。相邻两次采样的间隔时间 Δt 可以根据流域出口控制断面的流量和污染物浓度时程变化特点来确定。在次径流过程中，若流域出口控制断面流量或污染物浓度变化较快，Δt 则可以选择短一些；反之，若流域出口控制断面流量或污染物浓度变化不大，可以加大污染物浓度监测时间间隔。该污染负荷计算方法可以用于次降雨径流过程，也可以用于全年污染物输出负荷计算，本研究中全年的总氮和总磷输出负荷即采用本方法计算。

监测断面日负荷是将上述负荷计算方法得到的负荷分配到全年自然日中，若出现某个计算单元跨两个自然日时，按照时间比例将计算单元负荷分配至相邻的两个自然日。每个自然日的污染负荷除以该日对应的水量，即为该自然日的流量加权平均浓度。

9.1.2 雨洪过程判定方法

雨洪过程起始时刻为雨洪过程起涨时刻；结束时刻分两种情况，一是后续无洪水过程，则按公式 $T=0.8\cdot A^{0.2}$（式中：T 为洪峰时刻至雨洪过程结束时刻的时段长，d；A 为流域面积，km^2）计算，二是后续紧接着有洪水过程，则本次雨洪过程结束时刻为下次雨洪过程起涨时刻。

9.1.3 次降雨事件地表径流污染物浓度(*EMC*)计算方法

次降雨事件地表径流污染物平均浓度（event mean concentration，*EMC*）是指次洪过程中，某个水质项目浓度的流量加权平均，通常用来描述次洪过程的总氮和总磷浓度总体特征[7-12]。受降雨过程、流域下垫面特征、产汇流条件、水质项目性质以及水样采集、保存、运输、化验等多种因素影响，不同次洪过程中总氮和总磷浓度会呈现出较大差异，而流量加权平均浓度是水质指标浓度对流量的加权，表征了次洪过程事件中水质指标浓度的平均程度。计算公式如下

$$EMC=\left(\sum_{j=1}^{n-1}\frac{C_j+C_{j+1}}{2}\times\frac{Q_j+Q_{j+1}}{2}\times\Delta t_j\right)\Big/\left(\sum_{j=1}^{n-1}\frac{Q_j+Q_{j+1}}{2}\times\Delta t_j\right)\qquad(9.1\text{-}5)$$

式中：*EMC* 指次洪过程的流量加权平均浓度，mg/L；C_j 和 C_{j+1} 分别指次洪过程中第 j 时刻和第 $j+1$ 时刻监测的水质指标浓度，mg/L；Q_j 和 Q_{j+1} 分别指次洪过程中第 j 时刻和第 $j+1$ 时刻的监测流量，m^3/s；Δt 指相邻两次采样的间隔时间，s；n 指次洪过程中的采样个数。

9.2 流域地表径流氮磷输出年内变化特征

降雨径流过程年内明显季节性变化特征必然影响到流域面源氮磷输出年内分布特征。本节以花山流域和西源流域为研究对象，利用 2013 年和 2014 年两个完整年度的水量水质同步监测数据，分析流域面源氮磷输出的年内分布特征，识别面源氮磷负荷输出的关键时段。

9.2.1 数据资料

2013 年 1 月 1 日—12 月 31 日以及 2014 年 1 月 1 日—12 月 31 日两个完整年度的水量水质同步监测数据。

降水数据：采用自动雨量计监测，并由滁州水文局进行整编。花山流域面平均降水量由胡庄、沈郢、汪郢、红花桥以及方岗等5个雨量站计算得到；西源流域面平均降水量由胡庄和汪郢2个雨量站计算得到。两个流域面平均降水量数据统计时段为1h。

径流数据：花山流域和西源流域出口控制断面流量是根据水位监测数据，通过断面水位流量关系间接计算得到的。花山流域胡庄(三)监测断面为梯形量水槽，当监测断面水位低于30.50m时，利用监测断面自记水位计水位监测数据，通过水位流量关系计算断面流量；当监测断面水位高于30.50m时，利用缆道铅鱼和流速仪测定断面流速，再结合实测监测断面形态，计算断面流量。西源流域三岔河监测断面为巴歇尔槽，采用压力式自记水位计实时记录监测断面水位数据，然后利用监测断面水位流量关系计算断面流量。胡庄(三)与三岔河监测断面流量统计时段均为1h。

水质数据：在花山流域和西源流域出口控制断面附近固定位置采集水样，一般采集水样的水量为500mL。降雨期间，且采样断面水位预计将明显上涨情况下，采用便携式可编程自动水质采样仪采集水样，采样频率为每隔1h采集一个水样；非降雨时段，且采样断面水位没有明显上涨的情况下，采用人工采样方式，采样频率为每隔2～3d采集一个水样。获取水样后，每个水样加0.05mL稀硫酸后冷冻储存。采用碱性过硫酸钾氧化-紫外分光光度法测定水样中的总氮和总磷浓度。

引入变差系数来描述总氮、总磷浓度监测结果的离散程度，计算公式如下

$$C_v = \sqrt{\sum_{i=1}^{n} (x_i - \overline{x})^2/(n-1)}/\overline{x} \tag{9.2-1}$$

式中：C_v为变差系数；x_i为水质项目监测样本系列，如总氮或总磷浓度；$\overline{x}$为水质项目监测样本系列均值；n为水质项目监测样本系列的样本个数。

9.2.2 总氮、总磷浓度年内变化特征

花山流域2013年和2014年水文要素与总氮和总磷年内变化过程分别见图9.2-1和图9.2-2；西源流域2013年和2014年水文要素与总氮和总磷年内变化过程分别见图9.2-3和图9.2-4。

从图9.2-1～图9.2-4可以看出，花山流域和西源流域总氮和总磷浓度年内变化总体趋势与降雨径流过程之间存在一定的对应关系，当流域出现降雨过程时，总氮和总磷浓度会随之显著升高，降雨过程结束后，总氮和总磷浓度会逐渐下降；汛期(每年5—9月)，总氮和总磷浓度普遍高于年内非汛期时段。《地表水环境质量标准》(GB 3838—2002)中总氮和总磷浓度标准限值见表9.2-1，与总氮和总磷浓度标准限值相比，汛期部分时段总氮和总磷浓度超过III类水质标准，非汛期总氮浓度也有小部分时段超过Ⅲ类水质标准。

表9.2-1 《地表水环境质量标准》中总氮和总磷浓度标准限值

水质项目	分类				
	Ⅰ类	Ⅱ类	Ⅲ类	Ⅳ类	Ⅴ类
总氮/(mg/L)	0.2	0.5	1.0	1.5	2.0
总磷/(mg/L)	0.02(湖、库0.01)	0.1(湖、库0.025)	0.2(湖、库0.05)	0.3(湖、库0.1)	0.4(湖、库0.2)

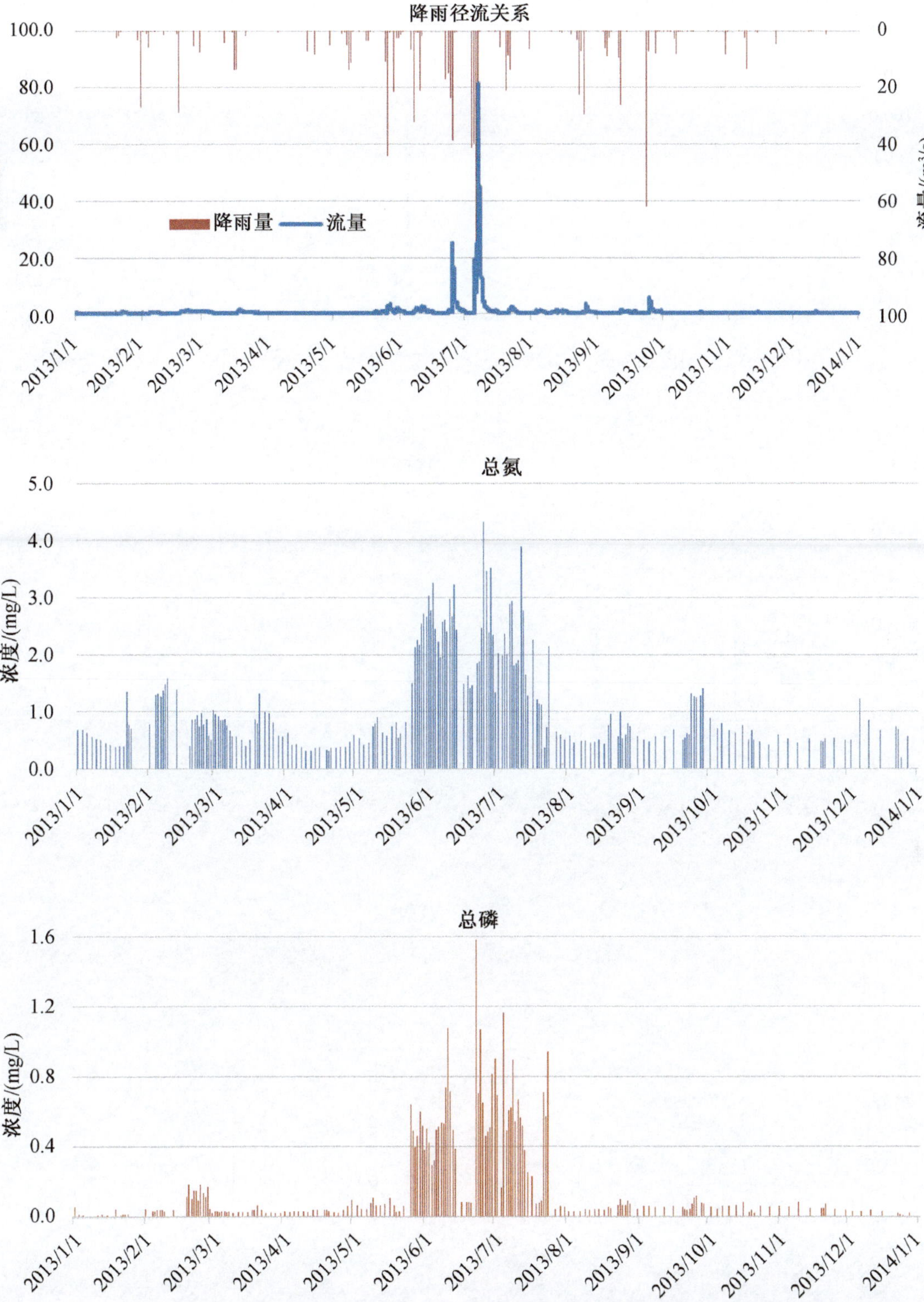

图 9.2-1　花山流域 2013 年水文要素与总氮和总磷年内变化过程

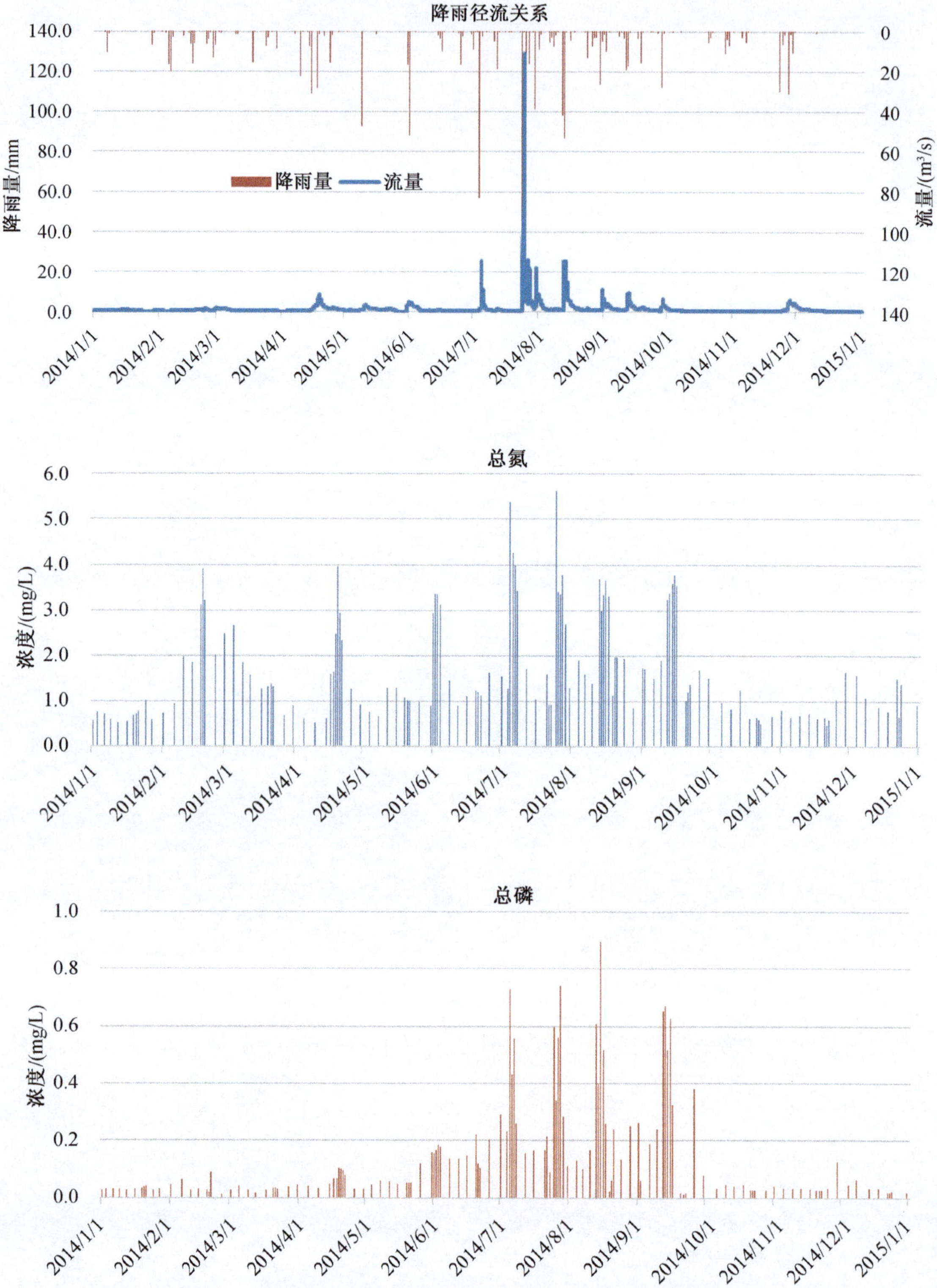

图 9.2-2 花山流域 2014 年水文要素与总氮和总磷年内变化过程

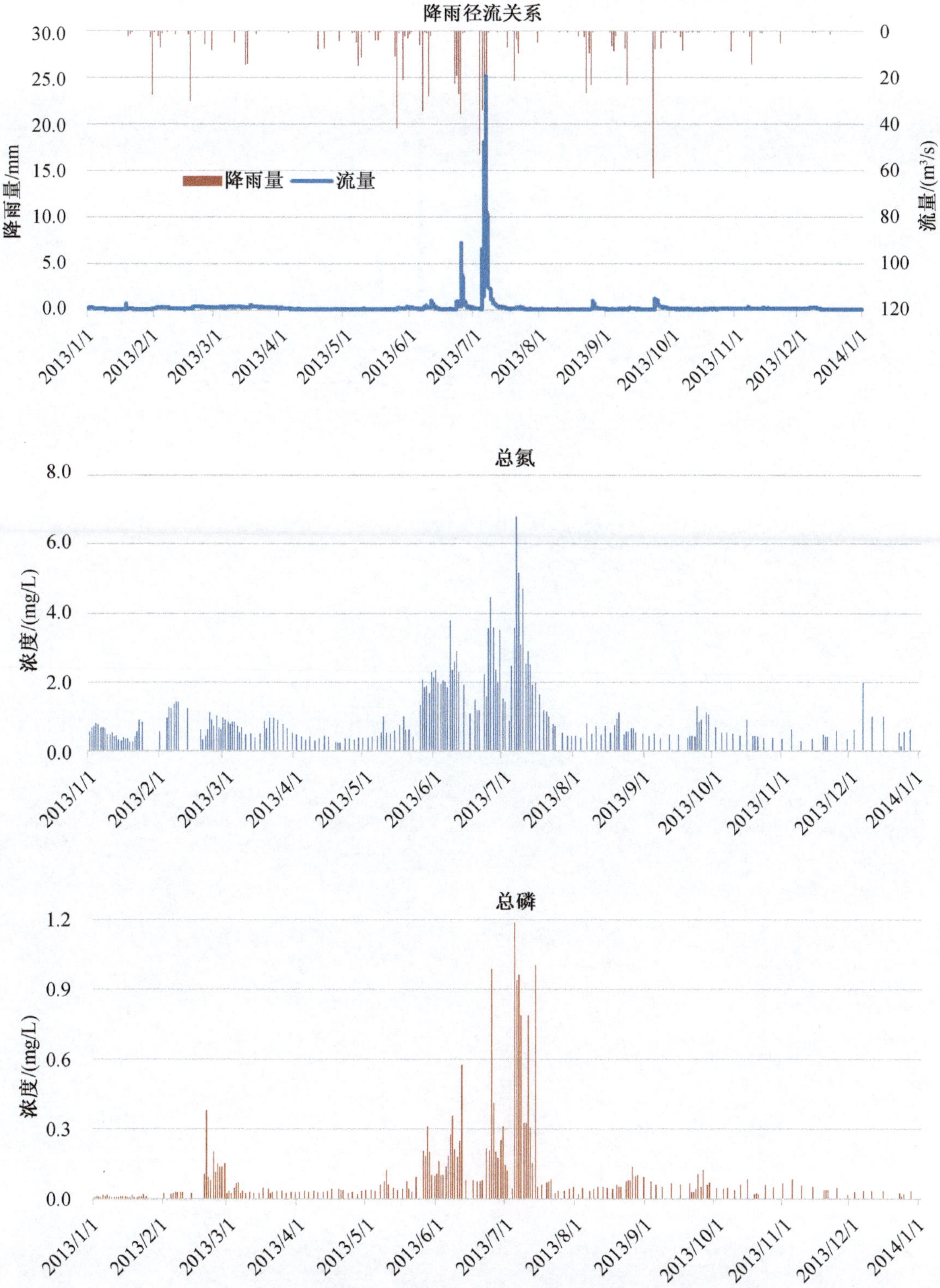

图 9.2-3　西源流域 2013 年水文要素与总氮和总磷年内变化过程

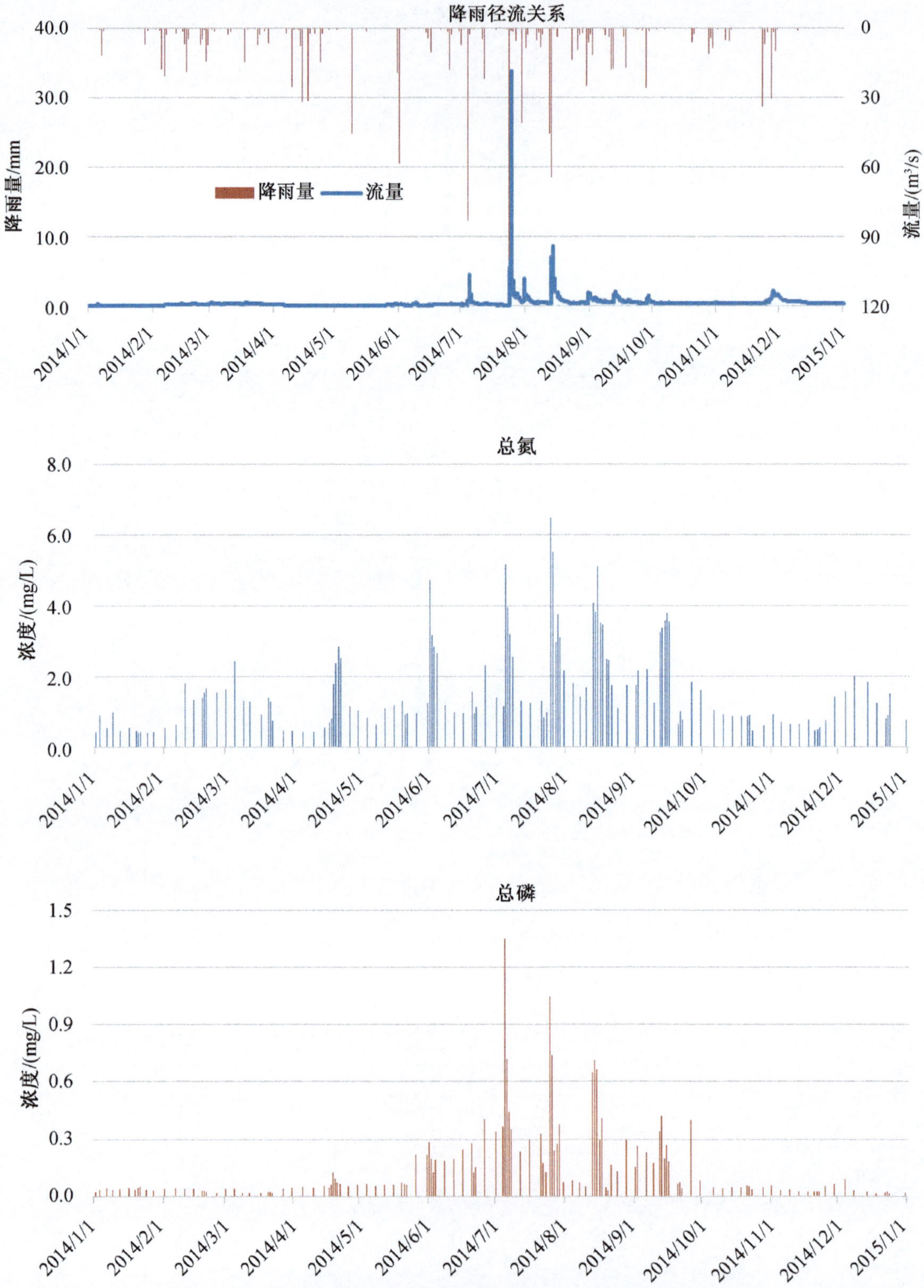

图 9.2-4　西源流域 2014 年水文要素与总氮和总磷年内变化过程

对比花山流域和西源流域2013年和2014年总氮和总磷浓度年内变化过程可以看出，2013年与2014年有一定的差别，2013年汛期总氮和总磷浓度明显高于非汛期；2014年总氮浓度汛期仍高于非汛期，但是偏高的程度不如2013年显著，2014年总磷浓度偏高的时段要长于2013年。花山流域和西源流域2013年的年降水量约为950 mm，2014年约为1 220 mm，2014年的降水量明显高于2013年，年降水量偏多是导致两个流域2013年和2014年总氮和总磷浓度变化过程存在差异的重要影响因素之一。

花山流域和西源流域2013年和2014年水文要素与总氮浓度监测结果统计特征值分别见表9.2-2和表9.2-3；水文要素与总磷浓度监测结果统计特征值分别见表9.2-4和表9.2-5。由于总氮、总磷监测数据结果受采样、存储、运输、分析测试等诸多因素影响，存在一定程度的不确定性。为了消除偶然性的影响，表9.2-2～表9.2-5中的最大值和最小值分别为各个统计时段前5位最大值和后5位最小值的算术平均值。

表9.2-2　花山流域水文要素和总氮浓度监测结果统计特征值

年份	时段	总氮浓度				
		最大值/(mg/L)	最小值/(mg/L)	最大值/最小值	均值/(mg/L)	变差系数
2013	全年	3.691	0.225	16.4	1.505	0.49
	汛期	3.691	0.268	13.8	1.698	0.40
	非汛期	1.437	0.290	5.0	0.687	0.43
2014	全年	4.828	0.507	9.5	2.301	0.44
	汛期	4.828	0.806	6.0	2.564	0.34
	非汛期	3.424	0.507	6.8	1.235	0.67

表9.2-3　西源流域水文要素和总氮浓度监测结果统计特征值

年份	时段	总氮浓度				
		最大值/(mg/L)	最小值/(mg/L)	最大值/最小值	均值/(mg/L)	变差系数
2013	全年	5.795	0.232	25.0	1.636	0.61
	汛期	5.795	0.391	14.8	1.930	0.48
	非汛期	1.489	0.232	6.4	0.631	0.49
2014	全年	5.818	0.405	14.4	2.458	0.47
	汛期	5.818	0.743	7.8	2.824	0.34
	非汛期	2.426	0.405	6.0	1.017	0.57

从表9.2-2和表9.2-3可以看出，花山流域和西源流域总氮浓度年内变化幅度较大，两个流域总氮浓度全年最大值与最小值的倍比，2013年分别为16.4和25.0，2014年分别为9.5和14.4；汛期最大值与最小值的倍比，2013年分别为13.8和14.8，2014年分别为6.0和7.8；非汛期最大值与最小值的倍比，2013年分别为5.0和6.4，2014年分别为6.8和6.0，汛期总氮浓度变化幅度一般大于非汛期。汛期总氮浓度均值明显大于非汛期，两个流

域 2013 年汛期总氮浓度均值分别为 1.698 mg/L 和 1.930 mg/L，非汛期总氮浓度均值分别为 0.687 mg/L 和 0.631 mg/L，分别相差 1.47 倍和 2.06 倍；2014 年汛期总氮浓度均值分别为 2.564 mg/L 和 2.824 mg/L，非汛期总氮浓度均值分别为 1.235 mg/L 和 1.017 mg/L，分别相差 1.08 倍和 1.78 倍。用花山流域和西源流域全年、汛期以及非汛期总氮浓度均值与《地表水环境质量标准》(GB 3838—2002)中总氮浓度标准限值相比，两个流域 2013 年全年和汛期总氮浓度均值为Ⅴ类水质标准，非汛期总氮浓度均值为 III 类水质标准；2014 年全年和汛期总氮浓度均值为劣Ⅴ类水质标准，非汛期总氮浓度均值为Ⅳ类水质标准。

从上述两个流域两年水质监测结果的年内分布情况看，非汛期水质状况较好，总氮浓度可以达到Ⅲ类～Ⅳ类水质标准；汛期水质较差，总氮浓度为Ⅴ类～劣Ⅴ类水质标准。

表 9.2-4　花山流域水文要素和总磷浓度监测结果统计特征值

年份	时段	总磷浓度				
		最大值/(mg/L)	最小值/(mg/L)	最大值/最小值	均值/(mg/L)	变差系数
2013	全年	1.188	0.007	169.7	0.285	0.84
	汛期	1.188	0.033	36.0	0.341	0.68
	非汛期	0.169	0.007	24.1	0.047	0.80
2014	全年	0.737	0.014	52.6	0.188	0.81
	汛期	0.737	0.020	36.9	0.224	0.66
	非汛期	0.102	0.017	6.0	0.039	0.56

表 9.2-5　西源流域水文要素和总磷浓度监测结果统计特征值

年份	时段	总磷浓度				
		最大值/(mg/L)	最小值/(mg/L)	最大值/最小值	均值/(mg/L)	变差系数
2013	全年	1.016	0.005	203.2	0.164	1.01
	汛期	1.016	0.025	40.6	0.200	0.85
	非汛期	0.203	0.005	40.6	0.040	1.19
2014	全年	1.121	0.012	93.4	0.240	0.95
	汛期	1.121	0.020	56.1	0.291	0.78
	非汛期	0.090	0.015	6.0	0.039	0.52

从表 9.2-4 和表 9.2-5 可以看出，花山流域和西源流域总磷浓度年内变化幅度很大，两个流域总磷浓度全年最大值与最小值的倍比，2013 年分别为 169.7 和 203.2，2014 年分别为 52.6 和 93.4；汛期最大值与最小值的倍比，2013 年分别为 36.0 和 40.6，2014 年分别为 36.9 和 56.1；非汛期最大值与最小值的倍比，2013 年分别为 24.1 和 40.6，2014 年分别为 6.0 和 6.0，汛期总磷浓度变化幅度普遍大于非汛期。汛期总磷浓度均值明显大于非汛期，两个流域 2013 年汛期总磷浓度均值分别为 0.341 mg/L和 0.200 mg/L，非汛期浓度均值分别为 0.047 mg/L 和 0.040 mg/L，分别相差 6.26 倍和 4.00 倍；2014 年汛期浓度均值分别为

0.224 mg/L 和 0.291 mg/L，非汛期浓度均值分别为 0.039 mg/L 和 0.039 mg/L，分别相差 4.74 倍和 6.46 倍。用全年、汛期以及非汛期总磷浓度均值与《地表水环境质量标准》(GB 3838—2002) 中总磷浓度标准限值相比，花山流域 2013 年全年为Ⅳ类水质标准，汛期为Ⅴ类水质标准，非汛期可达到Ⅱ类水质标准，2014 年全年为Ⅲ类水质标准，汛期为Ⅳ类水质标准，非汛期可达到Ⅱ类水质标准；西源流域 2013 年全年为Ⅲ类水质标准，汛期为Ⅳ类水质标准，非汛期可达到Ⅱ类水质标准，2014 年全年和汛期都为Ⅳ类水质标准，非汛期可达到Ⅱ类水质标准。

九龙江流域 5 个典型汇水区研究表明暴雨事件中总氮最高浓度值为日常采样浓度值的 2.9～11.3 倍，暴雨事件中总磷最高浓度值为日常采样浓度值的 2.9～20.5 倍[4]。花山流域和西源流域汛期地表径流总氮浓度和总磷浓度的最高值/最低值均高于九龙江流域。

从表 9.2-2～表 9.2-5 中的浓度变差系数可以看出，花山流域和西源流域的总氮浓度变化幅度要小于总磷变化幅度，这种现象与氮和磷的形态特征和迁移方式有一定关系[5]。地表径流中的氮主要为硝态氮，而硝态氮易溶于水，因此硝态氮不仅可以通过地表径流迁移，也可以随壤中流和地下径流迁移，壤中流和地下径流过程相对于地表径流表现得更为平稳；与之相比，磷不易溶于水，容易附着在泥沙颗粒上，因此磷主要是随地表径流迁移，当降雨开始时累积在地表和土壤中的磷就随着地表径流迁移，总磷浓度的变化与地表径流过程的变化基本一致，更易受到地表过程影响。花山流域与西源流域相比，总氮和总磷浓度变化幅度要小，除了两个流域面积尺度不一样外，花山流域内有不少塘坝，这些塘坝的调节作用对花山流域径流过程有一定影响，因此在一定程度上也影响了花山流域的总氮和总磷浓度变化幅度。

9.2.3 总氮、总磷输出负荷年内分配特征

花山流域和西源流域 2013 年和 2014 年全年、汛期、雨洪时段总氮输出负荷计算结果分别见表 9.2-6 和表 9.2-7，总磷输出负荷计算结果分别见表 9.2-8 和表 9.2-9。

表 9.2-6 花山流域总氮输出负荷计算结果

年份	全年负荷量/kg	汛期负荷量/kg	占年负荷量的比重/%	雨洪时段负荷量/kg	占年负荷量的比重/%	雨洪时段历时/h
2013	35 598	29 770	84	23 009	65	699
2014	92 038	71 531	78	54 087	59	611

表 9.2-7 西源流域总氮输出负荷计算结果

年份	全年负荷量/kg	汛期负荷量/kg	占年负荷量的比重/%	雨洪时段负荷量/kg	占年负荷量的比重/%	雨洪时段历时/h
2013	12 082	9 974	83	7 813	65	576
2014	26 145	19 703	75	12 596	48	503

表 9.2-6～表 9.2-9 中雨洪时段指的是 2013 年和 2014 年两年中发生过明显雨洪过程的所有时段的总和。根据表 9.2-6 和表 9.2-7 的统计结果可知，花山流域和西源流域总氮年输出负荷中，汛期是总氮负荷输出的主要时段，两个流域汛期输出负荷占全年输出负荷的

比重，2013 年分别为 84%和 83%，2014 年分别为 78%和 75%。在汛期总氮输出负荷中，雨洪时段输出负荷占汛期输出负荷的比重，2013 年分别为 77%和 78%，2014 年分别为 76%和 64%。

根据表 9.2-8 和表 9.2-9 的统计结果可知，花山流域和西源流域总磷年输出负荷中，汛期也是总磷负荷输出的主要时段，两个流域汛期输出负荷占全年输出负荷的比重，2013 年分别为 93%和 89%，2014 年分别为 90%和 91%。在汛期总磷输出负荷中，雨洪时段输出负荷占汛期输出负荷的比重，2013 年分别为 81%和 84%，2014 年分别为 76%和 68%。

表 9.2-8　花山流域总磷输出负荷计算结果

年份	全年负荷量/kg	汛期负荷量/kg	占年负荷量的比重/%	雨洪时段负荷量/kg	占年负荷量的比重/%	雨洪时段历时/h
2013	5 928	5 512	93	4 451	75	699
2014	7 206	6 496	90	4 929	68	611

表 9.2-9　西源流域总磷输出负荷计算结果

年份	全年负荷量/kg	汛期负荷量/kg	占年负荷量的比重/%	雨洪时段负荷量/kg	占年负荷量的比重/%	雨洪时段历时/h
2013	1 286	1 148	89	968	75	576
2014	2 476	2 259	91	1 532	62	503

根据表 9.2-6～表 9.2-9 可知，花山流域和西源流域总氮和总磷输出负荷主要集中在汛期的雨洪时段，总磷的负荷输出时段集中程度比总氮更加明显。花山流域雨洪时段占全年时段的比重，2013 年和 2014 年分别为 7.98%和 6.97%，总氮输出负荷占全年输出负荷的比重，2013 年和 2014 年分别为 65%和 59%，总磷输出负荷占全年输出负荷的比重，2013 年和 2014 年分别为 75%和 68%；西源流域雨洪时段占全年时段的比重，2013 年和 2014 年分别为 6.58%和 5.74%，总氮输出负荷占全年输出负荷的比重，2013 年和 2014 年分别为 65%和 48%，总磷输出负荷占全年输出负荷的比重，2013 年和 2014 年分别为 75%和 62%。从上述统计分析结果可以看出，在不到全年 10%的时段内，花山流域和西源流域的总氮和总磷输出负荷就占了全年输出负荷的一半以上。

9.2.4　总氮、总磷浓度与输出负荷的季节变化特征

花山流域地处北亚热带向暖温带过渡区域，四季分明，季风气候特征显著。受西太平洋副热带高压北抬以及太平洋热带气旋北上影响，流域雨季主要分布在每年的 6—9 月。花山流域气候温和、无霜期较长、水热同季、日照充足，农业种植主要以水稻为主，通常在每年的 5 月底至 6 月初施用基肥，蔬菜、棉花等农作物则根据生长期的需要，在不同季节也有少量施肥。针对花山流域的气候特征和农业生产活动特点，将流域的春、夏、秋、冬四个季节的时段分别定为 3—5 月、6—8 月、9—11 月、12 月—次年 2 月。将 2013—2014 年利用水文与氮磷要素综合监测体系获得的水量水质同步监测数据分时段归入各个季节，据此统计不同季节中花山流域和西源流域总氮、总磷浓度统计特征值和输出负荷，结果见表 9.2-10 和表 9.2-11。

表 9.2-10　花山流域不同季节总氮和总磷浓度统计值与输出负荷

年份	季节	总氮			总磷		
		浓度均值/(mg/L)	浓度变差	输出负荷/kg	浓度均值/(mg/L)	浓度变差	输出负荷/kg
2013	冬	0.738	0.48	2 959	0.051	1.00	221
	春	1.215	0.56	3 715	0.176	0.94	395
	夏	1.770	0.38	26 079	0.372	0.64	5 068
	秋	0.685	0.41	2 849	0.061	0.33	252
2014	冬	1.131	0.81	3 534	0.032	0.47	88
	春	1.432	0.55	13 006	0.055	0.57	466
	夏	2.669	0.32	58 537	0.222	0.62	5 252
	秋	1.922	0.51	14 440	0.200	0.95	1 318

表 9.2-11　西源流域不同季节总氮和总磷浓度统计值与输出负荷

年份	季节	总氮			总磷		
		浓度均值/(mg/L)	浓度变差	输出负荷/kg	浓度均值/(mg/L)	浓度变差	输出负荷/kg
2013	冬	0.543	0.60	884	0.035	1.63	67
	春	0.961	0.57	940	0.074	0.72	53
	夏	2.114	0.42	9 400	0.224	0.80	1 099
	秋	0.559	0.43	706	0.052	0.45	69
2014	冬	1.019	1.10	1 282	0.039	0.98	32
	春	1.185	0.53	1 442	0.063	0.77	64
	夏	2.999	0.30	15 932	0.329	0.72	1 894
	秋	1.922	0.52	5 685	0.121	0.84	450

从表 9.2-10 和表 9.2-11 可以看出，花山流域和西源流域总氮和总磷浓度均值的最大值都是在夏季。花山流域 2013 年夏季总氮浓度均值为 1.770 mg/L，与水质标准限值相比为Ⅴ类水质，总磷浓度均值为 0.372 mg/L，与水质标准限值相比也为Ⅴ类水质，2014 年夏季总氮浓度均值为 2.669 mg/L，与水质标准限值相比为劣Ⅴ类水质，总磷浓度均值为 0.222 mg/L，与水质标准限值相比为Ⅳ类水质；西源流域 2013 年和 2014 年夏季总氮浓度均值分别为 2.114 mg/L 和 2.999 mg/L，与水质标准限值相比均为劣Ⅴ类水质，2013 年夏季总磷浓度均值为 0.224 mg/L，与水质标准限值相比为Ⅳ类水质，2014 年夏季总磷浓度均值为 0.329 mg/L，与水质标准限值相比为Ⅴ类水质。

花山流域和西源流域总氮和总磷输出负荷量的最大值也都是在夏季，花山流域 2013 年和 2014 年夏季总氮输出负荷占四季总输出负荷的比重分别达到了 73%和 65%，总磷输出负荷占四季总输出负荷的比重分别达到了 85%和 74%；西源流域 2013 年和 2014 年夏季总氮输出负荷占四季总输出负荷的比重分别为79%和66%，总磷输出负荷占四季总输出负荷的比重分别达到了85%和78%。这两个流域监测结果分析表明，流域面源氮磷负荷输出量主要集中在夏季，总磷负荷输出量的集中程度高于总氮，不同年份的集中程度存在一定差异，西源流域总氮和总磷负荷输出量的集中程度略高于花山流域。

川中紫色土区旱坡地小流域非点源氮污染负荷输出规律研究表明，氮素污染负荷输出季节变化与流域降水的季节变化基本一致，非点源氮污染约从6月开始上升，一直持续到10月，集中在降雨丰富的时段。夏季2个月(7—8月)是非点源污染的高发季节，非点源氮污染负荷的绝大部分发生于该时期，这与年雨量的60%集中于该季节而降水多以暴雨形式出现有关[6]。

9.3 次洪过程的氮磷输出特征

经流过程是流域面源氮磷随径流输出的主要驱动因子，氮磷输出过程除了受流域降雨径流过程的影响外，还受流域地形地貌、地质、土壤、植被、土地利用方式以及迁移过程中土壤可供氮磷的影响。本研究在花山流域和西源流域开展了次洪过程的高频次水量水质同步监测，在2013—2014年两年间获得了多场次洪过程的水量水质同步监测资料，通过对这些资料的统计分析和归纳，探讨了流域次洪过程的氮磷输出变化特征。

9.3.1 数据资料

根据花山流域和西源流域2012—2014年期间通过水量水质同步监测体系获得的降雨径流数据，筛选出这期间出现过的雨洪过程，然后再考虑这些雨洪过程中的水质监测频次，最终分别在花山流域和西源流域各选定了11次水质监测频次比较密集的雨洪过程来分析流域面源氮磷随次洪径流过程的输出变化特征。花山流域和西源流域选出的11次雨洪过程基本信息分别见表9.3-1和表9.3-2。

表9.3-1 花山流域典型次洪过程基本信息

洪号	降雨历时/h	次降雨总量/mm	次洪历时/h	洪峰流量/(m^3/s)	样本数/个
2012080911	25	238.6	95	115	20
2013052600	56	83.0	159	3.67	58
2013060704	49	62.5	156	3.02	43
2013062420	26	95.0	102	25.3	78
2013070506	39	194.8	172	81.5	95
2014053108	14	68.8	103	4.96	31
2014070413	26	85.4	69	25.3	27
2014072419	20	134.0	54	129	31
2014072708	10	44.5	58	25.8	30
2014081303	48	100.0	101	25.5	64
2014091206	22	25.1	62	9.71	25

表 9.3-2　西源流域典型次洪过程基本信息

洪号	降雨历时/h	次降雨总量/mm	次洪历时/h	洪峰流量/(m^3/s)	样本数/个
2012080906	26	250.0	96	42.1	17
2013052600	45	77.0	140	0.33	38
2013060704	47	71.8	144	1.01	41
2013062306	19	104.8	91	7.21	70
2013070506	35	214.5	98	25.2	75
2014053109	12	77.8	89	0.33	26
2014070414	24	85.8	56	25.6	25
2014072415	16	148.5	46	33.9	26
2014072700	7	7.0	56	1.78	20
2014081301	35	110.5	65	8.64	54
2014091206	17	23.8	57	2.03	24

9.3.2　次洪过程氮磷浓度变化特征

从花山流域和西源流域 2012—2014 年期间出现过的所有次洪过程中选择部分总氮和总磷监测样本数较多以及时间分布遍及 5—9 月的典型次洪过程来分析次洪过程总氮和总磷浓度变化特征，其中在花山流域选择了 8 场次洪过程，在西源流域选择了 7 场次洪过程。

花山流域和西源流域典型次洪过程总氮浓度监测结果的统计特征值分别见表 9.3-3 和表 9.3-4。花山流域和西源流域典型次洪过程总磷浓度监测结果的统计特征值分别见表 9.3-5 和表 9.3-6。

表 9.3-3　花山流域典型次洪过程总氮浓度统计特征值

洪号	样本数/个	浓度最大值/(mg/L)	浓度均值/(mg/L)	流量加权平均浓度/(mg/L)	输出负荷/kg
2013052600	58	2.722	1.757	1.779	1 416
2013062420	78	4.328	2.116	2.183	4 569
2013070506	95	2.932	1.606	1.527	13 466
2014053108	31	3.355	2.638	2.399	2 946
2014072419	31	5.631	2.789	3.052	17 146
2014072708	30	3.758	2.645	2.697	6 399
2014081303	64	3.683	2.464	2.453	11 148
2014091206	25	3.775	2.635	2.581	3 916

表 9.3-4　西源流域典型次洪过程总氮浓度统计特征值

洪号	样本数/个	浓度最大值/(mg/L)	浓度均值/(mg/L)	流量加权平均浓度/(mg/L)	输出负荷/kg
2013052600	38	2.285	1.456	1.649	168
2013062306	70	4.472	2.097	2.444	1 240
2013070506	75	6.773	2.512	2.616	5 847
2014053109	26	4.720	2.809	2.543	201
2014072415	26	6.483	3.751	3.720	5 144
2014081301	54	5.095	3.258	3.255	3 519
2014091206	24	3.775	2.638	2.624	1 156

表 9.3-5　花山流域次洪典型过程总磷浓度监测结果统计特征值

洪号	样本数/个	浓度最大值/(mg/L)	浓度均值/(mg/L)	流量加权平均浓度/(mg/L)	输出负荷/kg
2013052600	58	0.638	0.298	0.317	252
2013062420	78	1.072	0.421	0.431	901
2013070506	95	1.160	0.341	0.293	2 579
2014053108	31	0.186	0.111	0.119	146
2014072419	31	0.597	0.251	0.269	1 512
2014072708	30	0.741	0.254	0.265	628
2014081303	64	0.896	0.203	0.203	921
2014091206	25	0.670	0.304	0.305	464

表 9.3-6　西源流域典型次洪过程总磷浓度监测结果统计特征值

洪号	样本数/个	浓度最大值/(mg/L)	浓度均值/(mg/L)	流量加权平均浓度/(mg/L)	输出负荷/kg
2013052600	38	0.310	0.120	0.121	12
2013062306	70	0.986	0.248	0.316	160
2013070506	75	1.188	0.344	0.333	744
2014053109	26	0.283	0.127	0.159	13
2014072415	26	1.045	0.456	0.545	753
2014081301	54	0.715	0.330	0.336	364
2014091206	24	0.419	0.155	0.161	71

从表 9.3-3 和表 9.3-4 可以看出，花山流域和西源流域各次典型次洪过程总氮浓度最大值与总氮浓度标准限值相比，均超过Ⅴ类水质标准，花山流域总氮浓度最大值是Ⅴ类水质

标准的 2.8 倍，西源流域总氮浓度最大值是Ⅴ类水质标准的 3.4 倍。花山流域各场典型次洪过程总氮浓度均值与标准限值相比，其中有 6 场为劣Ⅴ类水质，2 场为Ⅴ类水质。西源流域各次典型次洪过程总氮浓度均值与标准限值相比，其中有 6 场为劣Ⅴ类水质，1 场为Ⅳ类水质。统计花山流域和西源流域 2013—2014 年所有非汛期和汛期非雨洪时段的总氮浓度监测结果，得到这些时段的总氮浓度均值分别为 1.330 mg/L 和 1.351 mg/L，这些结果明显小于典型次洪过程的总氮浓度均值。在江苏镇江句容水库流域一个村庄的监测数据表明，地表径流次降雨事件平均浓度总溶解态氮为 6.20 mg/L、硝态氮为 4.18 mg/L、铵态氮为 0.26 mg/L、溶解性有机氮为 1.76 mg/L，溶解态总磷为 0.40 mg/L、磷酸盐为 0.32 mg/L，单位面积溶解态总氮负荷为 24.1 kg/(hm^2 · a)，溶解态总磷为 1.56 kg/(hm^2 · a)[11]。

从表 9.3-5 和表 9.3-6 可以看出，花山流域和西源流域各次典型次洪过程总磷浓度最大值与总磷浓度标准限值相比，基本上都超过了Ⅴ类水质标准，花山流域和西源流域总磷浓度最大值分别是Ⅴ类水质标准的 2.9 倍和 3.0 倍。花山流域各次典型次洪过程总磷浓度均值与标准限值相比，其中有 1 场为劣Ⅴ类水质，2 场为Ⅴ类水质，4 场为Ⅳ类水质，1 场为Ⅲ类。西源流域各次典型次洪过程总磷浓度均值与标准限值相比，其中有 1 场为劣Ⅴ类水质，2 场为Ⅴ类水质，1 场为Ⅳ类水质，3 场为Ⅲ类水质。统计花山流域和西源流域 2013—2014 年所有非汛期和汛期非雨洪时段的总磷浓度监测结果，得到这些时段的总磷浓度均值分别为 0.132 mg/L 和 0.097 mg/L，这些结果基本都小于典型次洪过程的总磷浓度均值。

9.3.3 次洪过程氮磷浓度与流量过程的相关关系

花山流域 2013—2014 年 8 场典型次洪过程的降雨量和流量以及总氮和总磷浓度监测结果见图 9.3-1；西源流域 2013—2014 年 7 场典型次洪过程的降雨量和流量以及总氮和总磷浓度监测结果见图 9.3-2。两个流域各场典型次洪过程的总氮浓度变化没有明显的相似性，随次洪过程的流量增大和减小，总氮浓度变化没有表现出相应的明显上升和下降现象，而且在次洪过程的退水段，总氮浓度没有显示出明显的减小现象。两个流域各场典型次洪过程总磷浓度变化的相似性比总氮浓度稍微明显一些，随次洪过程的流量增大和减小，总磷浓度变化表现出了一定程度的涨落，在次洪过程的涨水段，总磷浓度显著上升，一般在洪峰流量出现之前就达到次洪过程的总磷浓度峰值，随后浓度开始呈现出波动现象，并逐渐下降。花山流域和西源流域次洪过程总氮和总磷浓度变化与流量涨落没有表现出明显的差异。

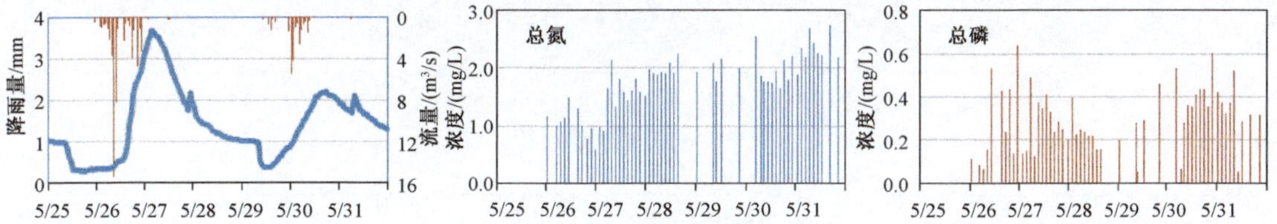

2013052600号次洪过程

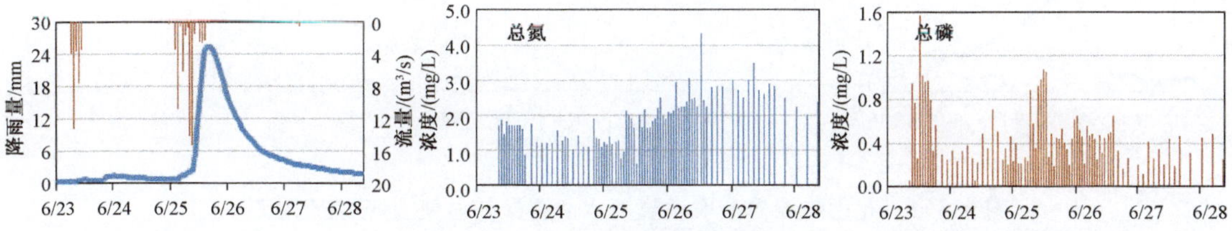

2013062420号次洪过程

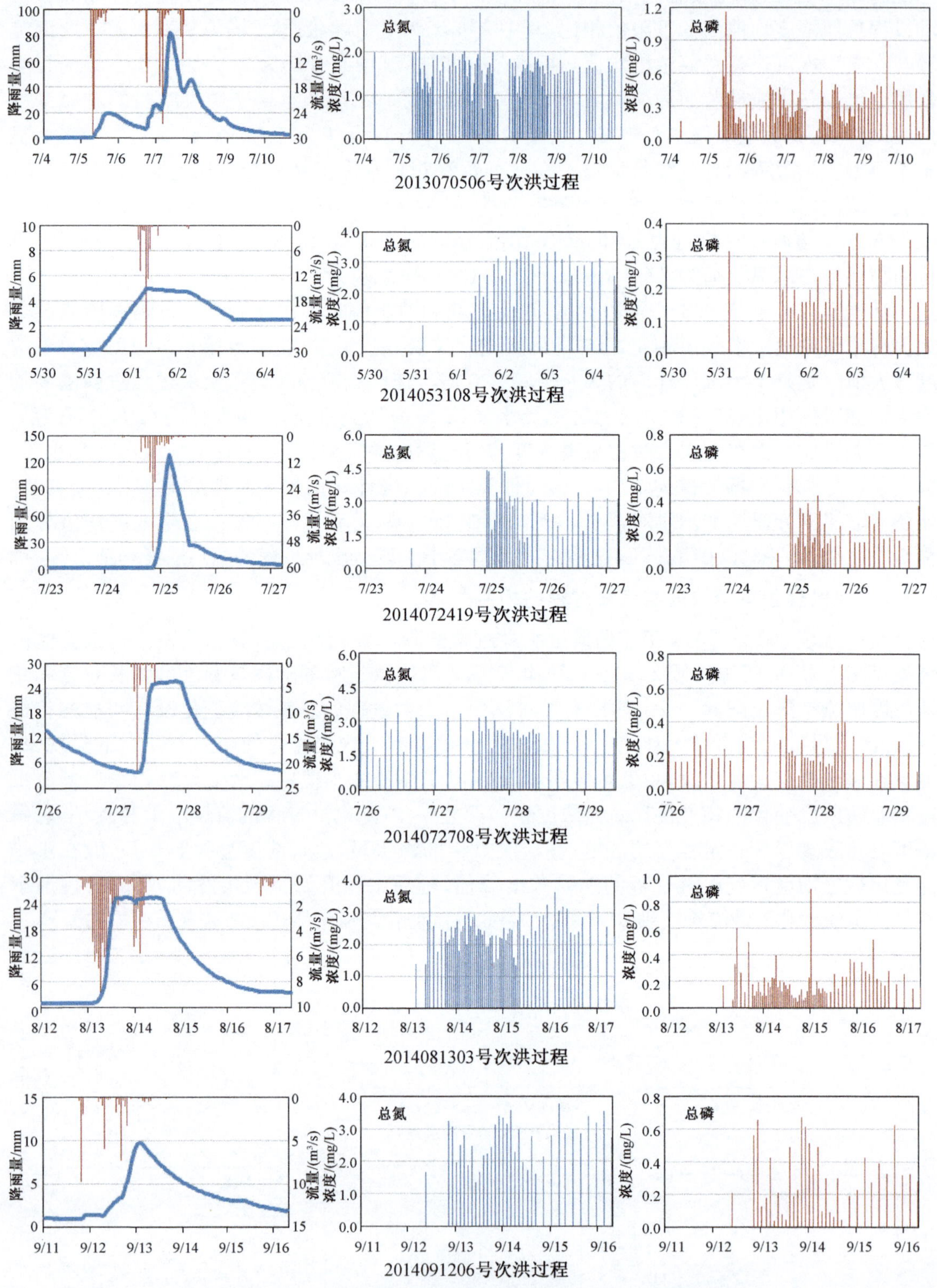

图 9.3-1　花山流域典型次洪过程水文要素与总氮、总磷变化过程

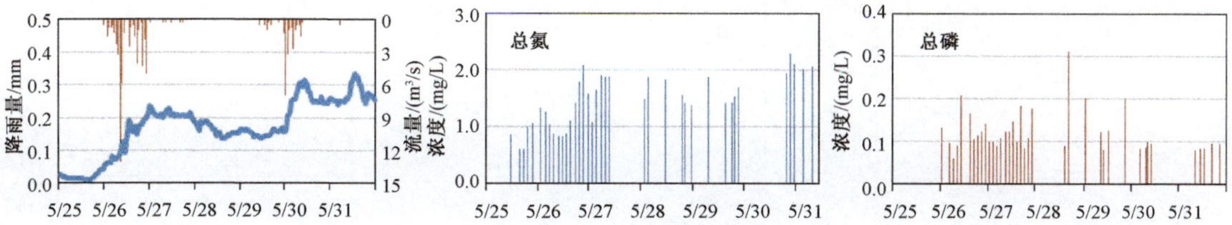

2013052600号次洪过程

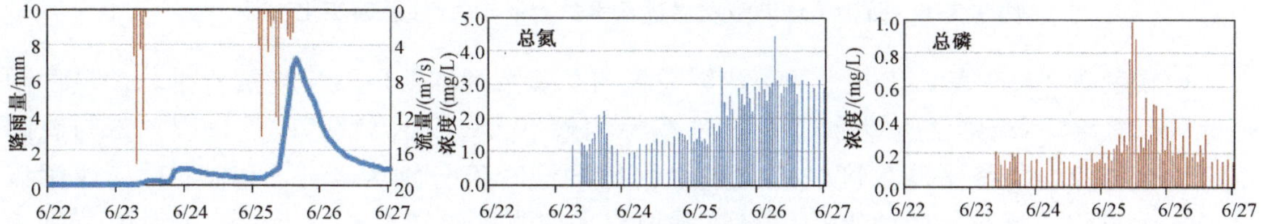

2013062306号次洪过程

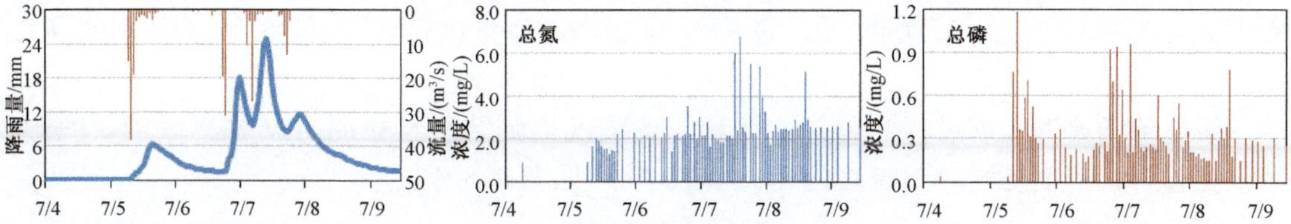

2013070506号次洪过程

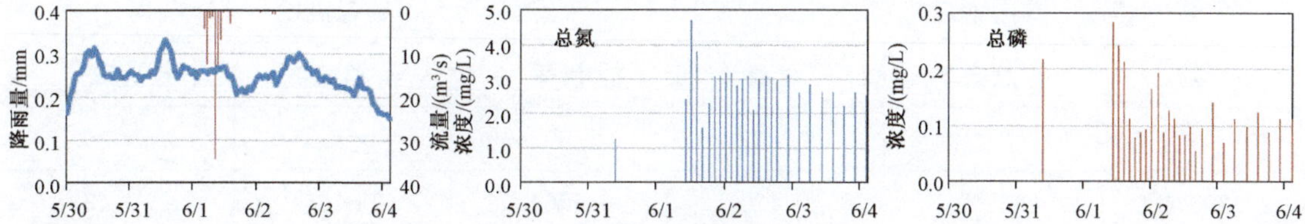

2014053109号次洪过程

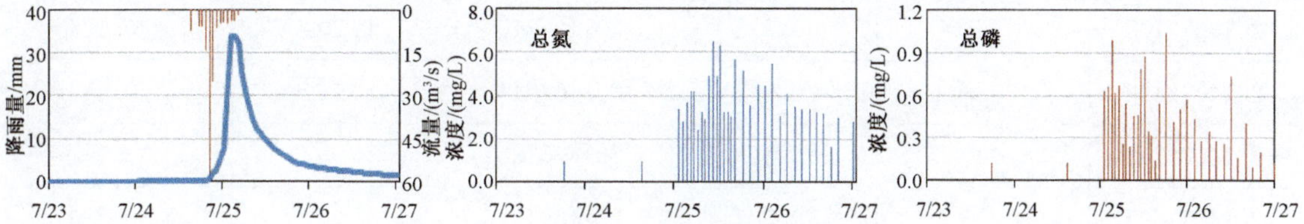

2014072415号次洪过程

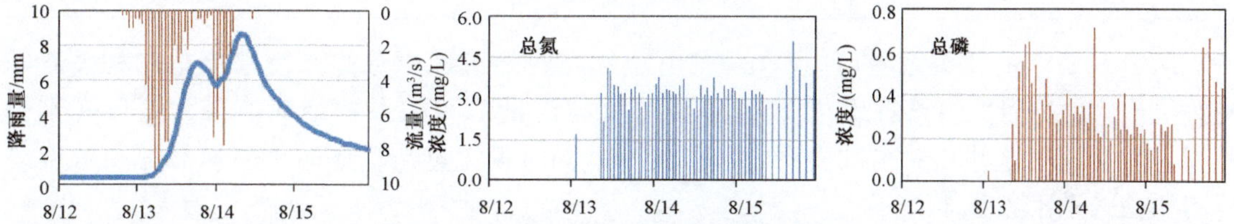

2014081301号次洪过程

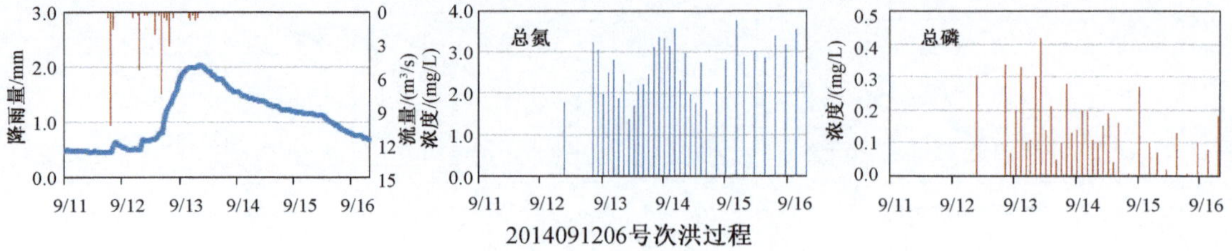

图 9.3-2　西源流域典型次洪过程水文要素与总氮、总磷变化过程

比较表 9.3-3～表 9.3-6 中两个流域总氮与总磷浓度均值以及流量加权平均浓度两项指标可以看出，不论总氮还是总磷，这两项指标相差不大，花山流域各次洪过程总氮与总磷浓度均值与流量加权平均浓度的相对差最大值的绝对值分别为 9.4%和 14.1%，西源流域各次洪过程总氮与总磷浓度均值与流量加权平均浓度的相对差最大值的绝对值分别为16.5%和 27.40%，这也表明在次洪过程中，氮和磷随次洪过程的输出并不对应着大流量或小流量出现的时段，即次洪流量过程与氮、磷浓度变化过程之间不存在明显的相关关系。

根据各场典型次洪过程的总氮浓度和总磷浓度监测结果与相同时刻的流量值，计算总氮浓度和总磷浓度与同时刻流量的相关系数，结果见表 9.3-7。

表 9.3-7　次洪过程总氮和总磷浓度与同时刻流量相关系数

花山流域			西源流域		
洪号	总氮	总磷	洪号	总氮	总磷
2013052600	−0.192	0.253	2013052600	0.550	−0.297
2013062420	−0.022	0.129	2013062306	0.467	0.482
2013070506	−0.192	−0.202	2013070506	0.131	−0.036
2014053108	0.039	−0.384	2014053109	0.291	0.128
2014072419	0.364	0.245	2014072415	0.054	0.487
2014072708	−0.063	−0.123	2014081301	−0.037	0.121
2014081303	−0.216	−0.201	2014091206	−0.357	0.280
2014091206	−0.286	−0.064			

从表 9.3-7 的相关系数可以看出，花山流域和西源流域中总氮浓度与流量的相关系数绝对值最大值分别为 0.364 和 0.550，总磷浓度与流量的相关系数绝对值最大值仅分别为0.384 和 0.487，这些相关系数表明，次洪过程中，同时刻流量与相应时刻总氮和总磷浓度之间的相关关系不太显著。

9.3.4　次洪过程氮磷输出影响因素分析

根据 2012—2014 年期间获得的次洪过程水量水质同步监测数据，计算次洪过程降雨总量、平均雨强、最大雨强、径流总量、平均流量等水文要素与总氮和总磷输出负荷的相关系数，据此分析影响次洪过程氮磷输出的主要因素。花山流域和西源流域 2012—2014 年期间的各场洪过程水文要素与总氮和总磷输出负荷分别见表 9.3-8 和表 9.3-9。

表 9.3-8　花山流域次洪过程水文要素与总氮和总磷输出负荷

洪号	降雨总量/mm	平均雨强/(mm/h)	最大雨强/(mm/h)	径流总量/万 m^3	平均流量/(m^3/s)	总氮负荷量/kg	总磷负荷量/kg
2012080911	238.6	9.5	38.1	872	25.50	17 796	5 659
2013052600	83.0	1.5	15.5	87	1.52	1 602	277
2013060704	62.5	1.3	7.7	88	1.57	2 020	443
2013062420	95.0	3.7	15.3	207	5.65	4 391	900
2013070506	194.8	5.0	29.7	915	14.80	14 010	2 745
2014053108	68.8	4.9	28.9	123	3.31	2 946	146
2014070413	85.4	3.3	23.4	201	8.10	7 624	788
2014072419	134.0	6.7	52.2	557	28.70	17 513	1 546
2014072708	44.5	4.5	21.8	250	12.00	6 682	640
2014081303	100.0	2.1	9.0	454	12.50	11 148	918
2014091206	25.1	1.1	7.3	123	5.49	2 988	358

表 9.3-9　西源流域次洪过程水文要素与总氮和总磷输出负荷

洪号	降雨总量/mm	平均雨强/(mm/h)	最大雨强/(mm/h)	径流总量/万 m^3	平均流量/(m^3/s)	总氮负荷量/kg	总磷负荷量/kg
2012080906	250.0	9.6	37.8	189	5.47	4 306	1 254
2013052600	77.0	1.7	13.0	10	0.20	162	12
2013060704	71.8	1.5	12.0	19	0.37	410	36
2013062306	104.8	5.5	17.5	51	1.56	1 249	161
2013070506	214.5	6.1	38.3	222	6.30	5 817	741
2014053109	77.8	6.5	34.3	8	0.25	201	13
2014070414	85.8	3.6	18.8	31	1.51	1 011	217
2014072415	148.5	9.3	58.5	131	7.93	5 079	767
2014072700	7.0	1.0	2.8	29	1.43	786	55
2014081301	110.5	3.2	9.5	105	4.49	3 415	350
2014091206	23.8	1.4	7.5	31	1.49	752	59

表 9.3-10　水文要素与总氮和总磷输出负荷相关系数

花山流域			西源流域		
水文要素	总氮负荷	总磷负荷	水文要素	总氮负荷	总磷负荷
降雨总量	0.82	0.92	降雨总量	0.82	0.91
平均雨强	0.78	0.81	平均雨强	0.68	0.80
最大雨强	0.75	0.53	最大雨强	0.69	0.70
径流总量	0.91	0.86	径流总量	0.96	0.91
平均流量	0.96	0.72	平均流量	0.97	0.86

根据表 9.3-8 和表 9.3-9 各个水文要素与总氮和总磷输出负荷量计算得到的各个相关系数见表 9.3-10。

从表 9.3-10 可以看出，花山流域总氮输出负荷与次洪过程的平均流量和径流总量关系最为密切，相关系数超过 0.90，总磷输出负荷与次洪过程的降雨总量关系密切，相关系数达到 0.92；西源流域总氮输出负荷也是与次洪过程的平均流量和径流总量关系最为密切，相关系数超过 0.95，总磷输出负荷与次洪过程的降雨总量和径流总量关系最为密切，相关系数超过 0.90。

次洪过程的平均流量、径流总量、降雨总量越大，总氮和总磷输出负荷一般也越大，次洪过程中影响总氮和总磷输出的水文要素稍有差别，平均流量和径流总量对总氮输出的影响最大，降雨总量对总磷输出的影响最大；次洪过程的平均雨强和最大雨强对总氮和总磷输出的影响明显弱于平均流量、径流总量、降雨总量。

9.4　不同尺度流域氮磷输出特征对比分析

流域面积大小与流域产汇流机制以及总氮和总磷输出特征之间的尺度效应是水文科学和生态环境科学研究领域的一项意义重大的课题，若不同尺度流域间若在水文循环和面源污染物输出规律方面存在某种相似性，则可以通过小尺度流域实验研究所获得的认知来推绎更大尺度流域的水文循环和面源污染物输出特征，这在生产实践中具有非常重要的意义。本研究利用花山流域和西源流域两个不同尺度流域的高频次水量水质同步监测数据，通过统计分析和归纳，探讨了不同尺度流域次洪过程氮磷输出变化特征。

9.4.1　数据资料

研究采用花山流域和西源流域 2012—2014 年期间通过水量水质同步监测体系采集的水文数据和氮磷水质数据。年内氮磷输出特征对比采用的是 2013 年和 2014 年两个流域全年、汛期和雨洪时段的总氮和总磷输出负荷数据，次洪过程氮磷输出特征对比采用的是 2012—2014 年 11 次雨洪过程的总氮和总磷输出负荷数据。

9.4.2　年内氮磷输出特征对比

为了便于比较面积不同的花山流域和西源流域出口控制断面全年、汛期、雨洪时段总氮和总磷负荷输出强度，将两个流域出口控制断面总氮和总磷负荷折算成单位面积负荷输出量，结果分别列入表 9.4-1 和表 9.4-2。

表 9.4-1 花山流域总氮和总磷单位面积负荷输出强度

年份	总氮/[kg/(hm² · a)]			总磷/[kg/(hm² · a)]		
	全年	汛期	雨洪时段	全年	汛期	雨洪时段
2013	4.44	3.72	2.87	0.74	0.69	0.56
2014	11.49	8.93	6.75	0.90	0.81	0.62

表 9.4-2 西源流域总氮和总磷单位面积负荷输出强度

年份	总氮/[kg/(hm² · a)]			总磷/[kg/(hm² · a)]		
	全年	汛期	雨洪时段	全年	汛期	雨洪时段
2013	6.90	5.70	4.46	0.73	0.66	0.55
2014	14.94	11.26	7.20	1.41	1.29	0.88

对比表 9.4-1 和表 9.4-2 可知，西源流域 2013 年和 2014 年全年、汛期和雨洪时段的总氮单位面积负荷输出强度均明显高于花山流域的同期负荷输出强度，2013 年 3 个不同时段的单位面积负荷输出强度，西源流域比花山流域分别高出 55.4%、53.2%和 55.4%，2014 年 3 个不同时段的单位面积负荷输出强度，西源流域比花山流域分别高出 30.0%、26.1%和 6.7%。2014 年两个流域总氮单位面积负荷输出强度的差别要小于 2013 年。

2013 年全年、汛期和雨洪时段的总磷单位面积负荷输出强度，花山流域略高于西源流域，但两者相差很小，其中相差最大的汛期，西源流域也仅比花山流域偏小 4.5%，2014 年与 2013 年的情况完全不同，西源流域 2014 年 3 个不同时段的总磷单位面积负荷输出强度要高于花山流域，分别高出 56.7%、59.3%和 41.9%。

花山流域和西源流域的总氮和总磷单位面积负荷输出强度不同年份之间相差较大，而且总氮与总磷也表现出不一样的差异。2014 年西源流域总氮单位面积负荷输出强度高于花山流域的程度小于 2013 年，但 2014 年西源流域总磷单位面积负荷输出强度高于花山流域的程度则明显大于 2013 年。2013 年花山流域和西源流域的年降水量分别为 917 mm 和 948 mm，西源流域偏多 3.4%，2014 年分别为 1 197 mm 和 1 220 mm，西源流域偏多 1.9%，两个流域同期年降水量相差很小，因此年降水量应该不是导致两个流域总氮和总磷单位面积负荷输出强度存在差异的主要因素。

太湖流域农村、农业氮素面源污染对水体氮素的贡献，单位面积负荷量约为 10.14 kg/(hm² · a)[13]，与之相比，花山流域和西源流域 2013 年全年总氮单位面积负荷输出强度分别为 4.44 kg/(hm² · a)和 6.90 kg/(hm² · a)，低于太湖流域农村、农业氮素面源污染负荷贡献，2014 年总氮单位面积负荷输出强度分别为 11.49 kg/(hm² · a)和 14.94 kg/(hm² · a)，高于太湖流域农村、农业氮素面源污染负荷贡献。

太湖流域部分地区在常规施肥条件下[70 kg/(hm² · a)]，不同土壤稻麦轮作农田土壤中的磷素径流损失量变化范围和均值见表 9.4-3[3,13-15]。比较表 9.4-1、表 9.4-2 与表 9.4-3 中的数据可以看出，花山流域 2013 年和 2014 年总磷单位面积负荷输出强度分别为 0.74 kg/(hm² · a)和 0.90 kg/(hm² · a)，稍低于太湖流域部分地区，西源流域 2013 年总磷单位面积负荷输出强度为 0.73 kg/(hm² · a)，也低于太湖流域部分地区，但 2014 年总磷单位面积负荷输出强度为 1.41 kg/(hm²·a)，高于太湖流域部分地区。

Romeis 等通过对美国佐治亚州面积为 2.4～944 hm²的 9 个土地利用为养鸡场和 3 个土地利用为森林小流域的水量水质同步监测研究发现，森林流域单位面积年均总磷负荷为 0.01～0.1 kg/m²，养鸡场流域单位面积年均总磷负荷为 0.025～3.17 kg/m²。地表径流总磷输出负荷与土壤面积加权平均 Mehlich-1 土壤磷素含量以及基流地表径流磷素浓度呈极显著相关关系[16]。

表 9.4-3 太湖流域不同土壤稻麦轮作农田土壤中磷素径流损失

地点	常熟	无锡	宜兴	张家港
土壤类型	乌珊土	黄泥土	白土	沙土
变化范围/[kg/(hm²·a)]	1.12～1.43	1.08～1.38	1.10～1.43	1.21～1.28
均值/[kg/(hm²·a)]	1.35	1.15	1.19	1.25

9.4.3 次洪过程氮磷输出特征对比

利用花山流域和西源流域出口控制断面 11 场次洪过程的总氮和总磷输出负荷，将它们折算成单位面积负荷输出量，计算结果分别列入表 9.4-4。

表 9.4-4 次洪过程的径流深与总氮和总磷单位面积负荷输出强度

花山流域				西源流域			
洪号	径流深/mm	总氮/(g/hm²)	总磷/(g/hm²)	洪号	径流深/mm	总氮/(g/hm²)	总磷/(g/hm²)
2012080911	109	2 221	706	2012080906	108	2 460	716
2013052600	11	200	35	2013052600	6	92	7
2013060704	11	252	55	2013060704	11	234	21
2013062420	26	548	112	2013062306	29	714	92
2013070508	114	1 748	343	2013070506	127	3 324	424
2014053108	15	368	18	2014053109	5	115	7
2014070413	25	951	98	2014070414	17	578	124
2014072419	70	2 186	193	2014072415	75	2 902	438
2014072708	31	834	80	2014072700	16	449	32
2014081303	57	1 391	115	2014081301	60	1 952	200
2014091206	15	373	45	2014091206	17	430	34

从表 9.4-4 的计算结果可知，花山流域与西源流域相比，11 场次洪过程中总氮单位面积负荷输出强度偏高的有 5 次，总磷单位面积负荷输出强度偏高的有 6 次。从花山流域总氮单位面积负荷输出强度高于西源流域的次洪过程来看，这 5 场次洪过程都属于量级较小的次洪过程，其中次洪过程径流深的最大值仅为 31 mm，洪号为 2014072708，从总磷单位面积负荷输出强度高于西源流域的次洪过程来看，这 6 场次洪过程也是属于量级较小的次洪

过程，其中径流深最大与总氮属同一场次洪过程。西源流域总氮和总磷单位面积负荷输出强度都高于花山流域的 4 场次洪过程，各场次洪过程的径流深分别为 108 mm、127 mm、75 mm、60 mm，这 4 场次洪过程的径流深在 11 场次洪过程中排列前 4 位，总氮单位面积负荷输出强度分别高出花山流域 10.76%、70.16%、32.75%和 40.33%，总磷单位面积负荷输出强度分别高出花山流域 1.42%、23.62%、126.94%和 73.91%。

从上述分析结果可以看出，流域面积对面源氮磷输出过程有一定影响。集水面积较大的流域内，土地利用方式多样，下垫面状况复杂，对地表径流的缓冲作用较强，地表径流以及随地表径流输出的面源氮磷容易受到流域内具有吸纳功能的"汇"型景观单元，如水塘、沟渠、湿地等的调蓄，并在入渗、降解或吸附等物理、化学和生物过程作用下滞留下来，无法到达流域出口控制断面[17-25]。花山流域内水塘面积比例明显高于西源流域，这些水塘能够有效地削减随地表径流输出的氮磷负荷，特别是当水塘控制集水面积因降雨形成的地表径流量尚未超过水塘蓄水容量的时候，随地表径流输出的大部分氮磷就会被滞留在水塘中。相比而言，集水面积较小的西源流域，除了水塘面积比例较低外，流域内的土地利用方式也相对简单，流域中游和下游地区土地利用方式主要以氮磷输出负荷较高的农田为主，当流域发生一定量级的降雨后，农田中累积的氮磷容易随地表径流输出，故而造成单位面积负荷输出较大。

9.5 水质采样频次对流域氮磷输出负荷计算影响分析

监测断面的流量数据和氮磷浓度数据是流域氮磷输出负荷计算的基础。流量数据的获取需要通过专业流量测定仪器设备测定，在无历史资料的流域或者新的监测断面，测验成本较高；若要获得流量连续变化过程，花费的人力和物力成本更高。受人力、物力和财力等客观因素限制，我国许多中小河流没有建立相应的水文站，流量数据资料相对有限。当需要估算无流量资料的流域面源污染负荷时，在采集水样的同时测定流量，并以此流量作为面源污染负荷估算依据。

与监测断面流量数据可以通过自动水位计测定水位，利用水位-流量关系推算得到不同，监测断面水质数据获取需经过采样、保存、运输和检测等诸多环节，费时费力，一般情况下，难以获得高频次的水质数据。《水环境监测规范》(SL219—2013)中关于水质采样的频次和时间有如下规定：国家重点水质站应每月采样 1 次，全年不少于 12 次，国家一般水质站应在丰、平、枯水期各采样 2 次，或按单月或双月采样 1 次，全年不少于 6 次。水功能二级区中的重要饮用水源区应按旬采样，每月 3 次，全年 36 次。一般饮用水源区每月采样 2 次，全年 24 次。参考上述采样规定，本研究以花山流域胡庄(三)和三岔河监测断面为例，分别模拟每月上旬采样 1 次、代表性采样日期(5 日和 15 日)采样和次降雨事件不同采样频率对次降雨事件负荷估算的影响，研究采样频率对监测断面出口负荷估算的影响。

9.5.1 数据资料

花山流域和西源流域 2012—2014 年期间通过水量水质同步监测体系获得的降雨径流数据，其中水量数据记录频率为每小时 1 个数据，水质在汛期次降雨事件中采样频率为每小时 1 个数据，非汛期为每 2～3 天 1 个数据。以水质采样频率最高的采样方式得到的氮磷输出负荷计算结果为基准值(在本书中称为"真值")，从所有水质采样数据集中，分别模拟不同的采样模式，计算监测断面出口负荷，研究不同采样模式对负荷估算的影响。不同采样模式下监测断面月负荷的计算是利用每月平均流量乘以不同采样模式对应的总氮和总磷浓度。

监测断面月负荷“真值”为利用每月平均流量乘以最密集采样频率最高的采样方式得到的总氮和总磷浓度。

9.5.2 模拟每月上旬实际监测频次负荷估算结果

在实际生产实践中，一般在每月上旬非降雨时期完成单个样品采集，本研究按水文部门采样习惯估算监测断面污染负荷，将之与密集采样得到的“真值”进行比较，采用月平均流量计算月负荷的结果见图 9.5-1。

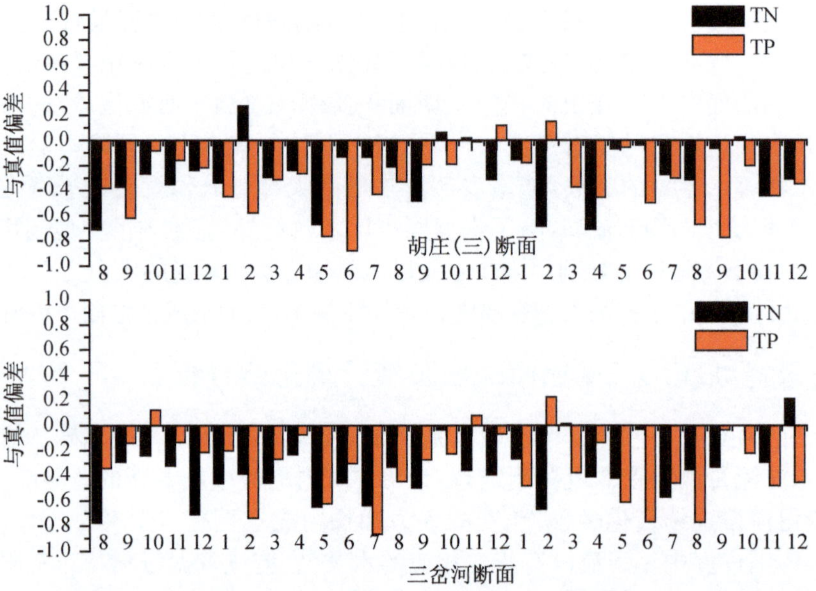

图 9.5-1 利用每月上旬非降雨日水质和月平均流量数据计算得到的输出负荷“真值”比较

从图 9.5-1 中可以看出，在 2012 年 8 月—2014 年 12 月共 29 个月中，相对于密集采样模式得到的总氮和总磷输出负荷“真值”，胡庄(三)断面总氮输出负荷有 25 个月为低估，总磷输出负荷有 27 个月为低估；三岔河断面总氮输出负荷有 26 个月为低估，总磷输出负荷也有 26 个月为低估。总体来说，两个流域出口控制断面总氮和总磷输出负荷被低估的月份占所有月份的比例均超过 86%，总氮和总磷输出负荷被低估的情况主要发生在汛期。

胡庄(三)断面 2014 年 4 月总氮输出负荷最大低估量达到 71%，2013 年 6 月总磷输出负荷最大低估达到 88%，即按照水文监测部门常规监测方案，在这两个月总氮输出负荷和总磷输出负荷仅为总量的 29%和 12%。按照此种常规监测方案，胡庄(三)监测断面 2013 年全年总氮负荷相对于“真值”被低估 18%，总磷负荷相对于“真值”被低估 58%；2014 年全年总氮负荷相对于“真值”被低估 29%，总磷负荷相对于“真值”被低估 48%。

三岔河监测断面在 2012 年 8 月总氮输出负荷最大低估 78%，2013 年 7 月总磷输出负荷最大低估 86%，按照水文监测部门常规监测方案，在这两个月总氮输出负荷和总磷输出负荷仅为总量的 22%和 14%。按照此种常规监测方案，三岔河监测断面 2013 年全年总氮负荷相对于“真值”被低估 55%，总磷负荷相对于“真值”被低估 69%；2014 年全年总氮负荷相对于“真值”被低估 35%，总磷负荷相对于“真值”被低估 48%。

图 9.5-2 为利用采样时的流量计算总氮和总磷输出负荷与输出负荷“真值”比较图。按

照每月上旬非降水日的采样习惯，在计算监测断面总氮和总磷输出负荷时，采用每次采样时的监测断面流量数据，计算获得总氮和总磷输出负荷，将它们与输出负荷“真值”比较。从图9.5-2中可以发现，从2012年8月—2014年12月共29个月中，相对于密集采样获得的输出负荷“真值”，胡庄(三)断面总氮和总磷输出负荷分别有6个和4个月份高估，其他月份均为低估，输出负荷高估的月份主要是在2013年和2014年汛期，2013年7月总氮和总磷输出负荷值超过“真值”的3.23倍和1.79倍，2014年6月总氮和总磷输出负荷值超过“真值”的4.04倍和1.62倍；在低估的月份中，总氮输出负荷平均被低估47%、总磷输出负荷平均被低估50%；总氮输出负荷被低估超过50%的月份共有9个，总磷输出负荷被低估超过50%的月份共有14个，总氮输出负荷被低估的比例最高达96%，总磷输出负荷被低估的比例最高达97%，意味着采用此种监测方案估算得到的总氮和总磷输出负荷，只有密集采样得到“真值”的4%和3%。

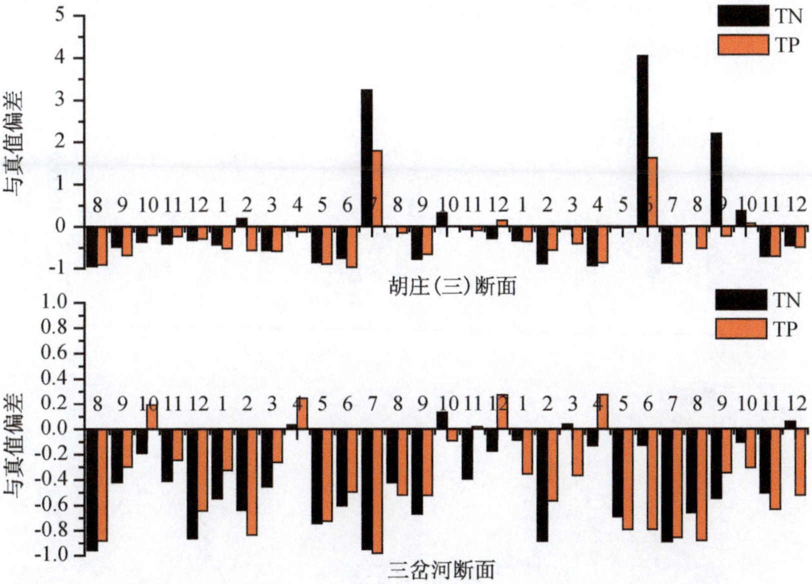

图9.5-2　利用采样时的流量和水质数据计算得到的负荷与“真值”比较

从2012年8月—2014年12月共29个月中，与“真值”相比，三岔河监测断面总氮和总磷输出负荷分别有4个和5个月份为高估，其他月份均为低估。与胡庄(三)监测断面不同的是，三岔河监测断面对于总氮和总磷输出负荷高估的倍数较低，最高倍数仅超过“真值”的0.27倍。总氮输出负荷平均被低估73%，总磷输出负荷平均被低估68%；总氮输出负荷最高被低估96%，总磷输出负荷最高被低估98%，也就是说总氮和总磷输出负荷估计值仅分别为“真值”的4%和2%。

利用采样时流量和总氮、总磷浓度估算负荷，胡庄(三)监测断面2013年全年总氮负荷相对于“真值”被高估0.96倍，总磷负荷相对于“真值”被高估0.50倍；2014年全年总氮负荷相对于“真值”被低估3%，总磷负荷相对于“真值”被低估54%。三岔河监测断面2013年全年总氮负荷相对于“真值”被低估77%，总磷负荷相对于“真值”被低估51%；2014年全年总氮负荷相对于“真值”被低估59%，总磷负荷相对于“真值”被低估75%。

总体来说，采用当前每个月一次采样方案，总氮和总磷输出负荷估算结果总体偏低，较少有与最密集采样得到的“真值”接近的估算结果。每月一次采样获取的水量水质数据具有较强的随机性，每月采样一般都在无雨日，地表径流总氮和总磷输出负荷主要发生在降雨径流过程，无雨日采样时地表径流的流量通常较小，地表径流总氮和总磷浓度较低。与月流量估算采用地表水水样采集时的流量值的估算方法相比，地表径流流量若采用月平均流量会在一定程度上降低地表径流负荷估算的随机误差。

9.5.3 代表性采样日期负荷估算值与“真值”比较

按照当前每月 1 次水样监测频率，以花山流域胡庄(三)断面为例，分别以每月 5 日和 15 日采集的水样监测结果和月平均流量估算总氮和总磷输出负荷。以 2012 年 9 月—2013 年 8 月为 2013 水文年，以 2013 年 9 月—2014 年 8 月为 2014 水文年，分别估算 2013 水文年和 2014 水文年估算值和“真值”之间的相差倍数。图 9.5-3 为从 2012 年 9 月—2014 年 8 月共 24 个月每月 5 日和 15 日采集水样计算得到的总氮和总磷输出负荷结果与密集采样得到的输出负荷“真值”的相对误差。

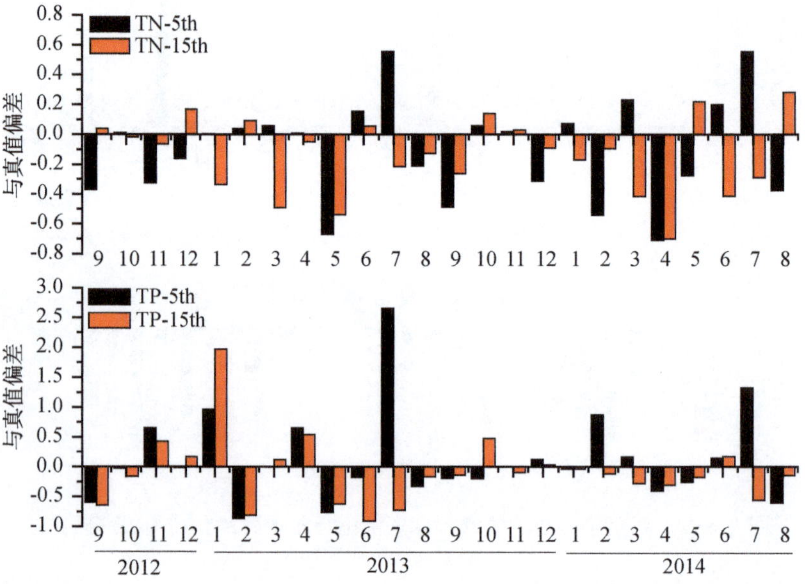

图 9.5-3 胡庄(三)监测断面每月定期采样负荷估算与“真值”的偏差

(“真值”污染负荷为纵坐标为零的直线)

从图 9.5-3 中可以看出，在胡庄(三)监测断面，根据每月 5 日和 15 日采样计算得到的地表径流总氮和总磷输出负荷和密集采样计算得到的输出负荷“真值”均有较大差别，不同月份的偏差也不相同。利用 5 日和 15 日采样得到的总氮和总磷水质监测数据低估了监测断面的输出负荷，总磷输出负荷估算结果的变幅范围大于总氮输出负荷。2013 年 5 月和 2014 年 4 月以 5 日和 15 日采样得到的水质监测数据估算的总氮输出负荷比相应的“真值”低估 40%～60%。2013 年 7 月 5 日采集得到的水质监测数据估算的总磷输出负荷相对“真值”高估了近 3 倍，2013 年 1 月采集的水样计算得到的总磷输出负荷较“真值”高估了近 2 倍。在 2014 年 2 月和 5—7 月单日采样得到的水质监测数据估算负荷均低于“真值”，偏差比例超过 50%。

利用平均流量和每月 5 日采样得到的总氮、总磷浓度估算负荷，胡庄（三）监测断面 2013 年全年总氮负荷相对于“真值”被高估 0.15 倍，总磷负荷相对于“真值”被高估 0.79 倍；2014 年全年总氮负荷相对于“真值”被低估 42%，总磷负荷相对于“真值”被高估 1.41 倍。利用平均流量和每月 15 日采样得到的总氮、总磷浓度估算负荷，胡庄（三）监测断面 2013 年全年总氮负荷相对于“真值”被低估 11%，总磷负荷相对于“真值”被低估 70%；2014 年全年总氮负荷相对于“真值”被低估 58%，总磷负荷相对于“真值”被低估 69%。全年氮素负荷存在高估的现象，磷素负荷均为低估。

从上述分析看，若每个月确定日期采样，根据每个月一次水样估算月负荷，在不同月份负荷具有较大的不确定性，估算值与真值的偏差最高达 3 倍，也有月份估算的负荷与真值相差很小，非常接近真值。采样的随机性导致负荷估算的不确定性。若在计算时间内，污染物浓度变化范围大，则通过选择随机采样天数估算得到的污染负荷不确定性较大。当负荷估算的时间尺度为年时，通过增加汛期采样频率，可以减少污染负荷估算的不确定性。

9.5.4 次洪过程采样频率的代表性分析

从花山流域和西源流域 2012—2014 年期间出现过的次洪过程中各选择 4 场径流量较大、水质监测频次较高的次洪过程，然后分别计算不同采样频次条件下的总氮和总磷输出负荷。针对一场次洪过程，本研究选定的 5 种不同采样频次分别为：所有样本，所有样本按等时间间隔减半，所有样本按等时间间隔减少至四分之一，按次洪过程等时间间隔从所有样本中选取 5 个样本（其中包括 1 个峰值区间的样本），在次洪过程涨水段、峰值区间以及退水段分别从所有样本中选择 1 个样本。以次洪过程采集的所有水质样本计算出的总氮和总磷输出负荷作为该次洪过程总氮和总磷输出负荷的“真值”，再分别计算不同采样频次的总氮和总磷输出负荷与“真值”的相对差，花山流域和西源流域的计算结果分别见表 9.5-1 和表 9.5-2。

表 9.5-1　花山流域不同采样频次的总氮和总磷输出负荷及其相对差

洪号	样本数	总氮		总磷	
		负荷/kg	相对差/%	负荷/kg	相对差/%
2012080911	20	17 796.4	—	5 659.3	—
	11	17 829.2	0.18	5 438.4	−3.90
	6	18 794.7	5.61	5 980.0	5.67
	5	17 405.5	−2.20	8 538.7	50.88
	3	17 037.7	−4.26	4 827.9	−14.69
2013070506	85	13 465.6	—	2 579.0	—
	43	13 108.3	−2.65	2 451.8	−4.93
	22	13 927.8	3.43	2 437.4	−5.49
	5	14 760.3	9.61	2 692.1	4.39
	3	14 275.2	6.01	3 046.1	18.11

续表

洪号	样本数	总氮		总磷	
		负荷/kg	相对差/%	负荷/kg	相对差/%
2013072419	33	17 146.2	—	1 511.6	—
	17	17 434.3	1.68	1 375.9	−8.98
	9	16 912.0	−1.37	949.0	−37.22
	5	15 352.1	−10.46	1 615.9	6.90
	3	17 686.2	3.15	1 875.2	24.05
2014081303	65	11 148.0	—	920.7	—
	33	11 328.8	1.62	952.2	3.42
	17	11 402.8	2.29	1 017.6	10.52
	5	11 283.5	1.22	727.8	−20.95
	3	13 695.9	22.86	1 123.0	21.97

表 9.5-2　西源流域不同采样频次的总氮和总磷输出负荷及其相对差

洪号	样本数	总氮		总磷	
		负荷/kg	相对差/%	负荷/kg	相对差/%
2012080906	17	4 305.6	—	1 253.7	—
	9	4 358.6	1.23	1 124.6	−10.30
	5	4 361.6	1.30	1 121.7	−10.53
	5	4 372.5	1.55	1 160.5	−7.43
	3	4 116.9	−4.38	1 052.2	−16.07
2013070506	77	5 846.7	—	743.6	—
	39	5 591.3	−4.37	750.3	0.90
	20	6 146.6	5.13	756.9	1.79
	5	5 041.3	−13.78	531.0	−28.59
	3	5 056.6	−13.51	627.5	−15.61
2013072415	32	5 143.6	—	753.3	—
	17	5 218.4	1.45	819.5	8.79
	9	5 439.4	5.75	754.6	0.17
	5	5 557.1	8.04	827.8	9.89
	3	5 934.9	15.38	919.8	22.10

续表

洪号	样本数	总氮		总磷	
		负荷/kg	相对差/%	负荷/kg	相对差/%
2014081301	57	3 519.0	—	363.7	—
	29	3 522.4	0.10	366.1	0.66
	15	3 484.5	−0.98	331.5	−8.85
	5	3 535.2	0.46	350.3	−3.68
	3	3 824.7	8.69	405.8	11.58

从表 9.5-1 和表 9.5-2 可以看出，随着采样频次的逐步减少，根据不同采样频次计算的总氮和总磷输出负荷与“真值”的相对差有逐渐变大的趋势。对于花山流域，当采样频率减少到每场次洪过程总采样数的一半时，各场次洪过程总氮输出负荷与“真值”的相对差绝对值分别为 0.18%、2.65%、1.68% 和 1.62%，总磷输出负荷与真值的相对差绝对值分别为 3.90%、4.93%、8.98% 和 3.42%；当采样频率减少到每场次洪过程 3 次采样时，各场次洪过程总氮输出负荷与“真值”的相对差绝对值分别为 4.26%、6.01%、3.15% 和 22.86%，总磷输出负荷与真值的相对差绝对值分别为 14.69%、18.11%、24.05% 和 21.97%。对于西源流域，当采样频率减少到每场次洪过程总采样数的一半时，各场次洪过程总氮输出负荷与“真值”的相对差绝对值分别为 1.23%、4.37%、1.45% 和 0.10%，总磷输出负荷与真值的相对差绝对值分别为 10.30%、0.90%、8.79% 和 0.66%；当采样频率减少到每场次洪过程 3 次采样时，各场次洪过程总氮输出负荷与“真值”的相对差绝对值分别为 4.38%、13.51%、15.38% 和 8.69%，总磷输出负荷与真值的相对差绝对值分别为 16.07%、15.61%、22.10% 和 11.58%。当采样频率减少到每场次洪过程总采样数的四分之一时，花山流域各场次洪过程总氮输出负荷与“真值”的相对差绝对值分别为 2.20%、3.43%、1.37% 和 2.29%，总磷输出负荷与“真值”的相对差绝对值分别为 50.88%、5.49%、37.22% 和 10.52%；西源流域各场次洪过程总氮输出负荷与“真值”的相对差绝对值分别为 1.30%、5.13%、5.75 和 0.98%，总磷输出负荷与“真值”的相对差绝对值分别为 10.53%、1.79%、0.17% 和 8.85%。上述对比分析结果表明，所有采样频次减少一半对计算总氮和总磷输出负荷影响不大；减少至四分之一对计算总氮输出负荷的影响也不大，但对总磷输出负荷的影响，花山流域与“真值”相对差绝对值的最大值达到 50.88%，西源流域达到 10.52%。根据不同采样频次计算的总磷输出负荷与“真值”的相对差要普遍大于总氮。

从表 9.5-1 和表 9.5-2 还可以看出，不论是花山流域还是西源流域，减少采样频次后估算的总氮和总磷输出负荷与“真值”的相对差没有明显的偏大或是偏小现象，有的输出负荷大于“真值”，有的小于“真值”。

在本研究中，计算了每场次洪过程选取 5 个水样的情况，花山流域各场次洪过程总氮输出负荷与“真值”的相对差绝对值分别为 2.20%、9.61%、10.46% 和 1.22%，总磷输出负荷与“真值”的相对差绝对值分别为 50.88%、4.39%、6.90% 和 20.95%；西源流域各场次洪过程总氮输出负荷与“真值”的相对差绝对值分别为 1.55%、13.78%、8.04% 和 0.46%，总磷输出负荷与“真值”的相对差绝对值分别为 7.43%、28.59%、9.89% 和 3.68%。这些对比结果说明，次洪过程采样频次较少时，不同次洪过程总氮和总磷输出负荷与“真值”的相对差变化较大，总氮相对差绝对值最大值，花山流域和西源流域分别为 10.46%和 13.78%，最小值分别为 1.22%和 0.46%；总磷相对差绝对值最大值，花山流域和西源流域分别为 50.88%和 28.59%，最小值分别为 4.39%和 3.68%。

再比较次洪过程选取 5 个水样和选取 3 个水样计算总氮和总磷输出负荷与“真值”相对差的情况。对于花山流域，各场次洪过程的总氮相对差分别为−2.20%和−4.26%、9.61%和 6.01%、−10.46% 和 3.15%、1.22% 和 22.86%，总磷相对差分别为 50.88% 和−14.69%、4.39%和 18.11%、6.90%和 24.05%、−20.95%和 21.97%。对于西源流域，各场次洪过程的总氮相对差分别为 1.55%和−4.38%、−13.78%和−13.51%、8.04%和 15.38%、0.46% 和 8.69%，总磷相对差分别为 −7.43% 和 −16.07%、−28.59% 和−15.61%、9.89%和 22.10%、−3.68%和 11.58%。这些对比分析结果表明，次洪过程采样频次较少时，根据水样估算的总氮和总磷输出负荷与“真值”相差较大，输出负荷计算结果存在一定的不确定性，其对次洪过程总氮和总磷输出负荷的代表性较差。

9.6 地表径流氮磷形态特征分析

流域面源氮磷在降雨径流作用下，通过侵蚀或溶解作用，以地表径流和壤中流等途径汇入到支流，再通过干流到达流域出口。由于流域面源氮磷的赋存形态和在迁移过程中发生的不同机制，以及受到降水过程随机性的影响，地表径流氮磷在一次降水过程中具有较强的随机性。例如在土壤中氮素通常以有机氮、硝态氮和铵态氮形式存在，在随地表径流迁移过程中，带正电荷的铵态氮易和带负电荷的土壤胶体结合，被固定在土壤颗粒表面，并随地表径流迁移，带负电荷的硝态氮则容易通过壤中流或地下径流途径淋溶。土壤磷素则主要随土壤侵蚀过程以颗粒态形式进入受纳水体。氮磷在迁移过程中还可以通过河流底质吸附解吸、生物降解、水生植物吸收固定等作用机制发生浓度和形态改变，本研究将利用测定得到的地表水样品不同形态氮磷数据总结监测断面地表径流氮磷形态特征。

9.6.1 数据资料

实验监测期间，在无明显降水、水位没有明显上涨时，在胡庄(三)和三岔河监测断面每 2～3 d 采集 1 次样品，在每个月样品中选择 3 个样品测定总氮和总磷的基础上，加测溶解态总氮、溶解态总磷、硝态氮等不同形态的氮磷；汛期降雨水位明显上涨时，利用自动水样采集仪每个小时采集 1 次样品，在测定总氮和总磷的同时，加测总溶解态氮、总溶解态磷、硝态氮等不同形态的氮磷。利用获得的不同形态氮磷浓度数据，计算不同形态氮磷占总氮和总磷的比例，统计氮磷形态总体特征以及在次降雨事件中的形态变化过程。

利用获得的总氮、总磷、溶解态总氮、溶解态总磷、硝态氮数据及其对应的流量数据，计算雨洪过程和汛期不同形态氮磷输出负荷。分别计算溶解态总氮、硝态氮和颗粒态总磷输出负荷分别占雨洪过程或汛期全氮和全磷输出负荷的百分比。

9.6.2 汛期和次洪过程不同形态氮磷输出特征

表 9.6-1 是胡庄(三)监测断面在雨洪过程和汛期不同形态氮素输出负荷及其百分比。从表中可以看出，次洪过程输出的总氮主要以溶解态为主，2013 年和 2014 年监测得到的 6 次雨洪过程中溶解态总氮输出负荷占总氮负荷百分比最小值为 74.6%、最大值为 97.7%，

平均值为 88.7%。2013 年和 2014 年汛期溶解态总氮输出负荷占总氮负荷百分比分别为 88.4%和 76.6%。2013 年和 2014 年 6 次次洪过程输出的溶解态总氮负荷占全年总氮负荷最小值为 4.3%，最大值为 37.8%，平均值为 15.4%。2013 年和 2014 年全年输出的总氮负荷分别有 73.9%和 59.6%以溶解态总氮形式输出。在输出的总氮中，硝态氮是总氮的主要形态，7 次雨洪过程硝态氮输出负荷占总氮负荷百分比为 44.4%～71.5%，平均值为 61.3%，占全年总氮输出负荷百分比为 2.1%～26.9%，平均值为 8.7%。2013 年和 2014 年汛期硝态氮负荷占溶解态总氮负荷百分比分别为 67.0%和 61.4%，硝态氮负荷占全年总氮负荷百分比分别为 56.0%和 47.7%。

表 9.6-1 胡庄(三)监测断面不同形态氮素输出负荷及其百分比

洪号或汛期	总氮		溶解态总氮		硝态氮	
	负荷/kg	占全年百分比/%	负荷/kg	占次洪过程或汛期百分比/%	负荷/kg	占次洪过程或汛期百分比/%
2013062420	4 569	12.8	4 316	94.5	2 819	61.7
2013070506	13 466	37.8	13 159	97.7	9 577	71.1
2014053108	2 946	3.2			1 914	65.0
2014072419	17 146	18.6	12 792	74.6	7 613	44.4
2014072708	6 399	7.0	5 984	93.5	4 215	65.9
2014081303	11 148	12.1	9 757	87.5	7 966	71.5
2014091206	3 916	4.3	3 296	84.2	2 093	53.4
2013 年汛期	29 770	83.6	26 308	88.4	19 946	67.0
2014 年汛期	71 532	77.7	54 816	76.6	43 895	61.4

表 9.6-2 胡庄(三)监测断面不同形态磷素输出负荷及其百分比

洪号或汛期	总磷		颗粒态总磷	
	负荷/kg	占全年百分比/%	负荷/kg	占次洪过程或汛期百分比/%
2013062420	901	15.2	677	75.1
2013070506	2 579	43.5	1 939	75.2
2014053108	146	2.0	65.9	45.1
2014072419	1 512	21.0	1 035	68.5
2014072708	628	8.7	432	68.8
2014081303	921	12.8	670	72.8
2014091206	464	6.4	384	82.7
2013 年汛期	5 513	93.0	3 653	66.3
2014 年汛期	6 497	90.2	4 747	73.1

表 9.6-2 是胡庄(三)监测断面在雨洪过程和汛期不同形态磷素输出负荷及其百分比。从表中可以看出,在得到的 7 次雨洪过程中,总磷输出负荷占全年百分比为 2.0%~43.5%,平均值为 15.7%;2013 年和 2014 年汛期总磷输出负荷百分比分别为 93.0%和 90.2%。次洪过程中颗粒态总磷输出负荷占总磷输出负荷百分比为 45.1%~82.7%,平均值为 69.7%;颗粒态总磷输出负荷占全年总磷输出负荷百分比从 0.9%至 32.7%,平均值为 11.4%。2013 年和 2014 年汛期输出的颗粒态总磷负荷占总磷负荷百分比分别为 66.3%和 73.1%,占全年总磷输出负荷百分比分别为 61.6%和 65.9%。

表 9.6-3 三岔河监测断面不同形态氮素输出负荷及其百分比

洪号或汛期	总氮		溶解态总氮		硝态氮	
	负荷/kg	占全年百分比/%	负荷/kg	占次洪过程或汛期百分比/%	负荷/kg	占次洪过程或汛期百分比/%
2013062306	1 240	10.3	1 042	84.0	680	54.8
2013070506	5 847	48.4	4 487	76.7	3 651	62.4
2014053109	201	0.8			116	57.7
2014072415	5 144	19.7	3 962	77.0		
2014081301	3 519	13.5	2 840	80.7	2 393	68.0
2014091206	1 156	4.4	954	82.5	623	53.9
2013 年汛期	9 975	82.6	7 463	74.8	6 248	62.6
2014 年汛期	19 703	75.4	16 556	84.0	11 191	56.8

表 9.6-3 是三岔河监测断面在雨洪过程和汛期不同形态氮素输出负荷及其百分比。从表中可以看出,次洪过程输出的总氮主要以溶解态为主,2013 年和 2014 年监测得到的 5 次雨洪过程中,溶解态总氮输出负荷占总氮负荷百分比最小值为 76.7%、最大值为 84.0%,平均值为 80.2%。2013 年和 2014 年汛期溶解态总氮输出负荷占总氮负荷百分比分别为 74.8%和 84.0%。2013 年和 2014 年 5 次次洪过程输出的溶解态总氮负荷占全年总氮负荷最小值为 4.4%,最大值为 37.1%,平均值为 16.7%。2013 年和 2014 年全年输出的总氮负荷分别有 61.8%和 63.3%以溶解态总氮形式输出。在输出的总氮负荷中,硝态氮是总氮的主要形态,5 次雨洪过程硝态氮输出负荷占总氮负荷百分比为 53.9%~68.0%,平均值为 59.4%,占全年总氮输出负荷百分比为 0.4%~30.2%,平均值为 9.6%。2013 年和 2014 年汛期硝态氮负荷占总氮负荷百分比分别为 62.6%和 56.8%,硝态氮负荷占全年总氮负荷百分比分别为 51.7%和 42.8%。

表 9.6-4 是三岔河监测断面在雨洪过程和汛期不同形态磷素输出负荷及其百分比。从表中可以看出,在得到的 6 次雨洪过程中,总磷输出负荷占全年百分比为 0.5%~57.8%,平均值为 19.8%;2013 年和 2014 年汛期总磷输出负荷百分比分别为 89.2%和 91.2%。次洪过程中颗粒态总磷输出负荷占总磷输出负荷百分比为 20.6%~81.8%,平均值为 62.7%;颗粒态总磷输出负荷占全年总磷输出负荷百分比为 0.1%~45.4%,平均值为 15.1%。2013 年和 2014 年汛期输出的颗粒态总磷负荷占总磷负荷百分比分别为 72.1%和 74.4%,

占全年总磷输出负荷百分比分别为 64.3%和 67.8%。

表 9.6-4　三岔河监测断面不同形态磷素输出负荷及其百分比

洪号或汛期	总磷		颗粒态总磷	
	负荷/kg	占全年百分比/%	负荷/kg	占次洪过程或汛期百分比/%
2013062306	160.0	12.5	99.4	62.1
2013070506	744.0	57.8	584.0	78.5
2014053109	12.6	0.5	2.6	20.6
2014072415	753.0	30.4	616.0	81.8
2014081301	364.0	14.7	260.0	71.4
2014091206	71.1	2.9	44.1	62.0
2013 年汛期	1 148.0	89.2	828.0	72.1
2014 年汛期	2 259.0	91.2	1 680.0	74.4

许多研究证明，农业流域地表径流氮素主要以溶解态形式存在，溶解态氮素以硝态氮形式为主，颗粒态是地表径流磷素的主要形态[26-27]。密云水库十匣小流域不同土地利用类型中吸附态磷占总磷的比重都在 90%以上，与泥沙结合的吸附态磷的浓度远大于溶解态磷的浓度，吸附态磷是磷流失的主要形态[26]。浙江北部排溪冲小流域 6 种坡地利用方式的径流磷形态研究结果表明，已开发利用的坡地（尤其是新开荒的坡地）泥沙结合态磷（PP）是地表径流中磷素存在的主要形态，颗粒态磷素占总磷比例为 49.93%～87.72%，径流中可溶性磷占生物可利用磷的 50%以上[28]。九龙江流域 5 个典型汇水区研究表明，暴雨期间农业汇水区地表径流氮输出以水溶态为主，磷以泥沙结合态为主，以天然林地为主的汇水区则相反，前者以泥沙结合态为主，后者以水溶态为主[4]。

9.6.3　次降雨事件地表径流氮磷形态变化过程分析

图 9.6-1 和图 9.6-2 分别为胡庄（三）断面和三岔河断面 2013 年 6 月 7—15 日降雨径流过程与氮、磷形态变化示意图。胡庄（三）监测断面溶解态总氮占总氮的比例基本保持不变，平均比例超过 70%，与胡庄（三）断面有所不同的是，三岔河断面的溶解态总氮占总氮的比例随着径流过程有所波动。硝态氮占总氮比例随着雨洪过程有所波动，硝态氮占总氮比例在降雨径流过程后期有所上升，进一步证明壤中流迁移途径是花山流域硝态氮流失的重要通道。铵态氮占总氮的比例在降雨径流过程中基本保持不变，持续维持较低的水平（低于 10%）。溶解态总磷占总磷的比例以及溶解态活性磷占总磷的比例在地表径流上涨阶段有先上升后下降的变化过程。由于本次降雨径流过程第一次降雨雨强较小、持续时间长，因此在降雨径流开始时，氮磷随较少的地表径流从流域地表流出，随着降雨过程的持续，地表径流汇流量增大，随地表径流迁移的氮磷被稀释，浓度降低。氮磷输出特征与前期降水量、次降雨过程、流域氮磷赋存状态、氮磷迁移途径等因素相关，在次洪过程中不同形态的氮磷输出特征表现出一定的随机性。

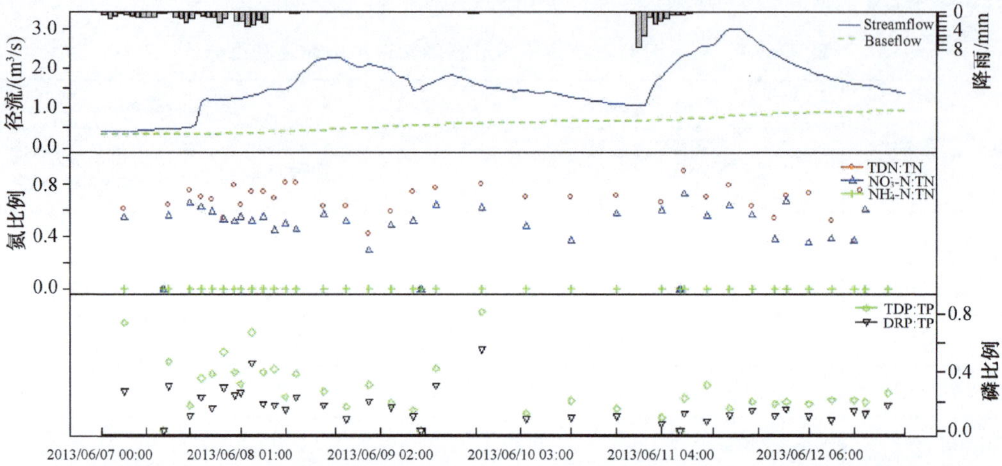

图 9.6-1　胡庄(三)断面 2013 年 6 月 7—15 日降雨径流过程与氮磷形态变化

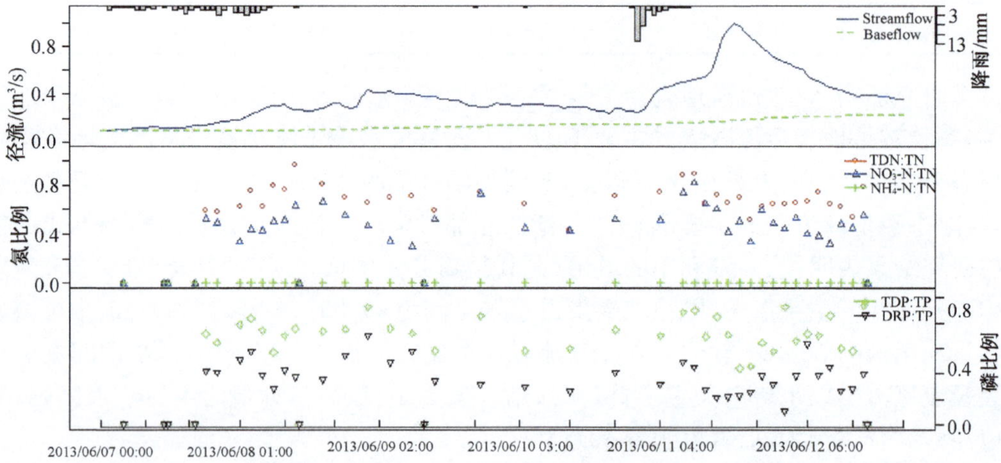

图 9.6-2　三岔河断面 2013 年 6 月 7—15 日降雨径流过程与氮磷形态变化

9.7　小结

通过对流域地表径流氮磷输出年内变化特征的分析可以看出，花山流域和西源流域出口控制断面总氮和总磷浓度年内变化幅度较大，两个流域总氮浓度年内的最大值与最小值的倍比，2013 年和 2014 年平均分别达到 13.0 和 19.7，总磷浓度年内的最大值与最小值的倍比，两年平均分别达到 111 和 148，汛期总氮和总磷浓度变化幅度和均值一般明显大于非汛期。汛期总氮浓度均值与水质标准浓度限值相比为Ⅴ类～劣Ⅴ类水质；汛期总磷浓度均值与水质标准浓度限值相比为Ⅳ类～Ⅴ类水质。总氮和总磷年输出负荷中，汛期输出了全年的大部分负荷，汛期总氮输出负荷约占全年输出负荷的 80%，总磷输出负荷约占全年输出负荷的 90%。汛期中的雨洪时段不到全年历时的 10%，但总氮输出负荷约占全年输出负荷的 60%，总磷输出负荷约占全年输出负荷的 70%。

通过对流域次洪过程中氮磷输出特征的分析可以看出，次洪过程总氮浓度最大值和均值均超过Ⅴ类水质标准限值，最大值超标倍数分别为2.8倍和3.4倍；总磷浓度最大值也均超过Ⅴ类水质标准限值，超标倍数分别为2.9倍和3.0倍，均值花山流域介于Ⅳ～劣Ⅴ类水质标准限值之间，西源流域介于Ⅲ～劣Ⅴ类水质标准限值之间。不同次洪过程的总氮浓度时程变化没有明显的相似性，总氮浓度变化并不明显随流量的增大而上升，也不明显随流量的减小而下降；总磷浓度时程变化表现出了一定程度的涨落现象，在次洪过程的涨水段，总磷浓度明显上升，一般在洪峰流量出现之前就达到次洪过程的总磷浓度峰值，随后浓度开始呈现波动并逐渐下降，次洪过程中流量变化与总氮和总磷浓度变化之间没有明显的相关关系。

随着次洪过程采样频次逐步减少，根据采样频次估算的总氮和总磷输出负荷与通过所有采样样本估算的输出负荷（简称"真值"）的相对差有逐渐变大的趋势。花山流域采样频率减少到次洪过程总采样数的一半时，次洪过程总氮和总磷输出负荷与"真值"的相对差最大值仅分别为2.65%和8.98%，但当采样频率减少到次洪过程3次采样时，总氮和总磷输出负荷与"真值"的相对差最大值分别增大到22.86%和24.05%。若次洪过程采样频次较少，比如3次或5次，据此估算出的总氮和总磷输出负荷与"真值"的相对差变化较大，没有规律性，这表明次洪过程采样频次太少时，输出负荷估算结果存在较大的不确定性。相比于高频次采样估算得到的输出负荷，当前每月1次的常规例行采样估算得到的输出负荷在大多数月份为低估，少数月份为高估。以花山流域为例，低估月份占所有月份的比例超过80%，且被低估的时段主要发生在汛期，2013年和2014年总氮输出负荷分别被低估了16.4%和64.9%，总磷输出负荷被低估了43.7%和64.1%。

花山流域和西源流域不同形态氮磷输出特征基本相似，汛期溶解态总氮输出负荷占同期总氮负荷的88.7%，硝态氮输出负荷占同期总氮负荷的61.3%；汛期颗粒态总磷输出负荷占同期总磷输出负荷的69.7%。不同形态氮磷在不同次洪过程中的输出比例稍有不同，次洪过程中总氮主要以溶解态总氮输出，溶解态总氮输出负荷占同期总氮输出负荷的比例为74.6%～97.7%，硝态氮是总氮的主要形态，占同期总氮输出负荷的比例为44.4%～71.5%；颗粒态总磷是总磷的主要形态，颗粒态总磷输出负荷占同期总磷输出负荷的比例为45.1%～82.7%。

参考文献

[1] Edwards A C, Withers P J A. Transport and delivery of suspended solids, nitrogen and phosphorus from various sources to freshwaters in the UK[J]. Journal of Hydrology, 2008, 350(3-4): 144-153.

[2] Zhu Q, Schmidt J P, Bryant R B. Hot moments and hot spots of nutrient losses from a mixed land use watershed[J]. Journal of Hydrology, 2012, 414: 393-404.

[3] 高超，朱继业，朱建国，等. 不同土地利用方式下的地表径流磷输出及其季节性分布特征[J]. 环境科学学报，2005，25(11)：1543-1549.

[4] 黄金良，洪华生，张珞平，等. 九龙江流域典型汇水区地表径流氮磷流失特征分析[J]. 农村生态环境，2004,20 (3)：37-41.

[5] 蒋锐，朱波，唐家良，等. 紫色丘陵区典型小流域暴雨径流氮磷迁移过程与通量[J]. 水利学报，2009，39(6)：659-666.

[6] 陈克亮，朱晓东，朱波，等. 川中紫色土区旱坡地非点源氮输出特征与污染负荷[J]. 水土保持学报，2006,20 (2)：54-58.

[7] Ahiablame L, Engel B, Chaubey I. An optimization method for estimating constituent mean concentrations in base flow-dominated Flow[J]. Journal of the American Water Resources Association, 2013, 49(5): 1167-1178.

[8] Chow M F, Yusop Z, Shirazi S M. Storm runoff quality and pollutant loading from commercial, residential, and industrial catchments in the tropic[J]. Environmental Monitoring and Assessment, 2013, 185(10): 8321-8331.

[9] Kim L H, Kayhanian M, Stenstrom M K. Event mean concentration and loading of litter from highways during storms[J]. Science of the Total Environment, 2004, 330(1-3): 101-113.

[10] Kim L H, Ko S O, Jeong S, et al. Characteristics of washed-off pollutants and dynamic EMCs in parking lots and bridges during a storm[J]. Science of the Total Environment, 2007, 376(1): 178-184.

[11] Lang M, Li P, Yan X Y. Runoff concentration and load of nitrogen and phosphorus from a residential area in an intensive agricultural watershed[J]. Science of the Total Environment, 2013, 458: 238-245.

[12] Sharma D, Gupta R, Singh R, et al. Characteristics of the event mean concentration (EMCs) from rainfall runoff on mixed agricultural land use in the shoreline zone of the Yamuna River in Delhi, India [J]. Applied Water Science, 2012, 2(1): 55-62.

[13] 曹志洪，林先贵. 太湖流域土-水间的物质交换与水环境质量[M]. 北京，科学出版社，2006.

[14] Gao C, Zhu J G, Zhu J Y, et al. Nitrogen export from an agriculture watershed in the Taihu Lake area, China[J]. Environmental Geochemistry and Health, 2004, 26(2): 199-207.

[15] 王鹏，高超，姚琪，等. 环太湖丘陵地区农田磷素随地表径流输出特征[J]. 农业环境科学学报，2006，25(1)：165-169.

[16] Romeis J J, Jackson C R, Risse L M, et al. Hydrologic and phosphorus export behavior of small streams in commercial poultry-pasture watersheds[J]. Journal of the American Water Resources Association, 2011, 47(2): 367-385.

[17] Adams R, Arafat Y, Eate V, et al. A catchment study of sources and sinks of nutrients and sediments in south-east Australia[J]. Journal of Hydrology, 2014, 515: 166-179.

[18] Baron J S, Poff N L, Angermeier P L, et al. Meeting ecological and societal needs for freshwater[J]. Ecological Applications, 2002, 12(5): 1247-1260.

[19] Bergkamp G. A hierarchical view of the interactions of runoff and infiltration with vegetation and microtopography in semiarid shrublands[J]. CATENA, 1998, 33(3-4): 201-220.

[20] Chi Y, Yang J, Bogart D, et al. Fractal analysis of surface microtopography and its application in understanding hydrologic processes[J]. Transactions of the Asabe, 2012, 55(5): 1781-1792.

[21] Fu Q, Yin C Q, Ma Y. Phosphorus removal by the multipond system sediments receiving agricultural drainage in a headstream watershed[J]. J. Environ. Sci. (China), 2005, 17(3): 404-408.

[22] Gao Y X, Zhu G W, Qin B Q, et al. Effect of ecological engineering on the nutrient content of surface sediments in Lake Taihu, China[J]. Ecological Engineering, 2009, 35(11): 1624-1630.

[23] Lu H, Yin C, Wang W, et al. A comparative study of nutrient transfer via surface runoff from two small agricultural catchments in north China[J]. Environmental Geology, 2007, 52(8): 1549-1558.

[24] Lu S Y, Wu F C, Lu Y F, et al. Phosphorus removal from agricultural runoff by constructed wetland [J]. Ecological Engineering, 2009, 35(3): 402-409.

[25] Odum H T, Odum B. Concepts and methods of ecological engineering[J]. Ecological Engineering, 2003, 20(5): 339-361.

[26] 王晓燕，王一峋，王晓峰，等. 密云水库小流域土地利用方式与氮磷流失规律[J]. 环境科学研究，2003，16(1):30-33.
[27] 许其功，刘鸿亮，沈珍瑶，等. 三峡库区典型小流域氮磷流失特征[J]. 环境科学学报，2007,27 (2)：326-331.
[28] 陈欣，范兴海，李东. 丘陵坡地地表径流中磷的形态及其影响因素[J]. 中国环境科学，2000，20(3)：284-288.

第 10 章 雨洪径流氮磷输出负荷估算方法

降雨是流域面源污染发生的主要驱动因子，面源污染物一般随流域雨洪径流过程输出。我国东部位于东亚季风气候区，雨洪过程主要集中在 6—9 月。研究氮磷随雨洪径流过程输出特征对于流域氮磷污染控制具有重要意义。在开展面源污染输出负荷估算时需要同时监测水量和水质，需要投入大量的人力、物力和财力。若能在已有监测资料基础上，利用水文监测要素与氮磷输出负荷之间的关系，建立基于水文要素的次洪过程氮磷输出负荷预测模型，估算次洪过程氮磷输出负荷，可以节省面源污染负荷估算成本。

10.1 雨洪径流氮磷输出负荷比例分析

许多流域水体，点源污染和面源污染并存。点源污染输出通常与降雨径流过程没有直接关系，污染物输出过程基本不随流量变化而变化，污染物输出负荷主要取决于污染源强度；面源污染与降雨径流过程关系密切，随着流量增大，面源污染输出负荷增加，雨洪径流是面源污染物输出的主要迁移途径。

根据水文学基本原理，将径流分割为基流和直接径流，基流由深层壤中流、地下径流以及点源污染废水排放组成，直接径流由地表径流和浅层壤中流组成，直接径流也可以称为雨洪径流，主要由当次雨洪过程形成。地表径流退水在流量过程线上表现为快而陡，基流退水表现为慢而平。基流主要携带点源污染物，雨洪径流主要携带面源污染物。国内外学者提出了许多基流分割方法，如直线法、分析法、滑动最小值法、数字滤波法、HYSEP 法、环境同位素法和水文法等。数字滤波法是近年来国际上研究最为广泛的基流分割方法，是较为简单的基流自动分割法，易于采用计算机自动实现。数字滤波法可以分为单参数数字滤波法[1]和递归数字滤波法[2]，本研究采用递归数字滤波法将地表径流分割为基流和直接径流，估算通过直接径流输出的总氮和总磷负荷。

10.1.1 材料与方法

(1) 地表径流分割方法

一次降雨过程引起的地表径流过程大体可以分为两部分：一是本次降雨引起的直接径流，包括表层径流和浅层壤中流；二是基流，包括深层壤中流和地下径流。通常认为，流域面源污染主要是由次降雨事件（也称为雨洪事件）导致污染物随降雨径流过程迁移到流域下游受纳水体而形成的污染事件。本项研究利用 Eckhardt K 于 2005 年提出的递归数字滤波法，将地表径流分割为直接径流和基流[2]。该计算方法公式如下

$$q_{b(t)}=\frac{(1-BFI_{\max})\alpha q_{b(t-1)}+(1-\alpha)BFI_{\max}q_t}{1-\alpha BFI_{\max}} \tag{10.1-1}$$

式中：$q_{b(t)}$ 为 t 时刻的基流；$q_{b(t-1)}$ 为 $t-1$ 时刻的基流；q_t 为 t 时刻实测河川径流量；t 为时间，单位为 d；α 为退水常数；$BFI_{\max}$ 为最大基流指数。

利用上述公式可以直接计算出基流量。上述公式中需要确定两个参数，即退水常数和最大基流指数。Eckhardt K 在文献 2 中提出，对于多年流量不间断、具有透水孔隙层的河流，以 d 为单位时，退水常数取值为 0.97，最大基流指数为 0.8。花山流域出口控制断面基本不断流，流域地质为透水孔隙层，因此确定花山流域退水常数取值为 0.97，最大基流指数取值为 0.8。

2012—2014 年期间，花山流域胡庄（三）断面基流占径流总量的 53%，西源流域三岔河断面基流占径流总量的 58%。图 10.1-1 以西源流域三岔河监测断面 2013 年汛期为例说明该方法的径流分割结果。

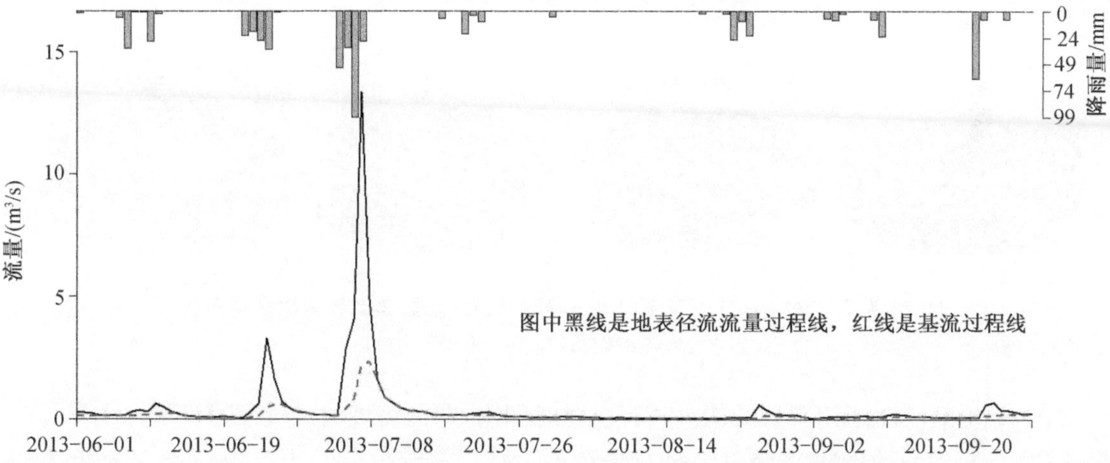

图 10.1-1　2013 年 6 月 1 日—9 月 30 日西源流域径流分割结果

（2）数据来源和处理

首先将花山流域和西源流域小时地表径流数据处理成日平均流量，利用数字滤波法将监测断面测定得到的每日平均流量数据分为基流和直接径流，根据分割得到的直接径流日变化过程，并结合日降雨量变化过程，判断次洪过程事件起始和终止时间。在有降雨发生时，经过基流分割后得到的直接径流值大于零或者由稳定数值迅速升高的起始时间定义为次洪过程事件的起始时间，当直接径流流量达到峰值后降低为零或者基本不变时，定义为次洪过程事件的终止时间。

利用监测断面流量和地表径流总氮、总磷浓度计算每个采样时段监测断面地表径流总氮、总磷输出负荷，将每个采样时段获得的负荷根据时间折算到每个日历天，得到监测断面每日地表径流总氮、总磷负荷。根据每日地表径流基流与直接径流的比例，将日地表径流负荷分割为通过基流和直接径流输出的负荷，基流输出负荷与本次降雨关系不明显，可以认为是点源污染输出负荷，直接径流输出负荷与本次降雨事件密切相关，可以认为是面源污染输出负荷。分别统计每次降雨事件中直接径流的持续时间和径流量，计算全年直接径流持续时间、径流量和总氮、总磷负荷占全年的比例。

10.1.2　结果与讨论

花山流域在2013年和2014年分别监测到5次和10次明显的次洪过程事件，图10.1-2和图10.1-3分别是2013年和2014年花山流域次洪过程事件发生时长、径流量、总氮和总磷负荷分别占全年的比例示意图。

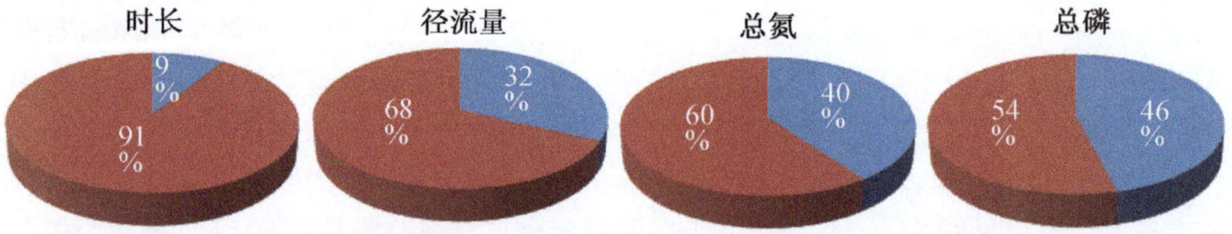

图10.1-2　2013年花山流域次洪过程时长、径流量、总氮和总磷负荷占比

（蓝色表示雨洪事件，红色表示非雨洪事件）

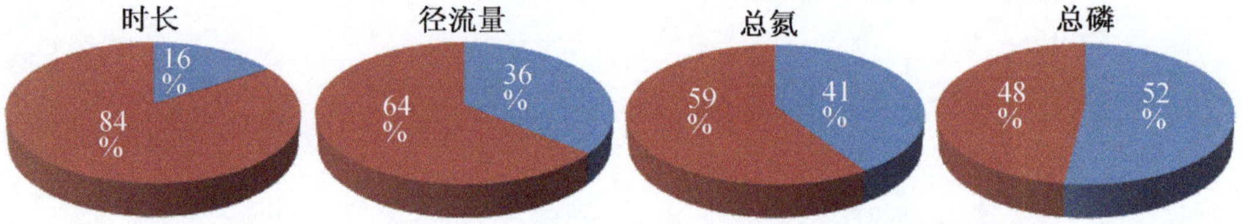

图10.1-3　2014年花山流域次洪过程时长、径流量、总氮和总磷负荷占比

（蓝色表示雨洪事件，红色表示非雨洪事件）

在2013年，仅占全年9%的次洪过程发生时间内，花山流域次洪过程径流量占全年径流量的32%，总氮负荷输出比例占全年总负荷的40%，总磷负荷输出比例占全年总负荷的46%。在2014年，花山流域次洪过程发生时间占全年时间的16%，次洪过程事件中输出的径流量占全年径流量的36%，总氮和总磷负荷输出比例分别占全年总负荷的41%和52%。花山流域2014年全年降雨量为1 197 mm，2013年全年降雨量为917 mm；2014年次洪过程发生的时间和频次明显高于2013年，2014年由次洪过程输出的总氮和总磷负荷占全年总负荷的比例也略高于2013年。随着全年降雨量的增加，次洪过程输出负荷占全年输出负荷的比例增大，也就是说面源污染负荷输出比例增加，点源污染输出负荷比例下降。花山流域多年平均降雨量为1 044 mm(1963—2012年)，若用2013年和2014年分别代表平水年和丰水年，可以发现丰水年面源污染物输出负荷占全年污染物输出负荷比例较高。总体来说，花山流域每年发生的5～10次次洪过程中通过约30%的径流量，输出的总氮负荷约占全年总负荷的40%，输出的总磷负荷约占全年总负荷的50%。

西源流域在2013年和2014年也分别监测到5次和10次明显的次洪过程事件，图10.1-4和图10.1-5分别为2013年和2014年西源流域次洪过程事件发生时长、径流量、总氮和总磷负荷分别占全年的比例示意图。

2013年西源流域次洪过程发生时长仅占全年时间的9%，径流量占全年径流量的31%，

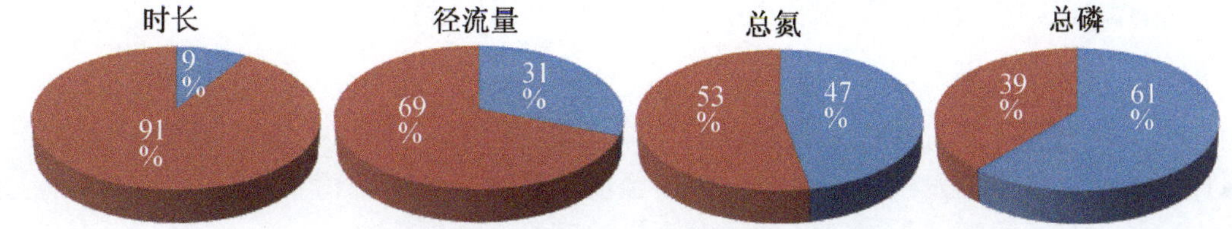

图 10.1-4　2013 年西源流域次洪过程时长、径流量、总氮和总磷负荷占比

（蓝色表示雨洪事件，红色表示非雨洪事件）

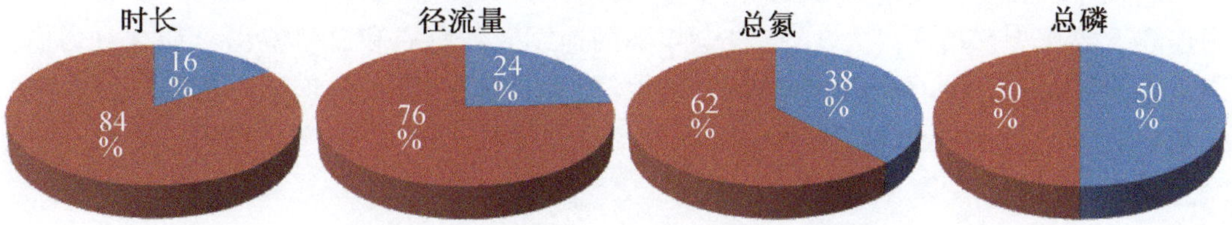

图 10.1-5　2014 年西源流域次洪过程时长、径流量、总氮和总磷负荷占比

（蓝色表示雨洪事件，红色表示非雨洪事件）

次洪过程中总氮输出负荷占全年总负荷的 47%，总磷输出负荷占全年总负荷的 61%。2014 年次洪过程发生时长占全年时间的 16%，次洪过程径流量占全年的 24%，次洪过程中总氮输出负荷占全年负荷的 38%，总磷输出负荷占全年的 50%。与花山流域相类似，通过约 30%的次洪过程径流量，输出的总氮负荷约占全年总负荷的 40%，输出的总磷负荷约占全年总负荷的 55%。面源污染负荷输出集中在较短的时间，随较少的地表径流量输出，对于制定面源污染控制措施具有重要的影响。地表径流总氮和总磷负荷输出集中在较短时间内表明，需要开展面源污染治理的时间较为集中，不需要全年开展治理。较少的径流量携带较高比例的总氮和总磷负荷，说明只需处理较少的水量即可以控制较多的负荷，有利于降低处理单位质量面源污染负荷的成本。在全年相同时间和相同地表径流量，输出的总磷负荷比例高于总氮负荷比例，主要与总氮和总磷迁移途径有关。流域出口总磷的流失与流域内地表颗粒态物质累积有关，总磷的流失主要通过地表径流途径进入受纳水体；地表径流氮素包括硝态氮、铵态氮和有机氮等多种形态，氮素不仅可以在降雨时通过地表径流途径进入受纳水体，硝态氮还可以通过在土壤内向下淋溶，随壤中流和地下径流汇集进入河道，进而汇集到流域出口。

与本研究结果不同的是，美国位于宾夕法尼亚州 Chesapeake 湾上游的面积为 39.5 hm^2 的 FD－36 流域内的研究结果表明，正常年份全年 75%的硝态氮和 65%的全氮是通过基流流失的，基流和小降雨事件中氮素输出主要是通过壤中流途径。随着降雨强度的增大，地表径流输出的颗粒态有机氮和铵态氮浓度增加。作物生长季节前与作物生长季节后流量加权平均硝态氮浓度高于作物生长季节[3]。同样在美国的面积为 7.4 km^2 的 WE－38 流域研究结果表明，全年 70%的水溶态磷素输出发生在 10%的暴雨时间内，全年 60%的硝态氮输出主要发生在非暴雨季节[4]。

10.2 不同连续天数最大输出负荷占全年负荷比例

花山流域位于江淮分水岭地区，全年降水主要集中在汛期（6—9 月），汛期降水又主要集中在几次较大的降水过程中。流域面源污染负荷主要随着降水径流过程输出，也就是说面源污染负荷输出主要发生于几次较大降雨径流事件。流域面源污染负荷输出在时间上集中于少数几次降雨径流事件对于开展面源污染治理具有重要意义。

10.2.1 材料与方法

利用胡庄（三）监测断面和三岔河监测断面流域监测得到的流量和水质数据，计算得到每日总氮和总磷负荷。分别以 2013 和 2014 日历年为计算单元，从每年的 1 月 1 日开始，以不同连续天数作为移动窗口大小，比较全年不同连续天数总氮和总磷输出负荷之和，计算在不同连续天数时，总氮和总磷输出负荷的最大值和全年输出负荷的比值，以此描述全年总氮和总磷输出负荷在时间上的相对集中程度。

10.2.2 结果与讨论

图 10.2-1～图 10.2-4 是 2013 年和 2014 年实验监测期间，花山流域和西源流域不同连续天数最大总氮、总磷负荷输出占全年总氮、总磷负荷输出比例，表 10.2-1 是不同连续天数比例相应的数值。

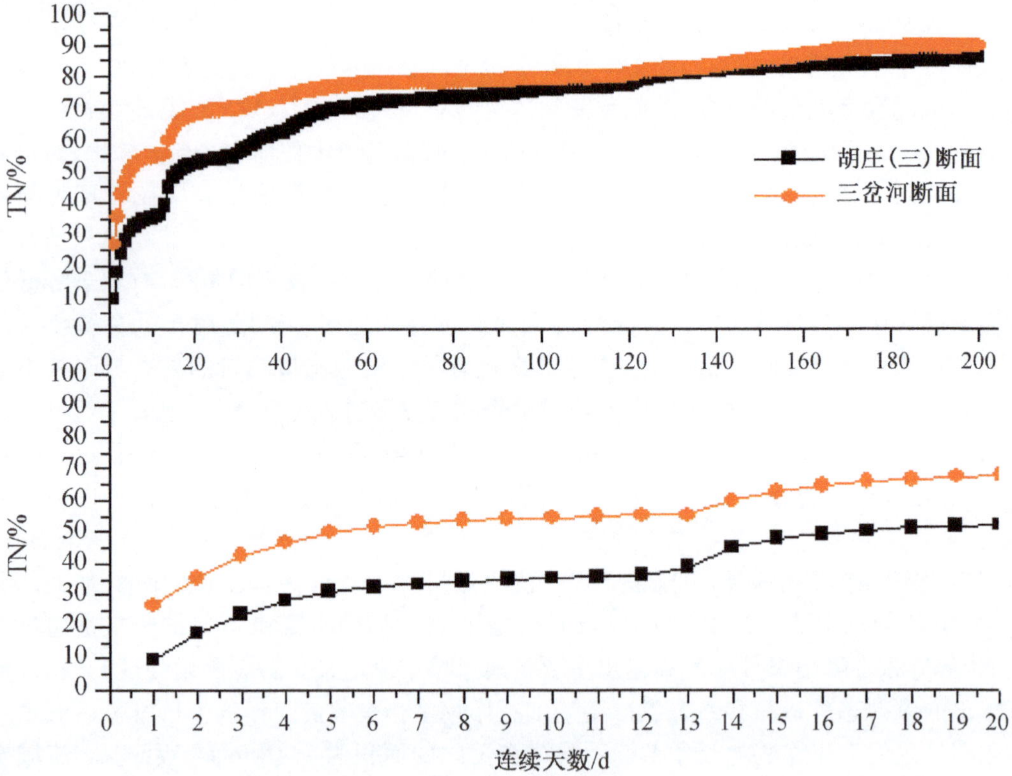

图 10.2-1 2013 年胡庄(三)和三岔河断面不同连续天数总氮最大负荷比例

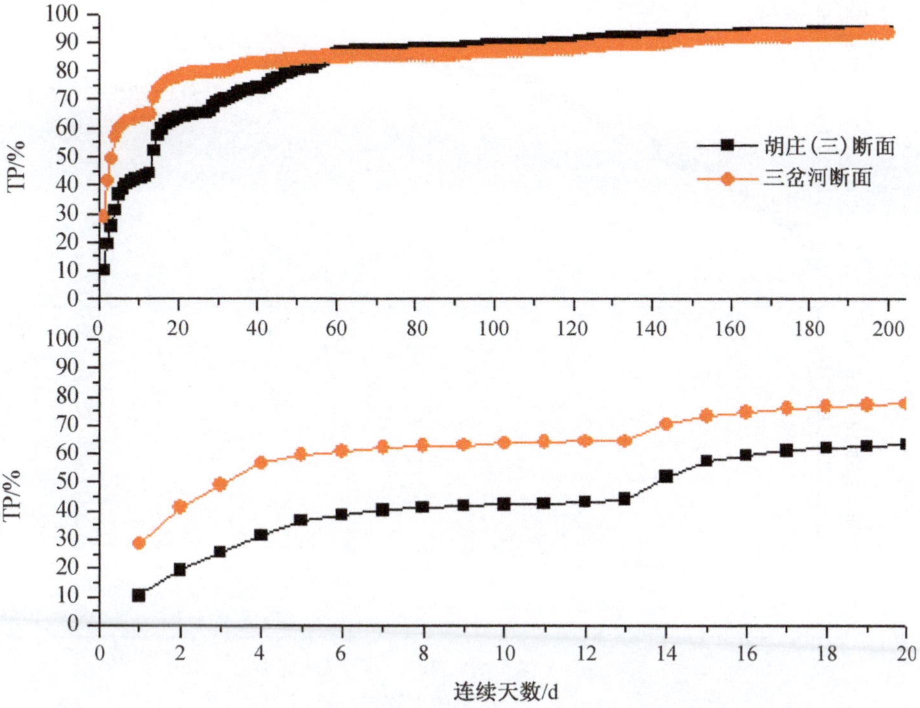

图 10.2-2　2013 年胡庄(三)和三岔河断面不同连续天数总磷最大负荷比例

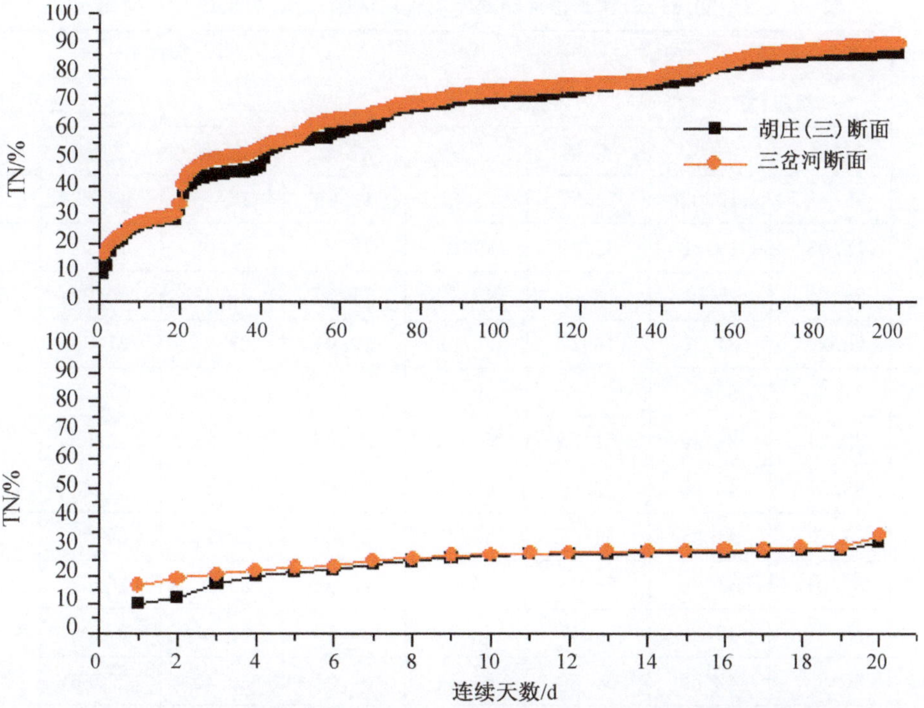

图 10.2-3　2014 年胡庄(三)和三岔河断面不同连续天数总氮最大负荷比例

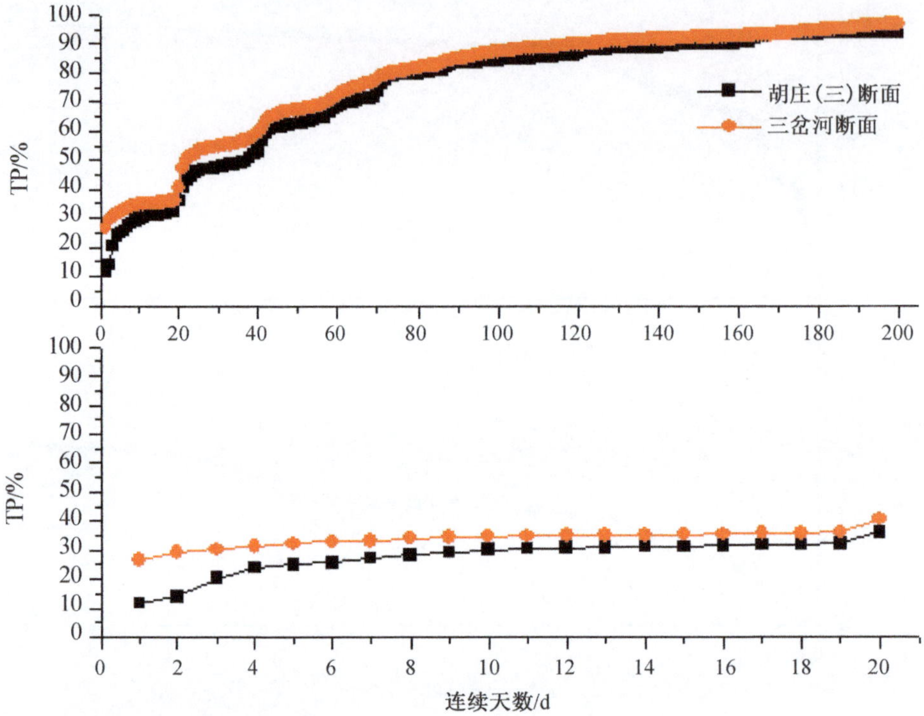

图 10.2-4　2014 年胡庄(三)和三岔河断面不同连续天数总磷最大负荷比例

表 10.2-1　胡庄(三)和三岔河断面不同连续天数总氮、总磷最大负荷比例　　单位：%

连续天数	2013 年				2014 年			
	胡庄(三)		三岔河		胡庄(三)		三岔河	
	总氮	总磷	总氮	总磷	总氮	总磷	总氮	总磷
1	9.58	10.02	26.77	28.25	10.15	11.75	16.23	26.63
2	18.03	19.32	35.49	41.07	12.26	14.06	18.92	29.30
3	24.06	25.57	42.79	48.90	17.05	20.33	20.22	30.21
4	28.27	31.10	46.77	56.55	19.94	23.84	21.55	31.22
5	31.20	36.44	49.84	59.51	20.87	24.99	22.45	32.13
6	32.61	38.46	51.75	60.80	21.76	25.80	22.98	32.73
7	33.55	40.20	52.86	62.10	23.83	27.14	24.98	33.03
8	34.43	41.21	53.68	62.77	24.89	28.29	25.86	33.94
9	35.04	41.79	54.11	63.04	25.81	29.29	26.58	34.30
10	35.36	42.20	54.47	63.78	26.58	30.02	27.08	34.59
11	35.88	42.52	54.86	64.14	27.01	30.42	27.56	34.78
12	36.32	43.07	55.11	64.38	27.32	30.70	27.89	34.94

续表

连续天数	2013年				2014年			
	胡庄(三)		三岔河		胡庄(三)		三岔河	
	总氮	总磷	总氮	总磷	总氮	总磷	总氮	总磷
13	39.00	44.08	55.30	64.45	27.57	30.90	28.15	35.06
14	45.13	51.86	59.67	70.33	27.77	31.07	28.36	35.17
15	48.05	57.39	62.73	73.29	27.97	31.27	28.60	35.28
16	49.46	59.41	64.64	74.58	28.15	31.48	28.86	35.38
17	50.40	61.15	65.76	75.88	28.36	31.72	29.14	35.57
18	51.28	62.16	66.58	76.55	28.56	31.93	29.49	35.81
19	51.89	62.74	67.32	77.20	28.72	32.10	29.86	36.05
20	52.24	63.32	67.75	77.56	31.79	35.89	33.61	40.41
30	55.45	68.82	69.96	79.43	44.17	47.66	49.27	54.81
38	61.60	73.28	73.14	82.14	45.44	50.80	51.20	57.29
50	68.76	80.12	76.15	83.79	55.75	62.63	57.08	67.22
60	71.18	85.80	77.70	84.72	58.89	68.64	62.76	71.99
70	72.42	87.11	78.03	84.95	62.29	73.64	65.40	77.63
80	73.32	87.54	78.34	85.22	67.56	79.89	68.69	81.59
90	74.23	88.03	78.60	85.41	69.86	83.25	71.33	84.86
100	75.63	88.99	79.26	86.55	70.77	84.31	72.68	87.22
150	82.59	92.41	84.93	90.78	79.56	89.88	79.99	92.17
200	85.87	94.08	89.55	93.37	86.00	93.92	89.20	96.81

2013年胡庄(三)断面1 d输出最大总氮和总磷负荷占全年比例分别为9.58%和10.02%,三岔河断面相应的比例为26.77%和28.25%;2014年胡庄(三)断面1 d输出最大总氮和总磷负荷占全年比例分别为10.15%和11.75%,三岔河断面相应的比例为16.23%和26.63%。从不同监测断面来看,三岔河断面在1 d内输出了较高比例的全年总氮和总磷负荷。2013年三岔河断面连续6 d和连续4 d内输出的总氮和总磷负荷占全年污染负荷比例超过50%,而胡庄(三)断面总氮和总磷输出负荷占全年百分比超过50%的连续天数则分别需要17 d和14 d。2014年三岔河断面连续35 d和连续22 d内输出的总氮和总磷负荷占全年污染负荷比例超过50%,胡庄(三)断面总氮和总磷输出负荷占全年百分比超过50%的连续天数则分别达到42 d和38 d。

从不同的污染物输出规律来看,总磷输出负荷相对更加集中于较少的连续天数。在2013年,三岔河断面全年80%的总磷负荷输出发生在连续34 d,而全年80%的总氮负荷输出发生在连续119 d;胡庄(三)断面全年80%的总磷负荷输出发生在连续50 d,而全年80%的总氮负荷输出发生在连续127 d。在2014年,三岔河断面全年80%的总磷负荷输出发生在连续 74 d，而全年 80%的总氮负荷输出发生在连续 151 d；胡庄(三)断面全年 80%的总磷负荷输出发生在连续 82 d，而全年 80%的总氮负荷输出发生在连续 151 d。累积在地表的总磷是流域出口监测断面总磷负荷主要来源，总磷主要在降雨作用下随地表径流输出。花山流域位于我国江淮分水岭，2013 年和 2014 年全年出现中雨及以上(日降雨量超过 10 mm)的天数分别为 26 d 和 34 d，流域总磷负荷输出主要发生在雨量达到中雨以上的降雨日。相比总磷而言，地表径流总氮输出不仅在降雨时通过地表径流途径输出，而且可以在次降雨事件中通过壤中流途径或者以基流途径输出。

在 2013 年和 2014 年，两个流域总氮和总磷输出负荷比例随着连续天数增加分布规律有所不同。相比于 2014 年，2013 年总氮和总磷负荷输出比例在 1～20 d 内随着连续天数增加而快速增加，随着连续天数增加，2014 年不同连续天数总氮和总磷输出负荷占全年输出负荷之比增长相对平缓，即 2013 年全年总氮和总磷输出负荷更加集中在少数几次降雨事件中。全年降雨量分布是总氮和总磷负荷输出的重要影响因素。2013 年花山流域全年降雨量为 917 mm，2014 年全年降雨量为 1 197 mm。2013 年花山流域出现中雨(日降雨量介于 10～25 mm 之间)的天数有 14 d，2014 年则有 20 d；2013 年出现大雨(日降雨量介于 25～50 mm 之间)的天数有 10 d，2014 年也是 10 d；2013 年出现暴雨和大暴雨(日降雨量大于 50 mm)的天数有 2 d，2014 年则有 4 d。2014 年花山流域日降雨量大于 10 mm 的天数比 2013 年多 8 d，降雨总量多 280 mm。2014 年发生的较多降雨事件和降雨量降低了单次降雨事件总氮和总磷占全年总量输出负荷的比例。

有研究同样发现，极端降水事件对流域面源污染负荷输出有较大影响。在宜兴面积为 73.7 hm^2 的小流域，通过水质水量同步监测研究发现，在极端降水事件频发的 6—8 月期间，坡地农田随地表径流流失的养分占全年总量的 50%以上，水稻田的养分流失占全年的 60%左右，在 4 次极端降水事件中氮磷输出负荷分别占全年总量的 29.2%和 44.5%[5]。太湖流域上游的蠡河流域耕地，地表径流面源污染 TN 和 TP 平均浓度分别为 2.534 mg/L 和 0.185 mg/L[6]。Chen 等在 2012 年观测到相对于中等降雨事件，极端降雨事件地表径流引起溶解态无机氮增加 4 倍，其中 30%为铵态氮[7]。

监测断面控制的流域面积大小和流域下垫面复杂程度是污染物负荷输出集中程度的主要影响因素。流域面积越小，地表径流汇流路径和时间相对越短；流域下垫面复杂程度越简单，对于总氮和总磷输出有吸收和固定作用的池塘和沟渠等“汇”型景观分布越少，流域地表累积的总氮和总磷随地表径流输出的机会越大，流域总氮和总磷负荷输出越相对集中于较短时间内。

流域面源氮磷负荷输出集中于短时间内对于面源污染治理具有重要意义。全年集中输出负荷的较短时间的一次或几次雨洪过程是面源污染控制的关键时期，连续最大日负荷占全年负荷输出百分比并不是线性增加，随着污染负荷输出增加，面源污染控制时间成本边际效益呈下降趋势。在制定面源污染负荷控制策略时，针对在短时间内流域面源负荷呈现脉冲式输出的特点，首先需要采取缓冲措施存储脉冲式污染负荷，使之处于稳定状态并进行有效处理。流域面上增加水塘、植被缓冲带等对污染冲击负荷具有缓冲作用的措施，可以有效地降低流域面源污染冲击负荷。

10.3　次降雨事件总氮和总磷输出负荷预测

从面源污染发生机制来说，降水量和径流深是影响面源污染输出负荷的重要因素。相比于土壤、农田施肥方式、土地利用方式等需要花费大量时间和经历展开调查才能获取的数据，降水量和径流深相对容易获得，本研究尝试建立次降水事件中总氮和总磷输出负荷与降水量、径流深之间的相关关系，期望通过获得降水量或径流深估算次降水事件地表径流污染负荷。

10.3.1　材料与方法

在花山流域和西源流域 2012—2014 年分别筛选得到 5 次、5 次和 9 次降雨事件。利用 2012 年和 2013 年获得的次降雨事件降水、径流深和总氮、总磷输出负荷数据获得数学模型，然后利用获得的数学模型验证 2014 年模拟效果。

10.3.2　结果与讨论

(1) 花山流域次降雨事件污染负荷预测模型

利用 2012—2013 年花山流域监测得到的次降水事件水文和水质数据，点绘单位面积总氮和总磷输出负荷与降雨量和雨洪径流深的相关图(图 10.3-1)。

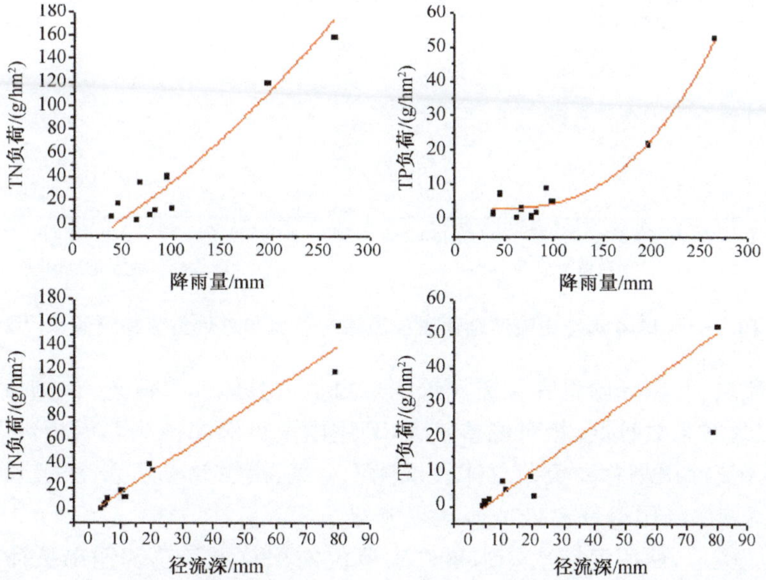

图 10.3-1　花山流域单位面积总氮和总磷输出负荷与降雨量和径流深的相关关系

花山流域次降水事件中单位面积总氮和总磷输出负荷随降水量变化可以用二次多项式模型模拟。随雨洪径流深的关系可以用线性模型模拟。具体数学模型如下

$$L_{总氮}=-8.84+0.25\times P+0.001\,5\times P^2,R^2=0.91 \tag{10.3-1}$$

$$L_{总磷}=8.61-0.169\,7\times P+0.001\,25\times P^2,R^2=0.96 \tag{10.3-2}$$

$$L_{总氮}=-2.47+1.78\times DR,R^2=0.97 \tag{10.3-3}$$

$$L_{总磷}=0.34+0.27\times DR,R^2=0.87 \tag{10.3-4}$$

式中：$L_{总氮}$ 为次降雨事件花山流域单位面积输出总氮负荷，g/hm²；$L_{总磷}$ 为次降雨事件花山流域单位面积输出总磷负荷，g/hm²；P 为次降雨事件降雨总量，mm；DR 为次降雨事件直接径流深，mm。

(2) 花山流域污染物输出负荷预测模型模拟效果

采用相对平均误差(RME)、决定系数(R^2)和模拟效率系数(Nash-Sutcliffe 系数)评价次降雨事件负荷预测模型模拟效果,结果如图 10.3-2。

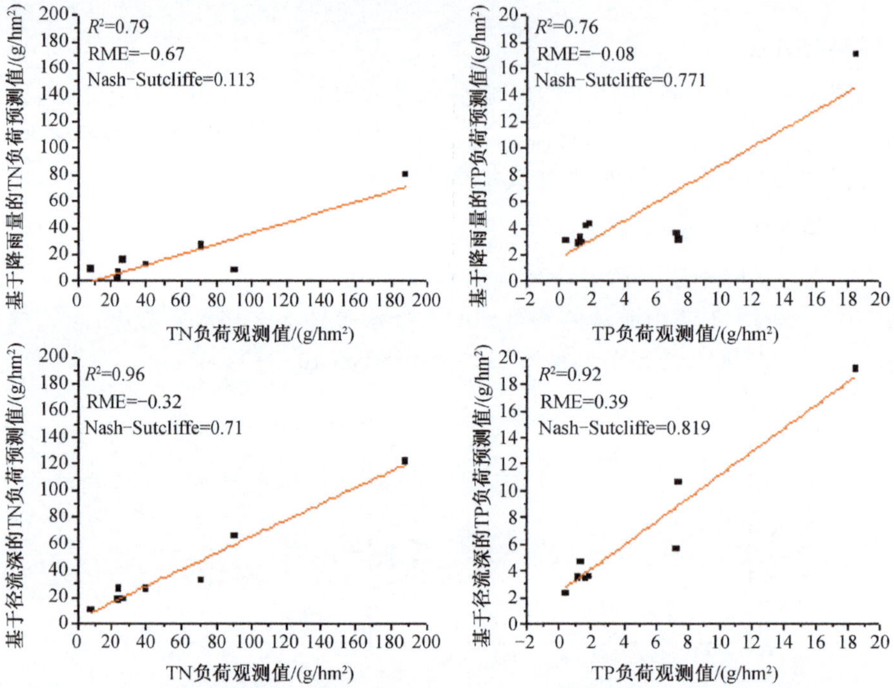

图 10.3-2　2014 年花山流域随雨洪径流输出总氮和总磷负荷实测值和预测值

对于花山流域,利用降雨量和径流深预测总氮负荷总体效果偏差,预测负荷明显低于实际监测值,模拟效率系数较低,相对偏差较大,利用雨洪径流深预测总氮相对误差达-0.32。利用降雨量和径流深预测总磷负荷总体效果优于总氮,模拟效率系数、决定系数均超过 0.7。

(3) 西源流域次降雨事件污染负荷预测模型

与花山流域类似,西源流域次降水事件中单位面积总氮和总磷输出负荷与降雨量和雨洪径流深也有较好的相关关系,利用 2012—2013 年西源流域监测得到的次降水事件水文和水质数据点绘的相关图,见图 10.3-3。

总氮和总磷单位面积输出负荷与降雨量之间的关系可以用二次多项式模型模拟,与雨洪径流深之间的关系可以用线性模型模拟。具体数学模型公式如下

$$L_{总氮} = -7.5 + 0.275 \times P + 0.0021 \times P^2, R^2 = 0.76 \tag{10.3-5}$$

$$L_{总磷} = 5.39 - 0.116 \times P + 0.00108 \times P^2, R^2 = 0.99 \tag{10.3-6}$$

$$L_{总氮} = 8.45 + 2.45 \times DR, R^2 = 0.99 \tag{10.3-7}$$

$$L_{总磷} = 0.27 + 0.46 \times DR, R^2 = 0.81 \tag{10.3-8}$$

式中:$L_{总氮}$ 为次降雨事件西源流域单位面积输出总氮负荷,g/hm²;$L_{总磷}$ 为次降雨事件西源流域单位面积输出总磷负荷,g/hm²;P 为次降雨事件降雨总量,mm;DR 为次降雨事件直接径流深,mm。

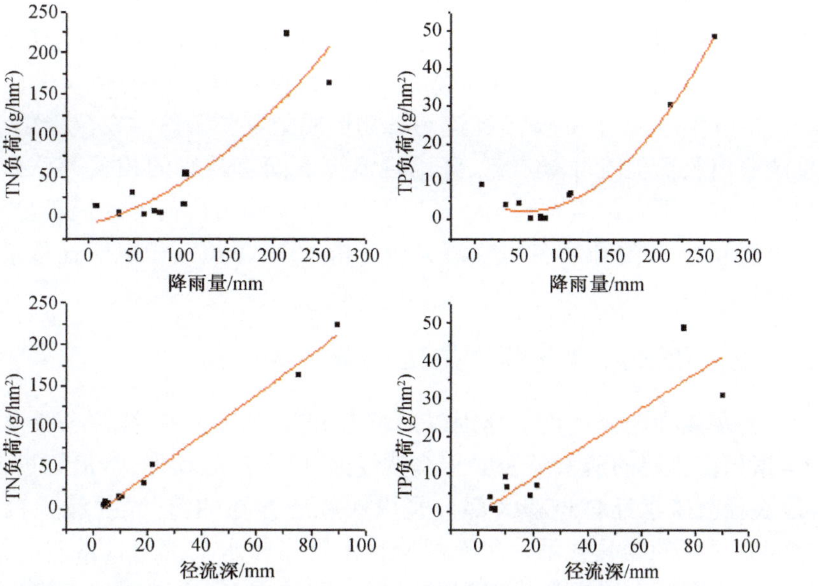

图 10.3-3　西源流域单位面积总氮和总磷输出负荷与降雨量和径流深的相关关系

（4）西源流域污染物输出负荷预测模型模拟效果

与花山流域类似，在西源流域利用降雨量预测总氮负荷效果相对较差，模拟效率系数最低，仅有 0.189；利用雨洪径流深预测总氮负荷时相关系数较高，但预测值低于监测值；利用降雨量预测总磷负荷时，预测值低于实际监测值；利用雨洪径流深预测总磷负荷时，相关系数较高，模拟效率系数也较高，达到 0.839，见图 10.3-4。

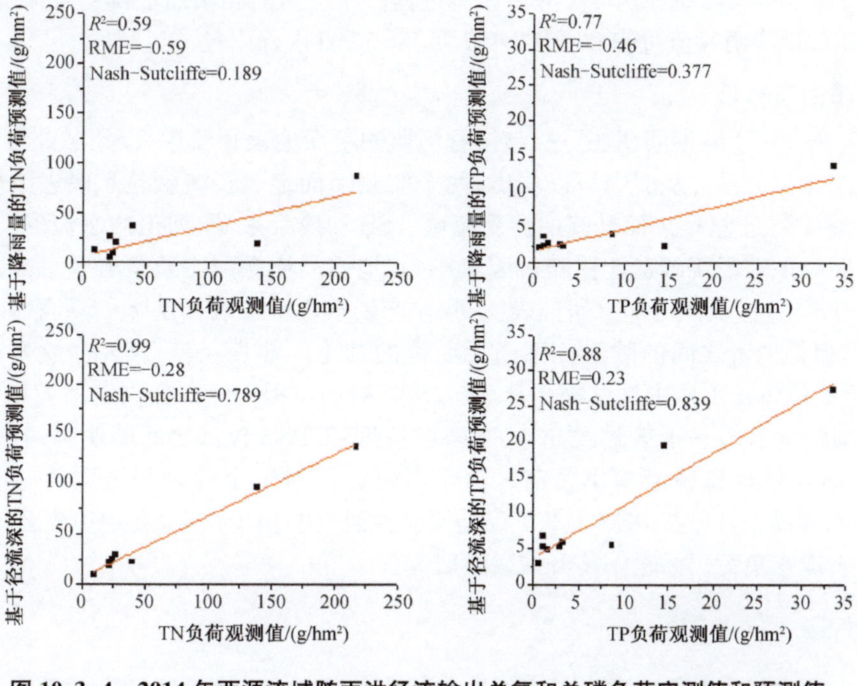

图 10.3-4　2014 年西源流域随雨洪径流输出总氮和总磷负荷实测值和预测值

总体来说，采用相对平均误差(RME)、决定系数(R^2)和模拟效率系数评价结果表明，利用雨洪径流深预测模型模拟效果优于利用降雨量预测，总磷预测模型优于总氮。

降水是累积在流域地表氮磷的主要驱动因子，次降雨事件中的降雨量代表了降雨径流对农田土壤的冲刷溶解能力，是降雨径流污染物形成的重要条件。在次降雨事件中，地表径流总氮和总磷输出负荷与流域降水量、降雨径流深之间有较好的相关关系。张展羽等在研究不同毛沟布置方式下农田氮素输出负荷时发现，总氮输出负荷与径流量呈线性正相关[8]。通过对梅林小流域 10 次降雨事件氮磷流失量分析发现，单位面积氮磷迁移量随次降雨量呈指数增长关系[9]。

10.4 地表径流 TSS 浓度与颗粒态磷浓度相关关系

面源污染物磷素在迁移过程中分别以溶解态和颗粒态存在，颗粒态磷素主要是在降雨击溅作用下，累积在表层的磷素随表层土壤被侵蚀，以泥沙运动形式，最终进入到受纳水体。研究表明，地表径流磷素迁移过程大部分是以颗粒态存在的，地表径流颗粒态磷素浓度与 TSS 浓度之间有很好的相关关系。河流泥沙含量是当前水文部门日常监测指标之一，若能够建立河流泥沙与颗粒态磷素含量之间的很好的相关关系，通过泥沙含量推算颗粒态磷素负荷，再通过颗粒态与溶解态的分配比估算溶解态磷素浓度，也是一种以颗粒态磷素为主要形态的地表径流磷素流失负荷估算的思路和方法。

10.4.1 材料与方法

采集地表径流水样时，同时采集供化学分析的水样和 TSS 测定的水样。地表径流中 TSS 含量测定采用称重法，颗粒态磷浓度是总磷浓度减去溶解态总磷浓度之差。由于 TSS 浓度数量级变化较大，TSS 浓度取对数表示，利用 Origin 作图。胡庄(三)监测断面数据主要来自于 2012 年 8 月 8—20 日次降雨径流过程。三岔河监测断面数据主要来自于 2012 年 8 月 8—20 日次降雨径流过程和 2013 年 7 月 5—13 日次降雨径流过程。

10.4.2 结果与讨论

图 10.4-1 是实验期间胡庄(三)与三岔河监测断面地表径流中 TSS 含量与颗粒态磷素浓度之间的相关关系。从图中可以看出，两个监测断面地表径流颗粒态磷素浓度总体是随着地表径流 TSS 含量增加而升高的。受流域 TSS 和磷素来源、河道内水流形态、采样地点和采样时间等地表径流磷素迁移随机因素影响，地表径流颗粒态磷素含量总体并不是随着地表径流 TSS 含量线性增加。研究表明，颗粒态磷素含量与地表径流 TSS 含量有着密切的关系[10-12]，但是两者之间的数学关系尚无明确的结论。地表径流 TSS 含量测定采用称重法，即测定单位体积水样中悬浮物含量，该方法相对于应用化学方法测定地表径流磷素含量花费较少，操作简单，易于掌握，若能建立磷素浓度和 TSS 含量之间的明确的数学关系，可以通过 TSS 含量计算磷素输出负荷。由于本研究同时测定地表径流颗粒态磷素浓度和 TSS 含量的样品个数较少，图 10.4-1 仅是探索性研究的初步结果，利用地表径流 TSS 含量估算颗粒态磷素负荷仍需进一步开展后续研究。

10.5 小结

(1) 当前我国大多数流域为点源污染和面源污染并存，与面源污染的发生和降雨径流

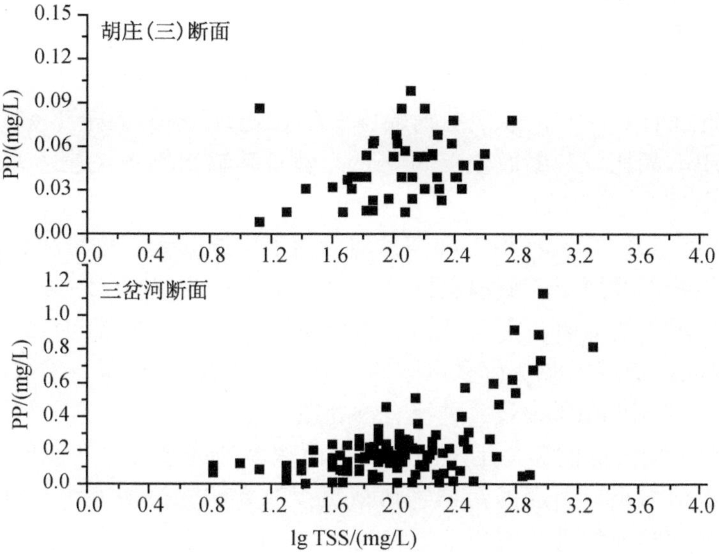

图 10.4-1 监测断面次洪过程中 TSS 浓度与颗粒态磷浓度相关关系

事件有密切关系不同,点源污染输出负荷基本保持不变,通常以基流形式流出流域。基于水文学基本原理,通过径流分割方法将地表径流分割为基流和直接径流,基流包括慢速壤中流、地下水以及点源污染废水,基流具有相对稳定的流量,直接径流包括地表径流和快速壤中流,流量过程快而陡。以基流途径进入受纳水体的污染负荷可以认为是点源污染负荷,通过直接径流进入受纳水体的污染负荷通常可以认为是面源负荷。

本研究采用数字滤波法将地表径流分割为基流和直接径流,以降雨量分别为平水年和丰水年的 2013 年和 2014 年为代表年份,分别统计监测得到的 5 次和 10 次雨洪径流事件发生时间、径流量以及总氮、总磷负荷占全年百分比。在 2013 年,9%的雨洪径流发生时间内,花山流域全年分别有 40%的总氮和 46%的总磷负荷是通过全年 32%的地表径流输出;西源流域全年分别有 47%的总氮和 61%的总磷负荷是通过全年 31%的地表径流输出。在 2014 年,16%的雨洪径流发生时间内,花山流域全年分别有 41%的总氮和 52%的总磷负荷通过 36%的地表径流输出;西源流域全年有 38%总氮和 50%的总磷负荷是通过 24%的地表径流输出。通过雨洪径流输出的总氮和总磷面源污染负荷主要发生在全年 5～10 次降雨事件中,约 30%的地表径流输出了全年约 40%的总氮负荷和约 50%的总磷负荷,较少的径流量携带较高比例的总氮和总磷负荷,说明只需处理较少的水量即可以控制较多的负荷,有利于降低处理单位质量面源污染负荷的成本。

(2) 2013 年胡庄(三)断面 1 d 输出最大总氮和总磷负荷占全年比例分别为 9.58%和 10.02%,三岔河监测断面相应的比例为 26.77%和 28.25%;2014 年胡庄(三)断面 1 d 输出最大总氮和总磷负荷占全年比例分别为 10.15%和 11.75%,三岔河断面相应的比例为 16.23%和 26.63%。在 2013 年,三岔河断面连续 6 d 和连续 4 d 内输出的总氮和总磷负荷占全年污染负荷比例超过 50%,胡庄(三)断面总氮和总磷输出负荷占全年百分比超过 50%的连续天数则分别需要 17 d 和 14 d。在 2014 年,三岔河断面连续 35 d 和连续 22 d 内输出的总氮和总磷负荷占全年污染负荷比例超过 50%,胡庄(三)断面总氮和总磷输出负荷占全年百分比超过50%的连续天数则分别需要42 d和38 d。2013年，三岔河断面全年80%的总磷负荷输出发生在连续34 d，而全年80%的总氮负荷输出发生在连续119 d，胡庄(三)断面全年80%的总磷负荷输出发生在连续50 d，而全年80%的总氮负荷输出发生在连续127 d。2014年，三岔河断面全年80%的总磷负荷输出发生在连续74 d，而全年80%的总氮负荷输出发生在连续151 d，胡庄(三)断面全年80%的总磷负荷输出发生在连续82 d，而全年80%的总氮负荷输出发生在连续151 d。

相比于2013年，2014年胡庄(三)和三岔河断面不同连续天数总氮和总磷输出负荷占全年比例增加趋势较缓以及两个流域输出比例之间差异不明显，这与2014年雨洪事件较多使得每次雨洪过程中输出的氮磷负荷占全年比例较为平坦有关。在制定面源污染负荷控制策略时，针对在短时间内流域面源负荷呈现脉冲式输出的特点，首先需要采取缓冲措施存储脉冲式污染负荷，使之处于稳定状态，并进行有效处理。

(3) 流域面源污染负荷估算是制定面源污染治理措施的基础。在流域出口断面通过实测流量和水质计算流域出口断面的污染物负荷是当前常用的流域面源污染负荷估算方法，也是许多面源污染数学模型进行模型率定和校准的基础数据。相对于地表水水样水质数据获取需要进行采样、运输、保存和实验室分析等诸多操作步骤，需要花费大量的时间、人力和物力成本，降雨量和地表径流量相对容易测定，所需时间和人力、物力成本较低。若能在某个流域已经监测的数据基础上建立次降雨事件流域面源负荷与次降雨事件降雨量、径流深之间的定量关系，则可以通过降雨量、径流深预测次降雨事件面源污染负荷。花山流域和西源流域次降雨事件总氮和总磷负荷随降水量变化可用二次多项式模型模拟，与雨洪径流深的关系可用线性模型模拟。采用相对平均误差、决定系数和模拟效率系数评价预测模型效果，总体来说地表径流深预测效果优于降水量。

(4) 地表径流磷素主要来源于累积在地表的土壤、尘土等，磷素主要与土壤中有机质和矿物黏粒物质结合在一起。降雨时在雨滴的击溅作用和地表水的溶解作用下，磷素随地表径流离开原来的存贮地。由于与磷素结合的化合物溶解度通常较低，溶解态磷素占总磷的比例也通常较低，地表径流磷素主要以颗粒态形式存在。通过研究地表径流颗粒态磷素和颗粒态含量关系可以发现，地表径流颗粒态磷素含量与悬浮颗粒物(TSS)含量呈正相关关系，但是由于花山流域地表径流TSS含量较低，次降雨事件中地表径流TSS含量变异幅度较大，地表径流颗粒态磷素含量与地表径流TSS含量之间的数学关系不明显。在以后的研究中，需进一步探讨相关的机理，建议适当增加样品数量，改进采样方案和检测方法。

参考文献

[1] Nathan R J, McMahon T A. Evaluation of automated techniques for base flow and recession analyses[J]. Water Resources Research, 1990, 26(7): 1465-1473.

[2] Eckhardt K. How to construct recursive digital filters for baseflow separation[J]. Hydrological Processes, 2005, 19(2): 507-515.

[3] Zhu Q, Schmidt J P, Buda A R, et al. Nitrogen loss from a mixed land use watershed as influenced by hydrology and seasons[J]. Journal of Hydrology, 2011, 405(3-4): 307-315.

[4] Pionke H B, Gburek W J, Sharpley A N, et al. Flow and nutrient export patterns for an agricultural hill-land watershed[J]. Water Resources Research, 1996, 32(6): 1795-1804.

[5] 高超，朱继业，朱建国，等. 极端降水事件对农业非点源污染物迁移的影响[J]. 地理学报，2005，60

(6)：991-997.

[6] 李恒鹏，黄文钰，杨桂山，等. 太湖地区蠡河流域不同用地类型面源污染特征[J]. 中国环境科学，2006，26(2)：243-247.

[7] Chen N W, Wu J Z, Hong H S. Effect of storm events on riverine nitrogen dynamics in a subtropical watershed, southeastern China[J]. Science of the Total Environment, 2012, 431: 357-365.

[8] 张展羽，袁自瑛，孔莉莉，等. 不同毛沟布置方式下农田次降雨氮素流失特性分析[J]. 农业工程学报，2010，26(10)：51-55.

[9] 李瑞玲，张永春，刘庄，等. 太湖缓坡丘陵地区雨强对农业非点源污染物随地表径流迁移的影响[J]. 环境科学，2010，31(5)：1220-1226.

[10] Ng H Y F, Mayer T, Marsalek J. Phosphorus transport in runoff from a small agricultural wqatershed [J]. Water Science and Technology, 1993, 28(3-5): 451-460.

[11] Ruzycki E M, Axler R P, Host G E, et al. Estimating sediment and nutrient loads in four western lake superior streams[J]. Journal of the American Water Resources Association, 2014, 50(5): 1138-1154.

[12] Udeigwe T K, Wang J J, Zhang H. Predicting runoff of suspended solids and particulate phosphorus for selected louisiana soils using simple soil tests[J]. Journal of Environmental Quality, 2007, 36(5): 1310-1317.

第 11 章

流域磷素输出关键源区识别方法研究

识别出流域面源污染物输出的关键源区，有针对性地采取控制措施，将会节约面源污染控制成本，提高面源污染控制效果[1-5]。根据面源污染发生机理，可以将面源污染影响因素分为污染源因子和迁移因子[6,1-2]。污染源因子主要包括流域已有的污染物含量，包括农用化学品的施入量、施入方式和施入时间等。土壤养分含量是影响磷素输出的重要因子，土壤中养分含量越高，通过地表径流、向下淋溶或壤中流途径迁移到水体的可能性就越大。长期过量施用化肥或有机肥，必然导致投入的养分在土壤中累积，导致土壤养分含量增加。迁移因子主要与水文过程密切相关，主要包括土壤侵蚀、地表径流、农田与河流的距离及其水体的连通性等。磷素迁移主要是通过地表径流途径迁移到受纳水体。

在我国南方湿润地区，地表径流产流模式以蓄满产流为主。Beven 和 Kirkdy 等提出了 Topmodel，该模型利用了可用来代表流域中任一点径流累积理论值的地形指数[7-8]。对于任一流域，该指数的分布可计算出来，且可作为计算“源面积”、饱和坡面流和壤中流的基础。对于栅格 DEM 来说，α 为上坡区域经过单位等高线长度汇集到单元网格内的径流，$\tan\beta$ 为对单元网格起作用的局部坡脚(用来近似代替稳定状态条件下的局部水力梯度)。地形指数 $\ln(\alpha/\tan\beta)$ 常用来从宏观上指示流域产流面积的变化，较好地表征流域不同区域的产流能力。地形指数计算只需流域数字高程数据，相对容易获得[9-10]。

我国大部分地区上述基础资料相对欠缺，数据的可靠性也较差，已有的资料分布于不同业务部门，资料共享性差，难以收集整理面源污染物输出所有相关因子。因此如何利用仅有的少量数据资料快速识别出流域污染物关键源区，为制订面源污染防治规划提供依据，成为采取治理措施的首要问题。以西源流域作为研究对象，借鉴利用“磷指数”评价农田磷素流失潜力的理念，利用有限的数据资料建立识别流域面源磷素输出关键源区的方法。

西源流域总面积为 17.96 km^2，出口控制断面为三岔河监测断面，控制流域面积为 17.50 km^2，流域土地利用类型以林地和农田为主，农田作物主要以稻麦轮作和单季稻为主，另外有零星的果树等经济林木。近几年来，草坪种植也是流域内逐渐兴起的产业之一；流域内林地以常绿阔叶林为主，兼有零星的竹林、杂树林等。流域内水塘较少，在流域上游“九天峰”度假村内的水库是流域上游山区来水主要调蓄场所。

11.1 地表磷素的空间分布情况数据资料获取

地表径流是磷素从陆域向水体迁移的主要驱动因子，流域地表累积的磷素是面源污染磷素的主要来源。流域地表磷素的空间分布情况可以通过流域污染源调查获得。本研究主要考虑流域内通过地表径流形成的面源磷素输出，暂时不考虑畜禽养殖废污水和生活污水等具有点源性质的磷素输出。在西源流域，农田和林地是最主要的土地利用方式，流域地表磷素的空间分布情况主要通过采集地表土壤样品，分析土壤样品磷素含量获得。土壤样品的采集和检测耗时费力，在进行实际操作时通常是采集有限的土壤样品，利用土壤在一定的距离内具有的空间自相关性进行空间插值，获得流域表层土壤磷素分布情况[11-16]。

11.2　表层土壤样品磷素含量定量描述

土壤是不均一和变化的时空连续体，具有高度的空间变异性，这种属性称为土壤特性的空间变异性。田间的实际情况也表明，在同一类型的土壤中，田间土壤特性表现出明显的差异性。土壤特性在空间上并不是独立的，不属于纯随机变量，而是在一定范围内存在着空间上的关联性，这种属性是由于土壤形成过程的连续性、气候带的渐变性等造成的[16-22]。在20世纪80年代初，地统计学已经被证明是分析土壤特性空间分布特征及其变异规律的最为有效的方法之一。地统计学方法以半方差函数和克里格插值为基本工具，可以对既具有随机性又具有结构性的各种变量在空间上的分布进行研究。空间自相关性是指同一个变量在不同空间位置上的相关性，是空间单元属性值聚集程度的一种度量，是对某一地理变量空间分布中相邻位置间的相关性进行检验的一种统计方法。研究证明，农田和林地土壤具有很好的空间自相关性，利用克里格插值法可以描述土壤磷素空间分布情况[16,23-25]。本文即根据各个采样点土壤速效磷含量，利用克里格插值法获得流域面上土壤速效磷空间分布情况。

2012年在西源流域共采集43个表层土壤样品，采集土壤样品时用GPS记录下各个土壤样品采集点的地理坐标，土壤样品风干磨碎后，在实验室分析测定得到土壤样品的速效磷含量。西源流域表层土壤速效磷含量范围为4.59～92.2 mg/kg，平均值为16.35 mg/kg，中位数为14.23 mg/kg，西源流域表层土壤样品速效磷含量频率分布见图11.2-1。利用GIS提供的克里格插值方法，得到西源流域土壤速效磷空间分布图，见图11.2-2。从图11.2-2中可以看出，西源流域表层土壤速效磷含量以流域中下游地区的农田较高。

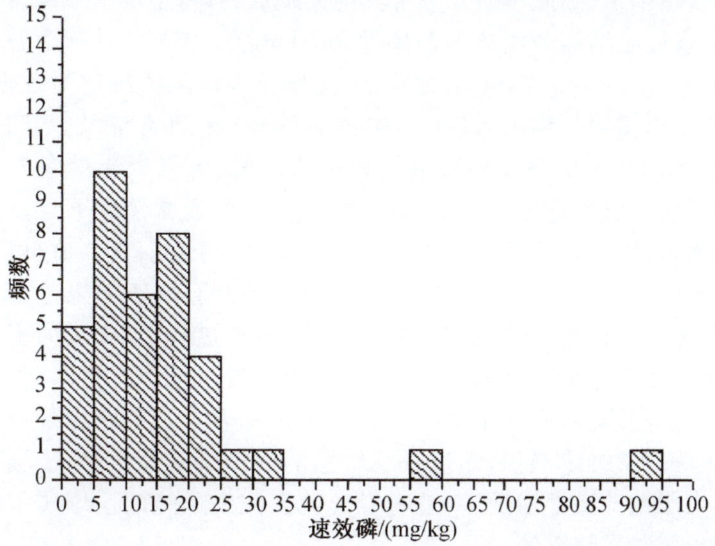

图11.2-1　西源流域表层土壤样品速效磷含量频率分布图

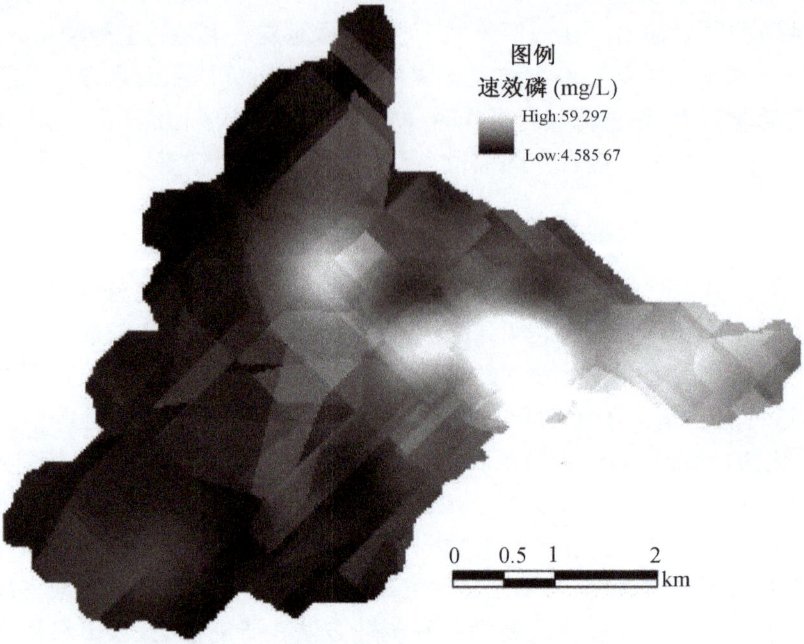

图 11.2-2　西源流域表层土壤速效磷含量分布图

11.3　土壤磷素含量分级

土壤速效磷含量越高，在降雨的作用下，越容易形成含有高浓度磷素的地表径流。根据 Li 等对我国农业土壤磷素含量及流失风险的评价，长江流域耕地表层土壤速效磷含量推荐值为 17.0 mg/L，超过这个值，地表径流中磷素水平将显著提高[26]。因此本研究将表层土壤速效磷含量不超过 17.0 mg/L 时的风险值定义为 1。由于该文中没有提供流失风险更高的表层土壤速效磷含量阈值，因此本研究参考其他文献资料，将土壤速效磷含量高风险阈值确定为 39.0 mg/L，表层土壤速效磷含量若超过 39.0 mg/L，表层土壤磷素流失风险值确定为 5。速效磷含量介于 17.0～39.0 mg/L 之间的，土壤流失风险值确定为 3，见图 11.3-1。从图中可以看出，流域土壤累积输出风险值较高的区域分布在西源流域中部和上游地区。

图 11.3-2 表示的是土壤测试磷素含量和作物产量、地表径流磷素含量之间的相关关系。农田土壤中磷素是农作物生长必需的植物营养元素，通常情况下自然土壤中的磷素不能满足植物生长需求，因此必须依靠施用化肥或有机肥等予以补充。在此阶段，作物产量对土壤磷素含量较敏感，土壤磷素随地表径流释放缓慢增长。由于施入土壤中的磷素容易被土壤所固定，不能被当季作物吸收利用，因此在农业生产过程中，农民为了追求当季产量常常过量施肥，造成土壤中磷素不断累积，当超过作物产量最佳施肥量时，作物产量并不随着土壤磷素含量的增加而增加，但是地表径流磷素含量随着土壤磷素含量快速增加。随着施肥量继续增加，土壤磷素继续累积，超过环境敏感的最佳磷素含量时，土壤磷素随着地表径流迁移的风险大大增加。通常情况下，地表径流磷素流失风险的土壤磷素临界值高于作物产量流失风险的土壤磷素临界值。

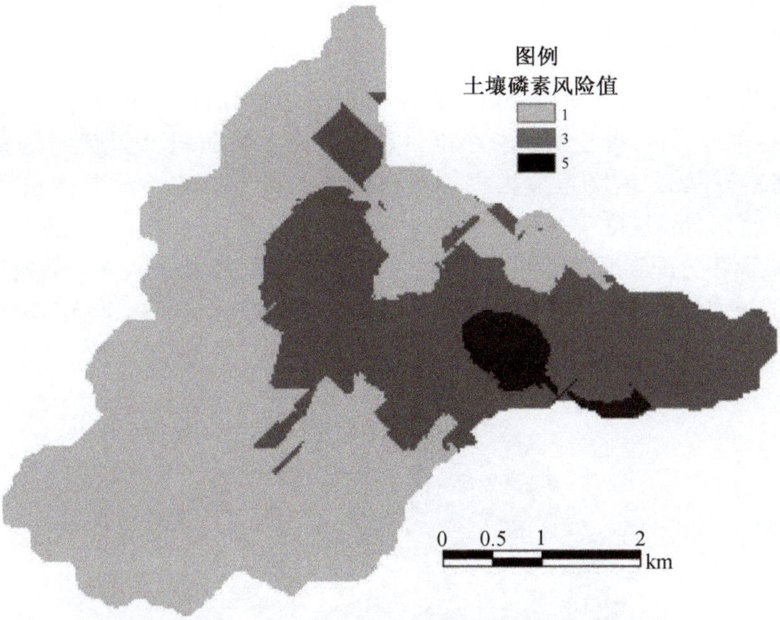

图 11.3-1　西源流域表层土壤磷素风险等级划分

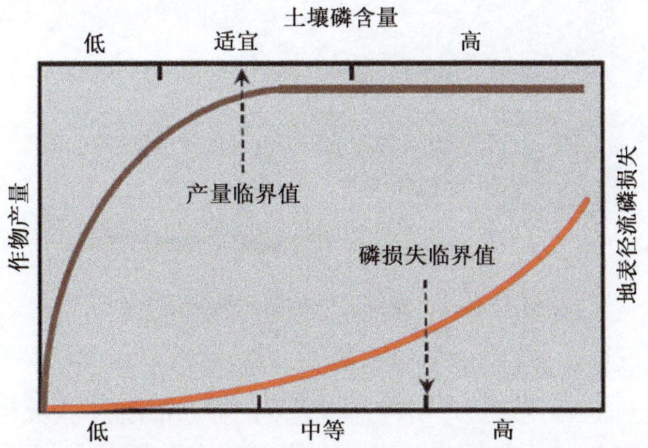

图 11.3-2　土壤磷素变化与作物产量、地表径流磷素之间关系概念图[27]

国外大量研究表明，在降雨径流过程中，地表径流磷素浓度与土壤磷素，特别是表层土壤磷素有很好的正相关关系[27-30]。例如，美国宾夕法尼亚州的农田地表径流溶解态磷素和表层土壤 Mehlich-3 磷素含量正相关系数达到 0.85，奥克拉荷马州的相关系数为 0.88，阿肯色州的相关系数达到 0.76[31]。美国农业部在 20 世纪 90 年代开始做了大量关于农田磷素流失的研究，各个州根据当地的不同土壤性质制定了以“磷指数”为代表的磷素流失评价方法，提出各州自己的土壤磷素流失环境风险值，例如阿肯色州环境土壤 Mehlich-3 磷素临界值为 150 mg/kg，科罗拉多州的环境土壤速效磷素临界值为 20 mg/kg，爱达荷州的环境土壤磷素临界值为 40 mg/kg。我国农业面源污染研究起步较晚，尚未针对全国不同类型土壤开展地表径流磷素浓度与土壤磷素之间相关关系的系统研究，因此暂时没有针对不同类型土壤的具有环境学意义的磷素含量临界值。

11.4 流域地形指数计算

利用流域数字高程图(DEM),分别计算 α 和 $\tan\beta$ 值,然后得到 $\ln(\alpha/\tan\beta)$ 值。计算 α 时首先对径流路径进行分析,确定进入一个网格单元的总上坡面积 A 及流向垂直的有效等高线长度 L,计算 $\alpha=A/L$。坡脚也应根据径流路径进行计算。单一流向方法计算坡角较简单,通常假设有效等高线长度等于网格边长,坡脚即为顺坡方向最大者。多流向法是将任一单元的累计上坡面积分配到所有的顺坡方向。目前普遍使用的是由 Quinn 等提出的 8 向计算方法。本研究的流域地形指数采用的是 8 向计算方法,流域地形指数空间分布见图 11.4-1。

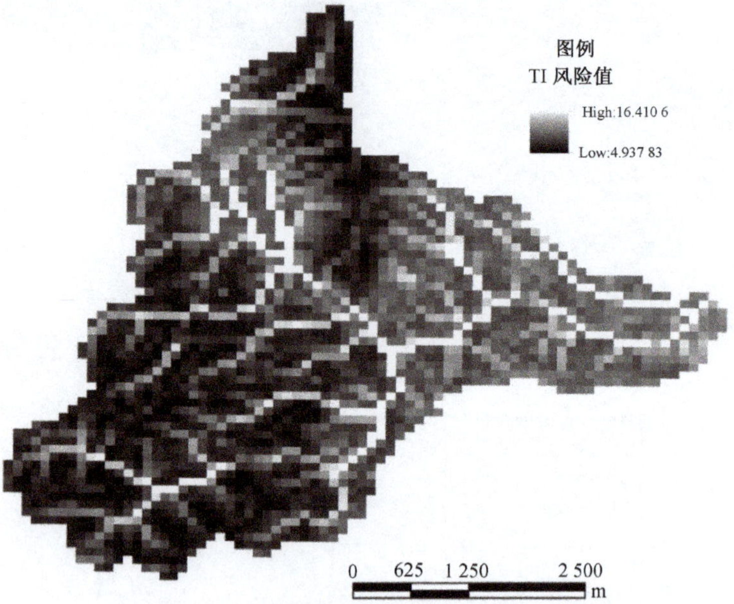

图 11.4-1 西源流域地形指数空间分布

西源流域不同地形指数总体分布情况见图 11.4-2,地形指数范围为 4.9～16.41,平均值为 8.05。从图中可以看出,西源流域地形指数总体呈偏正态分布,地形指数为 6.5 时分布最多,面积占西源流域总面积的 25.3%,地形指数为 7.5 时次之,占西源流域总面积的 19.2%。

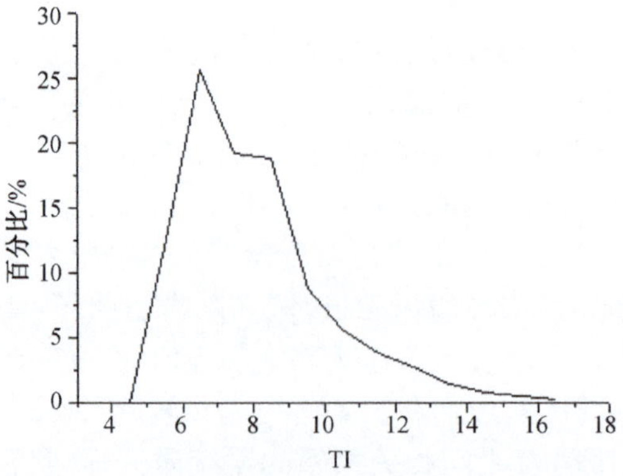

图 11.4-2 西源流域地形指数总体分布情况

11.5　地形指数分级

流域地形指数越大，说明在该流域单元上形成地表径流的可能性越高[7,9,32]。Qiu 用 GIS 确定关键源区时，利用地形指数确定水文敏感区，即易产流区，提出地形指数大于 11 时，地表易蓄满产流。本研究借用该结果认为地形指数大于 11 时，地表产流风险值为 5，地形指数小于 8.5 时，地表产流风险值为 1，地形指数介于两者之间，地表径流产流风险值为 3。从西源流域地形指数分布图 11.5-1 可以看出，地形指数较高的区域集中在河道、沟渠两侧和下游区域。

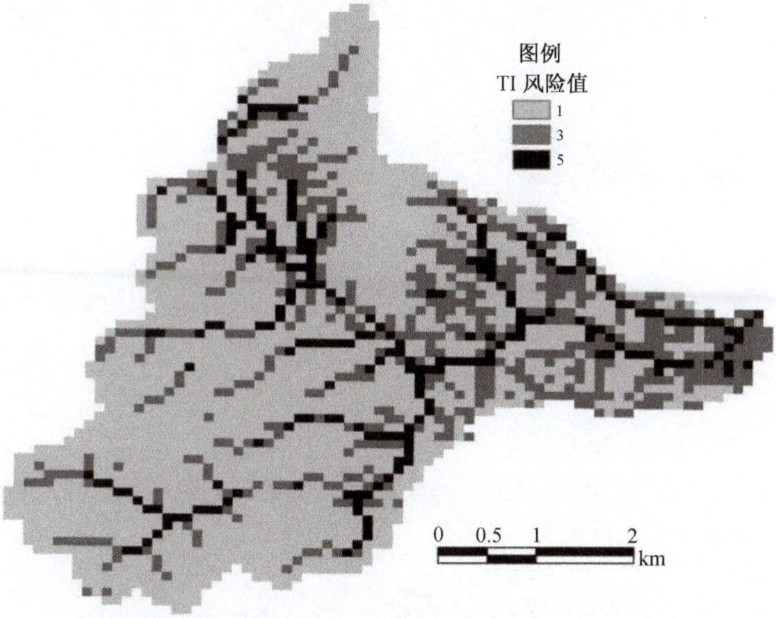

图 11.5-1　基于地形指数的西源流域地表产流能力等级划分

11.6　与河流不同距离分级

地表径流携带的污染物在迁移过程中会通过下渗、坑塘存水、植物阻拦吸收等作用机制被持留，迁移路径越长，污染物能够到达下游受纳水体的风险就越小。西源流域位于我国东部季风气候区，降雨量主要集中在夏季，流域地形为低山丘陵区，表层土壤含水量易于饱和，流域地表相对容易产流。根据野外现场监测经验，在常遇频率范围内的降雨过程中，在西源流域主河道两侧 100.0 m 以内的区域，地表径流容易进入河道，在 100.0～300.0 m 之间的区域，地表径流易于进入河道的条件较弱，在 300.0 m 以外区域，地表径流汇入河道的可能性较小。上述能够到达受纳水体不同区域风险值的距离确定具有一定的主观性，若需要准确估算，可以采用模拟降雨实验或根据降雨、土壤特性等方法确定。在本研究中，将离河流距离 100.0 m 之内的区域划分等级为 5，与河流距离为 100.0～300.0 m 的区域划分风险等级为 3，与河流距离超过 300.0 m 的区域流失风险等级为 1，见图 11.6-1。

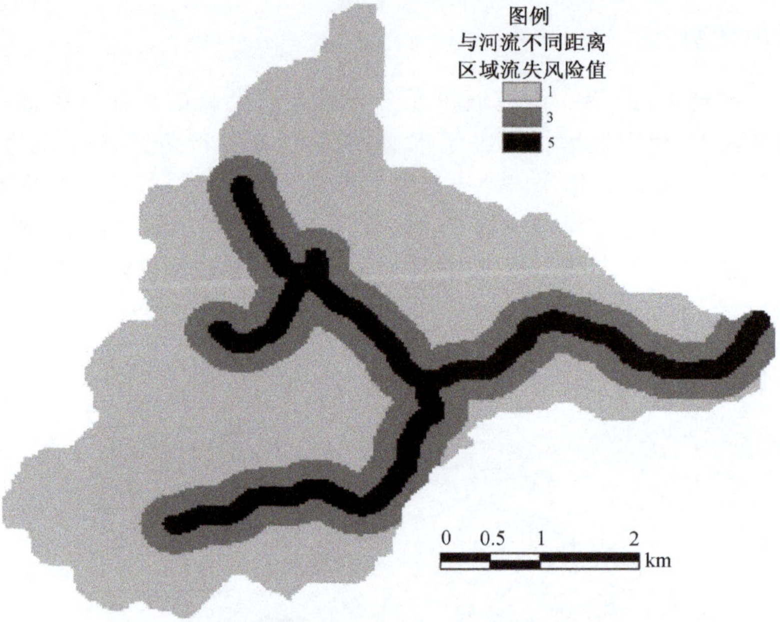

图 11.6-1 西源流域污染物与河流不同距离区域流失风险等级

11.7 综合风险值计算及关键源区识别

由面源污染发生机理，地表径流产流能力和河流距离风险等级可以看成“迁移”因子，分别赋值，利用 GIS 矢量计算功能，根据下列公式计算西源流域总磷流失风险值。由该公式可知，西源流域总磷流失风险值最大为 25，最小为 1，见图 11.7-1。

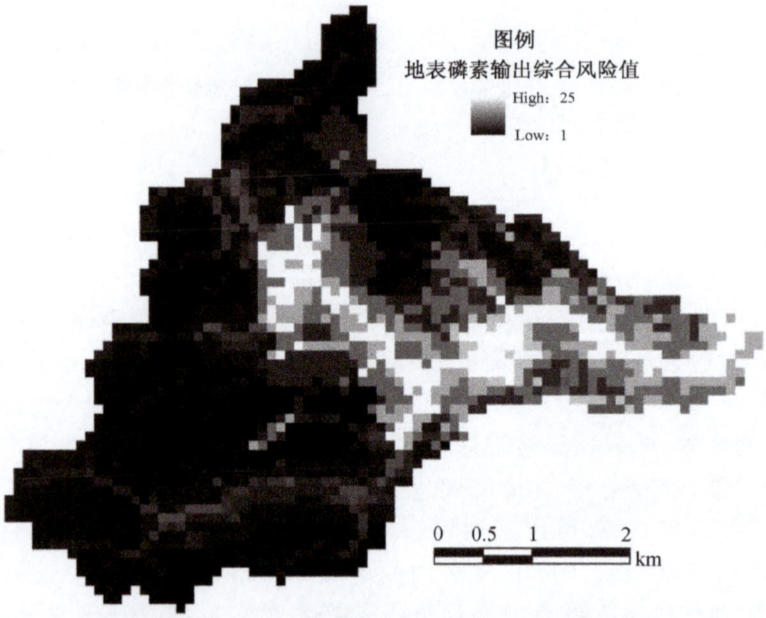

图 11.7-1 西源流域地表总磷输出综合风险值

流域污染物输出风险值计算公式：

$$R = P \times (0.5 \times TI + 0.5 \times D) \quad (11.7-1)$$

式中：R 为流域污染物输出风险等级值；P 为污染物含量风险等级值；TI 为基于地形指数产流风险等级值；D 为与河流不同距离区域迁移风险等级值。

利用上述流域污染物输出风险值公式计算得到西源流域磷素输出综合风险值，平均值为 3.79，标准偏差为 3.92。将磷素输出综合风险值低于平均值的区域定义为“低”风险等级，磷素输出综合风险值高于平均值和两倍标准偏差之和的区域定义为“高”风险等级，介于两者之间的区域定义为“中”风险等级。磷素输出风险等级为“高”的区域是面源磷素输出的关键源区。西源流域表层土壤磷素流失潜力为高、中、低的面积占全流域面积的比例分别为 8%、23%和 69%，磷素流失关键源区面积占全流域的 8%，见图 11.7-2。

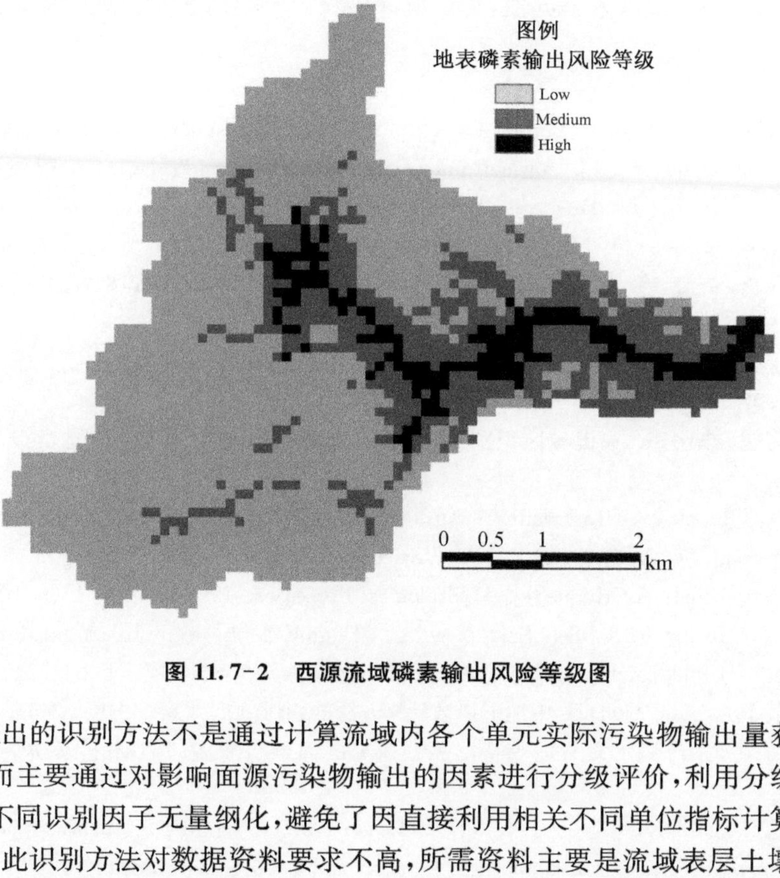

图 11.7-2 西源流域磷素输出风险等级图

本研究提出的识别方法不是通过计算流域内各个单元实际污染物输出量获得面源输出的关键源区，而主要通过对影响面源污染物输出的因素进行分级评价，利用分级评价值计算评价等级，将不同识别因子无量纲化，避免了因直接利用相关不同单位指标计算带来的权重确定等问题。此识别方法对数据资料要求不高，所需资料主要是流域表层土壤磷素含量和数字高程。流域表层土壤磷素含量，在没有相关资料条件下也可以用土地利用图代替。根据已有的研究结果显示[33-41]，土地利用方式对地表径流污染物输出有显著影响，人类活动干扰强度大的土地利用方式，面源污染输出潜力高，如单位面积输出负荷：城郊的菜地＞稻麦轮作地＞林地或草地。不同土地利用方式输出风险等级可以通过查阅文献或者采用径流小区监测实验方式得到。由于缺乏相应的风险等级划分标准，在确定不同区域的风险等级时具有一定的主观性，本方法只能从全流域角度识别出面源磷素输出风险相对较高的区域。

由于本方法中迁移因子主要考虑的是地表径流产流能力，所以该识别方法主要应用于通过地表径流途径迁移到水体的污染物，如表层土壤磷素。

11.8 小结

本章建立了基于地形指数、河流距离和污染物空间分布的流域磷素关键源区识别方法，并以西源流域为例，提出磷素输出关键源区识别技术。结果表明，西源流域中部土壤磷素含量高，易蓄满产流以及与沟渠河流靠近的农田是磷素输出关键源区。西源流域表层土壤磷素“高、中、低”流失潜力占全流域面积比例分别为 8%、23%和 69%，西源流域磷素流失关键源区面积占全流域的 8%。该关键源区识别方法所需资料要求相对简单，利用流域数字高程数据(DEM)和污染物空间分布数据即可以开展流域地表径流磷素输出关键源区识别。由于我国农业面源污染研究工作开展较迟，急需研究地表径流磷素流失量和土壤磷素含量之间的关系，提出农田土壤磷素临界值，为定量评价农田土壤磷素流失规律提供数据支持。

参考文献

[1] Sharpley A N, Gburek W J, Folmar G, et al. Sources of phosphorus exported from an agricultural watershed in Pennsylvania[J]. Agricultural Water Management, 1999, 41(2): 77-89.

[2] Weld J L, Sharpley A N, Beegle D B, et al. Identifying critical sources of phosphorus export from agricultural watersheds[J]. Nutrient Cycling in Agroecosystems, 2001, 59(1): 29-38.

[3] 李琪，陈利顶，齐鑫，等. 流域尺度农业磷流失危险性评价与关键源区识别方法[J]. 应用生态学报，2007，18(9)：5.

[4] 李振炜，于兴修，姚孝友，等. 农业非点源污染关键源区识别方法研究进展[J]. 生态学杂志，2011，30(12)：2907-2914.

[5] 周慧平，高超，朱晓东. 关键源区识别：农业非点源污染控制方法[J]. 生态学报，2005，25(12)：3368-3374.

[6] Sharpley A, Gburek W, Heathwaite L. Agricultural phosphorus and water quality: sources, transport and management[J]. Agricultural and Food Science in Finland, 1998, 7(2): 297-314.

[7] Beven K. Topmodel: A Critique[J]. Hydrological Processes, 1997, 11(9): 1069-1085.

[8] Beven K J, Kirkby M J, Schofield N, et al. Testing a physically-based flood forecasting-model (Topmodel) for 3 uk catchments[J]. Journal of Hydrology, 1984, 69(1-4): 119-143.

[9] 孔凡哲，芮孝芳. TOPMODEL 中地形指数计算方法的探讨[J]. 水科学进展，2003，14(1)：41-45.

[10] 芮孝芳，蒋成煜. 流域水文与地貌特征关系研究的回顾与展望[J]. 水科学进展，2010，21(4)：444-449.

[11] He Z L, Zhang M K, Calvert D V, et al. Loading of phosphorus in surface runoff in relation to management practices and soil properties[J]. Soil and Crop Science Society of Florida Proceedings, 2003, 62: 12-20.

[12] Liu Y, Lv J S, Zhang B, et al. Spatial multi-scale variability of soil nutrients in relation to environmental factors in a typical agricultural region, eastern China[J]. Science of the Total Environment, 2013, 450: 108-119.

[13] Schoumans O F, Chardon W J. Risk assessment methodologies for predicting phosphorus losses[J]. Journal of Plant Nutrition and Soil Science-Zeitschrift Fur Pflanzenernahrung Und Bodenkunde, 2003, 166(4): 403-408.

[14] Wang L, Wu J P, Liu Y X, et al. Spatial variability of micronutrients in rice grain and paddy soil[J]. Pedosphere, 2009, 19(6): 748-755.
[15] Wang Y Q, Zhang X C, Huang C Q. Spatial variability of soil total nitrogen and soil total phosphorus under different land uses in a small watershed on the Loess Plateau, China[J]. Geoderma, 2009, 150 (1):141-149.
[16] Zhang Q, Yang Z P, Li Y, et al. Spatial variability of soil nutrients and GIS-based nutrient management in Yongji County, China[J]. International Journal of Geographical Information Science, 2010, 24(7): 965-981.
[17] Chen F S, Zeng D H, He X Y. Small-scale spatial variability of soil nutrients and vegetation properties in semi-arid northern China[J]. Pedosphere, 2006, 16(6): 778-787.
[18] Corstanje R, Grunwald S, Reddy K R, et al. Assessment of the spatial distribution of soil properties in a northern everglades marsh[J]. Journal of Environmental Quality, 2006, 35(3): 938-949.
[19] Glendell M, Granger S J, Bol R, et al. Quantifying the spatial variability of soil physical and chemical properties in relation to mitigation of diffuse water pollution[J]. Geoderma, 2014, 214: 25-41.
[20] Liu X M, Xu J M, Zhang M K, et al. Application of geostatistics and GIS technique to characterize spatial variabilities of bioavailable micronutrients in paddy soils[J]. Environmental Geology, 2004, 46 (2): 189-194.
[21] Wang Z M, Song K S, Zhang B, et al. Spatial variability and affecting factors of soil nutrients in croplands of northeast China: a case study in Dehui County[J]. Plant Soil and Environment, 2009, 55 (3): 110-120.
[22] Zhang X Y, Sui Y Y, Zhang X D, et al. Spatial variability of nutrient properties in black soil of northeast China[J]. Pedosphere, 2007, 17(1): 19-29.
[23] Liu X M, Zhao K L, Xu J M, et al. Spatial variability of soil organic matter and nutrients in paddy fields at various scales in southeast China[J]. Environmental Geology, 2008, 53(5): 1139-1147.
[24] 王军，傅伯杰，邱扬，等. 黄土高原小流域土壤养分的空间分布格局－Kriging 插值分析[J]. 地理研究，2003,22(3): 373-379.
[25] 杨丽萍，程家昌，杨小威，等. 空间自相关性对土壤属性插值的影响[J]. 广东农业科学，2012,39 (20): 40-42.
[26] Li H, Liu J, Li G, et al. Past, present, and future use of phosphorus in Chinese agriculture and its influence on phosphorus losses[J]. Ambio, 2015, 44(2): 274-285.
[27] Sharpley A N, Daniel T, Sims T, et al. Agricultural phosphorus and eutrophication, 2nd ed. U. S. Department of Agriculture. Agricultural Research Service, 2003, ARS-149: 44.
[28] Heckrath G, Brookes P C, Poulton P R, et al. Phosphorus leaching from soils containing different phosphorus concentrations in the broadbalk experiment[J]. Journal of Environmental Quality, 1995, 24(5): 904-910.
[29] Kleinman P J A, Sharpley A N, Veith T L, et al. Evaluation of phosphorus transport in surface runoff from packed soil boxes[J]. Journal of Environmental Quality, 2004, 33(4): 1413-1423.
[30] Sharpley A. Identifying sites vulnerable to phosphorus loss in agricultural runoff[J]. Journal of Environmental Quality, 1995, 24(5): 947-951.
[31] Sharpley A, Kleinman P. Effect of rainfall simulator and plot scale on overland flow and phosphorus transport[J]. Journal of Environmental Quality, 2003, 32(6): 2172-2179.
[32] Beven K, Freer J. A dynamic Topmodel[J]. Hydrological Processes, 2001, 15(10): 1993-2011.
[33] Fraterrigo J, Downing J. The influence of land use on lake nutrients varies with watershed transport

capacity[J]. Ecosystems, 2008, 11(7): 1021-1034.

[34] Hart M R, Quin B F, Nguyen M L. Phosphorus runoff from agricultural land and direct fertilizer effects: A review[J]. Journal of Environmental Quality, 2004, 33(6): 1954-1972.

[35] Johnes P, Moss B, Phillips G. The determination of total nitrogen and total phosphorus concentrations in freshwaters from land use, stock headage and population data: testing of a model for use in conservation and water quality management[J]. Freshwater Biology, 1996, 36(2): 451-473.

[36] Vink S, Ford P, Bormans M, et al. Contrasting nutrient exports from a forested and an agricultural catchment in south-eastern Australia[J]. Biogeochemistry, 2007, 84(3): 247-264.

[37] 高超，朱继业，朱建国，等. 不同土地利用方式下的地表径流磷输出及其季节性分布特征[J]. 环境科学学报，2005，25(11)：1543-1549.

[38] 牟溥，王庆成，Hershey A E，等. 土地利用、溪流级别与溪流河水理化性质的关系[J]. 生态学报，2004，24(7)：1486-1492.

[39] 王彩绒，胡正义，杨林章，等. 太湖典型地区蔬菜地土壤磷素淋失风险[J]. 环境科学学报，2005，25(1)：76-80.

[40] 王鹏，高超，姚琪，等. 环太湖典型丘陵区不同土地利用下土壤磷素随地表径流迁移特征[J]. 农业环境科学学报，2007，26(3)：826-830.

[41] 杨金玲，张甘霖，张华，等. 丘陵地区流域土地利用对氮素径流输出的影响[J]. 环境科学，2003，24(1)：16-23.

第 12 章

流域面源氮磷污染生态工程控制措施

受土壤、地形、气候、水文、土地利用和管理方式等众多因素影响,面源污染发生的空间差异性非常显著,流域内不同土地利用类型或景观单元污染负荷差异明显。研究表明,在有限的流域面积上面源污染负荷输出往往占了整个流域污染负荷的大部分,对受纳水体的质量有着决定性影响,此部分区域为面源污染物输出的关键源区[1-5]。在制订面源污染防治规划时,并非一定要在全流域实施全面治理,因为控制面源污染所采取的各种措施需要投入大量的人力、物力和财力,建立植被缓冲带、生态沟渠和湿地等控制措施还需占用一定数量的宝贵土地资源[6-14]。农业面源污染控制最有效的方法是减少农田化学品的施用量,但是这个措施可能以减少农产品产量为代价,在我国有限土地资源需要养活大量人口、保障粮食安全的情况下,难以大面积实施。对受纳水体污染负荷贡献量最高的区域,采用生态工程措施,利用自然生态系统具有的污染物削减和水生态修复功能,可以大大提高面源污染治理的效果,减少面源污染控制的难度。

12.1 流域面源污染生态工程控制措施总体介绍

根据面源污染的发生机制,面源污染控制的生态措施总体可以分为面源污染物减量措施、减小地表径流发生机会措施和在迁移过程中实现阻断和截留等及其组合。

12.1.1 面源污染物减量措施

从农业生产和农作物生长角度来看,适量施用的氮磷不是污染物,只有当其施用量超过作物需要量,逐渐累积并能够随水文迁移过程流失到水体,造成水体富营养化时才能称为污染物。之所以将氮磷养分称为“污染物”主要是从水体富营养化角度出发[15-18]。氮磷以畜禽粪便形式储存或施用到农田时还伴随着臭味、微生物、重金属等其他污染物[19-20]。

当前我国在有限的耕地资源条件下,施肥措施是保证粮食生产和粮食安全的主要手段。目前常用的肥料类型包括通过化学合成制得的尿素、碳铵等氮和来自于矿石加工的磷肥等化肥以及人畜粪尿为主的有机肥[21]。作物生长时需肥的时机并不是固定不变的,最理想的状态是仅仅在作物生长需要氮磷养分的时候供给,实现养分高效利用[22-24]。但是在实际农事操作中,受各种影响因素制约,养分完全利用基本不可能实现,养分利用效率越低,要达到相同的产量需要施用的肥料量就越大,与此同时不能被作物吸收利用带出农田而累积在土壤中的养分就越高[25-28]。

农田减量化施肥技术包括精确施肥技术、缓释肥技术、农田养分综合利用技术、环境友好型施肥技术等[23,29,30-36]。

12.1.2 减小径流发生机会措施

累积在土壤中的氮磷只有在降水或者融雪等水文驱动作用下才能离开其赋存地点，在当前人类还无法在大范围内控制降水或融雪的发生时间和频度的情况下，主要是通过改变下垫面性质减少径流驱动面源污染物迁移的机会[37-42]。

在降水时，累积在地表的污染物主要是通过雨水对地面的击溅作用以及地表土壤水分饱和时溶质溶出迁移出地表。增加地表覆盖度，能够减少雨水降落至地面时的动能，减小土壤被侵蚀离开地表的机会。植物收获后将其残体破碎留在农田、作物收获后种植休闲植物减少土壤侵蚀等是常用的减少径流发生机会的控制措施。农田免耕措施可减少松散的土壤颗粒被雨水击溅打击，同样可以减少径流发生机会[43-47]。坡地上采取等高种植措施，条带内较小的坡度和条带间间隙增加了地表径流入渗，同时减少了地表径流携带污染物的机会[48-50]。当然，减少地表径流途径的同时意味着可能增加地表累积污染物向下入渗流失的机会。对于在下渗过程中可以被土壤固定或者转化的污染物，从整体来说减少了面源污染物流失风险；对于在下渗过程中，并没有显著地被固定或削减的污染物，仅仅发生了迁移路径的改变，从整体来说并没有减少面源污染物流失的风险，此类措施需慎重评价其控制面源污染的应用效果[51-53]。

12.1.3 在迁移过程中实现阻断和截留

面源污染物在径流携带作用下离开原来的地点，经过各种流域地貌结构或景观类型，进入沟渠或河道，汇入到受纳水体。若能在面源污染物进入受纳水体之前，在其经过各种流域地貌结构或景观类型时，利用生态工程措施将其阻断或截留，可以实现面源污染控制目标。

在水流正交方向利用地表植物对面源污染物具有的吸收、固定、阻截、渗滤作用来减少污染物流失[54-57]。地表植物可以是草坪、灌木、林地及其复合系统，通过在地表土壤内添加能够吸收固定磷素的富含钙镁离子的矿渣、石膏等可以强化面源污染物去除效果[58-61]。我国北方农田为了收集雨水而在农田周边或者植物根部修建的田埂，在仅发生小雨时，这些田埂可以有效地减少田块内面源污染物向外扩散迁移[62]。

面源污染物随地表径流进入沟渠河道等迁移廊道时，利用植物增加水流过程黏滞力，削减地表径流水流能量，使得地表径流携带的颗粒物沉降，发挥植被对污染物的过滤作用，从而实现面源污染物控制[54,63-65]。将携带面源污染物的地表径流导入到具有高效削减或吸附作用的人工强化处理设置中，实现污染物的去除或吸附固定，也是在有限土地面积上应用的面源污染物处理方法，例如人工湿地、生物滞留塘等[66-71]。

除了上述工程措施外，经济政策和管理措施等非工程措施也是面源污染防治的重要措施[72-77]。

12.2 面源污染控制主要生态工程措施

在无法完全实现污染源控制的情况下，利用生态工程技术实现面源产流和迁移过程控制是主要措施。当前面源污染控制生态工程措施主要包括等高种植措施、植被缓冲区（带）、微景观结构技术、湿地技术和生态廊道技术（生态沟渠、植草水道）等。

12.2.1 等高种植措施

等高种植措施是坡地农业面源污染控制常用工程措施，包括等高植物篱、等高农作措施[78]。等高植物篱是指在坡面沿等高线布设密植的灌木或草本的植物篱带，带间布置农作物。等高植物篱不仅能够改善坡地生态，减轻土壤侵蚀，而且能够减少坡面养分流失，控制面源污染。雨量、雨强、植物种类、间作农作物的施肥量和施肥措施等都能影响等高植物篱的面源污染控制效果[79-83]。

等高农作措施是指通过耕作措施或作物栽种措施，将坡地土壤沿着等高线整理成高度为 25～75 cm 的条带型农田进行种植，条带型农田内相对平整，有利于减少土壤坡面流失。等高农作措施可以减少地表径流，增加水分下渗，提高水质，减少土壤侵蚀。

等高种植可以与免耕措施同时实施。

12.2.2 植被缓冲带

植被缓冲带(区)是目前国外采用最为普遍的面源污染生态控制技术之一。植被缓冲带又称为植被过滤带、岸边缓冲带、河(湖、库)岸带、湖滨带[54,8,84-91]。

基本原理：利用地表植物对面源污染物具有的吸收、固定、阻截、渗滤作用来减少污染物流失。植被缓冲带通过增加入渗、减缓水流、沉淀吸附、生物吸收等物理化学和生物机制，可以很好地滞留、吸收和减少面源污染物[84,86,92-93]。植被缓冲带通常呈带状沿水体分布，其具体形状则应根据地形及地表和地下径流的运移途径而定。

防治效果：植被缓冲带去除面源污染物的效果同它的类型、组成、位置、宽度、土壤性质、水文条件等诸多因素密切相关。通常情况下，植被缓冲带宽度越宽和水流速度越慢，则去除面源污染物的效果就越好。有研究者认为植被缓冲带宽度不能小于 10 m，也有研究者认为 3～5 m 的带宽就能够取得理想的效果。针对不同目标污染物或者保护目标，具有不同的最佳植被缓冲带宽度[94-97]。

主要设计参数：植被缓冲带设计的关键参数有汇流区面积、可利用土地面积、缓冲带位置、地形坡度、土壤性质、植被宽度、植被物种搭配等。

植被缓冲带的优点是维护管理技术简单、成本较低，除能提供污染防治的服务功能外，还能提供稳定岸坡、增加生态多样性等多种生态服务功能；缺点是占地较多，污染物处理效果不稳定。

12.2.3 水塘等凹陷微景观结构

地表径流是流域坡面面源污染物从上游迁移到达受纳水体的实现途径。地表径流在迁移过程中通过填充洼地、下渗、蒸发、植物吸收利用等途径部分损失。在面源污染物迁移过程中，可以通过降低地表径流产流能力实现截留面源污染物的目的。农田周边的田埂、坑塘和南方丘陵地区广泛分布的水塘均可以降低地表径流产流能力。

地表的天然洼地或者人工开挖形成的地表凹陷结构，是一种有效控制农业面源污染的生态防控技术[98-104]。利用塘的存贮空间，可以存贮地表径流，减少地表径流携带面源污染物向下游传输。地表径流经过塘时流速变得缓慢，地表径流携带的大颗粒面源污染物可以得以沉降而去除[105]。塘中生长的水生植物形成的微生态环境可以通过生物化学机制去除面源污染物[106-108]。水塘技术在我国南方丘陵地区已有很长的应用历史，如巢湖北岸六叉河小流域中的多水塘系统，可以有效地减少氮磷面源污染物向下游流失达 95%以上[105,109]。

水生植物塘是利用高等水生植物，主要是水生维管束植物，提高稳定塘处理效率，控制出水藻类，除去水中的有机有毒物质和微量重金属。生长速度最快和改善水质效果最好的水生维管束植物有水葫芦、水花生和宽叶香蒲[110-112]。

利用塘技术进行水源地污染控制需要考虑的主要参数有：污染物种类、塘的尺寸形状、塘进出口布置方式、污染物滞留时间、处理负荷方式、串并联方式等。

经过处理后的地表径流储存在水塘中，还可以作为灌溉水源，被农田继续利用，实现污水资源化的功能[89,113,91]。

塘处理技术的优点是维护管理技术简单和费用较少，缺点是占地较多，污染物处理效率较低，处理废污水时可能有臭味。

12.2.4 自然湿地和人工湿地

由水、土壤和动植物组成湿地生态系统是国内外常用的面源污染物生态防控措施之一。根据受人为活动干扰程度的不同，湿地生态系统可以分为自然湿地和人工湿地。

自然湿地通常指在天然流域的洼地、坑塘湖库或者河道内形成的，受人为活动干扰较小的相对独立的生态系统[114-119]。面源污染物进入湿地后，湿地内的微生物和动植物通过沉降、沉淀、吸附、生物吸收利用等机制将其截留去除[120]。影响自然湿地截留面源污染物效果的主要因素包括污染物种类和浓度、污染负荷、水流形态、湿地面积、湿地深度、底质状况、水生植物分布等[91,121-122]。

人工湿地污水处理技术是一种基于自然生态原理，以节能、污水资源化为指导思想，使污水处理达到工程化、实用化的面源污染处理技术[123-125]。它充分利用地下人工介质中栖息的植物、微生物、植物根系，以及介质所具有的物理、化学特性，将污水净化的天然净化与人工处理相结合。多数人工湿地由五部分组成：①具有各种透水性的基质，如土壤、砂、砾石；②适于在饱和水和厌氧基质中生长的植物，如芦苇；③水体（在基质表面下或上流动的水）；④无脊椎或脊椎动物；⑤好氧或厌氧微生物种群。

根据在湿地床中的水流方式的不同，人工湿地分为三种形式：表面流人工湿地、潜流人工湿地和垂直流人工湿地。表面流人工湿地类似于自然湿地，污水从湿地床表面流过，污染物的去除依靠植物根茎的拦截作用以及根茎上生成的生物膜的降解作用。这种湿地造价低，运行管理方便，但是不能充分利用填料以及植物根系的作用，在处理污水的过程中容易产生异味、孳生蚊蝇。潜流人工湿地系统中，污水在湿地床中流过，因而能充分利用湿地中的填料，并且卫生条件好于表面流人工湿地。垂直流人工湿地是水流从表面依靠重力向下或从下面依靠动力向上流动的人工湿地。此外，还有将这几种人工湿地组合形成的复合型人工湿地，可充分发挥各个人工湿地单元处理污染物的优势，达到最佳处理效果。人工湿地不仅可以处理农业面源污染物，而且可以处理农村分散型的生活污水和城市污水处理厂排放的中水。

人工湿地去除有机污染物的基本原理是废水中的不溶性有机物经过湿地的沉淀、过滤，可以很快被截留下来，被微生物利用，可溶性有机物则通过植物根系生物膜的吸附、吸收及生物代谢降解过程而被分解除去。废水中有机物的最终归宿是被异养微生物转化为微生物所需的 CO_2 和 H_2O，这些新生的有机体可以通过填料定期更换，最终从系统中去除。

人工湿地的氮去除机理包括氨挥发、硝化/反硝化、植物吸收和介质吸附。人工湿地去除磷机理主要为物理、化学和生物作用。磷在污水中常以磷酸盐、聚磷酸盐和有机磷存在。人工湿地对磷的去除是基质吸附、植物吸收和微生物去除三条途径共同作用的结果，而磷最终从系统中去除依赖于湿地植物的收割和饱和基质的更换。

人工湿地设计关键技术参数有水流方式、基质组成、植物组成、水力停留时间、水力负荷等。

人工湿地具有占地较少、使用灵活、维护管理简易等优点，缺点包括可能引起堵塞、污染物处理效果不稳定等。

12.2.5 生态沟渠、植草水道

自然形成或者人工开挖的农田沟渠网络是我国广大农田，特别是经济发达地区高产区农田灌溉排水的主要通道，也是农业面源污染物流失到河流湖泊的主要通道[54,126-131]。农田沟渠作为农田水利基础设施的重要组成部分，在农业生产中发挥着重要作用。农田沟渠自身具有一定的存水容量，可以发挥水塘所具有的处理面源污染物的生态功能，如地表径流及其携带的污染物可以暂时存贮其中，然后通过沉降、吸附、反硝化和生物吸收与固定等途径得以削减[132-134]。

生态拦截沟渠主要由工程部分和植物部分组成，能减缓水速，促进流水携带颗粒物质的沉淀，有利于构建植物对沟壁、水体和沟底中逸出养分的立体式吸收和拦截，从而实现对农田排出养分的控制。沟渠植物具有一定的经济价值，且景观效果良好。沟渠系统对农田径流中总氮、总磷的去除效果分别达到 48.36% 和 40.53%[134]。生态拦截沟渠的另一个显著优点是不另外占用土地，符合平原水网地区农田沟渠的实际，具有很好的推广应用潜力。

席北斗等提出强化生态沟渠系统的概念，它一般是由沉降带、强化净化系统和导流回用系统等组成[135-136]。沉降带是指建设足够长度和深度的沟渠，对引入处理系统的地表径流中的颗粒物、泥沙等进行拦截、沉淀处理。该部分类似于污水处理中初沉池的作用，使农田排水中流失的土壤和颗粒物等被沉淀截留。强化净化系统包括水生植物净化带和浅水生态净化带。水生植物净化带是种植挺水植物的区域，一方面植物根系巨大的表面积会附着大量微生物，根际会创造利于各种微生物生长的微环境；另一方面植物可通过茎叶向下输送氧气，在根系附近形成好氧微区，促进有机质、氮磷等转化。植物对营养物的吸收也是净化途径。浅水生态净化带是用砾石作滤料，中间种有芦苇等大型根系比较发达的挺水植物的一段“防护墙”，经过水生植物净化带的出水以潜流方式进入砾石和植物根系组成的具有渗水能力的基质层，污染物质经过过滤、沉淀、吸附等物理作用、微生物降解作用、硝化反硝化作用以及植物吸收等多种形式的净化作用被高效降解。在暴雨时，为防止沟渠暴溢，把初期雨水引入沟渠系统后，后期雨水通过导流系统流出，根据需要处理出水，经回用系统进行外排或综合利用。

生态沟渠属于“在线”处理系统，在暴雨时冲击负荷很大，地表径流在沟渠中的停留时间较短，需要考虑设计暴雨量级，其他生态沟渠建设的关键技术参数包括沟渠的底质组成、沟渠内植物组成、沟渠排水方式等。

生态沟渠的优点是充分利用现有农田水利基础设施，投资较少，基本不占用耕地；缺点是在快速排水时处理效果不太理想。

12.3 花山流域生态工程措施拦截氮磷污染物效果分析

花山流域位于滁州市城西水库上游水源地，流域内经济活动开发利用强度不大，人类活动干扰主要是居民日常生活、农业生产和畜禽养殖带来的污染物排放，属于典型的农业流域。西源流域磷素输出关键源区为流域中下游河流两侧农田，该区域农田土壤磷素含量较

高，与西源流域主河道距离较近，相对容易产流。在西源流域主河道上，分布有湿地和生态沟渠等具有控制面源污染作用的景观单元。由于生态工程措施从设计、施工到效果显现，通常至少需要2～3年，甚至更长时间。因此，为了能够及时说明生态工程措施的作用，在流域内选择具有控制和拦截氮磷污染效果的植被缓冲带、生态沟渠和湿地等景观结构，通过现场监测氮磷污染物浓度变化说明生态工程措施防治氮磷污染效果。

12.3.1 西源流域植被缓冲带与河道型湿地氮磷污染物拦截效果

西源流域上游植被覆盖度较高，在主河道内及其两侧，乔木、灌木和草地等多种类型植被组成植被缓冲带。图4.3-5是西源流域生态工程措施拦截污染物效果监测点位分布情况。在3号和4号点位之间，植被缓冲带是面源污染物氮磷主要生态防控措施，5号至8号点位之间的生态防控措施包括植草河道与河道型湿地等。

研究分别在2013年的降雨径流过程中以及晴天时采集了地表径流样品，分析在生态防控措施前后地表水总氮和总磷浓度的变化情况，说明生态工程措施拦截氮、磷的效果。

图12.3-1和图12.3-2分别为西源流域干流河道内2013年5月和8月期间监测得到的总氮和总磷浓度空间变化。

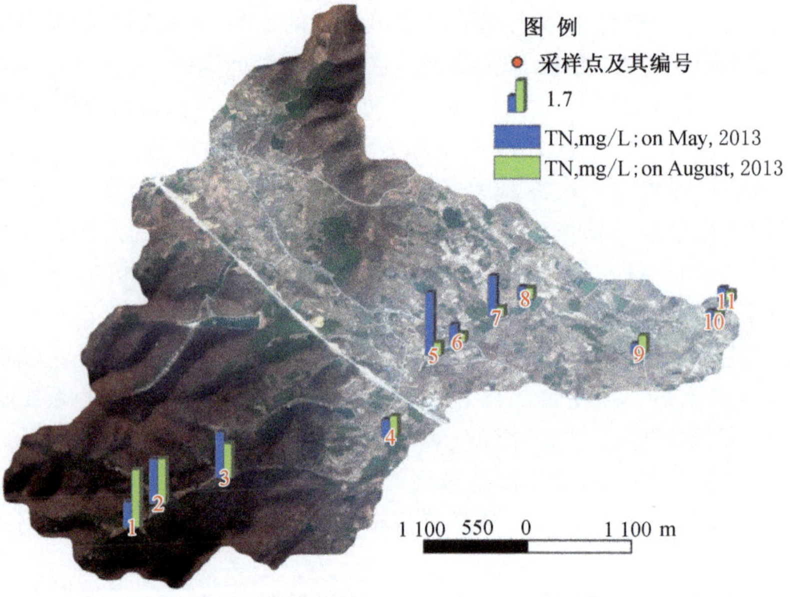

图12.3-1 西源流域生态防控措施水质监测点位总氮浓度空间分布

从图中可以看出，地表径流中总氮和总磷浓度从3号监测点位流经植被缓冲带后，浓度均有明显的下降趋势。2013年5月在降雨径流过程中采集的水样在经过植被缓冲带后总氮和总磷浓度分别下降62%和43%；2013年8月样品采集是在连续多日晴天后，在经过植被缓冲带后总氮浓度和总磷浓度分别降低了38%和32%。流域上游地表径流氮素主要为硝态氮，地表径流经过植被缓冲带时，硝态氮随着地表径流下渗进入地下，或者被植被、土壤微生物等吸收固定，或者通过反硝化途径损失。地表径流经过植被缓冲带时流速下降，地表径流携带颗粒态磷素能力降低，颗粒态磷素沉降在地表。地表径流携带的溶解态磷素可以通过土壤吸附或沉淀等机制被削减。

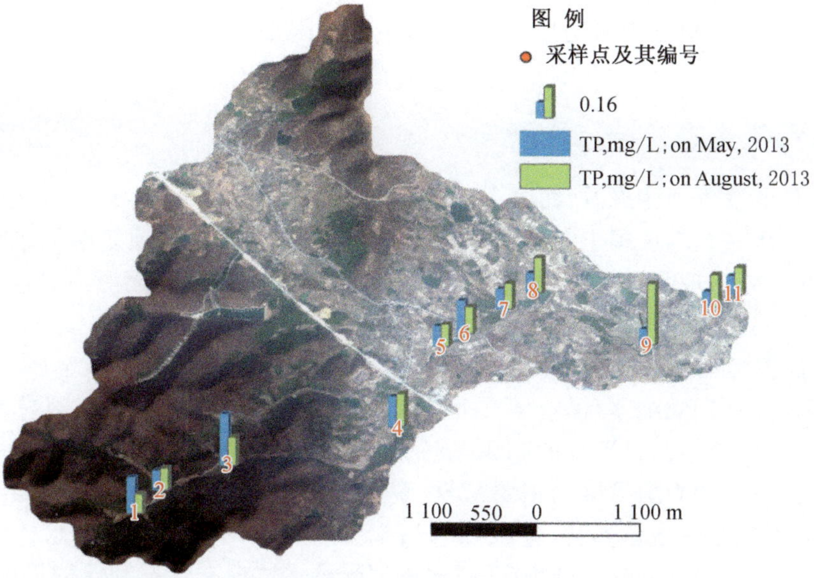

图 12.3-2 西源流域生态防控措施水质监测点位总磷浓度空间分布

地表径流在经过河道型湿地时，2013 年 5 月总氮浓度经过两处不同的河道型湿地时分别降低了 72%和 34%，2013 年 8 月河道型湿地总氮表观去除率较低，甚至出现浓度升高的情况，主要由于进入湿地前的地表径流总氮浓度已经很低，优于Ⅲ类地表水质量标准。湿地处理低浓度磷素时效果并不明显，两次采样期间地表径流总磷浓度同样也没有显著变化，地表水总磷浓度同样已达 III 类水体质量标准。

12.3.2 竹园沟流域生态沟渠氮磷污染物拦截效果

水流流经农田沟渠时，流速降低，导致颗粒态污染物被沟渠内植被滞留，氮磷面源污染物与沟渠底质发生化学反应被吸附、沉淀或者通过微生物活动被反硝化、固定，从而被截留。图 4.3-6 是竹园沟流域生态沟渠氮磷污染物拦截效果监测点位分布情况。

图 12.3-3 是竹园沟流域干流河道内 2013 年 8 月期间监测得到的总氮和总磷浓度空间变化。从图 12.3-3 可以看出，竹园沟生态沟渠地表径流总氮和总磷浓度从上游 1 号采样点

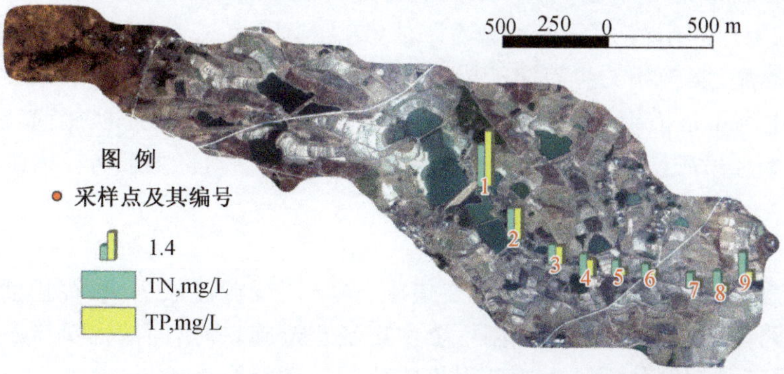

图 12.3-3 竹园沟流域生态沟渠地表径流总氮和总磷浓度空间分布

流经下游生态沟渠到达6号采样点时，浓度显著降低，浓度降低了65%和78%。随着地表径流向下游迁移，总氮和总磷浓度又逐渐升高，主要原因是下游沟渠内植被稀少，沟渠内存在土壤侵蚀现象。

12.4 面源污染生态防控措施规划

从面源污染的发生规律来看，面源污染治理涉及气象、水文、土壤、耕作方式等多种影响因素，涉及气象、水利、农业、国土等多个相关部门，面源污染治理是项复杂的系统工程。因此，在开展面源污染治理前，需要做好相关的规划设计工作。在制订面源污染生态防控措施规划时，通常需要完成以下基本步骤。

(1) 确定面源污染控制目标污染物。累积在流域中的氮、磷、泥沙、重金属、有机物等都可以随降雨径流迁移到受纳水体，在开展面源污染控制规划前，首先要对目标水体进行诊断，厘清目标水体已经存在或潜在的问题，识别影响受纳水体的面源污染物的种类。当前，影响我国水资源保护的面源污染物主要是氮、磷营养物，过多的氮、磷营养物随地表径流迁移到受纳水体，引起水体富营养化，造成以湖泊和水库为饮用水水源地的水体生态功能退化。在确定面源污染控制目标污染物后，需要根据受纳水体现有状态和保护目标，估算面源污染负荷削减目标，制订进入受纳水体的面源污染物阶段削减方案。

(2) 制订面源污染监测方案。在确定面源控制目标污染物后，需要对面源污染现状和趋势进行必要的分析评价。面源污染的发生规律与当地水文、气象、农业生产活动等条件密切相关，模型率定和验证同样需要野外监测数据。但是由于我国面源污染研究历史不长，数据资料相对较少，因此，开展必要的野外监测，获取受纳水体上游流域第一手监测资料显得尤为重要。在开始野外监测前，需要制订监测方案。面源污染监测方案包括监测目的、监测点位布设、监测频率、仪器设备选择、样品分析和测试等基本内容。

(3) 分析面源污染负荷的时空分布特点。制定面源污染负荷削减目标后，通过收集整理已有的相关数据资料和野外监测数据资料，利用实测资料和数学模型模拟，分析面源污染负荷的时间和空间分布特征。

(4) 识别面源污染负荷输出关键源区。面源污染面广量大，治理难度大，需要投入大量的人力、物力和财力。在有限的资源情况下，通过识别面源污染负荷输出的关键源区，达到最佳治理效果。

(5) 现场评估确定和实施面源污染控制措施。在识别得到的面源污染负荷关键源区，根据现场地形、土地利用情况等开展现场评估，结合不同生态工程措施的技术特点，确定适宜的生态工程措施，实施相关生态防控措施。

(6) 面源生态工程措施效果监测和评估。在面源生态工程措施实施前，制订监测方案，合理评估生态工程措施防治面源污染效果，若有必要，及时调整生态防控措施。

12.5 小结

生态工程是流域面源污染控制的主要措施，本章以西源流域为例，提出面源污染生态工程措施总体思路，总结了面源污染控制主要生态工程措施，提出面源污染生态防控措施规划步骤，并以西源流域为例分析了生态工程措施拦截氮磷污染物效果。

(1) 根据面源污染发生机制，提出流域面源污染控制生态措施包括污染物减量、减少地表径流发生机会以及在污染物迁移过程中实现阻断和截留等面源污染防控总体思路。污染物减量措施主要包括精确施肥技术、缓释肥技术、农田养分综合利用技术、环境友好型施肥技术等。减少径流发生机会措施包括水土保持技术、等高种植措施、农田免耕措施等。在污染物迁移过程中实现阻断和截留措施主要包括人工湿地、生态沟渠、植被缓冲带等措施。

(2) 面源污染控制生态工程措施主要包括等高种植措施、植被缓冲区(带)、湿地技术、生态廊道技术(生态沟渠、植草水道)和微景观结构技术。总结了上述不同生态工程措施的优缺点、适用条件和关键技术,提出制订流域面源污染生态防控措施规划的基本步骤。

(3) 以西源流域和竹园沟流域为例,分析了植被缓冲带、河道型湿地和生态沟渠等对氮磷浓度的拦截效果。对 2013 年 5 月降雨过程中的西源干流河道不同断面水样进行分析,结果表明河水在经过植被缓冲带后,总氮和总磷浓度分别下降了 62%和 43%,经过两处不同河道型湿地后,总氮浓度分别降低了 72%和 34%;对 2013 年 8 月连续多日晴天后的西源干流河道不同断面水样进行分析,地表径流在经过植被缓冲带后,总氮和总磷浓度分别降低了 38%和 32%。对 2013 年 8 月降雨过程中的竹园沟河道不同断面水样进行分析,结果表明地表径流在经过生态沟渠后,总氮和总磷浓度分别下降了 65%和 78%。

参考文献

[1] Pionke H B, Gburek W J, Sharpley A N. Critical source area controls on water quality in an agricultural watershed located in the Chesapeake Basin[J]. Ecological Engineering, 2000, 14(4): 325-335.

[2] White M J, Storm D E, Busteed P R, et al. Evaluating nonpoint source critical source area contributions at the watershed scale[J]. Journal of Environmental Quality, 2009, 38(4): 1654-1663.

[3] 葛怀凤,秦大庸,周祖昊,等. 基于污染迁移转化过程的海河干流天津段污染关键源区及污染类别分析[J]. 水利学报, 2011, 42(1): 61-67.

[4] 张丽,陆海明,邹鹰,等. 缺资料小流域非点源磷素输出关键源区识别方法初探[J]. 生态与农村环境学报, 2014, 30(3): 403-408.

[5] 周慧平,高超,朱晓东. 关键源区识别:农业非点源污染控制方法[J]. 生态学报, 2005, 25(12): 3368-3374.

[6] Gitau M W, Veith T L, Gburek W J. Farm-level optimization of BMP placement for cost-effective pollution reduction[J]. Transactions of the Asae, 2004, 47(6): 1923-1931.

[7] Jiang C L, Fan X Q, Cui G B, et al. Removal of agricultural non-point source pollutants by ditch wetlands: implications for lake eutrophication control[J]. Hydrobiologia, 2007, 581: 319-327.

[8] Mander U, Kull A, Kuusemets V, et al. Nutrient runoff dynamics in a rural catchment: influence of land-use changes, climatic fluctuations and ecotechnological measures[J]. Ecological Engineering, 2000, 14(4): 405-417.

[9] Rassam D W, Fellows C S, Hayr R D, et al. The hydrology of riparian buffer zones; two case studies in an ephemeral and a perennial stream[J]. Journal of Hydrology, 2006, 325(1-4): 308-324.

[10] Rittenburg R A, Squires A L, Boll J, et al. Agricultural BMP effectiveness and dominant hydrological flow paths: concepts and a review[J]. Journal of the American Water Resources Association, 2015, 51(2): 305-329.

[11] Vaughan R E, Needelman B A, Kleinman P J A, et al. Vertical distribution of phosphorus in agricultural drainage ditch soils[J]. Journal of Environmental Quality, 2007, 36(6): 1895-1903.

[12] Veith T L, Wolfe M L, Heatwole C D. Optimization procedure for cost effective BMP placement at a watershed scale[J]. Journal of the American Water Resources Association, 2003, 39(6): 1331-1343.

[13] Viaud V, Merot P, Baudry J. Hydrochemical buffer assessment in agricultural landscapes: from local to catchment scale[J]. Environmental Management, 2004, 34(4): 559-573.

[14] Zhang M, He Z, Calvert D V, et al. Spatial and temporal variations of water quality in drainage ditches within vegetable farms and citrus groves[J]. Agricultural Water Management, 2004, 65(1): 39-57.

[15] Dodds W K. Trophic state, eutrophication and nutrient criteria in streams[J]. Trends in Ecology & Evolution, 2007, 22(12): 669-676.

[16] Khan F, Ansari A. Eutrophication: an ecological vision[J]. The Botanical Review, 2005, 71(4): 449-482.

[17] Qin B, Yang L, Chen F, et al. Mechanism and control of lake eutrophication[J]. Chinese Science Bulletin, 2006, 51(19): 2401-2412.

[18] Rast W, Thornton J A. Trends in eutrophication research and control[J]. Hydrological Processes, 1996, 10(2): 295-313.

[19] Cang L, Wang Y J, Zhou D M, et al. Heavy metals pollution in poultry and livestock feeds and manures under intensive farming in Jiangsu Province, China[J]. Journal of Environmental Sciences-China, 2004, 16(3): 371-374.

[20] Shi J C, Yu X L, Zhang M K, et al. Potential risks of copper, zinc, and cadmium pollution due to pig manure application in a soil-rice system under intensive farming: a case study of Nanhu, China[J]. Journal of Environmental Quality, 2011, 40(6): 1695-1704.

[21] Hart M R, Quin B F, Nguyen M L. Phosphorus runoff from agricultural land and direct fertilizer effects: a review[J]. Journal of Environmental Quality, 2004, 33(6): 1954-1972.

[22] Chen M, Chen J, Sun F. Agricultural phosphorus flow and its environmental impacts in China[J]. Science of the Total Environment, 2008, 405(1-3): 140-152.

[23] Miao Y, Stewart B A, Zhang F. Long-term experiments for sustainable nutrient management in China: a review[J]. Agronomy for Sustainable Development, 2011, 31(2): 397-414.

[24] Zebarth B J, Drury C F, Tremblay N, et al. Opportunities for improved fertilizer nitrogen management in production of arable crops in eastern Canada: a review[J]. Canadian Journal of Soil Science, 2009, 89(2): 113-132.

[25] Shaviv A, Mikkelsen R L. Controlled-release fertilizers to increase efficiency of nutrient use and minimize environmental degradation: a review[J]. Fertilizer Research, 1993, 35(1-2): 1-12.

[26] Sims J T, Ma L, Oenema O, et al. Advances and challenges for nutrient management in China in the 21st century[J]. Journal of Environmental Quality, 2013, 42(4): 947-950.

[27] Wang Y, Wang E, Wang D, et al. Crop productivity and nutrient use efficiency as affected by long-term fertilisation in North China Plain[J]. Nutrient Cycling in Agroecosystems, 2010, 86(1): 105-119.

[28] Zhang F S, Cui Z L, Fan M S, et al. Integrated soil-crop system management: reducing environmental risk while increasing crop productivity and improving nutrient use efficiency in China[J]. Journal of Environmental Quality, 2011, 40(4): 1051-1057.

[29] Kovacs A, Honti M, Zessner M, et al. Identification of phosphorus emission hotspots in agricultural catchments[J]. Science of the Total Environment, 2012, 433: 74-88.

[30] Shaviv A. Environmental friendly nitrogen fertilization[J]. Science in China Series C-Life Sciences, 2005, 48: 937-947.

[31] Sims J T, Goggin N, McDermott J. Nutrient management for water quality protection: integrating research into environmental policy[J]. Water Science and Technology, 1999, 39(12): 291-298.

[32] Yan Z J, Liu P P, Li Y H, et al. Phosphorus in China's intensive vegetable production systems: over fertilization, soil enrichment, and environmental implications[J]. Journal of Environmental Quality, 2013, 42(4): 982-989.

[33] Young W J, Farley T F, Davis J R. Nutrient management at the catchment scale using a decision support system[J]. Water Science and Technology, 1995, 32(5-6): 277-282.

[34] Zhang Q, Yang Z P, Li Y, et al. Spatial variability of soil nutrients and GIS-based nutrient management in Yongji County, China[J]. International Journal of Geographical Information Science, 2010, 24(7): 965-981.

[35] Zingore S, Murwira H K, Delve R J, et al. Influence of nutrient management strategies on variability of soil fertility, crop yields and nutrient balances on smallholder farms in Zimbabwe[J]. Agriculture Ecosystems & Environment, 2007, 119(1-2): 112-126.

[36] Zougmore R, Mando A, Stroosnijder L, et al. Nitrogen flows and balances as affected by water and nutrient management in a sorghum cropping system of semiarid Burkina Faso[J]. Field Crops Research, 2004, 90(2-3): 235-244.

[37] Gall H E, Park J, Harman C J, et al. Landscape filtering of hydrologic and biogeochemical responses in managed catchments[J]. Landscape Ecology, 2013, 28(4): 651-664.

[38] Lemke A M, Kirkham K G, Lindenbaum T T, et al. Evaluating agricultural best management practices in tile-drained subwatersheds of the Mackinaw River, Illinois[J]. Journal of Environmental Quality, 2011, 40(4): 1215-1228.

[39] Qu H J, Kroeze C. Nutrient export by rivers to the coastal waters of China: management strategies and future trends[J]. Regional Environmental Change, 2012, 12(1): 153-167.

[40] Ulen B. Nutrient exports from two agriculture-dominated watersheds in southern Sweden[J]. Nordic Hydrology, 1998, 29(1): 41-56.

[41] Zhu Q, Schmidt J P, Bryant R B. Hot moments and hot spots of nutrient losses from a mixed land use watershed[J]. Journal of Hydrology, 2012, 414: 393-404.

[42] Zuazo V H D, Pleguezuelo C R R. Soil-erosion and runoff prevention by plant covers: a review[J]. Agronomy for Sustainable Development, 2008, 28(1): 65-86.

[43] Andraski T W, Bundy L G, Kilian K C. Manure history and long-term tillage effects on soil properties and phosphorus losses in runoff[J]. Journal of Environmental Quality, 2003, 32(5): 1782-1789.

[44] Knapen A, Poesen J, Govers G, et al. The effect of conservation tillage on runoff erosivity and soil erodibility during concentrated flow[J]. Hydrological Processes, 2008, 22(10): 1497-1508.

[45] Rousseau A N, Savary S, Hallema D W, et al. Modeling the effects of agricultural BMPs on sediments, nutrients, and water quality of the Beaurivage River watershed (Quebec, Canada)[J]. Canadian Water Resources Journal, 2013, 38(2): 99-120.

[46] Seo Y, Lee J, Hart W E, et al. Sediment loss and nutrient runoff from three fertilizer application methods[J]. Transactions of the Asae, 2005, 48(6): 2155-2162.

[47] Tiscareno-Lopez M, Velasquez-Valle M, Salinas-Garcia J, et al. Nitrogen and organic matter losses in no-till corn cropping systems 1[J]. Journal of the American Water Resources Association, 2004, 40(2): 401-408.

[48] Gassman P W, Osei E, Saleh A, et al. Alternative practices for sediment and nutrient loss control on livestock farms in northeast Iowa[J]. Agriculture, Ecosystems & Environment, 2006, 117(2-3):

135-144.
[49] Scanlon T M, Kiely G, Xie Q. A nested catchment approach for defining the hydrological controls on non-point phosphorus transport[J]. Journal of Hydrology, 2004, 291(3-4): 218-231.
[50] Yang X H, Zhou Q M, Melville M. An integrated drainage network analysis system for agricultural drainage management. Part 2: the application[J]. Agricultural Water Management, 2000, 45(1): 87-100.
[51] Sharpley A N, Krogstad T, Kleinman P J A, et al. Managing natural processes in drainage ditches for nonpoint source phosphorus control[J]. Journal of Soil and Water Conservation, 2007, 62(4): 197-206.
[52] Sharpley A N, McDowell R W, Kleinman P J A. Phosphorus loss from land to water: integrating agricultural and environmental management[J]. Plant and Soil, 2001, 237(2): 287-307.
[53] Sharpley A N, McDowell R W, Weld J L, et al. Assessing site vulnerability to phosphorus loss in an agricultural watershed[J]. Journal of Environmental Quality, 2001, 30(6): 2026-2036.
[54] Bouldin J L, Farris J L, Moore M T, et al. Vegetative and structural characteristics of agricultural drainages in the Mississippi Delta landscapes[J]. Environmental Pollution, 2004, 132(3): 403-411.
[55] Ducros C M J, Joyce C B. Field-based evaluation tool for riparian buffer zones in agricultural catchments[J]. Environmental Management, 2003, 32(2): 252-267.
[56] Pärn J, Pinay G, Mander Ü. Indicators of nutrients transport from agricultural catchments under temperate climate: a review[J]. Ecological Indicators, 2012, 22(22): 4-15.
[57] Vieira D A N, Dabney S M. Two-dimensional flow patterns near contour grass hedges[J]. Hydrological Processes, 2012, 26(15): 2225-2234.
[58] Ayaz S C, Aktas O, Findik N, et al. Phosphorus removal and effect of adsorbent type in a constructed wetland system[J]. Desalination and Water Treatment, 2012, 37(1-3): 152-159.
[59] Calder N, Anderson B C, Martin D G. Field investigation of advanced filtration for phosphorus removal from constructed treatment wetland effluents[J]. Environ. Technol., 2006, 27(10): 1063-1071.
[60] Mann R A. Phosphorus adsorption and desorption characteristics of constructed wetland gravels and steelworks by-products[J]. Australian Journal of Soil Research, 1997, 35(2): 375-384.
[61] Okochi N C, McMartin D W. A laboratory study of the treatability of synthetic stormwater under varying conditions using electric arc furnace steel slag[J]. Water, 2012, 4(2): 321-344.
[62] Lu H, Yin C, Wang W, et al. A comparative study of nutrient transfer via surface runoff from two small agricultural catchments in north China[J]. Environmental Geology, 2007, 52(8): 1549-1558.
[63] Kroeger R, Perez M, Walker S, et al. Review of best management practice reduction efficiencies in the Lower Mississippi Alluvial Valley[J]. Journal of Soil and Water Conservation, 2012, 67(6): 556-563.
[64] Needelman B A, Ruppert D E, Vaughan R E. The role of ditch soil formation and redox biogeochemistry in mitigating nutrient and pollutant losses from agriculture[J]. Journal of Soil and Water Conservation, 2007, 62(4): 207-215.
[65] Penn C J, Bryant R B, Kleinman P J A, et al. Removing dissolved phosphorus from drainage ditch water with phosphorus sorbing materials[J]. Journal of Soil and Water Conservation, 2007, 62(4): 269.
[66] Davies B, Biggs J, Williams P, et al. A comparison of the catchment sizes of rivers, streams, ponds, ditches and lakes: implications for protecting aquatic biodiversity in an agricultural landscape[J].

Hydrobiologia, 2008, 597(1): 7-17.
[67] Fu Q, Yin C Q, Ma Y. Phosphorus removal by the multipond system sediments receiving agricultural drainage in a headstream watershed[J]. J. Environ. Sci. (China), 2005, 17(3): 404-408.
[68] Ghaitidak D M, Yadav K D. Characteristics and treatment of greywater: a review[J]. Environmental Science and Pollution Research, 2013, 20(5): 2795-2809.
[69] Larson A C, Gentry L E, David M B, et al. The role of seepage in constructed wetlands receiving agricultural tile drainage[J]. Ecological Engineering, 2000, 15(1-2): 91-104.
[70] Verstraeten G, Poesen J. Using sediment deposits in small ponds to quantify sediment yield from small catchments: possibilities and limitations[J]. Earth Surface Processes and Landforms, 2002, 27(13): 1425-1439.
[71] Vymazal J. The use constructed wetlands with horizontal sub-surface flow for various types of wastewater[J]. Ecological Engineering, 2009, 35(1): 1-17.
[72] Blanke A, Rozelle S, Lohmar B, et al. Water saving technology and saving water in China[J]. Agricultural Water Management, 2007, 87(2): 139-150.
[73] Cai X. Water stress, water transfer and social equity in northern china—implications for policy reforms [J]. Journal of Environmental Management, 2008, 87(1): 14-25.
[74] Long H L, Heilig G K, Wang J, et al. Land use and soil erosion in the upper reaches of the Yangtze River: some socio-economic considerations on China's grain-for-green programme [J]. Land Degradation & Development, 2006, 17(6): 589-603.
[75] Wang M, Webber M, Finlayson B, et al. Rural industries and water pollution in China[J]. Journal of Environmental Management, 2008, 86(4): 648-659.
[76] Zhang Q, Zhang X. Water issues and sustainable social-development in China[J]. Water International, 1995, 20(3): 122-128.
[77] 王晓燕，张雅帆，欧洋，等. 流域非点源污染控制管理措施的成本效益评价与优选[J]. 生态环境学报，2009，18(2): 540-548.
[78] Chow T L, Rees H W, Daigle J L. Effectiveness of terraces/grassed waterway systems for soil and water conservation: a field evaluation[J]. Journal of Soil and Water Conservation, 1999, 54(3): 577-583.
[79] Dass A, Sudhishri S, Lenka N K, et al. Runoff capture through vegetative barriers and planting methodologies to reduce erosion, and improve soil moisture, fertility and crop productivity in southern Orissa, India[J]. Nutrient Cycling in Agroecosystems, 2011, 89(1): 45-57.
[80] Xiao B, Wang Q H, Wang H F, et al. The effects of grass hedges and micro-basins on reducing soil and water loss in temperate regions: a case study of northern China[J]. Soil & Tillage Research, 2012, 122: 22-35.
[81] 孙辉，唐亚，陈克明，等. 等高固氮植物篱控制坡耕地地表径流的效果[J]. 水土保持通报，2001，21(2):48-51.
[82] 唐政洪，蔡强国，许峰，等. 冀西北半干旱区等高植物篱面源污染控制机理[J]. 环境科学，2001，22(6):86-90.
[83] 夏立忠，杨林章，李运东. 生草覆盖与植物篱技术防治紫色土坡地土壤侵蚀与养分流失的初步研究[J]. 水土保持学报，2007，21(2):28-31.
[84] Dorioz J M, Wang D, Poulenard J, et al. The effect of grass buffer strips on phosphorus dynamics—a critical review and synthesis as a basis for application in agricultural landscapes in France [J]. Agriculture, Ecosystems & Environment, 2006, 117(1): 4-21.

[85] Glavan M, White S M, Holman I P. Water quality targets and maintenance of valued landscape character—experience in the axe catchment, UK[J]. Journal of Environmental Management, 2012, 103(0): 142-153.
[86] Roberts W M, Stutter M I, Haygarth P M. Phosphorus retention and remobilization in vegetated buffer strips: a review[J]. Journal of Environmental Quality, 2012, 41(2): 389-399.
[87] 邓红兵，吴文春，王庆礼，等. 河岸植被缓冲带与河岸带管理[J]. 应用生态学报，2001，12(6)：951-954.
[88] 刘建敏，陈玉成. 环境生物技术在农业面源污染防治中的作用[J]. 农业环境与发展，2005，22(4)：28-30.
[89] 毛战坡，彭文启，李贵宝，等. 利用生态技术治理农村水环境[J]. 中国水利，2004(7)：32-33.
[90] 颜昌宙，金相灿，赵景柱，等. 湖滨带的功能及其管理[J]. 生态环境，2005,14 (2)：294-298.
[91] 尹澄清，毛战坡. 用生态工程技术控制农村非点源水污染[J]. 应用生态学报，2002，13(2)：229-232.
[92] Hussein J, Yu B, Ghadiri H, et al. Prediction of surface flow hydrology and sediment retention upslope of a vetiver buffer strip[J]. Journal of Hydrology, 2007, 338(3-4): 261-272.
[93] Sharpley A, Foy B, Withers P. Practical and innovative measures for the control of agricultural phosphorus losses to water: an overview[J]. Journal of Environmental Quality, 2000, 29(1): 1-9.
[94] Lin Y F, Lin C Y, Chou W C, et al. Modeling of riparian vegetated buffer strip width and placement—a case study in Shei Pa National Park, Taiwan[J]. Ecological Engineering, 2004, 23(4-5): 327-339.
[95] Macdonald E, Carl J B, Garry J S, at al. Should riparian buffers be part of forest management based on emulation of natural disturbance? [J]. Forest Ecology and Management, 2004, 187: 185-196.
[96] Parkyn S M, Davies-Colley R J, Cooper A B, et al. Predictions of stream nutrient and sediment yield changes following restoration of forested riparian buffers[J]. Ecological Engineering, 2005, 24(5): 551-558.
[97] Reichenberger S, Bach M, Skitschak A, et al. Mitigation strategies to reduce pesticide inputs into ground and surface water and their effectiveness: a review[J]. Science of the Total Environment, 2007, 384(1-3): 1-35.
[98] Fiener P, Auerswald K, Weigand S. Managing erosion and water quality in agricultural watersheds by small detention ponds[J]. Agriculture Ecosystems & Environment, 2005, 110(3-4): 132-142.
[99] Ryan P, Wanielista M, Chang N B. Nutrient reduction in stormwater pond discharge using a chamber upflow filter and skimmer (CUFS)[J]. Water, Air, and Soil Pollution, 2010, 208(1): 385-399.
[100] Siegel A, Cotti-Rausch B, Greenfield D I, et al. Nutrient controls of planktonic cyanobacteria biomass in coastal stormwater detention ponds[J]. Marine Ecology Progress Series, 2011, 434: 15-27.
[101] Simmons M T, Venhaus H C, Windhager S. Exploiting the attributes of regional ecosystems for landscape design: the role of ecological restoration in ecological engineering [J]. Ecological Engineering, 2007, 30(3): 201-205.
[102] 张建，张波，靖玉明，等. 南水北调东线南四湖新薛河入湖口人工湿地工程设计[J]. 中国给水排水，2008，24(2)：49-51.
[103] 朱铭捷，胡洪营，何苗，等. 悬浮颗粒物在河道滞留塘系统中的沉降与沉积特性[J]. 环境污染治理技术与设备，2006,7 (12)：27-31.
[104] 朱铭捷，胡洪营，何苗，等. 河道滞留塘系统对污染河水中氮磷的去除特性[J]. 生态环境，2006，15(1)：11-14.
[105] Shan B, Yin C, Li G. Transport and retention of phosphorus pollutants in the landscape with a

traditional, multipond system[J]. Water Air and Soil Pollution, 2002, 139(1-4): 15-34.
[106] Søvik A K, Tore M P. Use of stable nitrogen isotope fractionation to estimate denitrification in small constructed wetlands treating agricultural runoff[J]. Science of the Total Environment, 2008, 392(1): 157-165.
[107] Stamou A, Katsiri A, Mantziaras I, et al. Modelling of an alternating oxidation ditch system[J]. Water Science and Technology, 1999, 39(4): 169-176.
[108] Yi Q, Hur C, Kim Y. Modeling nitrogen removal in water hyacinth ponds receiving effluent from waste stabilization ponds[J]. Ecological Engineering, 2009, 35(1): 75-84.
[109] Yin C, Zhao M, Jin W, et al. A multi-pond system as a protective zone for the management of lakes in China[J]. Hydrobiologia, 1993, 251(1-3): 321-329.
[110] 彭剑峰，王宝贞，宋永会，等. 组合生态系统氨氮去除最佳单元及其去除机制研究[J]. 中国给水排水，2007，23(15)：62-65.
[111] 彭剑峰，王宝贞，夏圣骥，等. 复合塘-湿地系统水生植物时空分布对氮磷去除的影响[J]. 生态环境，2004，13(4)：508-511.
[112] 许航，陈焕仕. 水生植物塘脱氮除磷的效能及机理研究[J]. 哈尔滨建筑大学学报，1999(4)：69-73.
[113] 毛战坡，尹澄清，单保庆，等. 研究湿地有效面积对暴雨径流调控作用的多因子模型[J]. 水利学报，2002，1(7):57-63.
[114] Fisher J, Acreman M C. Wetland nutrient removal: a review of the evidence[J]. Hydrology and Earth System Sciences, 2004, 8(4): 673-685.
[115] Passeport E, Vidon P, Forshay K J, et al. Ecological engineering practices for the reduction of excess nitrogen in Human influenced landscapes: a guide for watershed managers[J]. Environmental Management, 2012, 51: 392-413.
[116] Reddy K R, Kadlec R H, Flaig E, et al. Phosphorus retention in streams and wetlands: a review[J]. Critical Reviews in Environmental Science and Technology, 1999, 29(1): 83-146.
[117] Yi Q, Lu W, Yu J, et al. Characteristics of nutrient retention in a stormwater wetland during dry and wet days[J]. Water Science and Technology, 2010, 61(6): 1535-1545.
[118] Yin C Q, Yang C F, Shan B Q, et al. Non-point pollution from China's rural areas and its countermeasures[J]. Water Science and Technology, 2001, 44(7): 123-128.
[119] Zhang R, Feng K, Yang J. Field test of pollutant removal efficiencies of storm wetlands in Southern China: 2012 International Conference on Environmental Science and Material Application[C]. 2012: 43-46.
[120] Stone K C, Hunt P G, Novak J M, et al. In-stream wetland design for non-point source pollution abatement[J]. Applied Engineering in Agriculture, 2003, 19(2): 171-175.
[121] 姜翠玲，崔广柏，范晓秋，等. 沟渠湿地对农业非点源污染物的净化能力研究[J]. 环境科学，2004，25(2)：125-128.
[122] 赵同谦，徐华山，任玉芬，等. 滨河湿地对农业非点源氮污染控制研究进展[J]. 环境工程学报，2008，2(11)：1441-1446.
[123] GarcÍA J, Rousseau D P L, MoratÓ J, et al. Contaminant removal processes in subsurface-flow constructed wetlands: a review[J]. Critical Reviews in Environmental Science and Technology, 2010, 40(7): 561-661.
[124] Kivaisi A K. The potential for constructed wetlands for wastewater treatment and reuse in developing countries: a review[J]. Ecological Engineering, 2001, 16(4): 545-560.
[125] Scholz M, Lee B h. Constructed wetlands: a review[J]. International Journal of Environmental

Studies, 2005, 62(4): 421-447.
[126] Blann K L, Anderson J L, Sands G R, et al. Effects of agricultural drainage on aquatic ecosystems: a review[J]. Critical Reviews in Environmental Science and Technology, 2009, 39(11): 909-1001.
[127] Dunne E J, McKee K A, Clark M W, et al. Phosphorus in agricultural ditch soil and potential implications for water quality[J]. Journal of Soil and Water Conservation, 2007, 62(4): 244-252.
[128] Kieckbusch J, Schrautzer J, Trepel M. Spatial heterogeneity of water pathways in degenerated riverine peatlands[J]. Basic and Applied Ecology, 2006, 7(5): 388-397.
[129] Kleinman P J A. Managing drainage ditches for water quality[J]. Journal of Soil and Water Conservation, 2007, 62(4): 80A.
[130] Kronvang B, Bechmann M, Lundekvam H, et al. Phosphorus losses from agricultural areas in river basins: effects and uncertainties of targeted mitigation measures[J]. Journal of Environmental Quality, 2005, 34(6): 2129-2144.
[131] Needeman B A, Kleinman P J A, Strock J S, et al. Improved management of agricultural drainage ditches for water quality protection: an overview[J]. Journal of Soil and Water Conservation, 2007, 62(4): 171-178.
[132] 陆海明，孙金华，邹鹰，等. 农田排水沟渠的环境效应与生态功能综述[J]. 水科学进展，2010，21(5)：719-725.
[133] 郗敏，吕宪国，刘红玉. 人工沟渠的生态环境效应研究综述[J]. 生态学杂志，2005，24(12)：1471-1476.
[134] 杨林章，周小平，王建国，等. 用于农田非点源污染控制的生态拦截型沟渠系统及其效果[J]. 生态学杂志，2005，24(11)：1371-1374.
[135] 席北斗，魏自民，夏训峰. 农村生态环境保护与综合治理[M]. 北京：新时代出版社，2008.
[136] 徐红灯，王京刚，席北斗，等. 降雨径流时农田沟渠水体中氮、磷迁移转化规律研究[J]. 环境污染与防治，2007，29(1)：18-21.

第13章

创新与展望

本书针对我国日趋严峻的水体富营养化问题，建立花山流域水量水质同步监测设施，开展野外原位监测，利用监测所获得的高频次水量水质同步监测数据，采用统计分析、模型模拟等技术手段，揭示我国江淮丘陵区典型农业小流域面源氮、磷迁移和输出特征及流域地表水与地下水中氢、氧、氮同位素时空分布特征，研究流域面源氮、磷输出负荷定量估算方法和流域面源磷素输出关键源区识别方法，分析流域水量水质同步监测体系监测频次与氮磷输出负荷之间的相关关系，探索构建流域面源氮、磷生态防控体系的对策措施等。

13.1 创新

(1) 首次在江淮丘陵区建立了水文实验流域大气降水、地表水、土壤水、地下水四位一体的综合监测体系，开展了污染物随降雨径流迁移的多尺度、多要素、高频次、水量水质同步监测，获取了大量翔实的数据资料，为深入开展相关研究工作奠定了基础。

(2) 基于多种监测技术和调查分析方法，全面系统地获取了江淮典型区氮素输入输出途径和比例、氮磷浓度年内变化、磷素输出关键源区等重要特征，为制定流域氮磷污染防控措施提供了科学依据。

(3) 通过分析氮磷浓度与径流相关关系，探明了流域氮磷输出时程分布特征，构建了基于水文要素的氮磷输出负荷预测模型、得到了流域污染物负荷输出模数，论证了水文测站面源氮磷最佳采样时机和频次，研究成果具有较高的推广和实用价值。

13.2 展望

发达国家的水环境治理经验表明，在点源污染得到全面严格控制后，面源污染问题会愈显突出，并成为危害水环境安全的主导因素。我国人多地少，单位面积上的人类活动强度远大于很多发达国家，面源污染的潜在风险不容忽视。以氮磷为主要目标污染物的流域面源污染问题是极为复杂的，影响因素众多，涉及水文、地形地貌、土地利用、土壤类型、植被覆盖、河网水系等多个方面，同时由于面源氮、磷的空间分布广泛，时程变化上存在显著的不确定性，难以开展全面的实时监测，因此通过野外原位监测来获取流域水文要素和氮磷水质要素的同步监测数据，然后利用这些同步监测数据揭示流域面源氮磷流失规律，是目前发达国家普遍采用的研究方法。本书借鉴发达国家在流域面源污染研究方面的思路和技术手段，对我国典型农业小流域面源氮磷迁移规律开展了初步研究，取得了一些新的认识。国外研究表明，面源污染的发生具有很强的随机性，需要经过长期监测才能全面认识其发生规律。

我国对于面源污染的许多新认识还有待于进一步检验，现根据已有的认识，提出如下建议和展望：

（1）次降雨事件预测模型的完善和推广应用

本研究利用2012年和2013年监测得到的次降雨事件数据，提出了基于降雨量、径流深预测次降雨事件总氮和总磷负荷的预测模型，并利用2014年数据进行了验证，取得了较好的效果。上述思路和方法可以推广应用在其他流域，即采用相对容易监测得到的降雨量和径流深等水文参数预测次降雨事件氮磷负荷。由于本研究得到的预测模型是基于2年的监测资料获得的，次降雨事件氮磷输出负荷受降雨、径流、施肥量、施肥时间等诸多因素影响，在2年期间获得的样本数量有限，因此本研究提出的预测模型仍然需要继续监测和验证。受流域下垫面情况和面积大小等多种因素影响，本研究提出的预测模型是否能够应用到其他流域，仍需进一步监测检验。因此，建议在花山流域继续监测收集数据，完善次降雨事件负荷预测模型，在更多流域开展对比监测研究。若在每个流域都能建立相对应的预测模型，可以提高面源污染负荷估算的准确程度。

本研究结果和文献报道均表明，地表径流磷素主要以颗粒态形式输出。泥沙是地表径流颗粒态磷素的主要载体，而包括悬移质和推移质的泥沙含量是水文监测部门监测项目之一，若能在地表径流泥沙含量和地表径流磷素之间建立数学关系，利用监测得到的泥沙含量推算地表径流磷素输出负荷，则可以大大节省面源磷素负荷估算成本，提高面源磷素负荷估算准确程度。

（2）次洪过程中氮磷浓度与流量过程变化关系不明显

洪水是花山流域氮磷负荷输出的主要载体，本研究发现次洪过程中氮磷浓度与流量过程的相互对应关系并不明显，即并不存在明显的随着流量升高，地表径流氮磷浓度显著升高的现象，这有别于在城市面源污染研究和其他流域面源污染研究得到的结果。花山流域与其他流域不存在明显的相关关系，这可能与流域下垫面性质、降雨性质、样品采集运输等地表径流输出负荷估算的众多影响因素有关，是偶然现象还是必然结果，需要进一步探索。

（3）利用花山流域开展水量水质同步监测研究技术推广应用示范

本研究首次在江淮丘陵区建立了水文实验流域大气降水、地表水、土壤水、地下水四位一体的综合监测体系，开展了污染物随降雨径流迁移的多尺度、多要素、高频次、水量水质同步监测，在获取大量翔实数据资料的同时也积累了丰富的野外监测经验，例如监测断面选址建设、流量监测方案、水样采集方案、水位测定仪器比选、样品采集仪器比选等。上述宝贵的野外监测经验对于开展类似研究非常重要，对于当前水文部门开展的《全国水文实验站规划》中类似实验站的新建和恢复重建具有重要的推广应用示范价值。